[녹색기술융합대계 II]

나무의 특징과 이야기가 있는

포인트 조경수목

200選

김정호 저

문운당

머리말

수목학을 강의하면서 나무의 특징과 더불어 이야기가 함께 있는 교재가 있었으면 하는 생각에서 하나둘씩 준비하다 보니 벌써 200종의 나무에 대한 특징과 이야기를 정리하게 되었다. 나무에 대해 더 많은 것을 알아야 하고 더 많은 내용을 담아야 한다는 생각에, 이 책을 출판하기에는 아직 많이 부족하다고 느끼지만, 더 나은 내용을 담기 위한 의지로 일단 초판을 발행하고자 한다.

과거 저자가 대학에 입학해서 교수님으로부터 수목학 강의를 들었을 때, 수목학 개론과 각론의 내용을 이해하기 어려웠고 생소하다는 생각을 하였다. 만일 그 당시 나무의 특징과 더불어 나무와 얽힌 이야기 혹은 인문학적 내용이 함께 수록된 교재가 있었다면 수목학을 이해하는데 훨씬 수월했을 것이다.

이제 저자가 학생들에게 수목학을 가르치는 입장이 되니, '지금 강의를 듣는 학생들도 이런 어려움을 겪고 있지 않을까' 하는 생각을 하게 되었고 이를 계기로 이 책을 조금씩 정리하기 시작했다. 다른 전공 서적과는 달리 이미 시중에는 수많은 수목도감과 관련 교재가 있는데 굳이 내가 또 집필을 해야 하는지에 대한 의문도 많았다. 그래도 이 책이 나무를 공부하는 학생들에게 조금이나마 도움이 된다면 부족하지만 큰 위안이 될 것 같다.

이 책은 조경과 나무를 공부하는 학생들에게 필요한 나무 200종을 선정하여 수목학적 포인트, 생태·조경적 포인트, 인문학적 포인트로 구분하여 요약정리한 것이다. 수목학적 포인트에서는 꽃, 잎, 줄기 등에 대한 특징과 주요 검색 포인트를 제시하였고 생태·조경적 포인트에서는 나무의 생태학적 측면과 조경학적 측면에서의 특징을 제시하여 생태복원 및 조경식재 시 도움이 되고자 하였다. 마지막으로 인문학적 포인트에서는 학명의 유래, 인문학적 이야기, 역사적 이야기 등에 대해 서술하였다. 물론 분류학, 생태학, 인문학적 측면만을 구분해서 본다면 많이 부족하지만, 나무별로 필요한 내용만을 발췌하여 정리하였기 때문에 나무를 이해하는데 도움이 될 것이다.

최근 저자는 자연기반해법(NbS, Nature based Solution)이라는 단어를 실천하기 위해 노력하고 있다. 우리 주변의 모든 것을 이해하고 활용하는데 자연에서 답을 찾고 자연을 모방해서 적용한다면, 지금의 어려운 문제들을 하나씩 해결해 나아갈 수 있을 것이다. 그리고 자연은 항상 우리에게 나아갈 지향점을 알려준다. 자연을 구성하는 많은 생물들 중에서 나무에 대한 내용을 정리하면서 내가 연구하는 분야의 소중함을 다시 한번 깨닫게 되는 계기가 되었다.

이 책은 아직 완성본이 아니다. 생태학적 측면에서 천이를 고려한 복원 시 극상(Climax) 이전의 단계로 복원하여 극상 단계로 천이가 진행되도록 기다리는 것처럼 이 책도 완성단계로 나아가는 이전단계로 생각해주면 좋겠다. 앞으로 더 많이 보완하여 더 좋은 책으로 만들어갈 것을 약속하면서 머리말을 마무리하고자 한다. 마지막으로 이 책이 완성될 수 있도록 사진 및 교정 등에 많은 도움을 준 건국대학교 학생들에게 깊은 고마움을 표시한다.

2022년 5월의 어느날

연구실에서 김정호

CONTENTS

01 조경수목의 기본적 이해

02 조경수목 200종의 수목학적 · 생태조경학적 · 인문학적 포인트

CONTENTS

CONTENTS

01

조경수목의 기본적 이해

조경수목의 기본적 이해와 특성 그리고 분류법에 대해 제시하였다.

1. 조경수목의 조건

인간은 예로부터 식용, 약용, 공예용이나 원예용으로 다양한 수목을 이용해 왔다.
일반적으로 조경수목이란 원예용 식물뿐 아니라 조경에 필요로 하는 모든 수목을 조경수목의 범주에 포함할 수 있다.
인간이 관리해 나아가는데 큰 불편함이 없는 것이 좋다.

조경수목의 구비 조건

- 첫째, 실용적 가치와 형태미가 뛰어나 관상가치가 높은 것이 좋다. 가능하면 아름다움을 최대한 발휘할 수 있는 식물이 좋다는 관점에서 형태, 색채, 생태적 특성 등의 가치가 높은 것이 좋다.
- 둘째, 조경식재지는 일반적으로 절토와 성토를 많이 하는 관계로 자연 토양과 비교하여 토양 양분이 열악한 경우가 많으므로 이러한 식재지의 불량한 토양 및 대기환경에 적응성이 높은 식물이 바람직하다.
- 셋째, 병충해나 대기오염에 대한 내성과 적응성이 강한 것이 좋다.
- 넷째, 각종 스트레스에 견디어 내는 능력이 있는 것이 좋다.
- 다섯째, 대량생산이 가능한 것이 양호하다.

2. 기후와 식물

일반적으로 식물의 분포나 생육은 환경의 지배를 크게 받는다. 즉, 그 식물이 생육하고 있는 곳의 기후. 지형, 지질. 토양 등의 요인에 따라 분포의 특성뿐만 아니라 형태적이나 유전적인 특성도 큰 차이를 보이게 된다. 또한, 식물은 기후의 절대적인 영향을 받게 되고, 식물의 분포는 서식하는 환경의 생물적 요인에 의해 영향을 받는다. 식물의 분포는 수평적 분포와 수직적 분포로 크게 구분할 수 있다.

1) 수직분포

- 삼림대의 분포는 온도의 영향을 가장 크게 받기 때문에 해발고를 기준으로 기술하기도 하는데 이를 수직적 삼림대라 한다. 즉, 수직적 삼림대는 산의 남쪽과 북쪽 사면은 햇빛의 영향으로 심한 온도 차이를 보이는데, 이러한 이유로 해발고의 경계가 다르다.

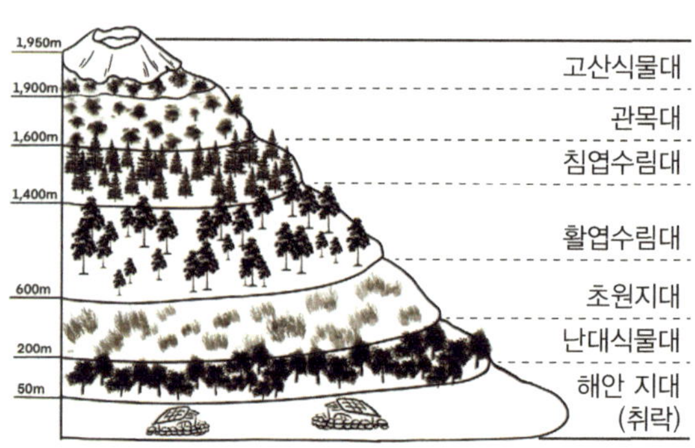

수록의 수직적 분포

- 온도는 삼림의 분포에 절대적으로 영향을 미치고 있다. 이러한 관점에서 전 지구적 차원 또는 우리나라 한반도 차원에서 삼림대의 구별이 가능하며, 이는 식물의 천연 분포와 식물의 이용에 매우 중요한 지식을 제공한다.

2) 수평분포

- 일반적으로 식물의 분포양상은 수직적 특성, 즉 해발고에 따라 뚜렷이 구분되나, 수평적인 기준에서도 구분이 된다. 이와 같이 지역에 따라 식물종 분포의 정도가 뚜렷한 차이를 보이는 이유는 그 지역의 온도대에 따라 식물종의 분포역이 결정되기 때문이다.
- 온도특성에 따라 수종의 분포는 각각 다르며, 이를 크게 보아 전 세계의 삼림대는 한대림, 온대림, 열대림으로 구분하며, 우리나라와 같이 지역적인 범위에서는 한대림, 온대북부림, 온대중부림, 온대남부림, 난대림 등으로 구분한다. 이는 식물의 분포를 위도와 관련하여 본 것이기에 수평적 삼림식물대라 하기도 한다.
- 온도는 특히 식물의 이용능력을 더욱 높일 수 있으므로 조경수목의 이용에 매우 중요하며, 특히 수목의 개화와 결실에 매우 중요한 역할을 한다. 수목을 포함한 식물의 생육과 매우 밀접한 관계를 가진 온도는 유효온도, 적산 온도, 연평균 온도, 월평균 온도, 최저온도 등이다. 식물은 일반적으로 5℃ 이상이 되면 정상적인 생리활동을 시작하게 되는데, 이보다 높은 온도를 유효 온도라 한다. 유효 온도의 시간적분을 유효적산온도라 하는데, 이를 생리적 영점이라고 한다. 이는 삼림대의 분포 한계, 농작물의 생육 문제 등에 적용된다. 식물의 생리적 영점인 5℃를 기준으로 매일의 온도값에서 5℃를 뺀 온도의 적산한 값을 일적산 온도라 하며 식물의 발아, 개화, 성숙 등에 큰 영향을 미친다. 월적산 온도는 월평균 온도를 매월 합산한 값으로 식물종의 분포한계와 관련이 깊으며, 수종선정 시에 기준으로 삼는다.
- 온량지수는 식물의 생육가능 온도인 5℃를 기준으로 하여 월평균온도가 5℃ 이상되는 달의 평균온도에서 5℃를 뺀 값을 1년간 모두 합한 값으로 식물의 분포와 관계가 깊다. 한랭지수는 5℃를 기준하여 월평균 온도가 5℃ 이하가 되는 달의 평균온도에서 5℃를 뺀 값을 1년간 모두 합한 값이다.

  온량지수(WI) = $\Sigma n(t-5)$, ($n : t > 5$℃ 까지의 월수)

  한랭지수(CI) = $-\Sigma 12-n(5-t)$, ($12-n : t < 5\Sigma$ 인 월수)

- 연평균 온도는 온량지수보다 개괄적이기는 하나, 식재수종을 선정할 때에 참고가 되는 반면에, 월평균 온도는 식물의 생리적 현상과 밀접한 관계가 있다.
- 우리나라의 삼림대는 온도의 분포를 중심으로 난대(상록활엽수대), 온대(낙엽활엽수대) 및 한대(침엽수대)등으로 정의했다.

한대림(寒帶林)

- 한대림은 수평적으로 한반도의 북한지역에 분포하며, 주로 평안도와 함경도의 고원 및 고산지역이 이에 속한다. 연평균 기온은 5℃ 이하, 온량지수는 55 이하인 상록침엽수림대이다.
- 침엽수종이 우점을 이루며, 주목, 분비나무, 이깔나무, 사스레나무, 자작나무, 눈잣나무, 만병초 등이 주를 이룬다.

온대림(溫帶林)

- 온대림은 우리나라에서 분포면적이 가장 넓으며, 남쪽으로는 난대림과 북쪽으로는 한대림과 접하고 있다. 우리나라의 온대림은 북위 약 35° 이북에서 43° 2'에 걸쳐 분포하며, 이 사이에 있는 고산과 고원을 제외한 지역으로 낙엽활엽수림대이다. 연평균 기온은 5~14℃의 범위에 있다. 역사적으로 우리나라에서 가장 광범위하게 인간의 간섭을 받은 숲으로, 다음과 같이 세분한다.

① 온대북부림

- 평안북도와 함경북도의 고산지역을 제외한 온대중부 이북의 지역에 분포한다. 온량지수는 55~85 정도의 지역이다.
- 잣나무, 젓나무, 잎갈나무, 신갈나무, 복자기나무 등

② 온대중부림

- 동해안에서는 북위 40°, 중부 지역은 38°, 서해안 지역은 39°를 연결하는 남쪽 지역으로, 태백산맥을 중심으로 동해안과 서해안의 경우 내륙지역과 비교하여 일부 북상하여 분포하고 있다. 온량지수는 85~100 정도의 지역이다.
- 졸참나무, 음나무, 물푸레나무, 때죽나무, 소나무 등

③ 온대남부림

- 동해안에서는 북위 38°, 중부내륙 지역은 북위 36°, 서해안 지역은 북위 37° 선을 중심으로 온대중부림의 남쪽 지역을 차지한다. 온량지수는 100 이상인 지역이다.
- 소나무, 곰솔, 개비자나무, 나도밤나무, 노각나무 등

난대림 혹은 난온대림(暖溫帶林)

- 난온대림은 수평적으로 34도 이남 지역이나 해안지역의 경우 35° 30' 이남의 지역으로 연평균 기온은 14℃ 이상이며 한랭지수는 -10 이상인 상록활엽수림대이다. 지리적으로는 경상남도 온산과 전라남도 목포를 연결하는 남해안의 해안지역과 일부 도서 및 제주도의 저지대 해안지역이 이에 속한다.

중일구계역	우리나라 산림대
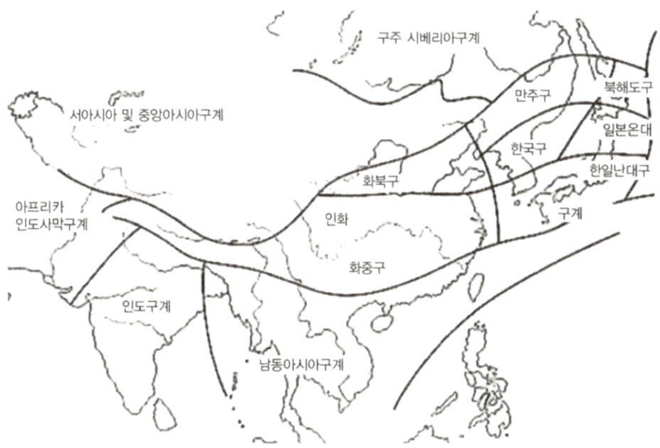	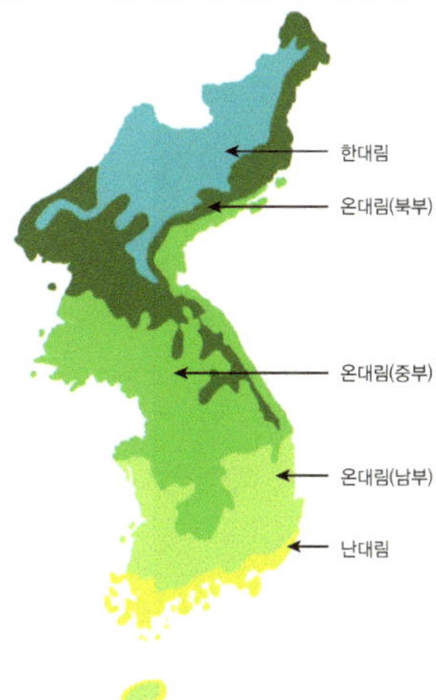

3. 수목의 명명과 분류

1) 수목의 명명(命名)

• 수목을 인식하고 명명하는 일은 특히, 인간이 역사적으로 필요로 했던 목재 이용, 에너지 이용, 식용, 약용 등의 용도를 이해하기 위해서 매우 중요한 일이 되어 왔다. 수목을 대상으로 한 이러한 인식과 명명은 나라와 지역에 따라 서로 다르다.

보통명(Common name)

- 보통명은 흔히 일상적으로 사용하는 것으로 속명이라 부르기도 하며, 한 언어 또는 국가나 한 지방에서만 통용될 수 있는 이름이다.
- 보통명과 유사한 개념으로 향명이 있는데, 이는 일종의 한 지방에서만 사용하는 방언에 가까운 것이다.
- 일반적으로 보통명은 습성, 특징, 산지, 용도, 전설 등에 의해 비롯된다.

구 분	대표적 수목명
습성	• 눈주목, 갯버들, 삼지닥나무, 눈향나무
특징	• 생강나무, 물푸레나무, 주목, 눈잣나무, 누리장나무
산지	• 설악눈주목, 금강소나무, 광릉물푸레나무, 울릉국화, 완도호랑가시나무
용도	• 향나무, 오리나무, 회양목(도장나무)
전설	• 나도밤나무, 너도밤나무
외래어	• 플라타너스, 메타세콰이어, 피라칸다

학명(Scientific name)

- 보통명을 사용하면 지역이 다르거나 특히 사용하는 언어가 다르면 전혀 이해할 수 없거나 의사소통에 많은 문제가 있다. 따라서 이러한 불편을 없애 전 세계적으로 사용할 수 있는 수단이 학명으로, 그 구성이 속명과 종명의 두 가지 체제로 되어 있어서 흔히 **이명명법**(binomial system)이라 한다.
- 학명은 세 개의 이름 즉, 속명(屬名), 종명(種名), 명명자(命名者)로 구성되어 있다.

① 속명으로 단수는 genus로, 복수인 경우에는 genera로 각기 표기한다. 이는 식물의 특성이 영속적이거나 비슷한 특징을 가진 것끼리 묶인 그룹에 붙인 이름이다.

ex) 단풍나무속(Acer), 소나무속(Pinus), 참나무속(Quercus), 미선나무(Abeliophyllum) 등

② 두 번째의 이름은 종명으로 복수인 경우에도 species로 표기한다.

ex) 소나무(*Pinus densiflora*), 신갈나무(*Quercus mongolica*), 미선나무(*Abeliophyllum distichum*) 등

③ 세 번째의 이름은 명명자인데 이는 학술논문 작성에만 주로 사용한다.

- Sorbus alnifolia var. hirtella(Nakai) T. Lee(털팥배나무)처럼 어떤 식물은 ( )를 사용하는 경우도 있다. 이는 명명자인 Nakai(1916)가 이 식물을 처음에 Micromeles alnifolia var. hirtella로 발표하였지만 이창복 교수(1966)가 이를 Sorbus에 편입하면서 Nakai가 이 식물을 최초로 명명했음을 표시한 것이다.

속명	종명	명명자
Pinus	*densiflora*	Siebold & Zucc.
첫글자 대문자	첫글자 소문자 (그러나, 종명이 사람이름이나 방언을 경우에는 대문자를 쓰기도 한다)	종을 처음 발견한 사람
이탤릭체		직립체
변종 등을 나타내는 var. 등은 직립체로 기술한다.		

- 수목의 이름은 흔히 종 이하의 수준으로 구분하기도 한다. 여기에는 아종(subspecies: subsp.), 변종(variety: var.), 품종(forma: f.), 재배품종(cultivar: cv) 등이 있다. 아종은 subspecies(ssp.)로 표기하는데, 이는 분류적 그룹의 하나로 어떤 생물종이 지리적으로 격리되어 오랜 시간이 지날 경우에 나타나는 생물종의 한 구분이다.

변종(variety, var.) ※ var. : variant의 약자

- 수목의 명명에 있어서 변종(variety, var.)이란 종 아래의 분류 단위로, 흔히 지리적으로 격리되어 있어서 형태의 차이를 보이나, 이들과 교잡을 자유롭게 할 수 있는 경우를 의미한다.

ex) 열녀목(*Prunus salicina* var. *columnalis* Uyeki)

품종(form, f.) ※ f. : forma의 약자

- 품종(forma, f.)은 꽃이나 잎의 형태와 같이 보다 작은 식물학적 차이점을 지닌다.
  ex) 산철쭉(*Rhododendron yedoense* f. *poukhanense* (H. Lev)M. Sugim)

재배품종(cultivar, cv.)

- 재배품종이란 'cultivated variety'의 번역이다. 이는 재배식물명명의 한 분류 단위로, 형태적, 생리적, 세포학적, 화학적 또는 다른 인자로 분명히 구별할 수 있으며 자연적 혹은 연구를 통하거나 교배시켜 인위적으로 육성한 식물로 번식의 수단을 통하여 동일형질의 식물을 계속해서 재생산할 수 있는 식물을 의미한다. 재배품종의 표기는 이탤릭체 대신 인쇄체를 사용하며 첫 자는 항상 대문자로 시작한다.
  ex) Maidenhair tree cultivar Fastigiata

이명(Synonym)

- 어떤 수목이 분류학적 판단에 따른 차이나 연구의 진전에 따라 여러 가지로 불리는 경우가 있지만, 이 중에서 오직 하나만이 유효한 학명으로 사용되지만은 않는다. 식물의 이름은 특허와 같이 최초에 붙인 이름이 선취권을 가진다. 식물분류학, 특히 분자생물학의 발달로 식물분류나 명명이란 완료된 것이 아니고 현재 진행형이기 때문에 설령 예전에 맞는 이름이었다 할지라도 새로운 증거에 근거한다면 제외되거나 다른 이름으로 바뀔 수도 있다. 이렇게 될 경우 지금까지 사용해온 이름은 이명으로 처리되는 것이다.

2) 수목명명의 기본원칙

- 모든 수목의 이름은 전 세계의 식물학자들이 합의하여 만든 **국제식물명명규약**(ICBN : International Code of Botanical Nomenclature)에 따라야 한다.
- 최초로 종명을 발표할 때에 사용한 표본을 모식표본이라 하고, 속명을 기초로 사용된 종을 기준표본이라 하며, 식물의 명명은 다음 6가지의 기본원칙에 따른다.

① 식물의 학명은 동물의 학명과 관계가 없다.
② 분류군의 명명은 표본이 명명기본이 된다.
③ 분류군의 학명은 선취권에 따른다.
④ 각 분류군은 오직 하나의 이름만을 가진다.
⑤ 학명은 라틴어화하여 표기한다.
⑥ 규약은 일부 예외적인 사항을 제외하고 소급하여 적용한다.

3) 학명의 발음

- 학명의 발음에는 일반적으로 세 가지의 원칙 즉, 단어의 발음은 개별 문자의 소리, 모음의 길이(양) 및 강세의 위치인 엑센트에 따라 결정된다. 따라서 발음을 정확하게 하기 위해서는 다음 원칙에 따르면 좋다.
- 첫째, 각 모음은 모두 발음한다.
- 둘째, 'C'의 발음은 'K' 발음으로 읽는다. 동백나무 속명인 'Camelia'는 '카멜리아'로 발음한다. 그러나 개잎갈나무 속명인 'Cedurs'는 '시절스'로 발음하므로 유의가 필요하다.
- 셋재, 'J'의 발음은 영어권에서는 주로 'ㅈ'로 발음하지만, 라틴어로는 독일어식으로 해야 한다. 즉, 종소명중 일본을 의미하는 'japonica'는 '자포니카' 보다는 '야포니카'로 발음하는 것이 라틴어식이다. 그러나 편의상 '자포니카'로 발음해도 무리없다.
- 넷째, 'Y'의 발음은 '위'로 읽는다.
- 다섯째, 'TH'는 'T'로, 'PH'는 'P'로, 'CH'는 'K'로 각각 발음하는 것이 라틴어식이다.
- 여섯째, 'V'와 'H'의 경우 원래 'V'는 'W'로 발음해야 하지만, 편의상 그냥 'V'로 발음하기도 하며, 'H'는 라틴어식으로는 묵음이지만 그냥 'H'로 발음하는 것이 편리할 때가 많다.
- 일곱째, *Pinus banksiana*와 같이 사람의 이름이 학명의 일부분일 경우에는 그 사람의 이름이 실제로 사용된 경우와 같이 정확히 발음하도록 한다.

4. 수목의 형태와 시각적 특성

1) 성상

상록수와 낙엽수

- 상록수란 사계절 내내 늘 푸른 잎을 가진 나무이며, 낙엽수란 상록수와 달리 주로 겨울철에 잎이 지는 나무이다. 상록수라 하여 일생동안 같은 잎이 계속 붙어 있는 것은 아니며, 보통 2~3년이 지나면 새잎이 나오는 대신 오래된 잎은 낙엽이 진다.
- 상록수와 낙엽수의 구분은 절대적이 아니며, 기후, 계절, 나무의 입지환경에 따라 상록수가 낙엽수가 되기도 하고, 낙엽수가 상록수가 되기도 한다.

침엽수와 활엽수

- 침엽수란 겉씨식물 중에서 구과식물에 속하는 수목이며 보통 잎이 바늘과 같이 뾰족한 특징을 가지고 있다.
- 활엽수는 속씨식물 중 쌍떡잎식물류에 속하는 나무이며 평평하고 넓은 잎을 가진다.

- 겉씨식물이란 나자식물이라고도 하는데, 씨앗이 비늘잎 위에 노출되어 있고, 반대로 속씨식물이란 피자식물이라고도 하며, 심피가 만든 씨방에 밑씨가 들어가 있는 것을 말한다.
- 겉씨식물은 은행나무과(科) 같은 것을 제외하고는 모두 잎이 가늘고 긴 바늘의 형태를 띠고 있고, 반면 속씨식물은 떡잎이 하나 달리는 외떡잎식물과 떡잎이 2개 달리는 쌍떡잎식물로 이뤄지는데, 넓은 잎을 가지고 있다.

교목과 관목

- 교목은 높이가 7~8m 이상 되는 키가 큰 나무로 주간이 곧게 서며 줄기, 가지의 구별이 뚜렷하여 수관을 이룬다.
- 관목은 교목보다 키가 작고 줄기가 땅 위로 여러 갈래로 나오거나, 줄기가 땅 위로 기는 특징을 나타낸다.
- 교목의 특징을 지니나 일반적으로 교목보다는 작고 관목보다는 큰 나무를 아교목이라 한다.
- 수고에 따른 수목의 분류는 나라나 연구자에 따라 다소 상이하다. 우리나라의 경우 일반적으로 숲의 층위는 교목층(8m 이상), 아교목층(2~8m), 관목층(2m 이하)으로 구분한다.
- 생물학자 Raunkiaer(덴마크, 1860~1938)는 교목(30m 이상), 아교목(8~30m), 소교목(2~8m), 관목(2m 이하)으로 구분하였다.

만경목

- 만경목은 식물의 줄기가 길게 뻗어 나가면서 다른 물건을 감기도 하고 땅바닥에 퍼지기도 하는 식물들 중 목본에 해당하는 것을 말한다. 일반적으로 스스로 서지 못해 기거나 타고 오르는 나무로 정의하고, 덩굴나무, 덩굴수목 등으로 부르며 만경목으로는 등, 마삭줄, 담쟁이덩굴, 인동덩굴, 능소화 등이 있다.

2) 수형

- 수형이란 잎, 가지, 줄기, 뿌리 등이 자연 상태의 성목에서 전체적으로 보이는 모습으로, 일반적으로 독립목의 형태를 지칭한다. 뿌리에서 나온 줄기, 줄기로부터 뻗어 나온 가지, 가지로부터 나온 잔가지, 그리고 잎이 수형을 형성한다. 따라서 수형은 줄기, 수관에 따라 모양이 다르다.

수관

- 수관은 가지가 자라는 모양에 따라 형태가 결정된다. 수간으로부터 뻗어 나오는 가지의 각도나 방향 등이 수관의 형태를 결정하기도 하고, 가지의 방향 즉, 위로 뻗느냐 혹은 아래로 늘어지느냐에 따라서도 달라진다. 특히, 이를 생장형이라고도 한다.

- 가지가 사방으로 균일하게 퍼지면 정형, 불규칙하게 퍼지면 부정형이라 한다.

수간(樹幹, 줄기)

① 곧은 줄기 : 뿌리로부터 줄기가 곧게 올라오는 것을 곧은 줄기라 한다. 줄기는 생태적, 환경적 여건에 따라 하나 이상 발생할 수 있는데, 이를 쌍간, 삼간 등으로 부른다. 같은 종이라 해도 줄기가 복수로 발생하거나 기타의 변형된 형태로 나타날 수 있다.

② 총상 줄기 : 뿌리로부터 여러 개의 줄기가 올라오는 것을 말한다. 일반적으로 관목의 형태에서 많이 나타난다.

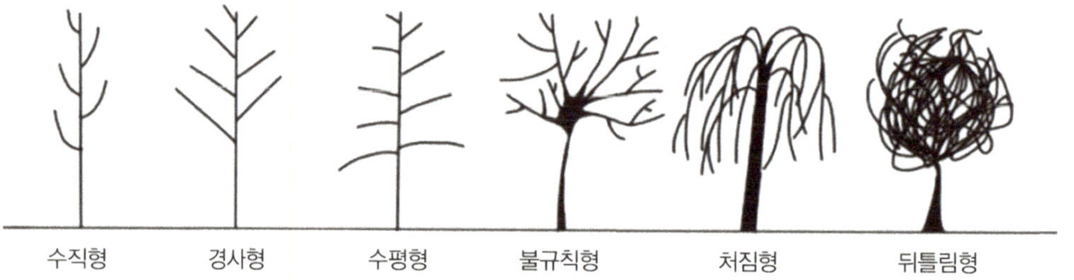

| 수관의 형태 |

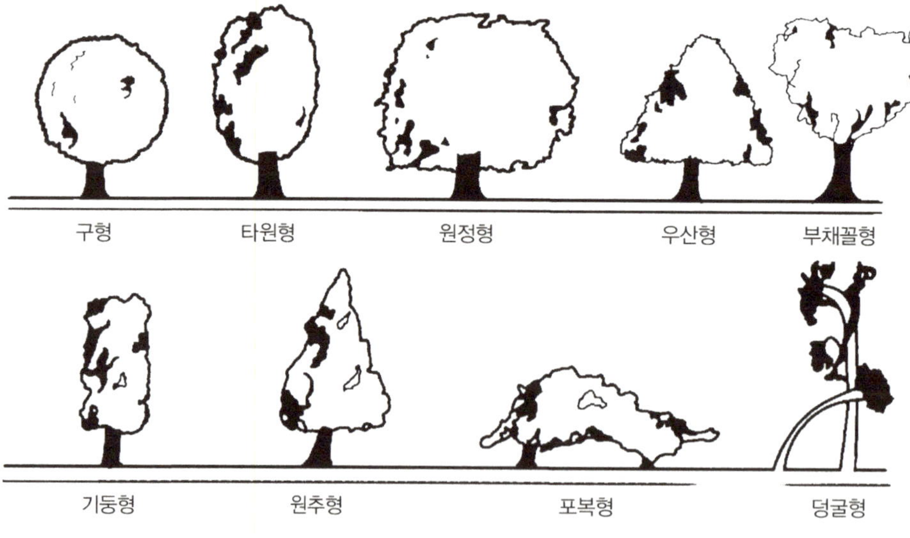

| 수목의 수형 |

3) 잎

- 잎은 잎몸, 잎자루, 턱잎 등으로 구성되어 있는데, 이 세 가지가 갖추어진 잎을 완전 잎이라 하고, 이 중에서 어느 한두 개가 없는 것을 불완전 잎이라고 한다.
- 대개 턱잎은 없는 경우가 많고, 잎이 때로는 가시, 덩굴손, 분비샘으로 변하기도 한다.

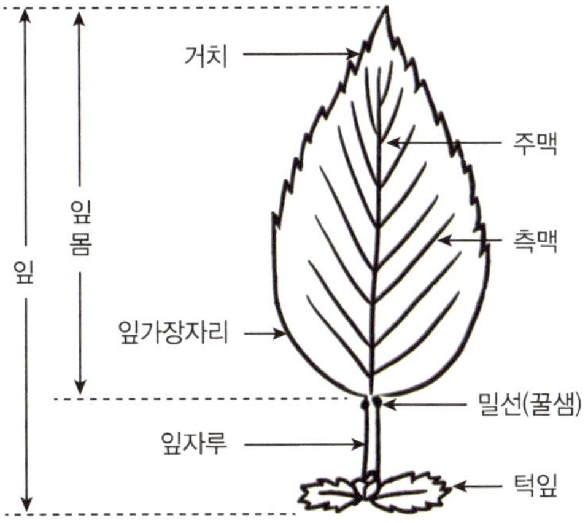

| 잎의 구조 |

잎의 종류

① 단엽 : 한 개의 잎몸으로 되어 있다.

② 복엽 : 두 개 이상의 잎몸으로 이루어져 있고, 각각의 잎은 소엽이라 부른다. 복엽은 잎이 깃털모양이라는 의미로 우상복엽, 잎이 손바닥처럼 생겼다는 뜻으로 장상복엽 등이 있다.

- 우상복엽(깃꼴겹잎) : 소엽의 숫자가 홀수이면 기수우상복엽(홀수깃꼴겹잎), 짝수이면 우수우상복엽(짝수깃꼴겹잎)이라 한다. 우상복엽이 반복 형태를 취하면 횟수를 붙여 기수1회우상복엽 등으로 부른다.
- 장상복엽 : 소엽이 3~5장씩 짝을 이뤄 반복적인 모양을 이루는데, 횟수에 따라 1회장상복엽, 2회장상복엽 등으로 부른다.

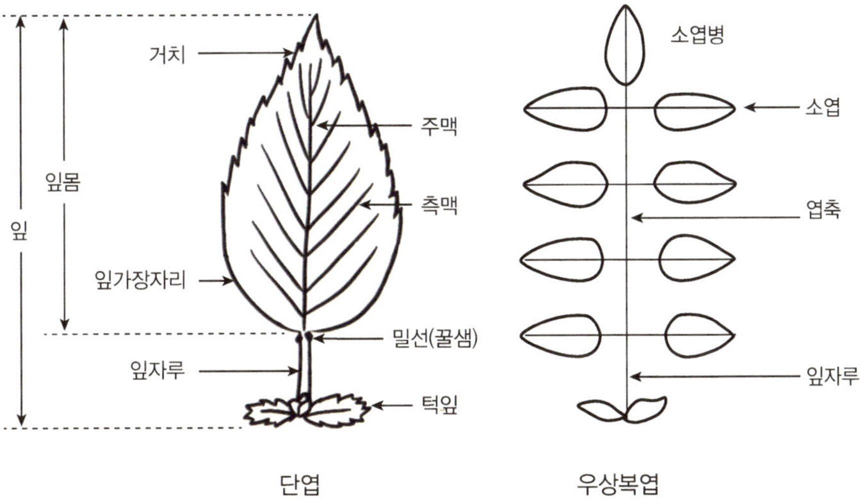

| 단엽과 복엽의 구조 |

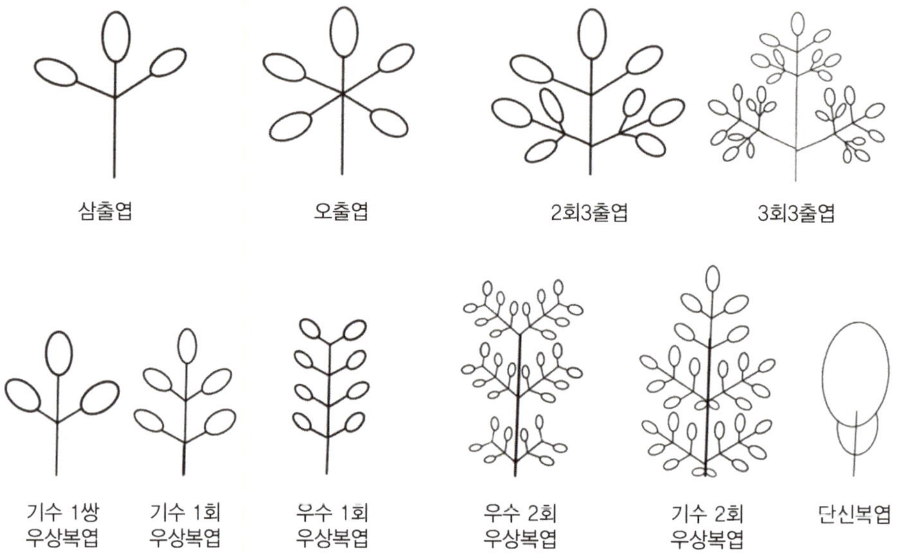

| 복엽의 종류 |

잎의 모양

- 잎의 모양은 흔히 연상하기 쉬운 도형이나 특정 사물의 이름을 붙인 것들이 많다. 따라서 잎의 모양은 절대적이지 않으며 주관적이기도 하다.

① 피침형 : 창모양처럼 생겼으며, 너비에 비해 길이가 긴 것 / 버드나무
② 도피침형 : 피침형을 거꾸로 한 모양 / 비목나무
③ 타원형 : 타원모양이며 길이가 너비의 2배 정도 되는 것 / 개서어나무
④ 장타원형 : 타원모양이며 길이가 너비의 2배 이상 되는 것 / 인동덩굴
⑤ 광타원형 : 너비가 길이의 1/2 이상인 것 / 청미래덩굴
⑥ 난형 : 달걀모양으로 생긴 것 / 푸조나무, 생강나무
⑦ 도란형 : 난형을 거꾸로 한 모양 / 새덕이
⑧ 심장형 : 심장모양으로 생긴 것 / 수수꽃다리
⑨ 도심장형 : 심장형을 거꾸로 한 모양
⑩ 침형 : 잎이 가늘고, 끝이 뾰족한 것 / 소나무
⑪ 선형 : 길이가 너비보다 월등히 긴 것 / 주목
⑫ 능형 : 잎이 마름모꼴 모양인 것 / 오구나무

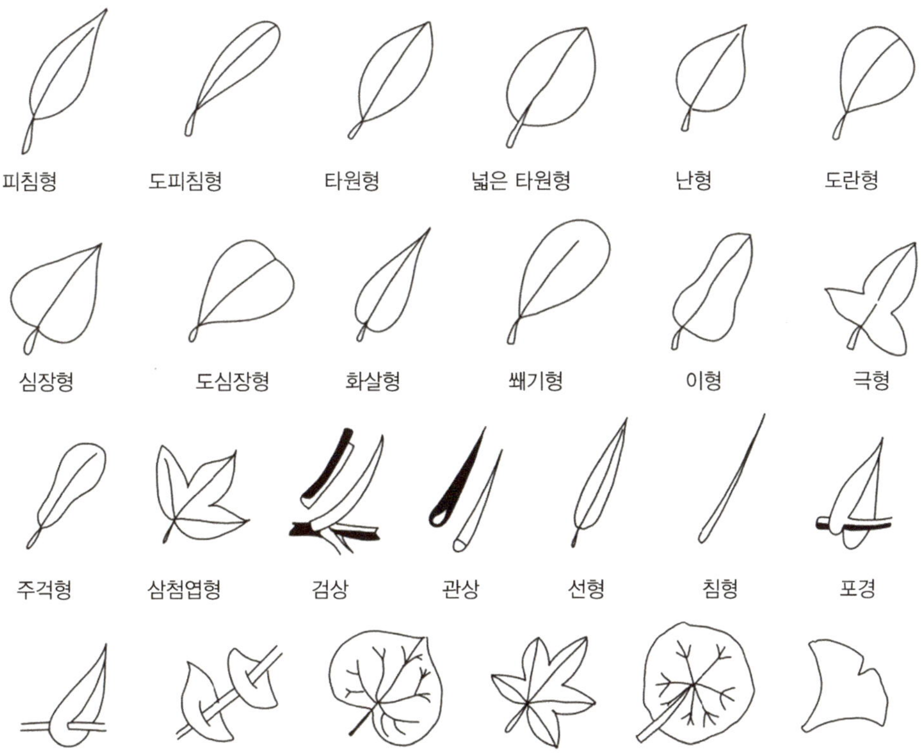

| 잎의 모양 |

잎차례

- 잎은 줄기를 따라 일정하게 배열되는데 이를 잎차례라 한다. 잎차례는 한마디에 붙어 있는 잎의 수와 전체적 배열에 따라 마주나기, 어긋나기, 돌려나기 등으로 구분한다.
- 어긋나기(호생) : 한 마디에 잎이 1개씩 달린 것
- 마주나기(대생) : 한 마디에 잎이 2개씩 마주보며 달린 것
- 돌려나기(윤생) : 한 마디에 잎이 3개 이상 달린 것

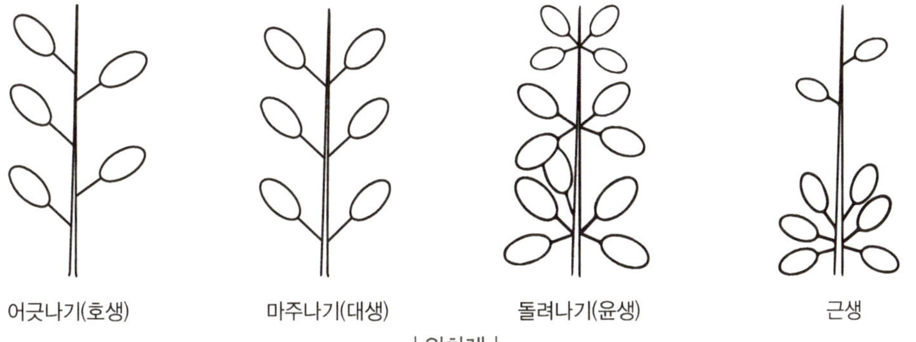

| 잎차례 |

잎 가장자리 모양

- 잎의 가장자리 모양은 톱날 모양으로 생긴 것들을 보통 '거치'라고 표현하며, 가장자리가 파진 모양에 따라 천열, 첨열, 심열, 전열 등으로 표현한다.

① 전연 : 잎의 가장자리가 매끈하고, 톱니가 전혀 없는 것
② 천열 : 갈라진 톱니 같은 기복이 약간 있는 것
③ 첨열 : 갈라진 톱니 같은 기복이 주맥까지 길이의 1/4정도로 갈라진 것
④ 심열 : 갈라진 톱니 같은 기복이 주맥까지 길이의 1/2정도로 갈라진 것
⑤ 전열 : 갈라진 톱니 같은 기복이 주맥까지 갈라진 것
⑥ 예거치 : 뾰족한 톱니모양으로 갈라진 것
⑦ 둔거치 : 둔한 톱니모양으로 갈라진 것
⑧ 중거치 : 거치가 이중으로 발달한 것
⑨ 파상 : 물결모양으로 갈라진 것
⑩ 심파장 : 큰 물결모양으로 갈라진 것

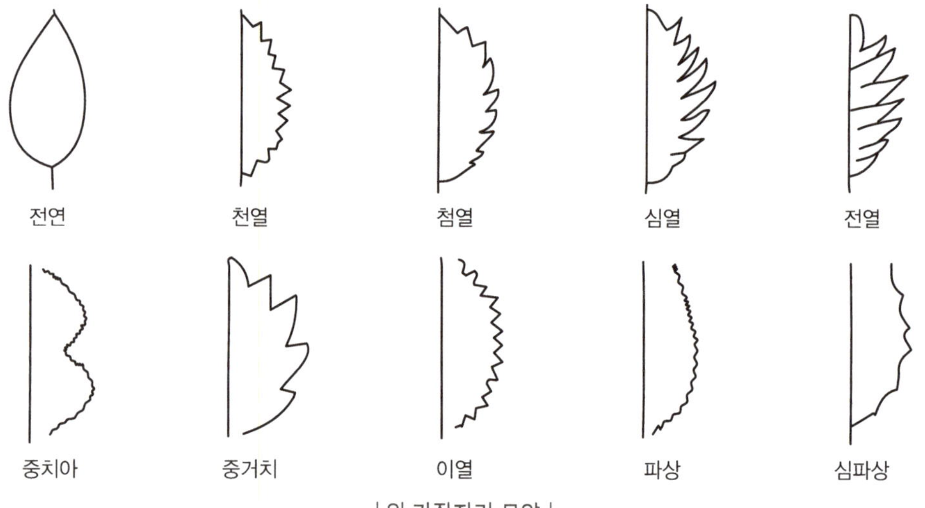

| 잎 가장자리 모양 |

잎끝 모양

- 잎끝 모양은 잎끝의 형태는 물론 각도 등에 따라 모양의 이름이 나눠진다.

① 점첨두 : 잎끝이 점차 좁아지면서 뾰족해지는 모양
② 급첨두 : 주맥이 튀어나와 잎끝이 갑자기 좁아지면서 뾰족해지는 모양
③ 예두 : 잎끝이 짧게 뾰족한 모양
④ 예첨두 : 침처럼 뾰족한 부분이 튀어나와 있는 모양

⑤ 둔두 : 잎끝이 둔탁하게 튀어나와 있는 모양

⑥ 원두 : 잎끝이 원형처럼 되어 있는 모양

⑦ 평두 : 잎끝이 자른 것처럼 평평한 모양

⑧ 요두 : 잎끝이 오목하게 파진 모양

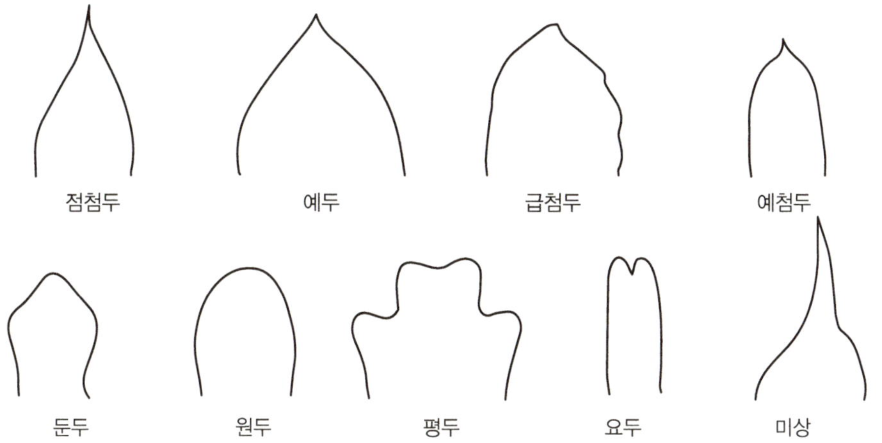

| 잎끝 모양 |

잎밑 모양

- 잎밑 모양은 잎 하단부의 형태와 각도 등에 따라 모양의 이름이 나눠진다.

① 이저 : 귀밑모양

② 심장저 : 잎밑이 하트모양

③ 왜저 : 잎밑 모양이 대칭되지 않고 일그러져 있는 모양

④ 유저 : 잎몸 양쪽 가장자리 밑이 합쳐지지 않고 잎자루에 날개처럼 붙어 있는 모양

⑤ 설저 : 쐐기 모양으로 점점 좁아져서 뾰족하게 된 모양

⑥ 원저 : 원모양

⑦ 둔저 : 양쪽 가장자리가 90도 이상의 각으로 합쳐진 모양

⑧ 예저 : 짧게 좁아진 모양

⑨ 순저 : 방패모양

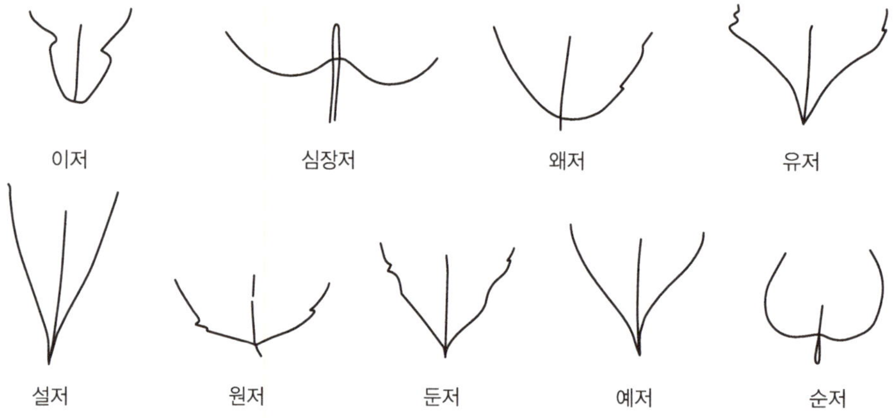

| 잎밑 모양 |

잎맥 모양

- 주맥 : 잎몸의 가운데 기부에서 잎 끝을 향해 있는 굵은 맥
- 측맥 : 주맥에서 좌우로 갈라져 나온 맥
- 망상맥 : 주맥에서 측맥이 발달해 그물처럼 생긴 맥
- 평행맥 : 주맥과 측맥이 나란히 배열된 맥

| 잎맥 모양 |

4) 꽃

꽃의 구조

- 꽃은 암술, 수술, 씨방, 꽃잎, 꽃받침을 갖춘 것을 완전화라고 하고, 이들 중 일부가 없는 것을 불완전화라고 한다. 한꽃에 암술과 수술이 모두 있는 것을 양성화, 혹은 갖춘꽃, 자웅동화라고 한다. 이에 반해 한 꽃에 수술이나 암술이 하나만 있을 경우에는 단성화라고 한다.

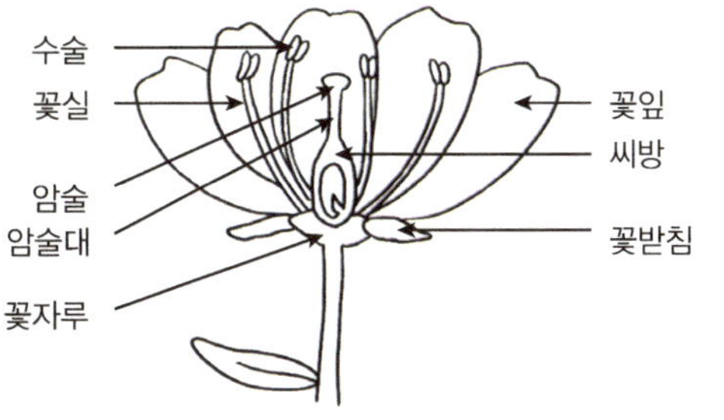

| 꽃의 구조 |

꽃차례(화서)

- 꽃차례는 식물의 꽃자루가 달리는 줄기에 붙는 꽃들의 배열 상태이다. 꽃차례의 형태는 다양하고 복잡해서 명확하게 구별하기 어려운 경우도 있다. 꽃차례는 일반적으로 유한화서와 무한화서로 나누어지며, 전자는 정점에서 아래를 향해 꽃이 피고, 후자는 아래에서 위를 향해 꽃이 핀다.

① 총상화서 : 화축과 화경이 길게 발달하며, 분지하지 않는 화서(예: 아까시나무, 때죽나무)

② 수상화서 : 화축이 길게 자라서 소화경이 거의 생략된 화서(예: 질경이, 오이풀, 화본과식물)

③ 산방화서 : 화경의 끝이 거의 같은 높이인 화서(예: 층층나무, 산사나무, 기린초)

④ 산형화서 : 길이가 거의 동일한 화경들이 동일한 지점에서 우산 모양인 화서(예: 산형과)

⑤ 권산화서 : 꽃이 한쪽 방향으로 자라서 끝이 나선상으로 동그랗게 말리는 화서(예: 꽃마리)

⑥ 원추화서 : 외관이 원추형으로 발달한 복합화서로서 중심의 화축이 발달되고 여기서 가지가 나와 꽃을 이룬 화서(예: 남천, 붉나무)

⑦ 미상화서 : 화축이 하늘로 향하지 않고 밑으로 처지는 화서로 꽃잎이 없고 포로 싸인 단성화(예: 버드나무과, 참나무과, 자작나무과)

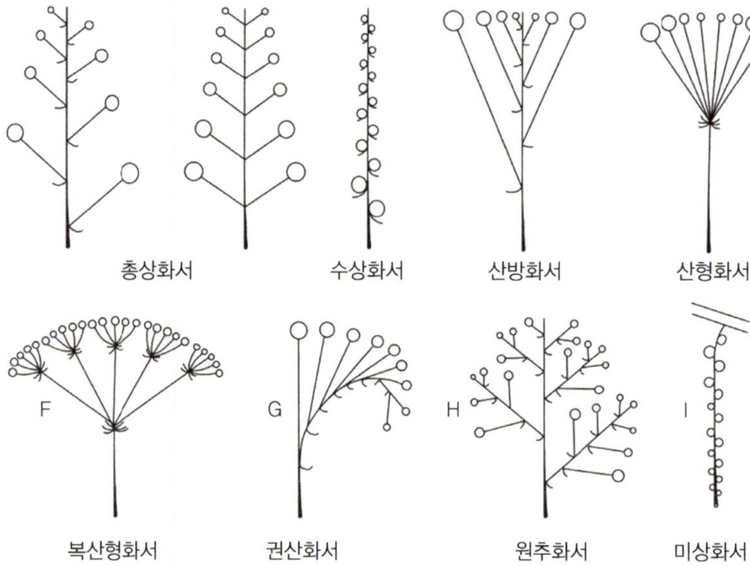

| 꽃차례 |

5) 열매

- 일반적으로 열매란 식물의 꽃이 수정한 후 씨방이 자라서 맺힌 것이라 정의한다. 열매는 과실을 만드는 데 사용된 씨방의 수에 따라 단과, 취과, 복과로 구분한다.
- 단과 : 1개의 씨방과 꽃의 다른 부분들이 결합해서 커진 과실
- 취과 : 1개의 꽃이 다수의 큰 씨방으로 되어 있으며, 1개의 꽃받기 표면에 과실이 모여 있는 것/산딸기
- 복과 : 많은 꽃의 큰 씨방들이 모여서 하나의 덩이를 이룬 과실/뽕나무
- 시과 : 2개의 심피로 되어 있지만, 종선을 따라 갈라지는 것(Acer)과 날개만 달려 있는 것(Ulmus)이 있다.
- 분리과 : 콩꼬투리와 비슷하지만 종자가 들어 있는 사이가 잘록하고 익으면 잘록한 중앙에서 갈라진다(Demodium).
- 협과 : 주로 콩과 식물에 달리는 열매를 협과라 한다. 꼬투리라고도 부른다. 꼬투리는 심피에서 발달하고 성숙한 후 건조하면 두 줄로 갈라지고 씨앗이 방출하게 된다.
- 골돌 : 여러 개의 씨방으로 구성되어 있으며 1개의 봉선을 따라 벌어지고 1개의 심피 안에 1개 또는 여러 개의 종자가 들어 있다(목련과).
- 핵과 : 중과피(中果皮)는 육질이고 내과피(內果皮)는 나무처럼 단단하게 되어 그 안에 종자가 들어 있는 열매로, 벚나무·매실나무·매화나무·복숭아나무·감탕나무·올리브·체리·호두나무·멀구슬나무의 열매가 그 예이다.

- 장과 : 과육(果肉) 부분에 수분이 많고, 연한 조직으로 되어 있는 열매로, 액과(液果)의 일종이다. 씨방벽이 비대 발달하여 형성된다. 외과피는 얇고 중과피는 다육화하여 액상이다. 육질로 익어도 열개(裂開) 하지 않고, 다소 단단한 씨가 들어있다. 토마토·포도 등이 여기에 속한다.
- 취과 : 화피는 육질 또는 목질로 되어 붙어 있고 자방은 수과 또는 핵과상으로 되어 있음. 다수의 이생심피로 이루어진 하나의 꽃의 암술군이 발달하여 생긴 열매의 집합체. 1개의 꽃 안에 여러 개의 심피가 있으며 1개의 열매처럼 되었다(예 : 딸기, 나무딸기 등).
- 구과 : 솔방울처럼 모인 포린 위에 2개 이상의 소견과가 달려있다.

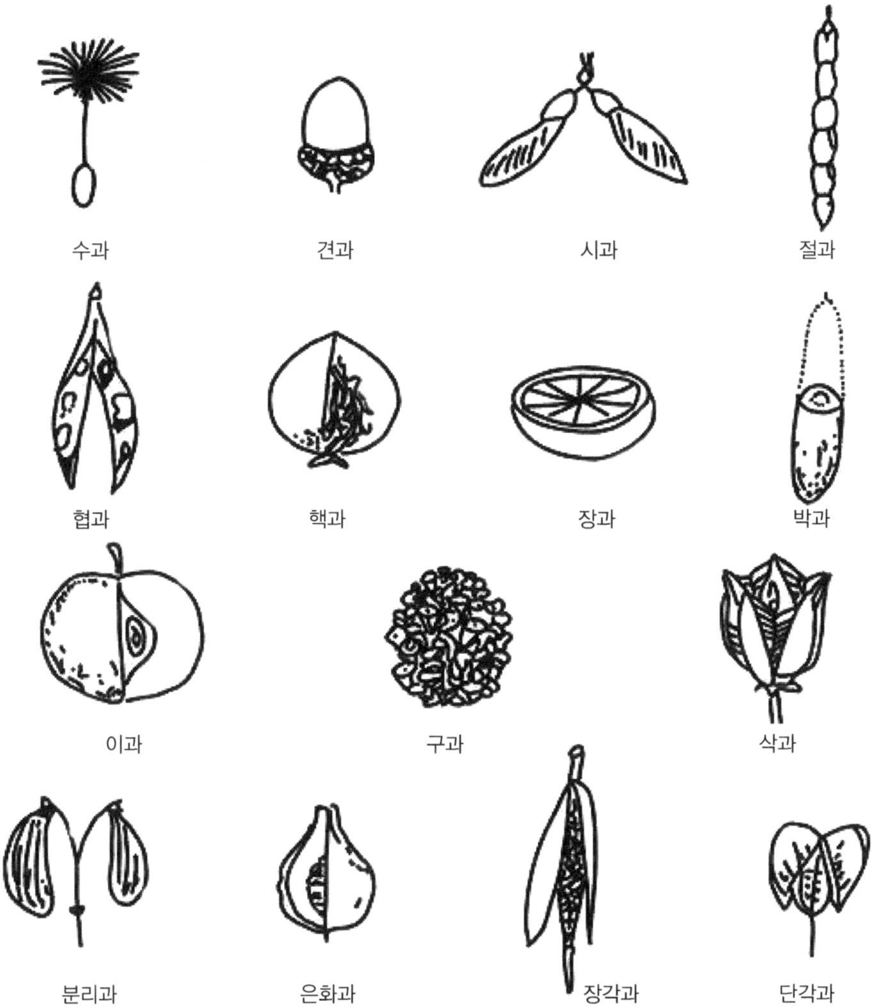

| 열매 종류 |

6) 눈

- 눈은 싹이라 표현할 수 있는데, 엽아, 화아, 잠아 등으로 구분되고, 특히 뿌리에 형성되는 눈을 부정아라고 한다. 그리고 눈이 가지의 끝에 달리면 정아, 가지의 옆에 달리면 측아로 구분한다.
- 잎눈 : 자라서 잎이나 가지가 될 눈
- 꽃눈 : 자라서 꽃이 될 눈이며, 잎눈보다 짧고 통통함
- 잠아 : 줄기 밑에서 드러나지 않는 눈으로 보통 여러 해가 지나도 발달하지 않고 있다가 근처의 가지나 줄기가 잘리면 발달함
- 맹아 : 식물의 새로 튼 싹
- 정아 : 식물의 꼭지눈이나 곁눈과 같이 일정한 자리에 나는 눈
- 부정아 : 보통 싹이 나지 않는 곳에서 나는 눈

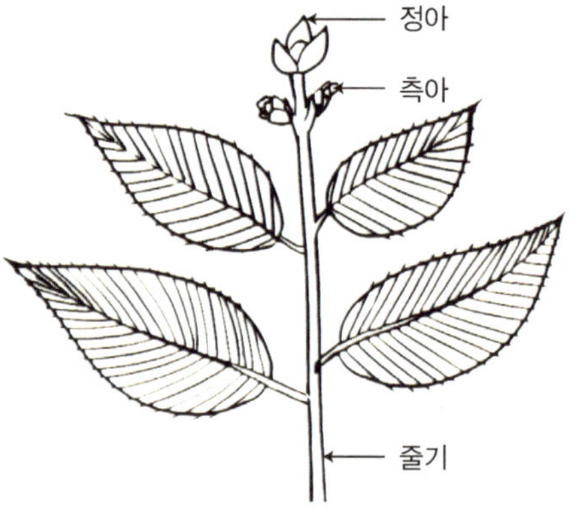

| 눈의 종류 |

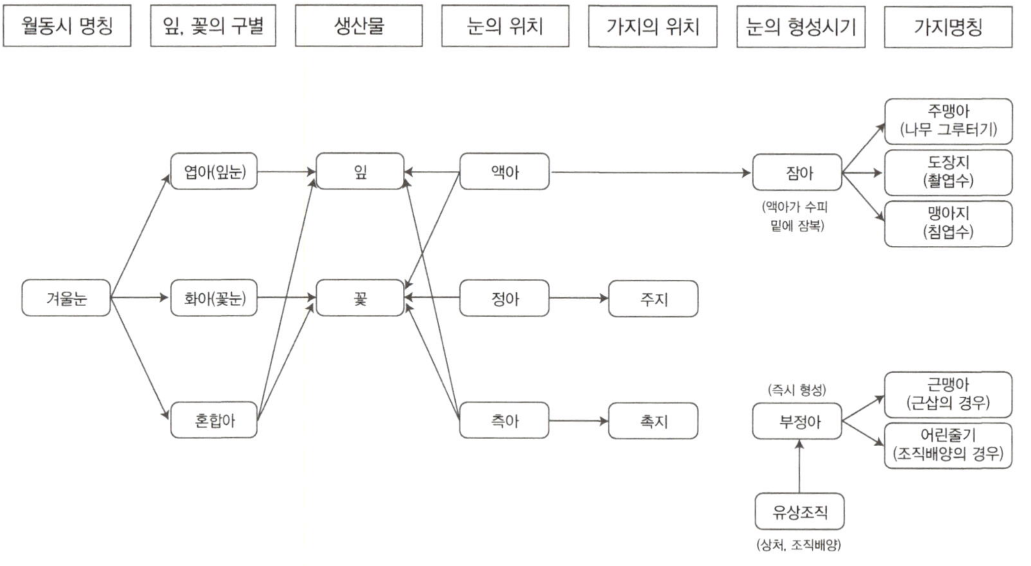

7) 가지

- 가시는 식물의 잎이나 줄기에 뾰족하게 돋아나는 것을 말한다. 가시는 형성 기원에 따라 여러 종류로 나뉜다.
- 경침 : 가지의 끝부분이 가시로 변한 것
- 엽침 : 잎이 가시로 변한 것
- 탁엽침 : 탁엽이 가시로 변한 것
- 극상돌기 : 가지나 줄기에 불규칙적으로 무수히 돋아난 것
- 강모침 : 가지에 난 털이 가시로 변한 것

8) 뿌리

- 뿌리는 흡수, 통도, 식물체의 고정 및 지지 그리고 저장의 역할을 한다. 쌍자엽식물은 직근계로 중심이 되는 주근과 주근에서 발달하는 측근의 구별이 명확하다. 그러나 단자엽식물에서는 세모근이 발달하여 주근과 측근이 구별되지 않는 총생의 형태를 띤다.
- 정근 : 종자의 배에서 어린뿌리가 발달하여 이것이 주근이 되고, 주근에서 측근이 발달하여 뿌리를 형성한다. 쌍자엽식물, 나자식물의 대부분이 정근의 유형이다.
- 부정근 : 주근의 발달이 조기에 멈추고, 지상부의 기부, 포복지, 만경, 삽수 등에서 부정근이 분지, 총생하여 뿌리를 형성한다. 일반적으로 초본식물에 많은 유형이다.
- 뿌리는 보통 땅속에 묻혀 있어 지중근이라 할 수 있으나 식물에 따라서 물속에 뻗어 있으면 수근, 공기 중에 있으면 기근이라 한다.

5. 수목의 규격

1) 수관

- 수관이란 나무의 줄기 위쪽으로 잎이 달린 가지 부분을 잎을 포함하여 총칭하여 부르는 명칭이다. 수관 폭은 수관의 한쪽 끝에서 다른 쪽 끝까지의 거리를 말한다. 수관의 모양이 타원형일 경우에는 최장 폭과 최단 폭의 평균을 수관폭으로 사용한다. 나무의 수관이 수평으로 생장하는 조형된 수관의 경우에는 수관폭의 최장 폭을 수관 길이로 사용한다. 기타 관목에서 흉고직경과 근원직경 등의 측정이 용이하지 아니한 경우 수관 길이를 채택한다.

2) 수고

- 수고는 나무의 키로 지표면에서부터 나무의 수관의 가장 높은 끝부분까지의 수직높이를 말한다. 이때 도장지는 제외한다.

3) 흉고직경

- 흉고직경이란 지표로부터 일반적으로 성인의 가슴높이 즉, 1.2m에 이르는 나무줄기 부위의 지름을 말한다. 산림생태학에서 산림의 수목 측정에 가장 많이 사용되는 방법이다.

4) 근원직경

- 근원직경은 지하고가 낮아 흉고직경을 측정하기 어려운 수종과 흉고직경을 측정할 수 있는 관목이나 어린 묘목 등에 적응하며 지표면의 줄기의 지름을 말한다.

5) 지하고

- 지하고란 수관의 가장 아래쪽 가지에서부터 지표면까지의 높이를 말한다.

6) 분지수

- 관목은 여러 개의 줄기가 지표면에서 갈라져 나오는 특성이 있으므로 수고와 수관 길이 외에 줄기의 개수를 규정하는 경우가 있다. 개나리, 고광나무, 남천 등은 규격의 표시에서 가짓수를 사용한다.

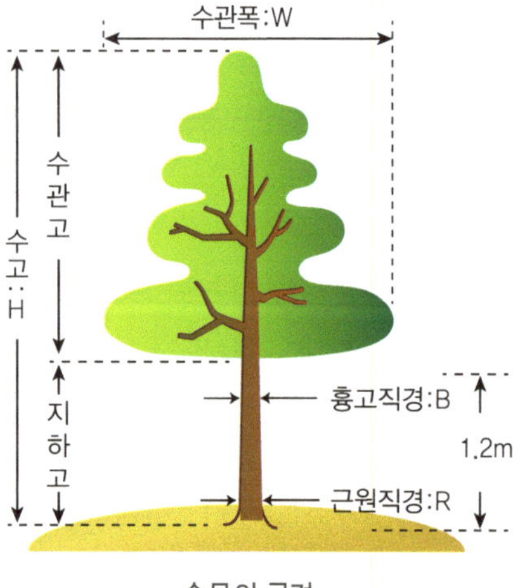

수목의 규격

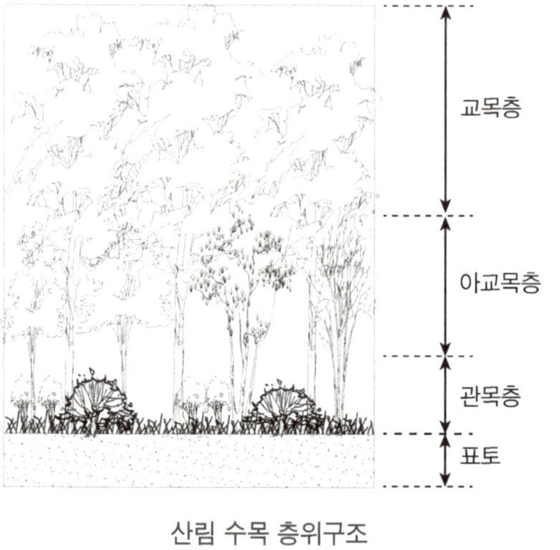

산림 수목 층위구조

6. 수목의 생리적 특성

1) 수목의 구조

수목의 특성

- 일반적으로 나무는 살아 있거나 죽어 있는 목재 모두를 일컫는 단어이지만, 수목은 살아있는 나무를 의미하며 숲을 이루고 있을 때는 입목(立木)이라고도 한다.
- 수목은 키가 크게 자라며 딱딱하고 굵은 줄기를 형성하며 다년생 식물의 특징을 가진다.

목본식물의 정의 및 특징

- 종자식물은 크게 초본식물과 목본식물로 구분되며 수목은 목본식물에 해당한다.
- 목본식물은 종자식물 중에서 2차 생장[1](secondary growth)을 하는 식물을 의미한다.
- 즉, 목본식물을 해부학적으로 정의할 경우, 야자류와 대나무류를 제외하고는 형성층에 의해 2차 생장을 통해서 나이테를 추가하면서 직경이 증가하는 식물이라고 할 수 있다.
- 온대지방에서 좀 더 쉬운 구별 방법은 겨울철에 지상부가 생존하면 목본식물, 지상부가 고사하면 초본식물[2]이라고 할 수 있다.
- 대나무는 형성층이 없어 직경이 굵어지지 않지만, 겨울에 지상부가 생존하여 목본식물로 간주한다. 열대지방의 야자나무도 나이테가 없지만 나무처럼 자라는 특징을 가진다.

수목의 특징

- 첫째, 수목은 크다. 지구 상에서 가장 큰 생물은 수목이며 미국 캘리포니아 지방에서 자라는 세쿼이어(Sequoia sempervirens)는 키가 최고 115m 정도이다. 직경이 가장 큰 수목은 멕시코의 옥사카 지방에서 자라는 낙우송 종류로서 근원직경이 약 17m 이다.
- 둘째, 수목은 오래 산다. 세쿼이어는 3,000년 이상 살 수 있고 가장 오래 사는 수목은 미국 캘리포니아 지방의 고산지대에서 자라는 롱가에바잣나무(*Pinus longaeva*)로서 5,062년생이 2012년에 발견되었다.
- 셋째, 수목은 생식 생장에 많은 에너지를 소모하지 않는다. 1년생 초본의 경우 모든 에너지를 열매 생산에 사용하지만, 수목은 성숙할 때까지 수년간 종자생산을 보류하며 월동과 다음 해의 생장을 위해서 에너지의 일부만 열매 생산에 배분한다.
- 넷째, 수목은 오랜 세월 생존하기 위해 환경에 대한 다양한 저항성을 가진다. 특히, 한파, 추위, 태풍, 병해충, 산불에 견디는 성질을 가지기도 한다.

---

[1] 2차 생장이란 형성층에 의해 2차 조직 즉, 2차 목부(물관)와 2차 사부(체관)를 만드는 것을 뜻한다

[2] 초본식물은 줄기의 횡단면에서 흩어진 유관속을 가지고 있는 식물이며 형성층이 없어 형성층에 의해 직경이 굵어지지 않는다. 또한 생활형에 따라 1년생, 2년생, 다년생으로 다시 분류된다.

수목의 연령대별 형태

- 수목의 형태는 수종에 따라서 다양하지만, 근본적으로는 유사한 과정을 거치면서 생장한다.
- 수목은 종자로부터 시작하여 유묘, 치수, 성숙목, 장령목, 노령목 단계를 거치면서 수령별 독특한 형태를 가진다.

수목의 기본구조

- 모든 생물은 바이러스를 제외하고 모두 세포로 구성되어 있으며 호흡 방법이 동일하다. 즉, 동일한 방법으로 포도당을 분해하여 이산화탄소를 발생시키면서 에너지를 ATP 형태로 보존한다.
- 고등동물의 경우 수십 개의 기관이 서로 유기적으로 연결되어 복잡한 대사작용이 이루어지지만, 수목은 6개의 기관만이 분화되어 있다. 즉, 영양 기관으로서 잎, 줄기, 뿌리, 생식 기관으로서 꽃, 열매, 종자가 바로 그것이다.
- 수목의 기능별 조직은 크게 분열조직, 보호조직, 지지조직, 통도조직, 동화조직, 저장조직, 통기조직, 분비조직으로 구분할 수 있다.
- 수목 생리학에서는 목본식물의 조직을 표피조직, 코르크조직, 유조직, 후각조직, 후막조직, 목부, 사부, 분비조직으로 구분하고 있다.

|목본식물조직의 분류|

종류	기능	관련 조직 및 세포
표피조직	• 어린 식물의 표면을 보호, 수분 증발 억제	• 표피층, 털, 기공, 각피층, 뿌리털
코르크조직	• 표피조직을 대신하여 보호, 수분 증발 억제	• 코르크층, 코르크 형성층, 수피
유조직	• 원형질을 가지며 살아 있으면서 신장, 세포분열, 탄소동화작용, 호흡, 양분 저장 등 가장 왕성한 대사작용 담당	• 생장점, 분열조직, 형성층, 동화조직, 저장조직, 통기조직 등의 유세포
후각조직	• 어린 목본식물의 표면 가까이에서 지탱 역할을 하는 특수한 형태의 유세포	• 엽병, 엽맥 줄기
후막조직	• 목본식물의 지탱 역할을 담당, 세포벽이 두껍고 원형질이 없음	• 호두껍질, 섬유세포
목부	• 수분 통도 및 지탱	• 도관, 가도관, 수선, 춘재, 추재
사부	• 탄수화물의 이동 및 지탱, 코르크 형성층의 기원	• 사관세포, 반세포
분비조직	• 점액, 유액, 고무질, 수지 등을 분비함	• 수지구, 선모, 밀선

2) 잎(leaf)

- 광합성[3] 작용을 통해 탄수화물을 제조하는 공장의 역할을 한다.
- 잎은 주로 유세포[4]로 구성되어 있다. 즉, 살아있는 세포이다.
- 잎은 산소와 이산화탄소를 교환하는 장소이며 증산작용도 부수적으로 수행한다.
- 목본식물은 잎의 모양이 다양하여 경우에 따라서는 잎의 모양만으로도 수종을 구별하는 경우가 종종 있다.
- 활엽수 즉, 피자식물의 잎은 햇빛을 많이 받을 수 있도록 넓게 발달한 엽신과 이를 지탱하는 엽병으로 구성되어 있다. 유엽과 성엽의 모양이 비슷하다. 그러나 호랑가시나무의 유엽은 가장자리가 가시처럼 돋아져 있으며 담쟁이덩굴은 첫해의 잎은 삼출엽이었다가 후에 통엽으로 바뀐다.
- 침엽수 즉, 나자식물의 잎은 엽신과 엽병의 구별이 없다.
- 잎의 양쪽 표피세포 안쪽을 엽육(mesophyll)이라고 하는데, 엽록체를 많이 함유하고 있다.
- 피자식물의 잎의 종단면에는 큐티클층, 표피, 책상조직, 해면조직, 기공, 털이 있다. 여기서, 책상조직과 해면조직이 엽육에 해당한다.
- 나자식물의 잎은 피자식물에 비해 변이가 적은 편이며 환경조건에 대해 반응이 적게 일어난다. 대부분의 나자식물은 상록성이지만, 은행나무, 낙엽송, 메타세쿼이아 등과 같이 낙엽성도 있다.
- 기공은 두 개의 공변세포에 의해서 생긴 구멍으로써 개폐가 가능하다. 수목의 잎에 있는 기공을 통해서 대기와 직접 가스 교환을 수행하는 곳으로 생리학적으로 중요하다.
- 대부분의 피자식물의 경우 기공은 하표피인 잎의 뒷면에만 분포한다. 그러나 포플러와 같이 양면에 모두 존재하는 수종도 있지만, 뒷면의 기공의 수가 훨씬 더 많다.

---

[3] 잎 이외에도 줄기나 열매도 초기에는 엽록체를 가지고 광합성을 할 수 있으나, 그 양은 잎의 광합성량보다 매우 적기 때문에 광합성 기관으로 별로 중요하게 여기지 않는다.

[4] 유세포의 유자는 한자로 '유(柔)'를 사용하는데 이는 부드러울 '유'이다. 즉, 살아있어서 부드럽다는 의미로 해석할 수 있다.

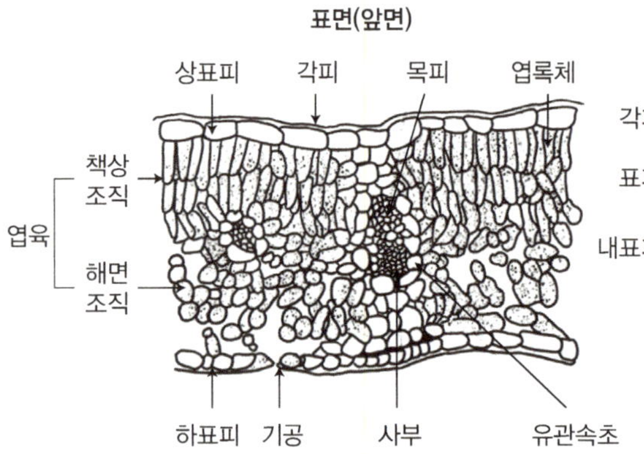

| 피자식물 잎 단면구조(배나무) |

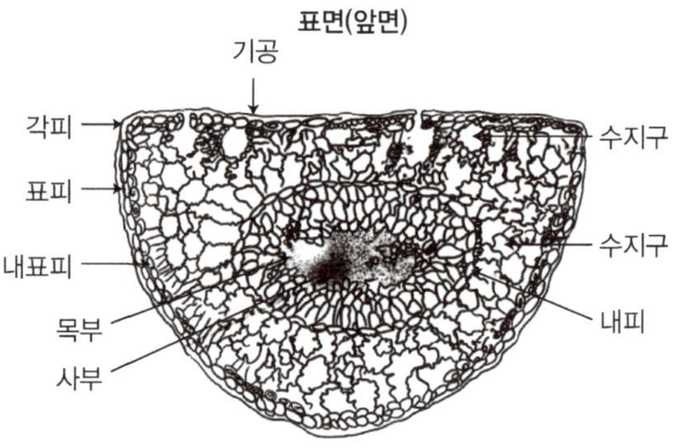

| 나자식물 잎 단면구조(소나무) |

3) 수간(stem)

- 횡단면 상에 배열순서는 외수피 → 내수피 → 형성층 → 변재 → 심재 → 수(pith) 의 순이다.

|수간 조직의 배열순서와 특징|

조직의 명칭			특징과 기능
수피	외수피		• 수피의 맨 바깥 부분으로서 완전히 죽어 있는 딱딱한 조직 • 사부와 형성층 보호
	내수피	코르크조직	• 코르크를 만드어 수피를 두껍게 하여 사부와 형성층 보호 • 자체적으로 코르크를 만드는 코르크 형성층을 가짐
		(2차) 사부	• 잎에서 만든 설탕을 뿌리로 운반시키는 통도조직 • 형성층에서 매년 새롭게 생성됨
형성층			• 수목의 일생동안 쉼 없이 목부와 생산하는 분열조직 • 안쪽으로 1년에 한 개씩의 나이테를 만듦
(2차) 목부		변재	• 살아 있는 부분이며 옅은 색을 띰 • 뿌리로부터 수관 쪽으로 수분을 운반하는 통도조직
		심재	• 예전 변재이었던 부분으로 죽어 있는 조직 • 여러 가지 물질이 축적되어 짙은 색을 가지며 지지 역할 수행
		수	• 종자에서 발아 직후 유묘시절에 만들어진 저장조직으로 더 이상 기능은 없음

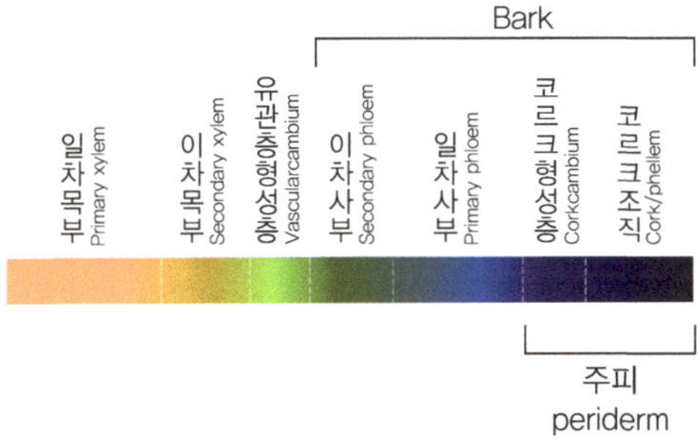

| 식물조직시스템 |

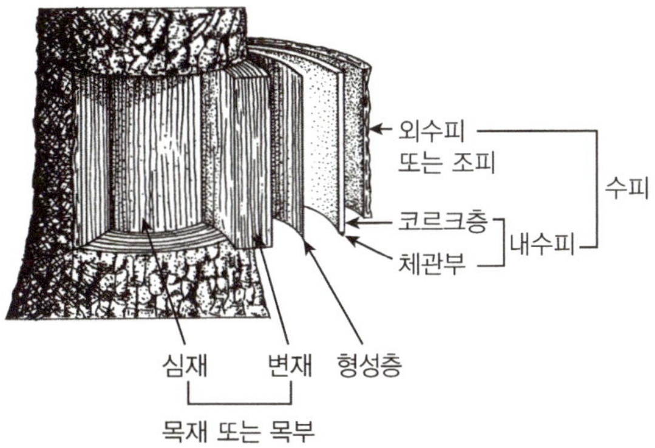

| 수간(stem)의 기본구조(Ketchum, 1970 자료 재작성) |

4) 나이테

- 춘재(봄에 만들어진 세포)와 추재(늦여름과 가을에 만들어진 세포)로 구성되어 있으며, 전년도 추재와 이듬해 춘재 간의 경계선에 해당한다.
- 피자식물의 목부조직은 횡단면상으로 본 도관의 크기와 배열에 따라 크게 세 가지로 나눈다.

종류	특징	해당 수목의 종류
산공재	• 봄과 가을까지 균일한 크기의 도관을 형성	• 단풍나무, 피나무, 벚나무, 플라타너스, 포플러, 버드나무, 자작나무, 목련
반환공재	• 봄에 만든 도관의 직경은 크고 여름과 가을 도관은 점진적으로 직경이 작음	• 호두나무, 가래나무
환공재	• 봄 도관의 직경은 크고 여름과 가을 도관의 직경은 매우 작음	• 느티나무, 참나무류, 물푸레나무, 음나무, 회화나무, 이팝나무

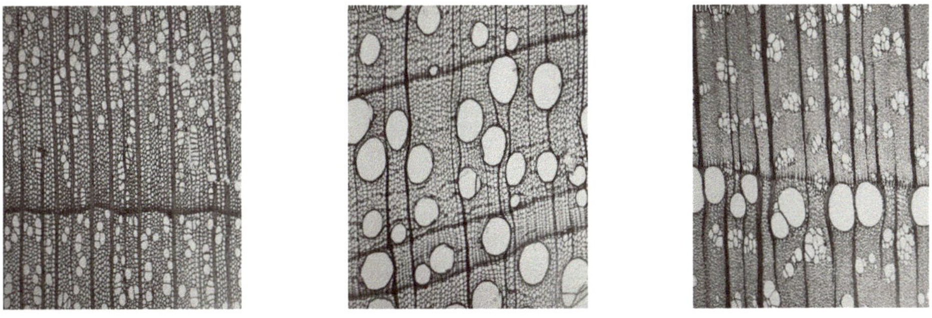

산공재 반환공재 환공재

| 목부구조 |

- 참나무 춘재 도관의 경우 지름이 거의 0.5mm가량 되어 육안으로도 보일 정도로 구멍이 크다. 도관의 지름이 크기 때문에 수분 이동 속도가 다른 어느 수종보다도 빠르다.

5) 뿌리

- 뿌리의 분열조직은 뿌리 끝에 있는 정단분열조직이 세포분열로 새로운 세포를 만들어 근계를 확장한다.
- 뿌리의 종류는 직근, 측근, 수직근, 수평근, 개척근, 모근, 장근, 단근, 세근으로 구분한다.
- 가는 뿌리(세근, 잔뿌리)는 수개월간 생존하며 뿌리털을 가진다. 겨울을 제외하고는 연중 쉬지 않고 새로 만들어지며 호흡을 왕성히 하기 때문에 땅속 깊이 들어가지 않는 것이 특징이다.
- 굵은 뿌리는 장기간 생존하며 형성층을 가지고 있어 직경이 굵어지면서 수평과 수직으로 널리 퍼진다.

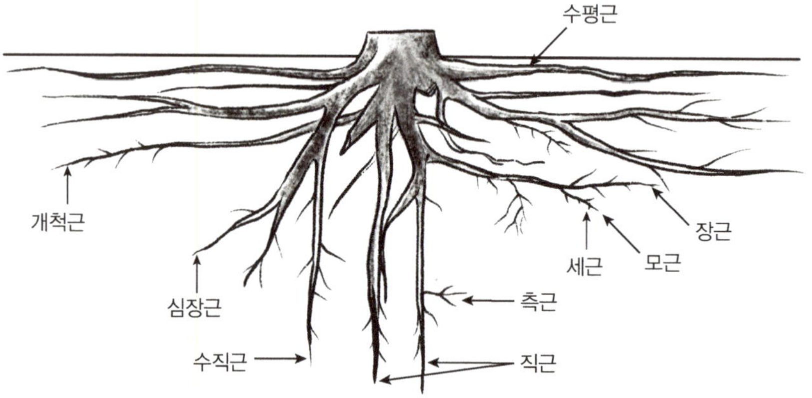

| 뿌리의 종류 및 구조 |

02

조경수목 200종의 수목학적·생태조경학적·인문학적 포인트

조경을 공부하는 학생 그리고 실무자와 일반인들이 알면 유익한 정보에 대해 조경수목 200종을 선정하여 수목분류학적 특성, 생태·조경학적 특성 그리고 인문학적 특성에 대해 제시하였다.

수목의 분류체계는 Engler체계를 근간으로 정리하였으며 학명은 표준식물목록(KPNI, The Korean Plant Names Index)을 우선으로 하였고 IPNI(The International Plant Name Index)를 이용하여 보완하였다. 학명 기록시 분류학적 이명에 대한 상이한 견해는 모두 고려하지 못하였으며 국가표준목록을 기준으로 하였다. 한국명 기재는 대한식물도감(이창복)과 국가생물종지식정보시스템(국립수목원)을 참조하여 정리하였다.

1. 소철

과명	학명	개화	결실
소철과(Cycadaceae)	*Cycas revoluta*	6~8월	10~11월

구분		내용
수목 포인트	성상	- 상록 침엽 소교목이다. - 높이는 1~6m이며 우리나라에서는 보통 2m 정도로 자란다.
	분포 및 자생지	- 아열대 지방의 나무이다. - 일본, 중국 등에 분포한다. - 제주도를 비롯하여 남부지방에서 조경수로 식재, 중부지방에서는 온실에서 식재 가능하다.
	꽃	- 암수딴그루이다. - 줄기 끝에서 꽃이 피며 암꽃은 둥근 모양, 수꽃은 긴 타원형 기둥 모양이다. - 황갈색 털이 밀생한다.
	잎	- 줄기 끝에서 사방으로 모여 나며 잎 끝이 다소 말린다. - 끝은 뾰족하고, 앞면은 짙은 녹색이며 광택이 난다. - 뒷면은 갈색이 있다가 점차 떨어진다.
	열매	- 10~11월에 붉은색으로 익는다.
	줄기(수피)	- 잎 떨어진 흔적이 비늘 모양으로 남아 줄기를 이루는 것처럼 보이며 이는 나무 양치식물의 특징이다.
검색포인트		- 잎이 야자나무와 닮은꼴이며 줄기가 없다. 제주도에서만 볼 수 있다. - 내륙에서는 온실에서 볼 수 있다.
생태·조경 포인트		- 원산지에서는 해안 바위틈에서 주로 자라며 음이온 발생식물로 정충이 있는 화석식물이다. - 내염성이 강하며 뿌리는 천근성이다. - 야자수 같은 잎이 아름다워 실내 정원용으로 식재 가능하며 남부지방에서는 야외에서 악센트 식재나 군식재로 활용한다.
인문학 포인트		- 속명 키카스(Cycas)는'야자'를 의미하는 그리스어 키카스(Cykas)에서 유래했다. 잎을 보면 야자와 그 생김새가 매우 흡사하다. 종소명 레볼루타(revoluta)는 '작은 잎 가장자리가 말린다'라는 뜻이다. - 소철 이외에 철초, 봉미초, 번초 등의 이름을 가지고 있는데, 대부분 잎의 모습을 본뜬 것이다. - 소철과에 하나밖에 없으며 천년 이상 생존하는 살아있는 화석이며 100년에 한두 번 꽃이 피는 나무로 알려져 있다. - 줄기에 못을 박거나 철분을 공급하면 소생하는 나무라는 뜻의 이름이다. 중국 명나라 왕기가 편찬한 삼재도회에 따르면 한자 이름 소철은 '못질을 해도 살아난다'라는 뜻이다. - 자라는 속도는 매우 빠른 편이며 목재로써의 가치는 별로 없으나, 잎은 말려서 광주리를 만드는 재료로 이용한다. - 이수광(1563~1628)의 지봉유설에는 소철에 대한 기록이 존재한다.'왜국에 사는 이 나무는 소철이다. 줄기가 곧고 곁가지가 없으며 잎은 끝에서 자라 우산처럼 사방으로 펼쳐진다'라고 언급하고 있다.

▲ 제주도 애월읍 수산리에 위치하는 수산저수지변에 식재된 소철
(수고는 약 5.5m, 수관폭은 6~7m 정도이다)

▲ 소철 수꽃

▲ 소철의 잎과 암꽃

2. 은행나무

과명	학명	개화	결실
은행나무과	*Ginko biloba*	4~5월	10월

구분		내용
수목 포인트	성상	- 낙엽 침엽 교목이다. - 높이는 40~60m까지 자랄 수 있지만, 우리나라에서는 15~30m 정도가 대부분이다.
	분포 및 자생지	- 중국 저장성의 텐무산(천목산 天木山)에서 1987년 자생지가 발견되었다.
	꽃	- 암수 딴그루이다. - 수분기는 4~5월이며, 암그루의 생식기는 전년도 가지 끝의 잎 겨드랑이에서 나오며 2개의 배주 중 1개가 성숙한다. - 수나무의 생식기는 전년도 자란 가지에서 잎이 나오며 성숙한다.
	잎	- 잎은 끝이 두 갈래로 갈라지며 엽맥은 연속하여 2갈래로 갈라진다. - 긴 가지에서 어긋나게 달리고 짧은 가지에서는 3~5개씩 모여 달린다.
	열매	- 열매는 9~10월에 황색으로 익는다. - 종자는 2~3cm의 둥근 모양이며 흰색으로 2~3개의 능선이 있다. - 열매의 고약한 냄새는 자신의 종자를 보호받기 위해 빌로빌(bilobol)과 은행산(nkgoic acid)이 원인이다.
	줄기(수피)	- 회색 또는 회갈색이다. - 두꺼운 코르크질이 생기며 세로로 깊게 갈라진다. - 오래된 나무에는 유주가 달린다. - 겨울눈은 광택이 나는 반구형이고 털이 없다.
검색 포인트		- 잎이 부채꼴 모양으로 2개로 갈라지며 단지가 발달한다.
생태·조경 포인트		- 강한 햇볕 아래에서 생육이 양호하며 이식이나 활착이 비교적 쉽다. - 단풍이 아름다워 공원수 및 가로수로 식재한다. - 맹아력이 강해 열식 하여 전정하면 좋은 수벽용 재료가 될 수 있다. - 잎에 노란색 줄무늬가 있는 캘리포니아 선셋(Californian Sunset), 원뿔 모양의 피라미드 은행나무(Fastigiata), 왜성종으로 잎몸에 주름이 많은 마리켄(Mariken) 등도 조경수로 사용한다.
인문학 포인트		- 종소명 깅코(Ginkgo)는 은행의 일본식 발음 긴난(Ginnan)에서 유래하며 종소명 빌로바(biloba)는 라틴어 'bis'에서 유래된 것으로 'bi(둘)' + 'loba(잎)'의 합성어로 '두 갈래로 갈라진 잎'이라는 뜻이다. - 은행(銀杏)이라는 뜻은 '은빛 살구'를 뜻하는 단어로서 즉, 열매가 살구나무 열매를 닮아서 붙여진 이름으로 중국 송나라 때 본격적으로 은행이라는 이름으로 언급되기 시작했으며 그 이전에는 압각수※(鴨脚樹), 공손수※※(公孫樹) 등이었다. - 약 3억 5,000만 년 전인 고생대 석탄기에 출현한 것으로 추정되어 살아있는 화석으로 불리고 우리나라 장수목 중 느티나무 다음으로 많다. - 세계에서 은행나무는 1속 1종 유일 종이다. - 학문을 배워 익히는 곳을 행단(杏壇)이라고 하는데, 공자가 행단에 많이 심은 나무로써 우리나라에서도 향교나 사찰에 많이 심었다. 또한 신목이라 하여 국가의 녹을 먹는 관원들의 악행을 억제하기 위해 관청의 뜰이나 주변에도 식재한 기록이 있다. - 우리나라에서는 천연기념물로 약 25곳이 지정되어 있고 특히 양평 용문사 은행나무는 수령 1,100~1,500년 정도로 높이 50여 미터, 둘레길이 13m로 우리나라 최고 수령을 자랑하고 있다.

※ 압각수(鴨脚樹)는 잎이 마치 오리발을 닮아서 붙인 것으로 나무의 잎을 강조한 것이다(강판권, 2010)

※※ 공손수는 열매가 후대 즉, 손자대에 열린다고 하여 붙여진 이름으로 열매를 강조한 것이다(강판권, 2010)

▲ 은행나무 수피

▲ 은행나무 열매가 열린 모습

3. 구상나무

과명	학명	개화	결실
소나무과	*Abies koreana*	4~5월	9~10월

구분		내용
수목 포인트	성상	- 상록 침엽 교목이다. - 높이는 10~20m이다.
	분포 및 자생지	- 한국 특산식물이다. - 덕유산, 지리산, 한라산 등의 해발고도 1,000m 내외의 산지 사면과 능선에서 자생한다. - 국내에서 가장 많이 분포하는 곳은 한라산이다. 그러나 지구온난화로 고사목이 늘어나는 추세이다.
	꽃	- 4~5월에 2년지의 잎겨드랑이에 꽃이삭이 달린다. - 암꽃이삭은 긴 타원형이고 곧게 서서 달리며 색이 다양하다. - 수꽃이삭은 타원형이고 대개 아래를 향해 달리며 성숙하면서 붉은색 → 황록색으로 변한다.
	잎	- 도피침상 선형이고 촘촘히 달린다. - 끝은 가운데가 오목하지만 뾰족한 것도 있다. - 뒷면에 2줄의 흰색 숨구멍 줄이 있다.
	열매	- 구과이며 흑자색으로 변했다가 9~10월에 다갈색으로 익는다. - 4~6cm의 원통형이고 위를 향해 자라고 있다. - 흔히 흰색의 수지 성분이 나오고 솔방울 조각의 돌기가 아래로 젖혀진다.
	줄기(수피)	- 회색이고 비교적 매끈한 편이지만, 오래될수록 거칠어진다.
검색 포인트		- 전나무는 잎의 끝이 침처럼 뾰족하지만, 구상나무는 전나무에 비해 잎이 짧고 끝이 오목한 모양이 다르다. - 분비나무는 구상나무와 유사하지만, 구상나무에 비해 잎이 빗살 모양이며 구과의 실편이 위를 향하고 있지만, 구상나무는 아래를 향한다.
생태·조경 포인트		- 대표적 기후변화 지표종이며 구상나무의 생태적 수명은 약 120년으로 추정되지만, 기후적 영향으로 최근 고사 수목이 늘어나고 있어 학계에서는 기후적 영향으로 약 100년 이내로 지구 상에서 자취를 감출 종으로 보고되고 있다. 우리나라에서 구상나무는 제주도와 남쪽에서 먼저 분포하였는데, 제주도와 남부지방 전역의 낮은 지대에서 넓게 분포하였지만, 기온이 상승하면서 점차 산 정상부로 옮겨 간 거 같다. 향후 지금보다 더 기온이 올라간다면 구상나무의 자생지는 사라질 것으로 예상된다. 기후변화에 따른 온도 상승과 수분 스트레스가 주된 원인으로 보고되고 있다. - 공해에 약하고 생육이 매우 느려 조경용으로 많이 식재하지는 않지만, 수형이 아름다워 조경용으로 식재 시 악센트 식재로 활용하면 좋다.
인문학 포인트		- 세계에서 유일한 구상나무 숲은 한라산 고산지대에 위치하며 속명 'Abies'는 전나무류의 라틴명으로 종소명 'koreana'는 우리나라가 원산지임을 알려준다. - 구상나무는 1907년 프랑스 식물학자에 의해 세계에 처음 알려졌고 1920년에 정식으로 학명이 기록되었다. - 구상나무를 제공받은 미국 식물학자 윌슨은 1917년 분비나무와 다른 특성을 발견하고 신종으로 등록하였고 이때부터 구상나무는 해외로 유출되어 크리스마스트리용 나무로 개량되어 '코리안 퍼'라는 이름으로 역수입하게 되었다. - 구상나무 이름은 제주방언으로 '성게'를 나타내는 '쿠살'이라 하며 '낭'은 '나무'라 한다. - 쿠살낭→쿠상낭→구상낭→구상나무로 변했다는 설과, 구상나무 열매의 돌기가 갈고리처럼 생겨 구상에서 유래했다는 설도 있다. - 최근 구상나무 추출 에센셜 오일이 탁월한 항균효과가 밝혀졌다. - 구상나무와 분비나무는 일란성 쌍둥이와 같은데, 설악산에서 자생하는 분비나무 중에서는 구상나무처럼 돌기가 아래로 젖혀지는 것이 발견되어 두 종에 대한 분류가 모호한 실정이다. - 일반적으로 전나무류에 속한 나무의 열매는 하늘을 향해 자라며 구과가 땅으로 떨어지면 산산조각 난다. 그러나 가문비나무 종류는 열매가 아래를 향해 자라며 떨어져도 그 형태를 유지한다.

▲ 구상나무 열매(구상나무의 열매는 하늘을 향해 열린다)

▲ 잎 비교 : (왼쪽)구상나무, (오른쪽)분비나무

▲ 잎 비교 : (왼쪽)구상나무, (오른쪽)분비나무

▲ 구상나무 수형 및 수피 모습

▲ 구상나무 잎 뒷면

▲ ▼ 제주도 한라생태숲에 조성된 구상나무숲

알고 있으면 도움이 되는 포인트

기후변화와 구상나무

우리나라에서 구상나무가 분포하는 지역은 한라산, 지리산, 설악산, 덕유산 등이지만, 이중에서도 가장 대표적인 곳은 바로 제주도 한라산이다. 한라산에는 해발 약 1,500m 되는 곳부터 정상까지 약 800만 평의 넓은 면적에 구상나무군락이 분포하고 있다. 구상나무는 아고산대 식생을 대표하는 나무이다※. 아고산대(sub-alpine zone)는 산림대와 고산대 사이의 식생대로서 기온은 연평균 4~5℃ 이하의 지역으로 우리나라에서는 지역에 따라 다르지만, 해발고 800m 이상의 지역을 말한다. 제주도 한라산의 경우 1,300~1,900m를 아고산대라고 하며 강원도 설악산의 경우 해발고 800m 이상을 아고산대라고 하고 있다. 아고산대 식생의 대표적인 수종들은 구상나무, 분비나무, 전나무, 눈잣나무 등이 있다. 주로 건조함과 추위에 강한 침엽수종들이 대표적이다.

최근 기후변화로 인해 지난 100년간 우리나라의 기온이 약 1.5℃ 상승하였는데, 이는 전 세계 평균 기온 상승률 0.7℃를 크게 상회하는 수치이다. 기온 상승과 적설량의 부족 등이 원인이 되어 구상나무의 고사 및 군락의 쇠퇴가 가중되고 있다. 이는 향후 지속적으로 진행될 것으로 다수 연구자들이 보고하고 있으므로 구상나무에 대한 관심이 매우 절실한 실정이다. 일반적으로 생물이 느끼는 평균기온 1℃는 매우 큰 것이다. 인간도 체온 1℃ 상승하면 열이 나고 2~3℃ 이상 상승하면 병원에 가야 하는 것처럼 나무를 포함한 식물들에게 1℃의 상승은 치명적일 수도 있다. 해발고 100m 상승할 때 평균적으로 약 1℃정도 기온이 낮아지는데, 이는 수목을 포함한 식물들의 서식지 변화에 크게 영향을 미치는 요인이 되는 것이다. 최근 기후변화에 따른 기온 상승, 풍속 증가, 토양 수분 감소 등의 복합적 요인으로 아고산대 식생의 변화 및 쇠퇴는 심각한 실정이다.

실제 구상나무는 전 세계에서 우리나라에서만 자생하는 대표적 수종이지만, 구상나무의 쇠퇴 현상이 최근 10여 년간 급격히 증가하고 있어 세계자연보전연맹(IUCN)에서는 2013년에 구상나무를 멸종위기종으로 분류하기에 이르렀다.

1970년대에서 2004년 사이에 발표된 약 30,000종의 식물과 동물의 물리적 체계와 생물학적 특징의 변화 경향 중 90%가 기온 상승과 일치한다는 연구결과가 발표되었다(Rosenzweig et al., 2008). 향후 100년간 지구의 평균기온이 약 2℃ 상승할 경우 기후대는 극방향으로 위도 150~550km, 고도 150~550m를 이동하지만, 수목의 이동속도는 40~2,000m로서 산림식생이 기후대의 이동속도를 따라갈 수 없다. 즉, 기후변화에 따른 수목의 쇠퇴 혹은 변화는 불가피한 것이라고 판단할 수 있다.

최근 구상나무의 기후변화에 따른 모니터링 연구와 기후변화 적응 연구가 활발히 진행되고 있다. 국립공원공단에서는 국립공원별 아고산 식생대의 모니터링과 변화 실태를 주기적으로 조사하여 자료를 축적하고 있으며 국립생태원에서는 기후변화 민감성 평가 및 기후변화 적응 개체 실험을 지속적으로 진행하고 있다. 실제 2020년에는 구상나무의 배아줄기세포 배양에 성공하기도 했다.

※ 국립공원 연구원(2015) 자료에 의하면 우리나라 아고산대의 대표적 식물군락은 설악산 국립공원의 경우 전나무, 분비나무, 눈잣나무, 주목이며 오대산 국립공원의 경우 분비나무, 전나무, 주목, 전나무-신갈나무, 분비나무-신갈나무, 주목-신갈나무이며 지리산 국립공원의 경우 가문비나무, 주목, 분비나무, 구상나무, 신갈나무-구상나무이며 덕유산 국립공원 경우 주목-구상나무, 구상나무, 구상나무-신갈나무, 구상나무-잣나무 등이다.

※※ 생리적 영점은 식물이 생장을 멈추는 가장 낮은 온도로 정의되며 일반적으로 월평균 기온이 6℃ 보다 낮을 때이다. 이는 식물이 죽는 것이 아니라 휴면 상태로 들어가는 것이다. 일반적으로 식물은 5.5℃ 이하이면 휴면 상태가 된다. 낮은 기온→흙이 얼어 뿌리로 수분 흡수 불가능→잎의 수분 증발→수분 스트레스→생리적 건조→고사된다. 다만, 저온이 식물 생육에 영향을 미치는 것은 계절과 식물종에 따라 상대적인 것이기 때문에 수목 및 식물의 생리·생태적 특성을 파악하는 것이 가장 중요하다

식물분포에 영향을 주는 요인들

수목과 식물의 분포에 영향을 주는 요인에는 첫째, 기후요인(연평균 기온, 강수량 등), 둘째, 토양요인, 셋째, 지형요인(경사도, 경사방향, 산록, 산정, 계곡 등), 넷째, 생물요인(식물과 식물, 식물과 동물의 상호 작용 등), 다섯째, 인위적 요인(식생파괴, 식생도입 등) 등이 대표적이다. 기후는 어떤 물리적 조건보다도 식물의 생장과 분포에 가장 큰 영향을 미친다. 하나의 기후요소는 다른 기후적 요소와 연계되어 식물생장에 관여한다. 예를 들어 기온이 올라가면 상대습도가 낮아지는 효과도 이러한 것이다. 기온과 더불어 가장 중요한 기후요소는 강수량이다. 쾨펜의 기후구분도 기온과 강수량을 기본으로 하여 구분한 것이다. 기온은 식물의 에너지 공급원으로서 매우 중요하며 위도, 고도, 계절과 날씨에 따라 달라진다. 수목을 포함한 모든 식물은 적정 기온적 범위와 내성범위를 가지고 있다. 즉, 자신이 잘 생육할 수 있는 최적 기온의 범위가 있고 생존에 필요한 최소 한계 기온을 가지고 있다. 즉 기온이 너무 낮거나 너무 높으면 수목의 생장 및 분포에 영향을 미친다는 것이다. 일반적으로 식물은 5~6℃ 이상에서 실질적 생장활동을 시작하므로 식물의 생리적 영점※※을 5℃ 혹은 6℃라고 하는 것이다. 대부분 수목은 기온이 높아질수록 성장속도가 빨라지는데, 기온 10℃ 상승하면 호흡량이 약 2~2.5배 증가한다는 연구결과도 있다. 그러나 수목의 특성상 아고산 식생 등은 기온의 급격한 상승은 오히려 생육에 큰 지장을 초래할 수 있다. 기존 연구결과에서는 식물에 적합한 온도범위를 15~25℃정도라고 하며 수목의 광합성 적합온도는 0~40℃정도이다. 기온이 상승하면 광합성 속도가 증가하여 생육에 양호하지만, 우리나라와 같은 온대지방에서는 기온 35℃ 이상되면 광합성 속도가 현저히 줄어드는 경향이 있다. 이런 특성을 명심해야 한다. 온도가 35℃ 이상 증가할 경우에는 식물의 광합성 속도 저하와 함께 이런 온도가 지속된다면 수목의 고사 및 쇠퇴까지 가능하다. 지속적 높은 기온은 식물 잎의 증발산을 높게 하고 탈수나 건조현상으로 세포막 손실과 체내 단백질 변성을 가져와 호흡량이 광합성량보다 많아져 결국 고사하게 된다. 다만, 높은 온도에서도 충분한 수분공급이 이루어질 수 있다면 냉각효과가 발생하여 고온에서도 생존은 가능하다. 수분은 식물생장의 필수요인으로서 비, 눈, 이슬, 안개 등 여러 형태로 수목에 공급된다. 대부분의 수목은 토양으로부터 수분을 얻지만, 대기중에서도 얻을 수 있다. 토양내 수분의 이용시 수목은 뿌리를 통해 모세관 현상의 힘이 미치는 부분의 수분만을 이용한다. 수목의 수분요구도에 따라 건조식생, 수생식생 등으로 구분한다. 햇빛은 위도, 계절의 길이, 구름의 정도, 사면의 방향, 다른 식물과의 거리 등에 따라 다르며 햇빛의 요구도에 따라 음수, 양수, 중용수로 구분한다. 일반적으로는 수목의 경우 어릴때는 그늘에 견디는 힘이 강하고 자라면서 견디는 힘이 약해지는 특성이 있다. 바람은 식물에 직·간접적 영향을 미치며 식물의 증산작용, 잎의 냉각, 꽃가루와 씨앗의 확산 등에 관여한다.

토양은 수목을 지탱하는 역할과 양분과 수분을 공급하는 역할을 담당한다. 토양은 암석, 기후, 생물, 지형, 시간의 5가지 토양생성인자에 의해 영향을 받으며 토양산도, 토성, 토심 등이 수목생육에 영향을 미친다. 지형의 경우 해발고도, 사면의 경사도, 방위, 기복량 등이 식물생장에 영향을 미치며 해발고도에 따른 기온의 차이가 수직식생대를 나타나게 한다.

생물요인의 경우 식물과 식물, 식물과 동물 등의 상호작용에 의해 형성되는 것으로 각자 자신에게 도움이 되는 생물들과 관계를 가지고 형성하는 것이다. 즉, 생태학적으로 건전한 모습이 가장 적합하며 자신과 경쟁되는 수목과 생육시 피해를 볼 수도 있으므로 식물을 식재시 생태적 특성을 고려하여 식재 및 복원이 이루어져야 한다.

마지막으로 인위적 요인의 경우 인간에 의한 식생파괴와 인위적 식생의 도입을 들 수 있다.

4. 분비나무

과명	학명	개화	결실
소나무과	*Abies nephrolepis*	4~5월	9~10월

구분		내용
수목 포인트	성상	- 상록 침엽 교목이다. - 높이는 20~30m이다.
	분포 및 자생지	- 한국, 중국, 러시아, 몽골에 분포한다. - 소백산 이북의 아고산지대에서 자라며 나무 지방에서의 자생 여부는 불분명하다.
	꽃	- 암수한그루이다. - 4~5월에 2년지의 잎겨드랑이에 꽃이삭이 달린다. - 암꽃이삭은 긴 타원형이고 곧게 서서 달리며 색이 다양하다. - 수꽃이삭은 타원형이고 대개 아래를 향해 달리며 성숙하기 전 붉은색, 성숙 후 황록색으로 변한다.
	잎	- 도피침상 선형이고 촘촘히 달린다. - 끝은 가운데가 오목하게 파이지만 뾰족한 것도 있다. - 뒷면에 2줄의 흰색 숨구멍줄이 있다.
	열매	- 구과※이다. - 흑자색으로 변했다가 9~10월에 다갈색으로 익는다. - 4~6cm의 원통형이고 위를 향해 서서 달린다. - 흔히 흰색의 수지 성분이 나오고 솔방울 조각의 돌기가 아래로 젖혀진다.
	줄기(수피)	- 회색이고 비교적 매끈한 편이지만, 오래될수록 거칠어진다.
검색 포인트		- 구상나무에 비해 솔방울 조각 끝이 아래로 젖혀지지 않는 점이 다르다고 알려져 있으나, 명확하게 구분되는 건 아니다.
생태·조경 포인트		- 분비나무가 아고산 지역에서 적응한 것이 구상나무라는 견해도 있지만, 명확히 구상나무와의 차이의 구분이 모호하다. 실제로 설악산에서는 구상나무의 특성을 가진(즉, 돌기가 아래로 처지는) 분비나무가 발견되어 사실상 두 수종의 구분이 의미가 없다고 할 수 있다.
인문학 포인트		- 종소명 네프로네비스(nephrolepis)는 '콩팥 같은 인편'이라는 뜻으로 열매를 강조한다. - 나무껍질에 분백색이 돈다 하여 '분피나무'라고 하던 것이 변한 것이다. - 중국, 일본, 러시아, 유럽, 북미, 몽골에 분포하며 국내에는 소백산, 오대산, 향로봉 일대 강원도에 분포한다. - 잎은 선형이며 잎이 갈라지지만 뾰족한 것도 있다. 잎 뒷면의 두 줄의 백색이 뚜렷하다. - 구상나무는 빙하기가 끝나고 간빙기가 되면서 남부 아고산 지역에 고립된 분비나무가 환경에 적응하는 과정에서 분화된 것으로 알려져 있다. 그런데 솔방울 조각의 돌기로 구분하는 두 종의 구분이 큰 의미가 없는 것으로 판단되며 특히 지역 환경에 따라 달리 나타나는 특성일지도 모른다는 견해가 최근 지배적이다.

※ 솔방울처럼 모인 포린 위에 2개 이상의 소견과가 달린 열매로 소나무, 삼나무 등의 열매를 말하며 목질의 비늘조각이 여러 개 뭉쳐 있는 열매로 단단히 붙어 있다가 익으면 점차 벌어지며 그 안에 씨앗이 붙어 있다.

▲ 분비나무 잎 및 가지의 모습

▲ 분비나무 잎 뒷면의 모습

5. 전나무

과명	학명	개화	결실
소나무과	*Abies holophylla*	4~5월	10월

구분	항목	내용
수목 포인트	성상	- 상록 침엽 교목이다. - 높이 30~40m이다.
	분포 및 자생지	- 한국, 중국, 러시아에 분포한다. - 중부 이북의 높은 산의 능선이나 계곡에서 자생한다.
	꽃	- 암수한그루이다. - 4~5월에 2년지의 잎겨드랑이에 꽃이삭이 달린다. - 암꽃이삭은 긴타원형, 수꽃이삭은 타원형이다. - 성숙하기 전에는 붉은색 → 성숙 후에는 황록색으로 변한다.
	잎	- 선형이고 촘촘히 달린다. - 길이 2~4cm, 폭은 0.2cm 내외이다. - 끝은 뾰족하고 뒷면에 2개의 흰색 숨구멍줄이 있다.
	열매	- 구과이며 10월에 갈색으로 익는다. - 6~12cm의 원통형이고 위를 향해 선다. 흔히 흰색의 수지 성분이 나온다. - 분비나무나 구상나무와 달리 표면으로 솔방울 조각의 돌기가 밖으로 노출되지 않는다.
	줄기(수피)	- 회색 또는 회갈색이고 거친 편이다. - 겨울눈은 난형이고 털이 없으며 수지가 나온다.
검색 포인트		- 일본전나무(*A. firma*), 분비나무, 구상나무는 잎끝이 2개로 갈라지는 데 비해 전나무는 잎끝이 갈라지지 않고 뾰족한 점이 다르다. - 잎 뒷면에 2줄의 백색 기공 조선(흰색 숨구멍 줄)이 있고 수피는 거칠고 잿빛이 도는 흑갈색이다.
생태·조경 포인트		- 서늘하고 다습한 고산지대에서 잘 자란다. 강한 햇볕에서는 생육이 불량하다. - 내공해성과 고온에 약해 도심지 조경용 수종으로는 부적당한 수종이지만, 수형이 아름다워 경관식재 등으로 많이 이용한다.
인문학 포인트		- 전나무의 학명은 러시아의 식물학자 Maximowicz(1827~1891)가 붙인 것으로 'Abies'는 전나무를 뜻하는 라틴어이고 종소명 'holophylla'는 '갈라지지 않는 잎'이라는 뜻이다. - 전나무의 이름은 가지가 옆으로 작은 가지와 잎을 내서 퍼져 납작하게 자라므로 음식의 전과 같이 착착 포갤 수 있는 나무이기 때문이라는 설이 있다. - 다른 유래로는 수지 성분의 끈끈한 '젖'이 나오는 나무라 하여 '젖나무'라고 하던 것이 '젓나무로 변하였다는 설이 있다. - 전나무는 재질이 우수하여 건축재, 특히 기둥재 등으로 많이 쓰였으며 특히 경남 해인사와 통도사 등의 기둥 일부도 전나무를 사용하였다. 이는 전나무의 특성 때문으로 이해할 수 있다. 전나무는 오래되면 줄기 아랫부분의 굵은 곁가지가 거의 없어져 밋밋하게 되고 줄기가 굽는 일이 거의 없었는데, 예전에 궁궐, 사찰, 관아 등 건축물 또는 큰 서원을 짓는데 기둥이나 대들보로 많이 이용되었다. 과거 나무를 다듬는 기술이 발달하지 않았을 때 전나무 줄기가 적합했을 것이다. - 이런 이유 등으로 우리나라 전국 유명 사찰에서 전나무를 쉽게 관찰할 수 있는데, 이중 강원도 오대산 국립공원 내 월정사 입구 전나무숲은 필자가 관찰한 숲 중 가장 으뜸이라 할 수 있다. - 전나무는 원래 추운 지방에서 자라는 나무로 북한의 고산지대와 고원지대에서 주로 자란다. 남쪽 지방에서는 일본전나무를 많이 식재하였다. 전나무는 한대성이고 일본전나무는 온대성이다. - 과거 전나무, 가문비나무 등을 합쳐서 삼송(杉松)이라 불렀고 잣나무는 홍송(紅松)이라 불려졌다. - 고대 중국에서는 전나무를 죽었다가 다시 살아난 성스러운 나무로 받아들여졌다. 이런 이유로 조선의 양반들도 조상의 무덤가에 전나무를 많이 심었다. 그러나 율곡 이이는 전나무가 높이 자라 벼락을 맞기 쉽다는 이유로 반대하였다. 실학자 이이의 특성을 살펴볼 수 있는 측면도 있다.※ - 천연기념물로는 전북 진안 천황사 전나무(제495호)와 최치원이 심었다고 알려진 합천 해인사 학사대 전나무(제541호) 등이 있다.

▲ 공원에 식재된 전나무 수형과 수피

▲ 전나무 잎과 꽃의 모습

※ 강판권(2015) 역사와 문화로 읽는 나무사전

▲ 속리산 법주사는 533년에 세워진 사찰로서 유네스코에 등재된 세계문화유산이다. 법주사로 통하는 세번째 문인 사천왕문은 신라 진흥왕 14년에 세워졌으며 현존하는 천왕문 중에 최고 규모이다. 천왕문 앞에 식재된 전나무 2주는 그 높이가 27m 정도이다.

▲ 속리산 법주사로 가는 길에 있는 전나무와 소나무숲길

6. 개잎갈나무

과명	학명	개화	결실
소나무과	*Cedrus deodara*	10~11월	다음 해 9~12월

구분	항목	내용
수목 포인트	성상	- 상록 침엽 교목이다. - 높이 30~60m이다.
	분포 및 자생지	- 히말라야, 아프가니스탄, 중국에 분포한다. - 내한성이 약해 주로 남부지방에서만 심었으나, 지금은 전국에서 심는다.
	꽃	- 암수한그루이다. - 10~11월에 짧은 가지 끝에 꽃이삭이 달린다.
	잎	- 잎은 침엽으로 단면은 삼각형이다. - 잎은 길이 3~4cm 정도로 짧은 가지에 20~30개씩 모여 달리며 긴 가지에서는 한 개씩 달린다. - 끝은 뾰족하고 뒷면에 흰색의 미세한 숨구멍 줄이 있다.
	열매	- 구과이며 다음 해 9~12월에 갈색 또는 회갈색으로 익는다. - 7~12cm의 넓은 타원형이고 위를 향해 선다.
	줄기(수피)	- 회갈색이고 오래될수록 불규칙하게 벗겨진다.
검색 포인트		- 잎갈나무에 비해 상록성이라 겨울에도 푸르고 열매가 세 배 이상 큰 점이 다르다. - 아래로 처지는 수형과 짧은 가지에서 총생하는 짙은 녹색의 잎이 특징이며 수피는 회갈색이며 갈라져 벗겨진다.
생태·조경 포인트		- 온대 남부지방의 바람이 약하고 배수가 양호한 곳에서 잘 자란다. - 가로수로 주로 식재하나 천근성으로 바람에 약하고 눈이 많은 곳에서는 식재가 부적합하다. - 원추형으로 가지가 아래로 처지는 특징으로 악센트 식재와 유도 식재로 가능하다. - 각종 병충해에 내성이 강한 성분이 있어 도시 공해도 비교적 잘 견딘다. - 태풍이 심한 우리나라에서는 뿌리내림이 약해 쓰러짐에 약한 측면이 있다.
인문학 포인트		- 개잎갈나무는 '잎갈나무가 아니다'라는 뜻으로 잎을 갈지 않는 나무라는 의미이다. - 영명인 'Himalaya cedar'에서 히말라야는 고대 산스크리스트의 '눈'을 뜻하는 'Hima'와 '주거'를 뜻하는 'alaya'의 합성어로 '눈의 주거지'라는 뜻이다. - 한자로는 설송(雪松)이라 부르며 중국과 북한에서 실제로 이렇게 표기한다. - 속명 세드루스(Cedrus)는 라틴어 'cedrus'와 그리스에서 향기가 좋은 나무를 뜻하는 'kedrus'에서 유래하였다. - 종소명 '디오드아라(deodara)'는 인도의 나무 이름 'deodar'에서 왔으며, 신의 나무(divine)를 의미하는 범어 'devadaru'에 어원을 두고 있다. - 개잎갈나무는 자생지에서 50~60m 정도 자라며, 수령도 천년 이상 되는 나무도 많으며 생명력이 강한 수종이다. - 레바논 국기에도 등장하며 파키스탄의 국목이다. - 레바논에서는 2005년 2월 시민혁명이 성공한 바 있는데, 이때 언론에서는 레바논의 시민혁명을 백향목 혁명이라고 불렀다. 백향목(柏香木)은 개잎갈나무의 학명인 케드루스를 한자로 표현한 것이다. - 구약성서에서는 개잎갈나무가 힘, 영광, 평강을 상징하는 축복받는 나무로 등장한다. 솔로몬 왕이 궁전과 모니아 산 위에 성전을 세울 때 사용되기도 하였다. - 나무의 정유 성분은 방부제와 약제로 쓰이고 나무 열매에서 기름을 추출하여 미라를 만들면 부패하지 않고 오랫동안 보관할 수 있다. - 금송, 아라우카리아와 더불어 세계 3대 미수(美樹)로 꼽히며, 성수로도 손색이 없다. - 세계 3대 정원수 중의 하나이다. - 우리나라 3대 명품 가로수 길이 있다. 청주 양버즘나무길, 전주~군산 벚꽃길, 동대구 히말라야시다길 등이다.

▲ 개잎갈나무 수피와 잎 확대 모습

▲ 개잎갈나무 수형 및 열매 달린 모습

▲ 히말라야시다 가로수는 1970년 동대구로 일대에 조성된 이래 대구 명물로 자리잡았다.
현재 동구와 수성구 지역을 포함해 350여 그루가 남아 있다.
히말라야시다는 그동안 태풍에 취약하고 인근 통행 흐름에 방해가 된다는 이유로 몇 차례
수종 교체가 논의됐지만, 시민 설문조사 결과 존치로 결정됐을 만큼 지역민의 사랑을 받고 있다.

▲ 개잎갈나무 가로수 내부 전경

▲ 인근 건물 옥상에서 바라본 개잎갈나무 가로수

7. 가문비나무

과명	학명	개화	결실
소나무과	*Picea jezoensis*	5~6월	9~10월

구분	항목	내용
수목 포인트	성상	- 상록 침엽 교목이다. - 높이 25~50m이지만, 우리나라에서는 주로 10m 내외로 자란다.
	분포 및 자생지	- 한국, 중국, 일본, 러시아에 분포한다. - 지리산, 덕유산, 계방산 이북의 아고산지대에서 자생한다.
	꽃	- 암수한그루이다. - 5~6월에 2년지 끝에 꽃이삭이 달린다. - 암꽃이삭은 녹색 또는 적갈색을 띠고 처음에는 위를 향해 달린다. - 수꽃이삭은 황갈색이고 긴 원주형이며 위를 향해 달린다.
	잎	- 길이는 1~2cm 정도이다. - 선형이고 곧거나 약간 굽으며 횡단면은 렌즈형이다. - 잎의 형태가 구상나무와 비슷하나, 잎 끝이 뾰족하다. 간혹 갈라질 수도 있다.
	열매	- 구과이다. - 9~10월에 황록색 또는 갈색으로 익는다. - 열매는 구상나무보다 작으며 처음에는 적갈색으로 위쪽을 향하지만, 나중에는 황갈색으로 되며 아래를 향한다.
	줄기(수피)	- 대개 흑갈색이며 약간 거친 편이다. - 오래될수록 비늘 조각 모양으로 불규칙하게 갈라진다.
검색 포인트		- 종비나무※나 독일가문비나무에 비해 횡단면이 렌즈형인 점이 다르다. - 구상나무에 비해서는 잎끝이 갈라지지 않고 나무껍질이 검은 편이다. - 열매는 구부러지면서 밑으로 처진 형태이다.
생태·조경 포인트		- 부식토가 많고 습기가 적당한 높은 산의 산록부에서 잘 자라며 일반적으로 능선부보다는 골짜기에서 잘 자란다. - 고산수종으로 조경용으로 아직 개발되지 않았지만, 수형이 아름다워 이용가치가 높다.
인문학 포인트		- 속명 피체아(Picea)는 고대 라틴명으로 pix(송진)에서 유래한다. - 종소명 예초엔시스(jezoensis)는 홋가이도(북해도)를 의미한다. - 우리나라 이름은 나무껍질이 검다 하여 '검은 피(皮) 나무'라고 하던 것이 변한 것으로 추론된다. - 크리스마스 트리용으로 자주 이용되지만, 독일가문비에 비해 사용빈도가 매우 낮다. 이는 가문비나무가 저지대에서 생육이 불량하여 키우기가 힘들기 때문이다. - 특히, 기후변화로 인해 가문비나무의 조경수 활용은 더 힘들어질 것 같다.

※ 종비나무(Picea koraiensis)는 가문비나무에 비해 횡단면이 모가 지는 점이 다르다. 남한에서는 자생지가 없고 홍릉수목원이나 광릉 국립수목원에 식재되어 있다. 보통 압록강 일대 산지를 자생으로 본다.

▲ 경기도 용인시에 위치한 한택식물원에서 촬영한 은청가문비나무
미국 원산으로 가문비나무에 비해 잎이 푸르스름한 은청색을 나타낸다.
1861년 발견 당시 침엽수 중 가장 아름답고 완벽한 모습이라고 찬사를 받았던 수목이다

▲ 광릉 수목원에서 촬영한 종비나무 수피

◀ 은청가문비나무 수피

8. 독일가문비나무

과명	학명	개화	결실
소나무과	*Picea abies*	4~5월	10월

구분	항목	내용
수목 포인트	성상	- 상록 침엽 교목이다. - 높이 40~60m이지만, 우리나라에서는 주로 20m 내외로 자란다.
	분포 및 자생지	- 유럽이 원산지이다.
	꽃	- 암수한그루이다.
	잎	- 침상 선형이고 곧거나 약간 굽으며 횡단면은 찌그러진 사각형이다. - 앞면은 광택이 있는 녹색이고 뒷면에는 미세한 흰색 숨구멍 줄이 있다.
	열매	- 구과이다. - 10월에 갈색으로 익는다. - 10~15cm 길이의 원주상 타원형이며 아래를 향해 달린다.
	줄기(수피)	- 회색 또는 적갈색이다. - 얇은 조각으로 떨어진다. - 어린 가지는 아래로 처지며 큰 가지는 사방으로 넓게 퍼진다.
검색 포인트		- 가문비나무에 비해 잎의 횡단면이 찌그러진 사각형이다. - 열매는 길이는 10~15cm 정도로 비교적 길며 아래로 처진다.
생태·조경 포인트		- 햇빛이 잘 들고 비옥한 토양에서 생육이 양호하다. - 공해에 약하므로 도심지와 공업단지에서는 부적합한 수종이다. - 아래로 처질 듯이 휘어져 솟는 가지와 전체적인 수형이 아름다워 전국의 정원이나 공원에 심는다. - 지엽이 치밀하여 악센트식재, 차폐식재, 유도식재 등에 이용한다.
인문학 포인트		- 속명 피체아(Picea)는 고대 라틴명으로 pix(송진)에서 유래한다. 종소명 아비에스(abies)는 전나무의 라틴명이다. - 독일에서 자라고 가문비나무를 닮았다고 붙여진 이름이다. 그러나 독일가문비라는 이름은 좀 잘 못된 경향이 있다. 이 나무의 본고장 유럽에서는 노르웨이가문비(Norway spruce)라고 부른다. 과거 일본 사람이 독일에 가서 이 나무를 가져와서 독일가문비라고 부르게 되었다고 한다. - 독일가문비의 곁가지는 거의 수평이고 그 곁가지에 달린 작은 가지는 모두 아래로 처진다. 이는 독일가문비가 자라는 곳이 춥고 눈이 많이 와서 이에 적응하기 위함이라고 이해할 수 있다. 만약 가지가 위로 뻗었다면, 과연 눈과 바람을 견딜 수 있었을까? 하고 생각해 보면 그 답을 알 수 있을 것이다. - 유럽이 산림문명이라면 바로 소나무, 가문비나무, 전나무라고 할 수 있다. 독일 산림의 90% 이상이 이 수종들로 구성되어 있다고 해도 과언이 아니다. 독일의 슈바르츠발트(Schwarzwald)※는 흑림(검은 숲)이라고 부르는 숲이다. 큰 나무들이 많아 햇빛이 땅에 잘 닿지 않아 흑림이다. 과거 시저의 로마 군단도 이 흑림은 뚫지 못했다고 한다. 로마의 시저는 흑림 깊은 곳에 유니콘이 살고 있다고 믿었고 각종 마녀사냥이 극심했던 지역이기도 했다. - 유럽에서 가문비나무로 통나무집을 만들거나 혹은 크리스마스트리로 흔히 사용한다.

※ 슈바르츠발트(Schwarzwald)를 그대로 직역하면 검은 숲(Schwarz '검다'와 Wald '숲'의 합성어)이다. 작은 소규모 숲이 아니라 우리나라의 백두대간과 같은 자연지리적 개념이라고 할 수 있다. 독일 남서부 바덴뷔르템베르크 주(州) 서편에 위치한 흑림의 규모는 대략 남북으로 16,000km, 폭 50km 정도 된다. 하이델베르크, 칼스루에, 프라이부르크 등의 도시가 주변에 자리 잡고 있다. 대표적 수종은 가문비나무와 전나무이며 전체 수종의 70% 이상을 차지하고 있다.

9. 일본잎갈나무

과명	학명	개화	결실
소나무과	*Larix kaempferi*	4~5월	9~10월

구분		내용
수목 포인트	성상	- 낙엽 침엽 교목이다. - 높이는 20~35m이다.
	분포 및 자생지	- 일본이 원산지이다.
	꽃	- 암수한그루이다. - 4~5월에 짧은 가지에 잎이 피어나면서 꽃이삭이 달린다. - 암꽃이삭은 대개 위를 향해 달린다.
	잎	- 선형이고 긴 가지에는 1개씩 나지만 짧은 가지에서는 20~30개씩 모여 달린다. - 길이는 1.5~3.5cm, 폭은 0.1cm 내외이다. - 끝은 뾰족하다. - 앞면은 연한 녹색이고 뒷면은 흰빛이 도는 녹색이다.
	열매	- 구과이고 9~10월에 갈색으로 익는다. - 1.5~3.5cm 길이의 난형 또는 구형이며 위를 향해 달린다. - 솔방울 조각은 끝이 뒤로 젖혀진다.
	줄기(수피)	- 갈색 또는 흑갈색이다. - 얇은 조각으로 벗겨져 떨어진다. - 어린 가지는 황갈색 → 회갈색으로 변한다.
검색 포인트		- 잎은 낙엽성으로 연한 녹색이며 짧은 가지에 모여난다.
생태·조경 포인트		- 일본 고유종이므로 국내의 것은 모두 조림수종이다. - 양지에서 잘 자라고 적윤지 토양에서 생육이 적당하지만, 이식이 어렵다. - 일본잎갈나무는 뿌리가 천근성이며 속성수로서 산지에 식재되어 조림된 수종이 수령 40년 이상이면 넘어질 우려가 크므로 관리가 필요하다. - 본래 낙엽송류의 분포는 위도적으로는 북위 27°에서 70°까지 분포하고 있으나, 대부분 40°이상의 북반구 한 대 지역에 분포하고 있다. 북위 27°지역에서는 고산지대에 분포한다.
인문학 포인트		- 일본 혼슈 원산으로 우리나라에는 1904년에 들여와 조림용으로 심었다. 현재 우리나라 산림면적의 6.6%에 해당하며 국립공원 내에는 5.4% 정도가 조림되어 있다. - 건조되면 못질을 못할 정도로 단단하여 건축재, 내장재, 펄프재로 쓰인다. - 일본잎갈나무는 소나무과의 나무지만 상록수가 아니라 가을에 황갈색 단풍이 들면서 잎이 떨어지는 낙엽수이므로 낙엽송이라고 한다. - 우리나라 자생종인 잎갈나무(*L. gmelinii*)는 금강산 이북의 높은 산지에서 자라는 자생종으로 남한에서는 보기 어렵고 오대산 국립공원 상원사 주차장 근처에 한 그루가 있다. 북한에서는 이깔나무라고 부르고 있다. 북한에서는 일본 잎갈나무를 창성이깔나무라고 부른다. - 일본잎갈나무의 송진은 상처가 났을 때 고약으로 이용되고 어린 눈(bud)으로 차를 끓여 마셨다는 기록도 있다. 수피에서 염색재료와 탄닌을 채취한다. 목재 용도는 건축, 토목, 합판용재 등 다양하다.

▲ 소백산국립공원 내 일본잎갈나무

▲ 월악산국립공원 내 일본잎갈나무

알고 있으면 도움이 되는 포인트

일본잎갈나무의 「생태적 특징」

일본잎갈나무(*Larix kaempferi*)는 소나무과(Pinaceae) 잎갈나무속(Genus Larix)에 속하며, 일본 원산 낙엽침엽교목으로 우리나라에는 1904년 도입되어 초기 생장량이 매우 빠르고 극양수(極陽樹)로 황폐된 산지에 많이 조림된 수종이다.

산림청에서는 일본잎갈나무를 1960년대 이후부터 리기다소나무와 더불어 국내 주요 조림수종으로 선정하였으며 현재에도 소나무, 잣나무, 백합나무와 더불어 온대 중부와 온대 북부지역의 주요 용재수 생산을 위한 대표적 수종으로 조림하고 있다. 1960년대 이후 조림 실적이 가파른 증가세를 보이다가 1985년 이후부터는 조림실적과 면적이 줄어 거의 수평을 이루는 곡선을 보인다.

일본잎갈나무의 생태적 특성은 수분 조건이 좋은 지역이 생육에 적합하나 일반적으로 계곡부를 중심으로 산 능선부까지 폭넓게 조림하고 있다. 일반적 조림적지는 온대 북부에서 온대 중부, 온대 남부의 표고 100~1,000m로 비교적 따뜻하고 햇볕을 많이 받는 곳이다.

토심이 깊고(70cm 이상) 배수가 양호한 사양토~양토를 좋아하며 토양 유기물(4% 이상)이 많고 적윤~약습한 갈색산림 토양이 적지로 건조하고 척박한 땅이나 그늘진 곳에서는 생장이 불량한 것으로 보고된 바 있다.

국립산림과학원에서 발간한 일본잎갈나무(일명 낙엽송) 관련 정책자료에 따르면, 일본잎갈나무는 비옥지의 경우 어린나무 가꾸기를 생략하기 위해 2,000본/ha을 식재하지만, 일반적으로는 3,000본/ha를 식재한다. 우리나라의 낙엽송 식재 시 산림의 지력감퇴를 방지하기 위해 첫째, 대면적 일본잎갈나무의 단순림 조성을 지양하고 다양한 수종을 혼효 식재하여 다층구조를 갖도록 해야 하며 둘째, 조림 시 작은 면적으로 조성하여 주변의 활엽수와의 혼효된 숲으로 만들어야 한다. 셋째 임분내 토지의 생산력과 미기후 개선을 위해 수관의 울폐도를 0.7~0.8 미만이 되도록 조절하여 아교목층과 관목층에 활엽수 도입이 가능케 해야 한다.

산림청 통계자료에 따르면, 전국 산림지역 중 인공림 분포는 약 27% 수준이며 인공림 수종별로는 일본잎갈나무가 36%, 리기다소나무가 26%, 잣나무 18% 등의 수준으로 일본잎갈나무의 조림면적이 가장 넓다.

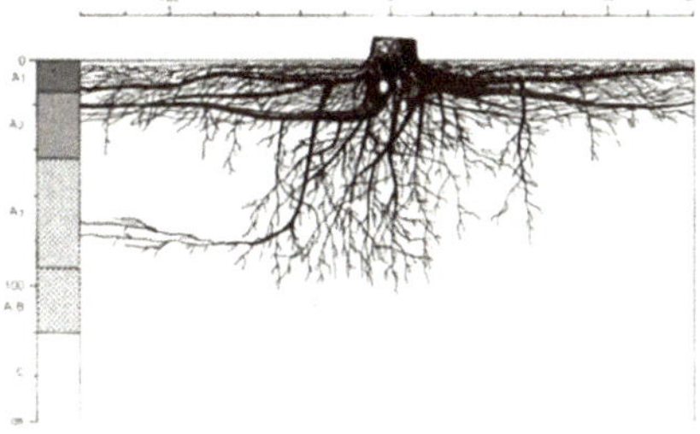

| 일본잎갈나무 뿌리발달 모양(좌 : 수령 55년생, 우 : 수령 30년생)(Noboru Karizumi, 1979) |

10. 백송

과명	학명	개화	결실
소나무과	*Pinus bungeana*	4~5월	다음 해 10~11월

구분	항목	내용
수목 포인트	성상	- 상록 침엽 교목이다. - 높이는 15~30m이다.
	분포 및 자생지	- 중국 북경이 원산지이다.
	꽃	- 암수한그루이다. - 4~5월에 어린 가지에 꽃이삭이 달린다. - 암꽃이삭은 난형이고 녹색이며 가지 끝에 달린다. - 수꽃이삭은 긴 타원형이고 황갈색이며 어린 가지의 아래쪽에 모여 난다.
	잎	- 침형이고 3개씩 모여 난다. - 끝은 뾰족하며 뒷면은 미세한 숨구멍 줄이 있다. - 질은 비교적 뻣뻣한 편이다.
	열매	- 구과이다. - 다음 해 9~10월에 황갈색으로 익는다. - 5~7cm 정도의 난형 또는 원추상 난형이며 아래로 향해 달린다.
	줄기(수피)	- 처음에는 회청색이지만 오래될수록 비늘 조각처럼 벗겨져 떨어지면서 점차 회백색을 많이 띠며 마치 얼룩이 진 것처럼 보인다.
검색 포인트		- 잎이 3개씩 모여 난다. - 수피는 비늘처럼 벗겨져 회백색을 띤다.
생태·조경 포인트		- 강한 햇볕 아래에서도 생육이 가능할 정도로 태양을 좋아한다. - 식재 시에는 토양에 석회를 충분히 사용하여야 한다. - 초기 생장속도는 느린 편이고 번식력도 약하다. - 백색의 수피가 특징으로 악센트식재로 주로 이용한다.
인문학 포인트		- 나무껍질이 흰색인 소나무라고 하여 붙여진 이름이다. - 우리나라에는 약 600년 전에 도입되어 전국에 식재된 종으로 주로 수도권 지역에 82그루가 천연기념물로 지정되어 있다. - 서울시 재동의 백송(천연기념물 제8호, 수령 600년)이 우리나라에서 가장 크고 오래된 백송이다. - 서울시 재동의 백송은 줄기가 지면에서 두 개로 갈라져 V자 모양을 하고 있다. 과거 흥선대원군이 안동 김 씨의 세도를 종식시키고자 할 때 이 나무가 있는 사랑채에서 주로 모의했으며 개혁의 성공 여부를 불안해할 때, 백송의 껍질이 점차 하얗게 되는 것을 보고 자신의 뜻이 이루어질 것으로 믿었다는 이야기가 전해온다. 현재는 헌법재판소 내에 있으며 하늘로 승천하는 두 마리의 용으로 비유되기도 한다※. - 유교문화의 상징성으로 과거부터 자주 식재된 나무이다. - 서울시 수성동의 백송(천연기념물 제9호, 수령 500년) - 경기도 고양 송포의 백송(천연기념물 제60호, 수령 400~600년) - 기록에 의하면, 충남 예산 용궁리 백송(천연기념물 제106호, 수령 200년)은 추사 김정희가 심은 것으로 추측된다.

※ 한국의 나무(이동혁, 2016) 바로알기

▲ 서울시 종로구 우정국로 55번지에 위치한 조계사 대웅전 옆에 식재된 백송(오른쪽)
1962년 12월 7일에 천연기념물 제9호로 지정되었다. 수고는 약 10m, 가슴높이 둘레는 1.64m

▲ 백송 수피

▲ 백송 잎

11. 소나무

과명	학명	개화	결실
소나무과	*Pinus densiflora*	4~5월	다음 해 9~10월

수목 포인트	성상	- 상록 침엽 교목이다. - 높이는 25~35m 자라지만, 우리나라 대부분의 지역에서는 약 15m 내외로 자란다.
	분포 및 자생지	- 한국, 중국, 일본, 러시아에 분포한다.
	꽃	- 암수한그루이다. - 4~5월에 새가지에 꽃이삭이 달린다.
	잎	- 침형이고 2개씩 모여 난다. - 끝은 뾰족하지만, 부드러워 따갑지는 않다.
	열매	- 구과이다. - 다음 해 9~10월에 갈색으로 익는다.
	줄기 (수피)	- 적갈색 또는 회갈색이다. - 오래될수록 세로로 깊게 조각조각 갈라져 거북 등처럼 보인다.
검색 포인트		- 잎은 2개씩 모여나며 곰솔보다 연한 느낌이다. 수피와 겨울눈은 붉은색 빛이 돈다.
생태·조경 포인트		- 능선부의 양지에서 생육이 양호하며 산성토양을 선호한다. - 건조한 토양에서 잘 자라지만, 공해에는 약하다. - 군식 및 악센트식재로 활용 가능하다.
인문학 포인트		- 속명 피누스(Pinus)는 켈트어로 '산'을 뜻하며, 종소명 '덴시플로라(densiflora)'는 '밀생한 꽃이 있는'이라는 뜻이다. - 소나무 이름의 유래는 으뜸을 뜻하나는 '수리'가 '솔'로 변해 나무와 결합했다는 설도 있고 바늘을 뜻하는 솔과 나무가 결합했다는 설도 있다. 현재에는 솔(松) + 살(木)나무, 솔나무 → 소나무가 된 것이 좀 더 타당한 듯하다. - 소나무는 육송, 적송, 강송 등의 다양한 이름으로 불린다. 특히 우리나라 소나무는 지역에 따라 그 형태가 다른데, 1928년 일본 우에끼(Uyeki)박사는 6개의 생태형(금강형, 중남부평지형, 중남부고지형, 위봉형, 동북형, 안강형)으로 구분하였다. - 이중 금강형에 해당하는 금강소나무(*P. densiflora* f. *erecta*)는 춘양목으로 부르며 수피가 붉고 곧게 자라며 경북과 강원도 지역에서 주로 분포한다. 경북 울진군 소광리, 대광리 지역에 가면 국내 최고의 금강소나무를 볼 수 있다. - 전국에 천연기념물로 지정된 소나무가 13개 있다.(2022년 현재) - 충북 보은 속리 정이품송(천연기념물 제103호, 수령 600~800년), 충북 보은 속리 서원리 소나무(천연기념물 제352호, 수령 600년), 충북 괴산 삼송리 왕소나무(천연기념물 제289호, 수령 400년), 경북 예천군 감천면 석송령(천연기념물 제294호, 수령 600년), 강원도 영월 관음송(천연기념물 제349호, 수령 600년), 강원도 속초 설악동 소나무(천연기념물 제351호, 수령 500년), 경남 의령 성황리 소나무(천연기념물 제359호, 수령 300년), 경기도 이천 도립리 반룡송(천연기념물 제381호, 수령 미상), 경북 울진 행곡리 처진 소나무(천연기념물 제409호, 수령 350년) 등 - 간혹 소나무는 망국(亡國) 나무라고 한다. 이는 소나무가 척박지에 자라는 대표 수종이므로 소나무가 많다는 것은 그만큼 토양이 척박하다는 의미이다. - 방크스소나무(*Pinus banksiana*)는 '짧은 잎 소나무'라고 불리며 북아메리카 원산이다.

▲ 월악산국립공원 만수계곡의 일제시대 송진 채취를 위해 훼손된 소나무 줄기

▲ 충북 보은군 속리산 정이품송(천연기념물 제103호)

▲ 속리산국립공원 쌍곡지구 능선부에 분포하는 소나무군락

▲ 천연기념물 제291호
전라북도 무주군 설천면 삼공리 산 31에 위치한 무주 삼공리 반송 수령은 약 200년생 정도이며 높이 17m, 가슴높이 둘레길이는 5.3m이다.

▲ 우산처럼 펼쳐진 다각형 줄기가 쓰러지는 것을 방지하기 위해 나무줄기를 뚫어 결속해 놓은 모습

▲ 충남 보광사 천년나무숲의 소나무

▲ 제주도 한라산 영실 소나무 숲

알고 있으면 도움이 되는 포인트

소나무의「역사와 분포」※

전문가의 견해에 따라 다소 다르지만, 지구 상에는 약 100여 종의 소나무가 자란다. 소나무류는 중생대 삼첩기 말기인 약 1억 7천만 년 전에 지구 상에 출현한 것으로 추정하고 있다. 파충류와 공룡들이 서식하던 이 시기는 개화식물이나 활엽수가 존재하지 않았던 시기로 거대한 속새과 식물과 소나무류의 조상 격인 구과 식물이 번성했던 때이다.

고생물학자들은 소나무류가 최초로 번성했던 지역은 알래스카와 시베리아 북동부 지역 일원으로 추정하고 있다. 쥐라기를 거쳐 백악기에 이르러 소나무류는 시베리아 북동부 지역(베링기아 일원)에서 서쪽으로는 시베리아로, 동쪽으로는 미 대륙을 거점으로 그린란드와 아이슬란드를 거쳐 북유럽에 전파되었을 것으로 예측하고 있다.

우리나라에서는 중생대 백악기에는 전북 진안군과 황해도 사리원 지역에서, 신생대 마이오세에는 경북 포항과 강원도 통천, 함경도 회령지역에서, 신생대 플라이스토세에는 충북 단양, 경북 영양, 강원도 속초 영랑호 등에서 소나무류 화석이 출토되었다. 오늘날의 소나무와 가상 비슷한 화석은 경북 포항에서 1962년에 발견된 중생대 제3기 마이오세의 바늘잎이 2개인 소나무 화석이다.

소나무의 분포를 수직적 분포와 수평적 분포로 구분하여 살펴보면, 수평적 분포의 경우 한국, 중국 동북지방의 압록강 연안, 산동반도, 일본의 시코쿠, 규슈, 혼슈에서 자라며 러시아 연해주의 동해안에도 자란다. 우리나라에서는 제주도 한라산(북위 33도)에서 함경북도 증산(북위 43도)에 이르는 온대림 지역에 주로 분포한다. 소나무는 북위 37~38°에서 가장 많이 분포하는데 북부지방에서는 신갈나무 때문에, 남부 도서지방에서는 곰솔에 밀려 그 세력이 점차 약해지고 있다.

수직적 분포의 경우 소나무는 최저 해발 1m에서 최고 1,300m까지 분포하며 남쪽 제주도에서는 해발 500~1,500m의 산록에 주로 분포하고 위도가 북쪽으로 올라갈수록 분포가 저지대로 한정되어 백두산의 경우 해발 300m 이하에서 주로 자란다. 한라산의 경우에는 난대림 지역이어서 해발 1,800m까지도 소나무가 자라지만 육지에서는 대부분 해발고 1,300m 정도가 수직분포 상한선이다. 주요 분포지역은 해발고 500m 부근이다.

※ 우리가 정말 알아야 할 우리 소나무(전영우) 내용 일부 참조

※※ 이야기가 있는 나무백과(임경빈) 중 '소나무' 내용 일부 재구성

※※※ 이야기가 있는 나무백과(임경빈) 중 '리기다소나무' 내용 일부 재구성

조선시대 소나무 보호정책※※

조선시대에는 소나무의 보호에 힘쓴 기록이 많다. 치악산 구룡사 입구 부근에는 소나무 숲을 보호하고 봉산 또는 금산으로 해서 보호의 석표를 세웠는데 아직까지 남아 있다. 돌 표면에 황장금표(黃腸禁標)라고 새겨져 있는데, 소나무가 굵고 오래되면 줄기 속 목재의 색깔이 노란색을 띠기 때문이다.
조선시대 산림정책으로 금산, 봉산, 시장, 임수, 향탄산, 능원묘의 해자, 금송, 그리고 특수 용도 수종의 재식과 납세 등이 있다. 이중 금산이란 땔감, 개간, 화전 등을 금하는 수목을 말하는 것이다.
세종 30년(1448)에는 금산에 대한 구체적 기록을 명시하였는데, 200개소가 넘는 것으로 추정된다. 그중 약 90%는 포, 도, 곶으로 되어 있는 곳이다. 이러한 금산은 배를 만들기 좋은 바닷가로서 곰솔이나 소나무의 벌채를 엄격히 금지하였다.

조림에 성공한 대표적 나무「리기다소나무」※※※

미국이 원산지이며 20세기 초 황폐한 우리 산을 복구하기 위해 도입하기 시작하였다. 재질이 소나무보다 못하지만 건조하고 척박한 땅에도 잘 자라 우리 숲의 회복에 큰 역할을 한 수종임에는 틀림없다.
해방 이후 우리나라는 많은 나무를 식재하였다 그중 조림에 성공한 대표적인 나무가 바로 리기다소나무이다. 리기다소나무는 솔방울이 많이 달린다. 종자 생산이 풍부한 까닭에 묘목을 기르는데 큰 어려움이 없다. 싹트는 힘도 강하고 모밭에 병충해도 적은 편이다. 산에다 조림을 해도 생존율이 매우 높은 수종이다.
가지는 쳐서 땔감으로 쓰는 데, 불 힘이 강하다. 줄기가 곧아 농가의 창고, 가축의 집, 말뚝 등에 이용되고 미국에서도 비교적 많이 조림되고 있다. 다만 리기다소나무 중 형질이 우수한 것을 선별하여 조림하는 지혜가 필요하다. 리기다소나무를 조림할 때에는 1ha당 1만 그루 정도 심어야 좋다. 처음에 밀식하고 시간이 지나면서 간벌을 통해 솎아준다.

12. 곰솔

과명	학명	개화	결실
소나무과	*Pinus thunbergii*	4~5월	다음 해 9~10월

수목 포인트	성상	- 상록 침엽 교목이다. - 높이는 20~25 m이다.
	분포 및 자생지	- 한국, 일본에 분포한다. - 중부 이남의 바닷가 주변 산지에서 자생한다. - 내륙 쪽에서 자라는 것은 대개 심은 것이다.
	꽃	- 암수한그루이다. - 4~5월에 새 가지에 꽃이삭이 달린다.
	잎	- 침형이고 2개씩 모여 달린다. - 끝이 뾰족하고 질이 억세고 단단해서 찔리면 매우 따갑다. - 잎은 길이 6~12 cm로 억세다
	열매	- 구과이고 다음 해 9~10월에 갈색으로 익는다.
	줄기(수피)	- 회색 또는 흑회색이고 오래될수록 세로로 깊게 조각조각 갈라져서 거북 등처럼 보인다.
검색 포인트		- 소나무에 비해 잎이 단단하고 끝이 뾰족하며, 수피는 회색 또는 흑회색이고 겨울눈이 은백색인 점이 다르다.
생태·조경 포인트		- 해풍에 강한 내염성 수종으로 중부 이남의 해안가에 주로 분포한다. - 양지에서 생육이 양호하며 석회암 토양에는 부적합한 수종이다. - 질감이 거칠고 가로수, 녹음 및 방풍용 식재로 활용한다. - 해안가에서는 주로 군식하며 해안 조경용으로 많이 식재한다. - 내염성과 공해에 강해 공단 주변, 도로변 그리고 바닷가에 주로 심는다.
인문학 포인트		- 수피가 검다 하여 '검솔'이라고 하던 것이 변하여 붙여진 이름이다. - 툰베르기(thunbergii)는 스웨덴 식물학자의 이름 C.P. thungerg(1743~1828)에서 유래되었다. - 이름은 전라 방언에서 유래되었는데, 수피가 검다 하여 '검솔 → 곰솔'로 변경된 것으로 추정된다. - 해송 또는 흑송이라는 명칭은 일본식 이름이다. - 주요 천연기념물은 제주도 제주시 아라동 곰솔(천연기념물 제160호, 수령 500~600년), 부산 좌수영지 곰솔(천연기념물 제270호, 수령 400년), 전남 장흥 관산읍 효자송(천연기념물 제356호, 수령 150년), 전남 해남 수성송(천연기념물 제430호, 수령 450년), 제주도 제주시 수산리 곰솔(천연기념물 제441호, 수령 400년) 등이 있다. - 제주 아라동 곰솔은 산천단 주변에 8그루의 곰솔을 이야기하는 것으로 우리나라 곰솔 중 가장 큰 나무이다. 과거 제주에 부임하는 목사는 백록담에 올라가 천제를 올려야 하지만, 날씨가 나빠 백록담으로 올라가지 못할 때 제단을 옮겨 천제를 지내던 곳이 바로 산천단이다. 이곳의 곰솔을 신이 땅으로 내려오는 통로에 있는 나무로 믿어 신성시했던 것으로 보인다.

▲ 안면도 신두리 해안사구 주변 숲에 분포하는 곰솔의 잎과 열매가 달린 모습

▲ 충청남도 안면도 곰솔군락

▲ 제주도 애월읍 수산봉 곰솔군락
(하부 자생 상록활엽수 우점)

▲▲ 제주 수산리 곰솔, 천연기념물 제441호(2004년 5월 14일 지정)
높이는 11.5m, 가슴높이 둘레길이는 4.7m, 수관폭 26m이다. 수령은 400년 이상으로 추정된다.

▲▲ 울산광역시 대왕암 곰솔군락 전경

13. 잣나무

과명	학명	개화	결실
소나무과	*Pinus koraiensis*	5~6월	다음 해 10월

수목 포인트	성상	- 상록 침엽 교목이다. - 높이는 20~50 m이다.
	분포 및 자생지	- 한국, 중국, 일본, 러시아에 분포한다. - 지리산 이북의 높은 산 능선에서 자생한다. - 잣을 얻기 위해 식재하여 기른다.
	꽃	- 암수한그루이다. - 암꽃은 가지 끝에, 수꽃은 새 가지에 적자색으로 달린다.
	잎	- 침형이고 5개씩 모여 달린다. - 끝은 뾰족하나 억세지 않은 편이다. - 뒷면은 백색 기공조선(숨구멍 줄)이 있다.
	열매	- 구과이고 다음 해 10월에 녹색에서 갈색으로 익는다. - 솔방울이 완전히 벌어지지 않아 씨가 잘 떨어지지 않는다. - 씨는 1~2 cm이고 일그러진 삼각상의 난형이며 날개는 없다.
	줄기(수피)	- 회백색 또는 회갈색이며 오래될수록 세로로 불규칙하게 갈라진다. - 새로운 가지는 적갈색을 띤다. - 겨울눈은 황갈색이고 난상 긴 타원형이다.
검색 포인트		- 잎이 5개씩 모여 달리는 점이 소나무와 다르다. - 섬잣나무에 비해 잎의 길이가 길고 열매가 넓은 것이 다르다.
생태·조경 포인트		- 제주도와 울릉도를 제외한 전국의 높은 산지에서 분포한다. - 독립수와 경관수로서 가치가 크며 우리나라에서는 주로 용재수로 조림하는 수종이다. - 주로 음지에서 생육이 양호하며 내공해성은 중간이다. - 조경용으로는 차폐식재, 기조식재 등에 가능하며 피톤치드의 발생량이 우수해 전국 자연휴양림 등에 많이 식재하여 활용한다.
인문학 포인트		- 속명 '피누스(Pinus)'는 켈트어로 '산'을 뜻하며, 종소명 'koraiensis'는 우리나라가 원산지임을 말해준다. - 잣나무를 홍송이라고도 한다. - 우리나라 잣나무의 종류는 설악산 자생 눈잣나무, 울릉도 자생 섬잣나무, 북아메리카 원산인 스트로브잣나무가 있다. - 무속신앙으로서 동서남북과 중앙을 오방으로 하는데, 그중에 중심을 상징하는 나무로 여겼으며, 오행목의 부적 중에 동쪽은 대추나무(음기를 쫓고 양기를 돋아 수명을 늘림), 서쪽은 복사나무(적에게는 죽음을 주고 귀신을 쫓는 의미), 남쪽은 느티나무(수해를 막아주고 놀림병을 쫓는 의미), 북쪽은 버드나무(다산, 증식, 풍년을 의미), 중앙은 잣나무로 하였다. 그만큼 잣나무를 귀중히 여겼다고 할 수 있다. - 눈잣나무(*P. pumila*)는 우리나라 고산지대에서 자라며 눈과 바람의 영향으로 누워서 자라는 특성이 있다. 설악산 대청봉의 눈잣나무 군락은 천연기념물로 지정 관리되고 있다. 이 눈잣나무를 평지에 심으면 약 6 m까지는 자란다는 보고도 있다. - 잣나무의 꽃말은 '만족'이다.

▲ 잣나무 수피

▲ 설악산 해발 1,200m의 잣나무

알고 있으면 도움이 되는 포인트

잣나무 이야기※

우리 민족의 대표적 정서를 반영하고 있는 수목은 바로 소나무인데, 많은 외국인들은 잣나무를 한국을 대표하는 소나무라고 알고 있다. 영어 이름도 그래서 Korean pine이라고 한다. 학명에서도 *Pinus koraiensis*라고 하여 잣나무가 한국이 원산지이며 한국을 대표하는 소나무라고 알고 있다. 우리가 알고 있는 소나무(Pine) 종류는 세계적으로 수백 종류가 있다. 이 중 우리가 일반적으로 알고 있는 소나무는 영어로는 Japanese red pine으로 알고 있다. 즉, 일본산 소나무라는 의미이다.
잣나무는 우리나라 중부 및 남부지방의 경우 해발고가 1,000m 이상 되는 설악산 등에서 자생하며 북쪽 지역에서는 해발고 300m 이상 되는 지역에서도 볼 수 있다. 압록강 상류와 백두산에 가보면 잣나무가 가문비나무 등과 군락을 이루어 대규모로 분포하고 있다. 잣나무는 이런 기후조건에서는 수고가 40m까지 자란다. 우리 주변에 조경수로 식재된 잣나무가 수고 10m 이하인 것인 원래 잣나무의 수고가 아니라 기후적 조건이 잣나무의 생육에 적합하지 않기 때문이다. 기온이 너무 높기 때문에 잣나무가 잘 자라지 못하는 것이다. 우리나라 최대 잣 생산지인 경기도 가평군 일원에는 수고가 20~30m 이상인 잣나무가 많은데, 경기도 가평의 기온이 낮아 우리나라에서 잣나무의 생장에 적합한 조건을 갖추었기 때문이다. 한때, 잣나무를 중국 사람들은 신라송이라고 했는데, 이는 신라 사람들이 중국에 갈 때 인삼과 더불어 잣을 많이 가져가서 팔았기 때문이다. 그래서 사람들은 잣이 우리나라에서 나온 최초의 임산물이라고도 한다. 이후 중국에서 공물 목록에 잣을 포함 시켜 잣 확보를 위한 수탈이 심해져서 백성들의 원성이 심하였다. 고려 말기에는 전국에 잣을 강제로 징수하기에 이르렀으며 실제 잣나무가 없어 잣 생산이 안 되는 지역에도 잣 공물을 부과하여 백성들을 괴롭히기까지 했다.
잣나무는 목재로도 활용도가 높다. 연하고 무늬도 아름다울 뿐만 아니라 뒤틀림과 수축·팽창이 적고 가벼워서 과거 우리나라에서 가장 좋은 목재로 취급하였다. 주로 건축재, 가구재, 토목재, 선박재 등으로 사용한다. 이렇듯 잣나무의 활용도와 그 가치가 큰 반면에 지금까지 오래 남아 있는 잣나무는 거의 없다. 천연기념물로 지정된 잣나무는 2022년 현재 전혀 없고 보호수로 지정된 잣나무도 그다지 많지 않다. 경북 군위에 있는 200년 된 잣나무, 안동에 퇴계 선생을 잣나무로 상징하여 후조당이라고 이름 지은 300년 된 잣나무 등이 아직 남아있을 뿐이다.

※ 우리나무 백가지(이유미, 2015) 중 '잣나무' 내용 참조

14. 섬잣나무

과명	학명	개화	결실
소나무과	*Pinus parviflora*	5~6월	다음 해 10월

구분	항목	내용
수목 포인트	성상	- 상록 침엽 교목이다. - 높이는 5~10m 정도이나, 30m까지 자란다.
	분포 및 자생지	- 한국, 일본에 분포한다. - 경북 울릉도 산지의 사면이나 능선에서 자생한다. - 조경용으로 심어 기르는 품종은 잎과 열매가 다소 다르다.
	꽃	- 암수한그루이다. - 5~6월에 새로운 가지에 꽃이삭이 달린다.
	잎	- 침형이고 5개씩 모여 달린다. - 길이 4~8cm이고 뒷면에 흰색의 숨구멍 줄이 있다.
	열매	- 구과이고 다음 해 10월에 녹색에서 갈색으로 익는다. - 5~10cm 길이의 난상 원추형이고 아래를 향해 달린다. - 솔방울 조각이 벌어져서 씨가 곧잘 떨어진다. - 씨는 타원상의 도란형이고 1cm 내외이며 짧은 날개가 있다.
	줄기(수피)	- 회색 또는 회갈색이며 오래될수록 세로로 불규칙하게 비늘 조각처럼 벗겨진다. - 새로운 가지는 황갈색을 띤다.
검색 포인트		- 잣나무에 비해 열매가 좁고 길며 솔방울 조각이 벌어지고 씨에 날개가 있는 점이 다르다. - 솔방울은 구부러지지 않는다.
생태·조경 포인트		- 음지에서도 잘 자란다. - 전정에 강하고 잎이 치밀하며 질감이 양호하여 흔히 조형수로 이용되며 악센트 식재로도 가능하다.
인문학 포인트		- 종소명 파비플로라(parviflora)는 '작은 잎'을 뜻한다. - 오엽송이라고도 한다. - 이름은 '섬에 나는 잣나무'라는 의미에서 유래한다. 여기서 섬은 울릉도를 의미한다. - 육지의 잣나무가 청솔모나 다람쥐를 비롯하여 잣까마귀 등의 야생동물과 상호협력적 관계를 맺었다면, 울릉도에서 자생하는 섬잣나무는 특별히 공생할 수 있는 야생동물이 없어 종자에 날개를 달아 바람에 멀리까지 보내려 했을 것이다. - 천연기념물 제50호(울릉도 태하령 일대 솔송나무, 섬잣나무, 너도밤나무 군락)로 지정되어 있다. - 일본에서 자생하는 섬잣나무는 울릉도의 섬잣나무보다 잎이 다소 짧다. 우리나라에서는 일본섬잣나무(P. parvilfora var. pentaphylla)가 오엽송으로 널리 식재되고 있다. - 부여군청 앞에 식재된 섬잣나무(엄밀히 말하면, 개량종 섬잣나무)는 수령이 2022년 현재 약 140년 정도이며 수고는 7.5m 정도로 우리나라에서 가장 크고 오래되어 보호수로 지정되었다. 일제강점기시대 부여신궁을 축조할 목재로 사용하려고 식재했을 것으로 추측된다. - 섬잣나무의 꽃말은 '강건'이다.

▲ 섬잣나무 수형

▲ 섬잣나무 수피

▲ 섬잣나무 잎

15. 스트로브잣나무

과명	학명	개화	결실
소나무과	*Pinus strobus*	5월	다음 해 9~10월

수목 포인트	성상	- 상록 침엽 교목이다. - 본 자생지에서는 30~50m까지 자라지만, 우리나라에 조경식재된 나무는 10m 내외로 자란다.
	분포 및 자생지	- 북미가 원산지이다.
	꽃	- 암수한그루이다. - 5월에 새로운 가지에 꽃이삭이 달린다.
	잎	- 침형이고 5개씩 모여 난다. - 끝은 뾰족하지만, 질은 부드러운 편이다. - 숨구멍 줄은 희미한 편이다.
	열매	- 구과이고 다음 해 9~10월에 녹색에서 갈색으로 익는다. - 7~20cm의 긴 원통형이고 대개 한쪽 방향으로 굽으며 아래를 향해 달린다. - 씨는 넓은 도란형이고 적갈색이며 1.5~2.5cm의 막질의 날개가 있다.
	줄기(수피)	- 회갈색이고 어릴 때는 매끈한 편이다가 오래될수록 세로로 불규칙하게 갈라진다. - 겨울눈은 긴 타원형이고 연한 갈색이다.
검색 포인트		- 잎은 잣나무에 비해 약간 꼬이면서 가늘고 부드럽다 - 열매는 다소 길쭉하며 한쪽으로 굽는다.
생태·조경 포인트		- 추위에 약하며 음지에서 잘 자란다. - 공해에 강하고 이식이 용이하다. - 공원이나 고속도로 주변, 아파트 단지 등에 완충기능 혹은 관상 기능으로 식재한다. 대부분 완충기능으로 식재한다. - 완충기능, 차폐기능으로 흔히 이용되는 수종이나, 국내에서는 침엽이 조밀하지 않아 그 효과에 대해서는 고민해 볼 필요가 있다
인문학 포인트		- 잣나무를 닮았고 속명 strobus에서 따온 이름이다. - 미국 오엽송이라고도 한다. - 속성수라 성장이 빠르고 전체적인 수형이 원추형으로 아름답다. - 우리나라에는 1920년경에 도입되어 중부지역과 남부지역에서 주로 식재하였다. - 목재는 희고 깨끗하다. 그래서 영어 이름이 'white pine'이다. 재질은 연하고 가벼워서 목재 결이 우수하다. 반면에, 강도는 약한 편이다. 내구성이 좋고 가공성이 우수하여 가구재, 내장재 등에 활용된다. - 스트로브잣나무는 미국 개척사와 그 맥을 같이 한다. 유럽인들이 미국 동북부에 상륙했을 때 그곳에 스트로브잣나무가 덮여 있는 것을 목격했고 이 나무를 베어 다리를 놓고 집을 지었다. 즉, 스트로브잣나무는 미국 동북 초기 경제의 주축을 이루었다. - 인천광역시에는 '맥아더나무'라고 불리는 스트로브잣나무가 있다. 1945년말 미국 농무부가 지정한 '맥아더나무'의 후손으로 산림청 임업연구원에서 1989년에 기증받은 것이다. 미국 농무부가 지정한 '맥아더나무'는 미국 위스콘주에 있으며 수령은 약 500년 정도이다. - 스트로브잣나무의 꽃말은 '만족'이다.

▲ 스트로브잣나무 수형

▲ 스트로브잣나무 열매

▲ 스트로브잣나무 잎

알고 있으면 도움이 되는 포인트

스트로브잣나무의 「생물학적 특성」※

스트로브잣나무는 한랭하고 습기가 많은 곳을 좋아한다. 뿌리는 직근이 깊게 아래로 들어가며 곁뿌리도 발달하는 편이고 수평방향으로 나가지만 곁뿌리에 가지가 생겨 아래로 땅속을 뚫고 들어가기도 한다.

스트로브잣나무는 주로 종자로 번식 혹은 증식한다. 늦여름이 되면 길게 생긴 솔방울에서 종자가 떨어져 나오므로 일찍부터 종자를 받도록 한다.

스트로브잣나무는 어릴 때 음지를 좋아하는 음수이므로 해가림을 해주는 것이 좋다. 그러나 털녹병이라는 병균의 침해를 받는 경우가 많으므로 주의해야 한다. 털녹병균의 중간숙주는 까치밥나무이다. 스트로브잣나무는 유전적으로 생태경사를 가지고 있으므로 종자 산지에 따라 그 형질이 달라질 수 있으므로 유의해야 한다. 여기서, 생태경사란 생태적 조건의 점진적인 기울기 변화에 수반하는 종의 형질이나 군락의 속성 등이 연속적으로 변하는 것으로 수분경사, 기온경사 등이 있다.

※ 이야기가 있는 나무백과(임경빈) 중 '스트로브잣나무' 내용 일부 재구성

16. 금송

과명	학명	개화	결실
낙우송과	*Sciadopitys verticillata*	3~4월	다음 해 10~11월

구분		내용
수목 포인트	성상	- 상록 침엽 교목이다. - 높이는 20~30m까지 자란다.
	분포 및 자생지	- 일본이 원산지이다.
	꽃	- 암수한그루이다. - 3~4월에 가지 끝에 꽃이삭이 달린다. - 암꽃이삭은 1~2개씩 달린다. 수꽃이삭은 20~30개씩 위를 향해 모여 난다. - 이삭의 모양은 타원형이다.
	잎	- 바늘 모양이며 2개가 합쳐져서 두꺼우며 가지 끝에 15~40개씩 돌려서 난다. - 끝은 약간 오목하고 양면 가운데에 얕은 홈이 있다. - 앞면은 짙은 녹색이며 광택이 난다. 뒷면은 연한 녹색이고 가운데 흰색 계열의 숨구멍줄이 있다.
	열매	- 구과이고 다음 해 10~11월에 갈색으로 익는다. - 솔방울 조각은 위쪽이 뒤로 젖혀 있고 그 안쪽에 5~9개의 씨가 있다.
	줄기(수피)	- 적갈색 또는 흑갈색이다. - 세로로 갈라지며 거칠게 벗겨진다. - 수형은 곧게 자라는 편이다.
검색 포인트		- 잎이 소나무에 비해 2개가 붙어서 두껍고 윤생(돌려나기) 난다. - 잎 뒷면에 홈이 파져 있다.
생태·조경 포인트		- 강음수로서 강한 태양 아래에서는 생육이 불량하다. - 공해에 약하고 서리발 피해가 심해서 조경용으로 식재 시 주의해야 한다. - 수형과 잎의 질감이 양호하여 악센트식재 및 기념식재에 주로 사용한다.
인문학 포인트		- 속명 Sciadopitys는 그리스어 skias, skiados(우산)와 pitos(소나무, 잣나무)의 합성어이다. - 종명 verticillata는 '잎이 돌려난다'라는 뜻이다. 그래서 영명은 Umbrella Pine 혹은 Japanese Umbrella Pine이라고 한다. - 금송이라는 이름은 잎 뒷면이 금색을 띠고 소나무와 닮아서 붙여진 이름이다. 금송과라고 구분하지만 낙우송과로 구분하기도 한다. - 금송의 목재는 연한 황갈색으로 잘 썩지 않고 습기에도 강해 일본에서는 나무관을 제작할 때 최고로 여긴다. 백제 무령왕릉 내부에서 발견된 무령왕과 왕비의 나무관이 금송으로 제작된 것으로 조사되었다. - 세계 3대 정원수로 전국에 심는다. 특히 사찰 주변에 많이 식재한다. - 국내에서는 일본 원산인 금송 식재로 논란이 되는 사례가 많았는데, 1970년 현충사에 금송을 심었다가 논란이 되어 2018년에 다른 지역으로 이식된 사례가 있었고 경남의 모 고등학교에서는 금송을 기념 식수 했다가 논란이되어 다른 수종으로 교체되기도 했다. - 금송의 꽃말은 '반발, 보호'이다.

▲ 공원에 식재된 금송 수형

▲ 강정전으로 관리된 금송 수형

17. 삼나무

과명	학명	개화	결실
낙우송과	*Cryptomeria japonica*	3~4월	10~11월

구분		내용
수목 포인트	성상	- 상록 침엽 교목이다.
	분포 및 자생지	- 일본이 원산지이다. - 원뿔 모양의 수형이 아름다워 제주도를 비롯해 남부지방에 조림용으로 많이 심는다.
	꽃	- 암수한그루이다.
	잎	- 살짝 굽은 침형이다. - 삼각형 또는 네모지며 측면에 3~5개의 기공선이 있다. - 나선형으로 달리며 횡단면은 대개 삼각상이다. - 끝은 뾰족하고 매우 딱딱하며 측면 양쪽에 몇 개의 숨구멍 줄이 있다.
	열매	- 구과이고 10~11월에 갈색으로 익는다.
	줄기 (수피)	- 적갈색이고 세로로 길게 찢어지듯 갈라지면서 벗겨진다. - 어린 가지는 아래로 처진다. 수형은 원추형으로 발달한다. 새순은 황갈색이다.
검색 포인트		- 잎은 다소 굽으며 횡단면이 삼각상인 점이 특징이다. - 잎이 억세고 단단한 편이어서 찔리면 아프다. - 제주도에는 대단위로 심어 넓은 삼나무 숲이 많다.
생태·조경 포인트		- 난온대 기후대의 토심이 깊고 습도가 높은 곳에서 잘 자란다. - 양수이며 어릴 때 생장이 빠르며 내풍성이 크다. - 지금까지 남부지방에서 목재생산, 경계식재 및 방풍식재용으로 흔히 사용하고 있다.
인문학 포인트		- 속명 Crytomeria는 그리스어의 kryptos(숨은)와 meris(종자)의 합성어이다. 종소명 japonica는 원산지가 일본임을 뜻하는 것이다. - 일본은 조림면적의 약 45%가 삼나무이다. - 삼나무는 물에 견디는 힘이 강해 건축이나 배 건조에 많이 사용된다. 임진왜란 시 해상전투는 조선의 소나무와 일본의 삼나무의 싸움이라고도 한다. - 삼나무는 편백나무와 더불어 피톤치드※가 많이 발생하는 나무로 알려져 있다. 일본명 스기(Sugi)로 알려져 있으며 국내 가구재와 건축물 내장재로 많이 사용된다. - 우리나라에는 1924년경에 도입되어 남부지방에서는 조림수종으로, 제주도에서는 방풍림으로 널리 식재되었다. 일본을 대표하는 나무이며 일본에서는 주로 목재생산 수목으로 유명하다. - 기존 연구결과에 따르면, 삼나무의 피톤치드 함량은 겨울철 3.6ml/100g, 여름철 4.0ml/100g 정도로 소나무, 잣나무, 전나무 보다 많은 것으로 보고되고 있다. 편백은 겨울철 5.2ml/100g, 여름철 5.5ml/100g 정도로 침엽수종 중 가장 많다. - 삼나무의 꽃말은 '웅대, 그대를 위해 살다'이다.

※ 피톤치드는 1937년 러시아의 생화학자 토킨(Boris P. Tokin)에 의해 명명되었으며 피톤치드(Phytoncide)는 희랍어로 '식물의'라는 뜻의 phyton과 '죽이다'라는 뜻의 cide의 합성어이다. 즉, 식물이 병원균, 해충, 곰팡이 등에 저항하려고 내뿜거나 분비하는 물질을 의미한다. 일반적으로 활엽수보다 침엽수종에서 많이 발생하며 국내 침엽수 중에서는 편백 > 구상나무 > 삼나무 > 화백 > 전나무 > 잣나무 > 소나무 등의 순이다.

▲ 제주도 사려니숲 내에 분포하는 삼나무 조림지

▲ 사려니숲에 조성된 무장애 길

알고 있으면 도움이 되는 포인트

삼나무와 일본 임업

일본은 임업 면에서 하늘의 축복을 받은 나라 중의 하나이다. 삼나무, 편백, 나한백(혹은 소나무) 등 좋은 수종들을 많이 가지고 있기 때문이다. 이 세 가지 수종들의 장점은 줄기가 곧게 자라고 재질이 좋아 용도가 다양하며 꺾꽂이로 묘목이 잘 양성될 수 있다는 점 등이다. 이들을 일본의 3대 조림수종으로 꼽을 수 있다.

삽목조림 국가는 세계적으로 볼 때 거의 없는데 무성번식 묘로 숲이 만들어져 나무의 개량이 일찍부터 가장 잘 이루어지고 있는 나라가 바로 일본이다. 또한 일본은 기후가 온화하고 강우량이 많으며 습도가 높은 해양성 기후이기 때문에 이들 나무의 성장에 알맞은 조건을 제공하고 있다.

일본의 산지는 우리나라처럼 험하지만 그들은 예로부터 토양 유실을 철저하게 방지하는 방법을 터득하여 산과 숲을 지켜왔기 때문에 높은 생산성을 유지하고 있는 것이다. 우리나라보다 폭우와 태풍 등이 훨씬 더 심하지만 임업기술로 이를 극복하고 있다.

18. 메타세콰이어

과명	학명	개화	결실
낙우송과	*Metasequoia glyptostroboides*	3~4월	10~11월

구분	항목	내용
수목 포인트	성상	- 낙엽 침엽 교목이다. - 높이는 35~50m까지 자란다. 우리나라에서는 주로 20m 내외로 자란다.
	분포 및 자생지	- 중국이 원산지이다. - 원뿔 모양의 곧게 뻗은 수형이 아름다워 전국에서 공원수 및 가로수로 식재한다.
	꽃	- 암수한그루이다.
	잎	- 마주나게 달린다. - 선형이며 깃꼴로 배열된다. - 가을에 검붉게 물든다.
	열매	- 구과이고 10~11월에 익는다.
	줄기(수피)	- 적갈색이고 오래될수록 세로로 얇게 갈라져 벗겨진다. - 어린 가지는 녹색이다가 점차 적갈색으로 변한다.
검색 포인트		- 낙우송에 비해 잎이 마주나게 달리고 잎이 달리는 가지도 마주나게 달리는 점이 다르다.
생태·조경 포인트		- 양수이며 적윤지 토양에서 잘 자란다. - 원추형의 수형이 아름다워 가로수 및 유도식재로 많이 활용한다. - 생장속도가 빠르고 지력이 높은 곳을 선호한다. - 가로수식재, 유도식재 등에 가능하다.
인문학 포인트		- 속명 Metasequoia는 meta(뒤)와 sequoia(애팔라치아 산맥의 원주민 인디언 체로 귀족의 추장 '세쿼야'의 이름)의 합성어이다. 즉 뒤의 세콰이어라는 의미이다. 이는 세쿼이아 이후에 발견되었다는 뜻이다. - 종소명 glyptostroboides는 그리스어로 glyptos(갈라진)와 strobilas(솔방울 문양이 들어가 있는)의 합성어이다. - 1939년에 일본의 미키시게루 박사에 의해 화석식물로 발표되었다가 1941년에 양쯔강 상류에 실존하는 나무가 발견되어 1946년에 공식 발표되었다. 이후 자생지 조사를 실시한 미국의 하버드대 아널드 수목원에 의해 전 세계로 보급되었다. 우리나라 포항에서도 화석이 발견되었다. - 캘리포니아 스테빈스 교수는 메타세콰이어 특성에 대해 몸안에 22개의 염색체가 있는데 이는 측백나무과와 편백과 나무들과 동일하다. 미국에는 세콰이어라는 나무는 염색체가 66개로 메타세콰이어와는 근본적으로 다르다. - 일본 등지에서 분포하던 메타세콰이어의 절멸은 병충해가 아닌 기후라고 추측된다. 그러나 미키 교수는 일본에서의 메타세콰이어의 절멸이 바닷물이라고 주장하였다. 바닷물의 침범으로 절멸했을 것으로 추측했다. 당시 평지에서 자라선 세콰이어, 리퀴담바, 낙우송 등은 멸종했는데, 경사면에 자라던 금송과 삼나무는 살아남았다는 주장이 이를 뒷받침해주고 있다. - 메타세콰이어, 소나무, 삼나무처럼 구과를 가지는 나무는 세계적으로 약 60속 600종 정도이다. 이중 한종으로서 한 개의 속을 이루는 것은 약 20개 정도이다. - 메타세콰이어의 꽃말은 '영원한 친구, 위엄'이다.

▲ 메타세콰이어 잎

▲ 메타세콰이어 수피

▲ 메타세콰이어 새순의 모습

▲ 서울 양재시민의 숲 메타세콰이어 길

19. 낙우송

과명	학명	개화	결실
낙우송과	*Taxodium distichum*	4~5월	10~11월

구분		내용
수목 포인트	성상	- 낙엽 침엽 교목이다. - 높이는 20~25m 이다.
	분포 및 자생지	- 북미가 원산지이다.
	꽃	- 암수한그루이다.
	잎	- 짧은 가지에 어긋나게 달리고 긴 가지에서는 나선상으로 달린다. - 침엽수이면서 낙엽이 진다.
	열매	- 구과이며 10~11월에 황갈색으로 익는다.
	줄기(수피)	- 회색 또는 적갈색이고 세로로 얇게 벗겨진다. - 어린 가지는 녹색이다가 점차 적갈색으로 변한다.
검색 포인트		- 메타세쿼이어에 비해 잎이 어긋나게 달리고 잎이 달리는 가지도 어긋나게 달리는 점이 다르다. - 주로 습기 있는 곳에서 잘 자라며 밑동 주변에 목질의 공기뿌리(기근)가 솟는 점이 특징이다.
생태·조경 포인트		- 양수로서 물 속에서도 생육이 가능할 정도로 수분을 좋아한다. - 뿌리는 천근성이며 호흡을 위해 기근(aerial root)이 발달한다. 이 기근은 호흡뿐 아니라 연약한 지반을 버티기 위한 역할도 한다. - 둥근 원추형의 수형으로 가로수, 유도식재, 경계식재 등에 활용가능하다. - 메타세쿼이어에 비해 잎의 질감이 부드러운 편이다. - 원뿔 모양의 수형과 붉게 물드는 단풍이 아름다워 전국 공원의 물가 근처에 관상수로 심는다.
인문학 포인트		- 속명 탁소디움(Taxodium)은 주목속을 나타내는 속명 '탁소스(Taxus)'와 '닮다'라는 뜻의 그리스어 '에이도스(eidos)'의 합성어로 잎이 주목과 비슷하다라는 뜻이다. - 디스티쿰(distichum)은 잎이 '2열로 난다'는 뜻이다. - 낙우송이라는 이름은 가을 잎이 새의 날개 모양으로 떨어진다는 한자 낙우송(落羽松)에서 유래한다. - 우리나라에서는 1920년경에 도입되었다. - 메타세쿼이어는 중국에서 도입된 나무이며 낙우송은 미국 동남부가 고향이다. 낙우송은 4~5천년을 넘게 유지되는 나무로 메타세쿼이어 화석이 우리나라 포항 인근에서 발견된 적이 있어, 과거 우리나라에서도 자생했을지 추측해 본다. - 목재는 내구성이 강해 철도 침목, 선박재, 지붕재 등에 사용한다. - 최근 피부 보습 미백 효과가 뛰어나 화장품 원료로 쓰인다. - 낙우송의 꽃말은 '남을 위한 삶'이다.

한택식물원내에 식재되어 있는 낙우송 전경

▲ 낙우송 잎(소엽이 어긋나게 자란다)

▲ 한택식물원 습지내에 식재된 낙우송 전경

알고 있으면 도움이 되는 포인트

낙우송과 메타세콰이어의「기원」

낙우송의 본래 자생지는 미국의 미시시피 강 유역뿐이라고 한다. 그러나 일본이나 유럽 등 여러 나라에서 발견되고 있으며 심지어 갈탄의 원료가 되는 나무가 낙우송이었다는 이야기도 있어 아주 오래전에는 지구 상의 많은 곳에서 자생하였음을 짐작할 수 있다.

메타세콰이어는 낙우송과 사촌쯤 되는 나무로써 아주 비슷하다. 차이점은 메타세콰이어는 깃털 같은 잎이 두 개씩 마주 보지만, 낙우송은 어긋나게 달리고 메타세콰이어의 수형이 좀 더 원추형에 가깝다.

은행나무와 더불어 대표적 화석식물인 메타세콰이어가 처음 발견된 곳은 1937년 일본이 중국을 침략하여 전쟁을 벌이던 중 발견하였다. 이후 1941년에 양자강 상류에서 35m 정도 되는 거대한 신목을 발견하여 1946년에 발표하였다. 중국에서는 수삼목이라고 불렀다.

우리나라 담양 메타세콰이어 길이 유명한 것처럼 중국 남쪽인 상해에서 남경을 거쳐 북경을 가는 철도변에 끝없이 줄지어 있다. 이를 녹색의 만리장성(Green Great Wall)이라고 부른다.

메타세콰이어가 지구 상에서 많이 사라지게 된 이유에는 많은 학설이 제기되지만, 해수면이 높아져 나무들이 자라는 평지 위로 바닷물이 올라오면서 치명적인 피해를 입었다는 학설이 가장 유력하게 받아들여지고 있다.

낙우송의「공기뿌리」

낙우송은 기근(공기 뿌리)이 잘 발달하는 것으로 유명하다. 낙우송은 습지에서 잘 자라고 때로는 물속에서도 좋은 생장을 보인다. 낙우송이 뿌리의 호흡을 위해 공기 뿌리를 만들어내는 것은 살아남기 위해 진화한 것이라고 생각하면 된다. 우리나라의 낙우송에는 기근의 발달이 크지 않지만, 일본 신주쿠교엔의 낙우송은 많은 공기 뿌리가 발달해 있다.

낙우송의 공기 뿌리는 그 성상이 독특하다. 즉, 호흡을 할 수 있는 뿌리는 그 생장점의 굴지성이 음성으로 변해 곧추서면서 위로 자란 것이 아니라 상당한 비대생장을 한 뿌리의 중간쯤 되는 부분이 극단적인 비대생장을 하게 되어 발생한 것이다. 다시 말하면 편심적인 비대생장을 하여 위쪽의 목질 부분이 커지다가 어느 순간 둥근 모양이 되어 만들어진 것이다. 따라서 수평으로 뻗어나가는 한 개의 뿌리가 서로 밀접한 여러 개의 공기 뿌리를 만들기도 한다. 높은 공기 뿌리는 1m 이상인 것도 있다.

20. 편백

과명	학명	개화	결실
측백나무과	*Chamaecyparis obtusa*	4월	10~11월

<table>
<tr><td rowspan="6">수목
포인트</td><td>성상</td><td>- 상록 침엽 교목이다.
- 높이는 30~40m까지 자란다. 우리나라에서는 15~20m 내외로 자란다.</td></tr>
<tr><td>분포 및
자생지</td><td>- 일본이 원산지이다.
- 중부 이남의 따뜻한 곳에서 잘 자라며 주로 제주도와 남부지방에서 관상수나 방풍림으로 심는다.</td></tr>
<tr><td>꽃</td><td>- 암수한그루이다.
- 4월에 가지 끝에 꽃이삭이 달린다.
- 암꽃이삭과 수꽃이삭이 흔히 같은 가지에 달린다.</td></tr>
<tr><td>잎</td><td>- 난상 마름모형이다.
- 길이는 0.1~0.2cm이며 비늘모양으로 겹쳐진다.
- 앞면은 짙은 녹색이고 1개의 선이 있다.
- 뒷면에는 흰색이 숨구멍 줄이 Y자 모양으로 배열된다.</td></tr>
<tr><td>열매</td><td>- 구과이고 10~11월에 녹색에서 갈색으로 익는다.
- 솔방울 조각은 8~10개이고 솔방울 조각 사이에 2~5개의 씨가 들어 있다.
- 씨는 삼각상이고 납작하며 적갈색으로 익는다.
- 길이는 0.3cm이고 측면에 날개가 있다.</td></tr>
<tr><td>줄기
(수피)</td><td>- 적갈색이고 세로로 길게 갈라져 벗겨진다.
- 어린 가지는 녹색에서 점차 적갈색으로 변한다.
- 수형은 좁은 원추형이다.</td></tr>
<tr><td colspan="2">검색 포인트</td><td>- 잎 뒷면의 숨구멍 줄이 Y자 모양이다.</td></tr>
<tr><td colspan="2">생태·조경
포인트</td><td>- 내음성이 강하고 햇볕이 잘 들고 배수가 양호한 적윤지 토양에서 생장이 양호하다.
- 산림 내 조림용으로 많이 사용되며 조경용으로는 지엽이 치밀하여 경계 및 차폐식재로 가능하다.</td></tr>
<tr><td colspan="2">인문학
포인트</td><td>- 속명 카메시패리스(Chamaecyparis)는 그리스어 '작다'라는 뜻의 '차매이(Chamai)'와 삼나무 종류의 사이파리소스(Cyparissos)속의 합성어, '열매가 작다'는 뜻이다.
- 일본을 대표하는 나무로 우리나라에는 일제강점기에 본격적으로 들어왔다. 우리나라에서는 전남 장성군 축령산 편백나무 숲이 국내 최고 그리고 최대의 숲이라고 할 수 있다.
- 중국명 편백을 차용한 이름으로, 비늘 모양의 잎이 가지에 밀착되어 있는데서 유래되었다.
- 목재의 재질이 좋아 일본에서는 유명 목조건축물에 주로 이용했다. 세계에서 가장 오래된 목조 건축물인 나라의 호류지도 편백으로 만들었다.
- 일본명은 히노끼이며 최고의 목재로 인정받고 있다.
- 피톤치드가 많이 나오는 나무로 알려져 우리나라에도 편백으로 된 휴양림이 많이 조성되었다.
- 편백나무의 꽃말은 '변하지 않은 사랑 혹은 기도'이다.</td></tr>
</table>

▲ 한택식물원내에 식재되어 있는 편백

▲ 제주도 편백 조림지내 수간 및 수피 모습

▲ 제주도 편백 조림지

21. 화백

과명	학명	개화	결실
측백나무과	*Chamaecyparis pisifera*	4월	9~10월

구분	항목	내용
수목 포인트	성상	- 상록 침엽 교목이다. - 높이는 30~40m까지 자란다. 우리나라에서는 15~20m 내외로 자란다.
	분포 및 자생지	- 일본이 원산지이다. - 중부 이남의 따뜻한 곳에서 심어 기르며 주로 제주도와 남부지방에서 관상수나 울타리용으로 심는다.
	꽃	- 암수한그루이다. - 4월에 가지 끝에 꽃이삭이 달린다. - 암꽃이삭과 수꽃이삭은 주로 같은 가지에 달린다.
	잎	- 난상 타원형의 비늘 모양으로 겹쳐진다. - 끝은 날카롭고 뾰족하다. - 앞면은 녹색이다. 뒷면에는 삼각상의 점 모양의 흰색 숨구멍줄이 배열되어 그 사이사이가 W자처럼 보인다.
	열매	- 구과이고 9~10월에 녹색에서 갈색으로 익는다. - 지름은 0.6cm로 편백보다 작다. - 씨는 0.2~0.3cm의 좁은 도란형 또는 타원형이고 갈색이며 측면에 날개가 있다.
	줄기(수피)	- 적갈색이고 세로로 길게 갈라져 벗겨진다. - 가지가 대개 아래로 처진다.
검색 포인트		- 잎 뒷면의 숨구멍 줄이 삼각상의 점 모양이라 사이사이가 W자처럼 보인다. - 잎이 뾰족한 편이고 열매가 작은 점도 편백이랑 다르다. - 실화백(*C. pisifera* 'Filifera')은 가지가 화백보다 가늘고 아래로 처진다. - 황금실화백은 황금색을 띤다.
생태·조경 포인트		- 공해에 강하고 이식이 용이하다. - 아황산가스, 일산화탄소에 대한 저항성이 침엽수종중에서 가장 강한 수종으로 알려져 있다. - 생장속도가 빠르고 맹아력이 강해 차폐식재용이나 경계식재용으로 사용 가능하다. - 우리나라에서는 주로 남부지방에서 자라며 생울타리용으로 식재한다.
인문학 포인트		- 종소명 '피지페라(pisifera)'는 피줌(Pisum), 즉 완두콩 속을 말하며 '콩이 달린다'라는 뜻으로 열매를 강조한다. - 중국 이름 화백(花柏)을 차용한 이름으로 추정한다. - 1920년경에 일본으로부터 도입되어 전국에 식재된 수종이다. - 목재는 재질이 거칠지만, 단단하기 때문에 건축재, 토목재, 선박재 등에 이용된다. - 지금까지 화백은 목재의 가치가 없어 국내에서는 거의 조림 수종으로 사용하지 않았다. 그러나 최근 탄소흡수능력이 우수하다는 국립산림과학원의 연구가 발표되었고 피톤치드의 대표적 성분인 알파피넨(α-Pinene)이 편백보다 더 많다는 사실이 알려지면서 관심이 높아지고 있는 수종이다. 그리고 미세먼지 저감효과 또한 우수해 향후 조경용, 조림용으로 이용될 가능성이 크다. - 화백의 꽃말은 '화목'이다.

▲ 한택식물원내에 식재되어 있는 실화백

22. 측백나무

과명	학명	개화	결실
측백나무과	*Platycladus orientalis* *(= Thuja orientalis)*	3~4월	9~11월

구분	항목	내용
수목 포인트	성상	- 상록 침엽 교목이다. - 높이는 10~20m 이다.
	분포 및 자생지	- 중국, 러시아, 한국에 분포한다. - 대구, 안동, 영양, 단양 등지의 석회암지대나 퇴적암지대에서 자생한다.
	꽃	- 암수한그루이다. - 3~4월에 가지 끝에 꽃이삭이 달린다.
	잎	- 난상 타원형이고 길이는 0.1~0.3cm이며 비늘 모양으로 겹쳐진다. - 양면이 비슷해서 구별하기 어렵지만, 앞면은 진한 녹색, 뒷면은 연한 녹색을 띤다.
	열매	- 구과이다. - 처음에는 분백색을 띤 녹색이지만 9~11월에 적갈색으로 익는다. - 열매는 전년도 가지 끝에 1.5~3cm 정도 크기로 달리며, 모양은 돌기가 있는 난형이다. 익으면 벌어진다.
	줄기(수피)	- 적갈색이며 세로로 길게 갈라진다. - 어린가지는 녹색이고 점차 적갈색으로 변한다.
검색 포인트		- 편백이나 화백에 비해 잎 양면의 구별이 어렵고 씨에 날개가 없는 점이 다르다.
생태·조경 포인트		- 석회암 지대 암벽에서 자생한다. 건조한 석회암지대의 지표수종이기도 하다. - 양수이며 배수가 양호한 사질양토나 양토가 적당하다 - 공해에 강하고 이식이 용이하다. - 지엽이 치밀하고 전정에 강해 차폐 및 경계식재용으로 흔히 사용한다. - 성목시 원추형 수형이 아름다워 공원, 궁궐정원 등에서는 기조식재로도 사용가능하다.
인문학 포인트		- Thuja(투야)는 '수지와 향기'를 뜻하는 '티아(thya)'와 '튜에인(thuein)'에서 유래한다. - 종소명 오리엔탈리스는 '동방'을 뜻한다. - 잎이 옆을 향해 나오는 데에서 측백이라고 했을 것으로 추정된다. 측백나무 잎은 납작하고 열매 모양이 도깨비 뿔 같은 돌기가 달린다. - 죽어서도 신선이 되어 망자의 곁을 오래 지켜 준다고 믿어 사당이나 묘지주변에 많이 식재한다. 예로부터 선인들이 즐겨 심어 기른 풍치수 중의 하나이다. - 우리나라에 천연기념물 제1호는 대구 도동에 위치한 측백나무 숲이다. 원래 측백나무는 중국에서만 자라는 것으로 알려졌는데, 우리나라에서도 자라고 있어 식물 분포학상 자생지로서 학술적 가치가 높아 천연기념물로 지정되었다. - 한자 백(栢)은 열매를 본떠 만들어졌다고 하며 백(白)은 열매 모양이기도 하지만, 오행에서는 서쪽을 의미한다. 다른 나무들은 동쪽을 향하고 있지만, 측백나무는 서쪽을 향해 있어 붙여진 이름이다. - 대구 도동 측백나무숲(천연기념물 제1호), 경북 영양 감천리 측백나무숲(천연기념물 제114호), 경북 안동 구리 측백나무숲(천연기념물 제252호), 충북 단양 영천리 측백나숲(천연기념물 제62호) - 눈측백(*T. koraiensis*)은 잎 뒷면이 분색으로 덮힌 것 같고 찝빵나무라고도 불리는 한국 특산수종이다. 태백산 이북, 고산지대에 주로 분포한다. - 천지백(*T. orientalis* f. *sieboldii*)는 2m 내외의 관목으로 밑에서 많은 가지가 나와 빗자루처럼 자란다. - 측백나무의 꽃말은 '기도, 견고한 우정'이다.

▲ 천연기념물 제1호 도동 측백나무숲
대구 도동 측백나무숲은 면적 35,603㎡의 향산 절벽에 높이 5~7m의 측백나무가 약 1,400여 그루가 숲을 형성하고 있다. 측백나무는 원래 중국에서 건너온 것으로 여겼으나, 대구 도동지역을 비롯하여 경북 영양, 충북 단양 등 자생지가 확인되어 한국을 원산지로 인정하게 되었다. 1962년도에 측백나무의 남방한계선으로 식물 분포학상 가치를 인정받아 천연기념물 제1호로 지정되었다.

23. 서양측백나무

과명	학명	개화	결실
측백나무과	*Thuja occidentalis*	4~5월	10~11월

구분	항목	내용
수목 포인트	성상	- 상록 침엽 교목이다. - 높이 10~20m 이다.
	분포 및 자생지	- 북미가 원산지이다.
	꽃	- 암수한그루이다.
	잎	- 난형이고 길이 0.2~0.3cm이며 비늘 모양으로 겹쳐진다. - 끝은 갑자기 뾰족해진다. - 앞은 짙은 녹색인데, 뒷면은 황록색을 띠기 때문에 구별이 가능하다.
	열매	- 구과이고 녹색에서 연한 갈색으로 변했나가 10~11월에 황갈색으로 익는다. - 열매 한 개에 보통 5~10개의 씨가 있으며 크기는 0.8~1.5cm 난형 또는 긴타원형의 모양이다.
	줄기(수피)	- 적갈색이고 세로로 갈라진다. - 짧은 가지는 수평으로 발달한다.
검색 포인트		- 측백나무에 비해 잎 뒷면이 황록색을 띠기 때문에 앞면과 뒷면의 구별이 가능하고 씨에 날개가 있는 점이 다르다. - 가지가 짧게 수평으로 퍼지며 잎은 동전을 겹쳐 놓은 것처럼 보인다.
생태·조경 포인트		- 양지에서 잘 자란다. - 공해에 강하고 이식이 용이한 장점으로 조경용으로 많이 이용된다. - 바람이 불거나 잎을 비비면 짙은 향기가 난다. - 지엽이 치밀하고 원추형 수형이 아름다워 독립수로도 양호하며, 맹아력이 강해 차폐 및 생울타리용으로도 매우 적합한 수종이다.
인문학 포인트		- 서양에서 들여왔고 측백나무를 닮았다고 붙여진 이름이다. - 우리나라에는 1930년경에 도입된 것으로 추측된다. - 다른 침엽수 대비 생장이 느린 편이면 반내음성으로 그늘진 곳에서 잘 자란다. 토양은 가리지 않으나 석회암지대에서는 생장이 더 좋다. 천근성이므로 강한 바람이 있는 지역에는 피하는 것이 좋다.

24. 노간주나무

과명	학명	개화	결실
측백나무과	*Juniperus rigida*	4~5월	10~12월

수목 포인트	성상	- 상록 침엽 소교목이다. - 높이는 5~10m이다.
	분포 및 자생지	- 한국, 중국, 일본, 러시아에 분포한다. - 전국의 건조한 산지나 암석지대에서 자라며 큰 군락을 이루기도 한다.
	꽃	- 암수딴그루이다. 드물게 암수한그루도 있다.
	잎	- 침형이고 3개씩 돌려 달리며 길이는 1.2~2cm이다. - 횡단면은 V자 모양이다. - 끝은 뾰족하고 딱딱해서 찔리면 아프다. - 표면을 따라 흰색의 숨구멍줄이 있다.
	열매	- 구과이고 회청색이다가 다음 해 10~12월에 흑자색으로 익는다.
	줄기 (수피)	- 적갈색이고 세로로 얇게 벗겨진다. - 가지는 아래로 처지고 전체적인 수형은 긴 원추형이다.
검색 포인트		- 향나무와 비교하면 잎이 모두 바늘잎이고 돌려 달리는 점이 다르다. - 침엽이 3개씩 윤생하고 끝은 뾰족하다. - 잎의 단면은 V자형이며 수형은 기둥형이다. - 전정이 잘 되며 성목이 되면 기둥형의 독특한 수형가져 조경용으로 이용가치가 높다.
생태·조경 포인트		- 우리나라 전국 양지 바른 곳의 석회암지대나 암반 틈에서 주로 자란다. - 건조, 척박한 곳에서 잘 자라며 맹아력이 강하다. - 생태학적으로 소나무, 참나무류와 같이 자라지만 시간이 지나면 도태되는 수종이다. - 전정이 잘 되며 수형이 아름다워 악센트, 유도, 차폐, 경계식재 등으로 이용가능하다.
인문학 포인트		- 속명 '유니페루스(Juniperus)'는 '어리다', '젊다'를 뜻하는 고대 라틴어 '주베니스(Juvenis)'와 '분만'을 뜻하는 '페리오(Perio)'의 합성어로 '태아의 분만을 위한 약제로 사용되어 붙여진 이름이다. - 종소명 '리기다(rigida)'는 '딱딱한 바늘 잎(rigid)'을 뜻한다. - 배나무 밭 근처는 향나무나 노간주나무를 심지 못한다. 배나무 적성병의 중간기주 역할을 수행하기 때문이다. - 노간주나무는 생태학적으로 천이초기 식물로 훼손된 산림에 주로 분포한다. - 목재가 유연한 편이라 삶아서 코뚜레를 만드는 데 쓰인다. - 씨를 두송실이라고 하며 술로 담가 마시기도 한다. - 노간주나무의 꽃말은 '보호, 친절, 자유'이다.

▲ 침엽이 3개씩 돌려나기 한다

▲ 노간주나무 수피

▲ 노간주나무 가지 및 잎

25. 향나무

과명	학명	개화	결실
측백나무과	*Juniperus chinensis*	4월	다음 해 9~10월

구분		내용
수목 포인트	성상	- 상록 침엽 교목이다. - 높이는 15~20m이다.
	분포 및 자생지	- 한국, 중국, 일본, 러시아에 분포한다. - 강원도 삼척이나 영월, 경북 의성이나 울릉도 등지의 암석지대에서 자생한다.
	꽃	- 암수딴그루이다. - 4월에 꽃이삭이 달린다.
	잎	- 비늘잎과 바늘잎의 2가지 형태로 달린다. - 어린 가지는 대부분 바늘잎이고 7~8년 이상 된 가지에는 비늘잎이 난다. - 바늘잎은 3개씩 엉성하게 돌려 나고 앞면에 3줄의 불규칙한 흰색 숨구멍 줄이 있다.
	열매	- 구과이다. - 녹색이나 회청색을 띠다가 다음 해 9~10월에 흑자색으로 익는다.
	줄기(수피)	- 회갈색이고 세로로 얇게 갈라져 벗겨진다. - 어린 가지는 녹색이고 점차 적갈색을 띠다가 흑갈색으로 변한다.
검색 포인트		- 잎이 바늘잎과 비늘잎 2가지 형태인 점이 특징이다.
생태·조경 포인트		- 양지바른 곳에서 생육이 가능하고 척박한 토양에서도 잘 견딘다. - 배나무류의 중간기주로 과수원 주변에는 절대 식재하지 않는다. - 전정이 강해 토피아리로 이용된다.
인문학 포인트		- 속명 Juniperus는 켈트어로 거칠다는 뜻에서 유래했다. 종소명 chinensis는 중국이 원산이라는 뜻이다. - 심재 조각을 제사 향료로 사용해서 붙여진 이름이다. 항목이라고도 한다. - 관목상으로 줄기가 땅을 기며 잎이 짧고 활처럼 굽은 것을 곱향나무(J. sibirica)라 한다. - 경북 울릉 대풍감 향나무 자생지(천연기념물 제49호) - 경북 울릉 통구미 향나무 자생지(천연기념물 제48호) - 전남 순천 송광사 천자암 쌍향수(천연기념물 제88호, 수령 800년) - 경북 울진리 후정리 향나무(천연기념물 제158호, 수령 500년) 등 - 눈향나무※(*J. chinensis* var. *sargentii*)는 낮게 옆으로 퍼지는 게 다르다. - 가이즈까향나무(*J. Chinensis* 'Kaizuka')는 일본이 원산이며 향나무에 비해 잎 전체가 비늘잎이고 측지가 나선상으로 뒤틀리며 작은 가지가 예각으로 달린다. 일사가 양호한 곳을 좋아하고 복사열에도 잘 견딘다. - 둥근향나무(*J. Chinensis* 'Gobosa')는 일명 옥향이라고도 하며 잎의 끝이 둔하여 찌르지 않으며 수형이 둥근 것이 특징이다. - 향나무의 꽃말은 '영원한 향기'이다.

※ 눈향나무는 줄기가 누워 자라는 향나무로서 향나무와 달리 줄기가 낮게 누워 벋어가며 자라며 한라산, 설악산, 지리산, 태백산 등지에 분포한다.

▲ 남한산성 수어장대 부근에 있는 향나무 고목

▲ 향나무 수형 및 꽃

▲ 둥근 향나무 수형

▲ 제주도 한라생태원내에 식재된 눈향나무 식재모습과 잎

알아두면 유익한 포인트 ※

향나무는 나무가 내는 향 때문에 향(香)나무란 이름으로 불려진다. 나무에서 향기는 대부분 꽃에서 나지만, 향나무는 목재 자체에서 나는 향기가 좋은 점이 특징이다. 줄기뿐만 아니라 잎과 수액에서도 독특하고 싱그러운 향기가 난다. 향나무는 맨 처음 난 가지는 초록색이고 2년이 되면 적갈색이 되고 다시 또 1년이 지나면 자줏빛이 나는 진한 갈색이 되면 오래 묵으면 잿빛을 띠는 흑갈색이 된다. 그러다가 15년 이상이 되면 줄기에서는 껍질이 조각조각 벗겨진다. 향나무의 잎은 두 가지 형태로 달리는 데, 어린 나뭇가지에서는 바늘잎(침엽)이 달리며 5년 이상의 가지에서는 얇고 작은 잎들이 비늘처럼 포개져 달리는 비늘잎(인엽)이 달린다. 나이가 들수록 모나지 않게 살아가는 것이 순리인 것처럼 향나무도 그러한 것 같다.
향나무는 청정을 뜻하여 귀하게 여겨 궁궐, 절이나 정원에 주로 식재하였고 우물가에도 많이 식재한 나무이다. 이는 옛날 사람들이 우물가에 심으면 물이 맑아진다는 생각으로 했을 것으로 판단되지만, 학문적으로 규명된 적은 없다. 일반적으로 조경수로 많이 식재하는 것은 가이즈까향나무인데, 가이즈까는 일본어로 패총이라는 뜻이며 오사카 지역의 동네 이름이었다고 한다.
중국에서는 향나무를 아주 귀하게 여겨 향목 외에도 원백 또는 보배 같은 귀한 소나무처럼 생긴 나무라 하여 보송이라고도 불렀다. 향나무의 자생지는 섬 지방을 제외하고는 대개 북위 30도를 넘지 못하지만 우리나라에서 함경도 지방에서 무덤가에 식재된 것이 있다고 한다. 울릉도에는 향나무 자생지를 볼 수 있는데, 도동항의 바위에 올라보면 암벽 사이에 자생하는 향나무를 볼 수 있다. 여기가 천연기념물 제48호로 지정된 곳이기도 하다.
자생지는 아니지만, 울진 죽변에는 수령 500년 이상 되는 향나무가 천연기념물 제158호로 지정되어 있고 화성리에는 천연기념물 제312호 향나무가 있다. 창덕궁 향나무는 천연기념물 제194호 이고 묘지에 식재된 나무 중 천연기념물로 지정된 남양주 양지리 거창 신씨 묘 옆의 향나무는 천연기념물 제232호로 지정되는 등 다수 존재한다. 천연기념물 제88호인 전남 송광사 쌍향수의 경우 송광사에서 조금 떨어진 천자암 뒤뜰에 서 있는 곱향나무는 두 그루가 나란히 자라고 있어 쌍향수라고 붙여진 것 같다. 전해지는 말에 의하면 보조국사와 그 제자 담당국사가 중국에서 수도를 마치고 돌아오면서 짚고 온 지팡이를 나란히 꽂아 놓았는데 여기서 뿌리가 내려 지금은 수려가 나무가 된 것이란다. 두 나무의 사이가 70cm 정도 떨어져 있지만, 나무가 너무 커서 사이좋게 있는 그 모습이 아름다워 사제지간의 정과 예의의 상징으로 여기기도 한다.
향나무는 잡귀를 내쫓는 벽사의 힘이 있다고 믿어왔고 여러 제례 등 경건하고 엄숙한 의식마다 향나무 줄기를 다듬어 향을 피우고 있다. 원래 사람의 시신이 썩는 냄새를 없애기 위한 목적으로 장례식에 주로 사용하였으나, 이제는 하나의 관습으로 자리 잡았다. 시신을 입관하기 전 염할 때도 좋은 냄새가 나도록 향나무 끓인 물로 씻긴다고 한다. 향나무의 좋은 향 때문에 다양한 가구나 목재로도 흔히 이용한다.

※ 우리나무 백가지(이유미) 중 '향나무' 내용 일부 재구성

26. 주목

과명	학명	개화	결실
주목과	*Taxus cuspidata*	4월	8~9월

구분		내용
수목 포인트	성상	- 상록 침엽 교목이다. - 높이는 10~20m이다.
	분포 및 자생지	- 한국, 중국, 일본, 러시아에 분포한다. - 백두대간을 중심으로 전국의 해발 700m 이상 산지의 사면이나 능선에서 자생한다.
	꽃	- 암수딴그루이다. - 4월에 꽃이삭이 난다.
	잎	- 선형이고 나선상으로 달린다. - 끝은 뾰족하지만 단단하지 않아 찔려도 그다지 아프지 않다. - 앞면은 짙은 녹색이고, 뒷면은 2줄의 황백색 숨구멍 줄이 있다.
	열매	- 핵과※이고 8~9월에 붉은색으로 익는다.
	줄기(수피)	- 적갈색이고 광택이 있으며 오래될수록 얇게 벗겨진다. - 어린 가지는 녹색이다가 점점 갈색으로 변한다.
검색 포인트		- 침엽의 뒷면에 두 줄의 기공조선(숨구멍줄)은 연한 녹색이며 수피가 얇게 벗겨진다.
생태·조경 포인트		- 고산지대의 음지에서 잘 자란다. 강음수로 양지에서는 생육이 불량하다. - 짙은 녹색의 침엽과 전정시 외관상 질감이 부드러워 토피아리로 많이 이용한다. - 경계식재, 차폐식재 등의 기능식재와 악센트식재로 이용이 가능하다.
인문학 포인트		- 수피가 어린 가지일 때는 녹색을 띠며, 큰 가지와 줄기는 적갈색으로 껍질이 벗겨진다. - 속명 탁수스(Taxus)는 붉은 나무라는 뜻의 그리스어 탁소스(taxos)에서 비롯되었으며, 활이라는 뜻도 있다. - 종소명 커스피다타(Cuspidata)는 잎의 끝이 갑자기 뾰족하다는 뜻의 cuspidatus에서 유래한다. - 주목은 최고급 목재로 취급되며, 관, 불상에서 최고급으로 사용되었고 유럽이나, 미국의 인디언들은 주목의 줄기로 활을 만들었다. - 천연기념물 제244호 소백산 주목군락(약 100여 그루) - 천연기념물 제433호(강원도 정선 두위봉 주목)는 3그루, 수령은 1200~1400여 년 추정되며 국내 최고 수령으로 그 학술적 가치가 크다. - 주목은'살아서 천년 죽어서 천년 간다'고 할 만큼 재질이 단단하고 잘 썩지 않아서 조선시대에는 왕실의 가구와 임금의 관으로 사용되기도 했다. 덕유산의 주목은 마패로도 사용했다는 기록이 있다. - '나나'눈주목(*T. cuspidata* 'Nana')은 포복성으로 지엽이 치밀하다. - 설악눈주목(*T. caespitosa*)은 설악산의 해발 1500m 부근의 소청봉 및 중청봉 능선 부근에서 생육하며 원줄기가 옆으로 긴다. 연구자에 따라서는 주목의 변종으로 간주한다. - 주목의 꽃말은 '고상, 비애, 죽음'이다.

알고 있으면 도움이 되는 포인트

살아서 천년 죽어서 천년 「주목」※※

주목은 주목과 주목속에 속한다. 성목이 되면 높이가 10m 정도, 지름이 1m를 넘는 것도 있다. 대부분 해발고 1,000m가 넘는 높은 산에서 능선을 따라 정상 부근 신갈나무, 가문비나무, 분비나무 등이 분포하는 숲 속에서 자란다. 군락을 이루는 곳은 대부분 북쪽 계곡이다.

주목은 추운 지역에서 잘 자라며 그늘을 좋아한다. 땅이 척박하고 날씨가 따뜻하면 밑가지가 마른다. 구름과 안개가 오가는 산의 높은 곳, 습기가 많고 비옥한 곳에서 잘 자란다.

주목의 줄기는 곧고 의연하게 자라고 옆으로 시원하게 뻗어가는 우아한 가지를 달고 있다. 이 가지는 처음에는 녹색을 띠다가 가을이 되면서 점차 홍갈색으로 된다.

주목은 쓰임새가 매우 다양하다. 목재의 재질이 치밀하고 탄력성이 있으며 광택과 향기도 있고 무엇보다도 그 붉은빛이 아름다워 가장 좋은 나무로 여겼다. 불상을 만들거나 불교에서 이용되는 여러 도구를 만드는 데 사용되었고 아주 귀한 이들의 관을 짜는 데도 주목을 썼다.

결이 고르고 단단하면서도 다루기 쉬워 조각의 재료, 건축, 가구 등에도 이용된다. 특히 크게 자란 주목을 잘라 만든 바둑판은 최상의 것으로 평가된다.

미국에서는 태평양산 주목에서 추출되는 독성분이 새로운 항암 물질로 관심을 모으고 있다. 특히 유방암, 인후암, 후두암 치료에 효과가 있는 이 물질을 택솔(taxol)이라 한다. 주목의 이 독이 세포분열 과정에 작용하여 암세포의 증식을 억제한다는 사실은 분명하지만 10년에 1m 남짓 자라는 이 나무는 1만 2천 그루를 베어야 겨우 2kg의 물질을 얻을 수 있기 때문이다.

주목의 붉은 심재는 붉은 물감을 들이는 염료로도 이용되었다. 일본에서도 주목은 매우 귀하게 여겨진다. 일본 사람들은 주목을 제일, 최고라는 뜻인 이치이라는 이름으로 부른다.

유럽에서 총이 발견되기 전 주목으로 만든 활을 이용하기도 하였다. 주목은 한국, 일본, 중국, 대만 등에서 자란다. 우리나라에서는 경기도, 전라도, 제주도, 충청북도 등 대부분의 지역에서 자란다. 특히 소백산 비로봉 서북 사면에는 주목이 큰 군락으로 형성되어 있으며 천연기념물 제244호로 지정되어 있다. 이 지역에는 총 4만 5천평 정도의 규모로 보호되어 있으며 주목은 약 1,500주 정도 자생하고 있다. 수령은 200~400년생 정도이다. 태백산 주목은 유일사와 문수봉 사이에 250ha가 천연보호림으로 지정되어 있고 덕유산과 한라산의 높은 지역에서도 주목이 대규모 군락을 형성하고 있다.

※ 중심부 한 개나 몇 개의 견고한 핵을 갖는 과실이다. 중과피(中果皮)는 육질이고 내과피(內果皮)는 나무처럼 단단하게 되어 있으며 그 안에 종자가 들어 있는 열매로 벚나무, 매실나무, 매화나무, 복숭아나무, 감탕나무, 올리브나무, 호두나무, 멀구슬나무 등이 대표적 열매이다.

※※ 우리나무 백가지(이유미) 중 '주목' 내용 일부 재구성

▲ 주목 잎과 꽃

▲ 주목 붉은색 수피

강원도 DMZ식물원내에 식재된 주목

27. 비자나무

과명	학명	개화	결실
주목과	*Torreya nucifera*	4~5월	다음 해 9~10월

<table>
<tr><td rowspan="6">수목 포인트</td><td>성상</td><td>- 상록 침엽 교목이다.
- 높이는 20~25m이다.</td></tr>
<tr><td>분포 및 자생지</td><td>- 한국, 일본에 분포한다.
- 전북 내장산 이남의 낮은 지대에서 자생한다.</td></tr>
<tr><td>꽃</td><td>- 암수딴그루이다.
- 4~5월에 꽃이삭이 피며 이르면 3월에도 핀다.</td></tr>
<tr><td>잎</td><td>- 선형이고 깃꼴로 달린다.
- 끝은 뾰족하고 질이 단단해서 찔리면 아프다.
- 앞면은 짙은 녹색이고 뒷면은 황백색의 좁은 숨구멍줄이 있다.</td></tr>
<tr><td>열매</td><td>- 핵과이고 다음 해 9~10월에 녹색으로 익는다.
- 씨는 타원형 또는 도란형이고 적갈색이다.</td></tr>
<tr><td>줄기(수피)</td><td>- 회백색 또는 회갈색이고 오래될수록 세로로 얇게 갈라져 떨어진다.
- 어린가지는 녹색이고 털이 없으며 3년생 가지부터는 적갈색으로 변한다.</td></tr>
<tr><td colspan="2">검색 포인트</td><td>- 잎의 끝부분이 뒤로 말리며 두 줄로 배열되고 끝이 개비자나무에 비해 뾰족하고 억세다.
- 잎 뒷면의 숨구멍줄이 황백색이고 좁으며, 열매가 녹색인 것이 개비자나무와 다르다.</td></tr>
<tr><td colspan="2">생태·조경 포인트</td><td>- 강음수이며 배수가 잘되는 적윤지 비옥한 토양에서 생육이 양호하다.
- 악센트식재 또는 군락식재가 양호하다.</td></tr>
<tr><td colspan="2">인문학 포인트</td><td>- 비자나무는 중국이름 비자(榧子)를 차용한 것이다. 목재가 아름답고 열매가 많이 달린다는 의미에서 유래한 것이다. 또한 바늘잎이 한자 아닐 비(非)자를 닮아서 비자나무라는 설도 있다.
- 목재가 우수하여 과거 원나라 궁궐에 사용할 목재로 비자나무를 세공으로 바쳤다는 기록이 있다(조선왕조실록, 동국여지승람). 이외에도 바둑판, 관재, 배의 중요한 부분 등에 귀중하게 사용되던 나무이다.
- 영조 39년에는 비자나무 목재의 조공량을 줄여 달라고 하는 상소가 있었다는 기록도 남아 있다.
- 의약품이 귀했던 시절, 동네의 약방나무 역할을 담당해 왔다. 구충제 대신하여 사용하던 것이 비자나무 열매이다.
- 비자나무의 북방한계지로는 전북 정읍시 내장산이 인정되고 있다. 그러나 비자나무가 자생종이 아니라 열매를 구충제로 사용하기 위해 오래전에 심었다는 기록이 있어 논란이 되기도 한다.
- 제주도 제주 평대리 비자나무 숲은 천연기념물 제374호로 단순림으로 세계 최대규모이다. 수령은 500~850년 정도이며 2,800여 그루가 있다. 이중 수령이 850년생인 가장 오래된 비자나무를 2000년 1월 1일에 '새천년비자나무'라는 이름으로 지정하였다.</td></tr>
</table>

알고 있으면 도움이 되는 포인트

비자나무의 「세계적 분포」

동국여지승람이나 세종지리지를 보면 옛날에는 비자나무가 더 넓게 분포해 있었던 것으로 추측된다. 비자나무의 자생지로 전라도의 나주, 장성, 무안, 장흥, 진도, 강진, 해남, 보성, 영암, 고흥, 함평, 영광, 경상도의 남해, 고령, 단성 그리고 제주도가 기록되어 있다. 경북 고령처럼 내륙까지 분포했었던 기록은 있지만, 주로 제주도와 서남쪽 해안에 많이 분포해 있었던 것으로 이해된다.
학자에 따라 견해는 다르지만, 세계적으로 볼 때 현재 지구 상에는 7종, 1품종, 4변종 및 4재배종의 비자나무가 있는 것으로 알려져 있다. 모두 북반구의 난온대 지대에 있고 미국에서는 캘리포니아 및 플로리다 지방에 분포하여 서로 멀리 격리되어 있는 것이 흥미롭다.
캘리포니아 인디언들은 비자나무로 활을 만들었다. 아시아에서는 중국에 넓게 분포하고 있으며 우리나라 남부와 일본에서도 자생한다.

▼ 제주도 천년의 숲 비자나무
총 2,878본(500~800년생)이 있으며 보호구역 면적은 약 448,758㎡

▲ 비자나무 잎

▲ 비자나무 수형

28. 개비자나무

과명	학명	개화	결실
개비자나무과	*Cephalotaxus koreana*	3~4월	다음 해 9~10월

구분		내용
수목 포인트	성상	- 상록 침엽 관목 혹은 상록 침엽 소교목이다. - 높이는 2~6m이다.
	분포 및 자생지	- 한국, 일본에 분포한다. - 중부 이남 산지의 숲 속에서 자생한다.
	꽃	- 암수딴그루이고 드물게 암수한그루이다.
	잎	- 2열로 달리고 선형이며 납작하다. - 끝은 뾰족하지만 연약한 편이어서 찔려도 아프지 않다. - 앞면은 짙은 녹색이고 뒷면은 흰색의 넓은 기공조선(숨구멍줄)이 있다.
	열매	- 핵과이고 다음에 9~10월에 녹색에서 적갈색으로 익는다. - 씨는 난형 또는 타원형이고 적갈색이다.
	줄기 (수피)	- 암갈색이고 오래될수록 세로로 갈라져 벗겨진다. - 어린 가지는 녹색이다. - 겨울눈은 좁은 난형이고 연한 녹색이다.
검색 포인트		- 비자나무에 비해 잎이 길고 억세지 않아 찔려도 따갑지 않다. 즉, 만져서 아프면 비자나무, 아프지 않으면 개비자나무라고 생각하면 된다. - 잎 뒷면의 숨구멍 줄이 흰색이고 넓으며 열매가 적갈색으로 익는 점이 다르다. - 주목 잎과 생김새는 비슷하나, 주목 잎보다 더 길고 부드럽다. 열매의 육질 종의 밑부분이 열려 있지 않은 것도 다르다.
생태·조경 포인트		- 산록부의 그늘진 곳에서 생육이 양호하다. - 현재까지 조경용으로 이용되고 있지는 않지만, 활용 가치가 크다. - 비자나무는 주로 남부지역에서 자생하지만, 개비자나무는 중부지역까지 자생한다.
인문학 포인트		- 개비자나무는 개비자나무과이며 비자나무는 주목과로 두 수목의 분류학상 관계가 없는 종이다. - 경기도 화성 융릉※에 자라는 개비자나무는 높이 4m, 흉고직경 45cm(둘레길이 약 80cm)로 천연기념물 제504호로 지정되어 있다. 수령은 약 500년 정도로 추정한다. 우리나라에서 가장 큰 개비자나무로써 생물학적 가치가 높다. - 한방에서는 개비자나무의 종자를 토향비(土香榧)라고 하여 회충 구제용으로 사용하거나 소화제로 사용하기도 한다. 최근에는 잎에서 알칼로이드 성분을 추출하여 항암제로 개발하는 연구가 진행되고 있다. - 개비자나무의 꽃말은 '소중, 사랑스러운 미소'이다.

※ 융릉은 조선 정조의 아버지이면서 사도세자(혹은 장헌세자)로 널리 알려진 장조(莊祖, 1735~1762))와 혜경궁 홍씨로 알려진 현경의황후(1735~1815년)의 묘이다. 세계문화유산으로 지정된 곳이다.

▲ 개비자나무 수피

▲ 개비자나무 잎 뒷면

29. 태산목

과명	학명	개화	결실
목련과	*Magnolia grandiflora*	5~7월	10~11월

구분	항목	내용
수목 포인트	성상	- 상록 활엽 교목이다. - 높이는 20m이다.
	분포 및 자생지	- 북미가 원산지이다.
	꽃	- 양성화이고, 4월에 핀다. - 꽃은 흰색이며 향기가 강하다.
	잎	- 잎은 두꺼운 혁질이며 어긋나게 달리고 긴 타원형이다. - 앞면은 진한 녹색이고 광택이 난다. - 뒷면은 갈색 털이 밀생한다.
	열매	- 취과이고 골돌과이며, 10~11월에 익는다. - 종자는 외피가 붉은색을 띤다.
	줄기(수피)	- 연한 갈색 또는 회색이고 오래될수록 얇은 조각으로 떨어진다. - 어린 가지와 겨울눈에 갈색 털이 밀생한다.
검색 포인트		- 상록성이고 잎은 짙은 녹색이며 광택이 있고 잎 뒷면과 잎자루 등에 갈색 털이 밀생한다. - 잎 전체가 약간 뒤로 말린 모양이다.
생태·조경 포인트		- 우리나라에서 식재하는 목련류 중 유일한 상록수종이다. - 향기가 좋으며 짙은 녹색을 배경으로 한 하얀색 꽃이 매우 아름답다. - 남부지역에서는 생육이 양호하며 중부지방에서는 월동이 불가능하거나 어렵다.
인문학 포인트		- 종소명 그랜디플로라(grandiflora)는 '꽃이 크다'라는 뜻이다. - 목련에 비해 잎과 꽃이 크고 전체적인 모습이 태산 같다 하여 붙여진 이름이다. - 우리나라에 들여온 시기는 일제강점기인 1920년대로 추정된다. - 세계에 분포하는 목련 속 식물은 총 35종이다. - 초여름 초대형으로 꽃이 피는 태산목은 우리나라 중부지방에서도 월동은 되지만 꽃을 보기란 쉽지 않다. 생장도 더딜 뿐만 아니라 나무 자체의 수형도 원래의 태산목 다운 모습을 차츰 잃어 간다. - 태산목의 꽃말은 '위엄'이다.

▲ 태산목 잎

▲ 태산목 꽃

▲ 태산목 수형

30. 목련

과명	학명	개화	결실
목련과	*Magnolia kobus*	3~4월	9~10월

구분		내용
수목 포인트	성상	- 낙엽 활엽 교목이다. - 높이는 10~15m이다.
	분포 및 자생지	- 한국, 일본에 분포한다. - 제주도 한라산(해발고 1,800m 부근 개미목 일대)에 자생한다.
	꽃	- 양성화이고, 3~4월에 잎보다 먼저 핀다. - 꽃잎 수는 6~12개이며 꽃잎이 약간 길쭉한 모양을 가지는 것이 백목련과 다르다. - 꽃눈에는 옅은 황색 털이 밀생한다.
	잎	- 어긋나게 달리고, 넓은 도란형이다. - 끝은 서서히 뾰족해지고 밑 부분은 쐐기형이다.
	열매	- 취과※이고, 골돌과이며 9~10월에 붉은색으로 익는다.
	줄기(수피)	- 회백색이고 매끈한 편이며 껍질눈이 발달한다. - 잎눈은 작고 털이 없으면 꽃눈은 크고 긴 황갈색 털이 밀생한다.
검색 포인트		- 잎끝이 서서히 좁아지고 꽃 밑에 1개의 잎이 달리는 점과 꽃잎에서 분홍색을 띠는 것이 백목련과 구별된다. 어린 가지는 털이 없으며 녹색 바탕에 자줏빛이 돈다. - 꽃잎은 꽃받침보다 길고 6~9장이며 백색이며 꽃이 필 때 1~2개의 작은 잎이 함께 나오는 특징이 있다. 그리고 꽃잎 밑부분 바깥 부분에 연한 홍색 줄이 있다.
생태·조경 포인트		- 우리나라 제주도에서 자생하는 수종이다. - 약간 그늘진 곳에서 생육이 왕성하다. - 약산성 토양을 좋아하기 때문에 석회나 유기질비료 사용은 가급적 피해야 한다.
인문학 포인트		- 속명 Magnolia는 프랑스 몽펠리아대학의 식물학 교수 Pierre Magnol을 기념하고자 한 것이며 종소명 kobus는 큰 꽃을 의미한다. - 목련이라는 이름은 나무에 피는 연촉이라는 의미이다. - 목련은 순백의 탐스러운 자태와 우아하고 귀족적이며 고고한 기품이 매력이다. - 전 세계적으로 약 35종이 북아메리카, 동아시아 그리고 히말라야까지 분포하고 있다. - 화석은 유럽과 그린란드에도 나타나며 백악기와 제3기에 많이 나오고 있다. 백악기라 함은 약 1억 4천만 년 전에 시작되어 피자식물이 번성했던 시기로서 목련 속은 고대 식물 즉 원시적 피자식물이다. - 일반적으로 나자식물(주로 침엽수)은 활엽수종(주로 피자식물) 보다 더 고대에 나타난 식물이다. - 별목련(*M. stellata*)은 일본 원산이며 낙엽 소교목으로 꽃잎이 12~18개로 별 모양으로 개화해서 붙여진 이름이다. - 자목련(*M. liliiflora*)은 중국 원산이며 검붉은 자주색 꽃잎이 6장이며 긴 타원형이다. - 목련의 꽃말은 '고귀함'이다.

※ 취과 : 화피는 육질 또는 목질로 되어 붙어 있고 자방은 수과 또는 핵과상으로 되어 있다. 딸기 등이 여기에 속한다.

▲ 목련 열매

▲ 목련 꽃

▲ 목련 수형

31. 백목련

과명	학명	개화	결실
목련과	*Magnolia denudata*	3~4월	9~10월

수목 포인트	성상	- 낙엽 활엽 교목이다. - 높이는 15~25m이다.
	분포 및 자생지	- 중국이 원산지이다.
	꽃	- 양성화이고, 3~4월에 핀다. - 꽃잎은 목련보다 넓고 도란형에 가까워 목련과 구별 가능하다. 꽃잎이 벌어지지 않는다. - 꽃잎은 6개이지만 꽃받침이 꽃잎과 거의 같아서 9개처럼 보이는 것이 목련과 다르다.
	잎	- 어긋나게 달리고 넓은 도란형이다. - 뒷면은 털이 있다가 점차 떨어진다.
	열매	- 취과이고 골돌과※이며, 9~10월에 붉은색으로 익는다.
	줄기(수피)	- 진한 회색이고 매끈한 편이며 껍질눈이 발달한다. - 잎눈은 작고 짧은 털이 있으며 꽃눈은 크고 긴 황갈색 털이 밀생한다.
검색 포인트		- 꽃잎이 목련보다 다소 넓고 목련이 길쭉한 모양이라면 백목련은 도란형에 가깝다. - 잎 상단부의 폭이 가장 넓고 갑자기 뾰족해지는 점이 목련과 구별된다. - 꽃은 잎보다 먼저 피고 백색이며 꽃잎은 꽃받침과 거의 같고 6장이다.
생태·조경 포인트		- 꽃은 3~4월에 잎이 나오기 전에 흰 꽃이 북쪽 하늘을 향해 핀다. - 가장 흔하게 볼 수 있는 중국 원산의 흰색 목련이다. 공원 등에 가장 많이 식재되어 일반적으로 목련이라고 생각하는 것이 대부분 백목련이다. - 백목련의 아름다운 꽃을 보려면 군락으로 식재하면 그 장엄함을 느낄 수 있다.
인문학 포인트		- 종소명 「대뉴다타(denudata)」는 '나출된'이란 뜻으로 '열매'를 강조한다. - 흰색의 목련이라는 뜻으로 목련보다 더 흰색을 띠면서 풍성한 꽃을 의미하는 것으로 해석된다. - 백목련의 꽃봉오리는 모두 북녘을 바라보고 있다. 사랑하는 임금에 대한 변하지 않는 충절을 의미하기도 한다. 그래서 이 나무를 북향화라고도 한다. - 백목련의 꽃말은 '이루지 못할 사랑'이다.

※ 하나의 봉선을 따라 과피가 벌어지는 단단한 열매인데, 건개과의 일종으로 목단이나 작약 등이 그 예이다. 속씨식물의 열매는 과피가 종자를 싸고 있는 형태인데, 그 열매가 다 자라면 건조한 과피가 벌어지는 종류가 있다. 이것을 건개과라고 한다. 이 중에서 1심피에서 발달하였고 하나의 봉선을 따라 과피가 벌어지는 단단한 열매를 골돌과라고 한다.

알아두면 유익한 포인트

목련의 종류와 용도

목련의 겨울눈에는 털이 있는 것과 없는 것이 있다. 털이 없는 것이 잎눈이고 털이 있는 것이 꽃눈이다. 목련 종류에는 목련, 백목련, 자목련, 일본목련, 함박꽃나무, 별목련 등이 있는데 이중 목련과 함박꽃나무만이 우리나라에서 자생한다.

우리 주변에서 흔히 볼 수 있는 목련은 목련이 아니라 중국 원산인 백목련일 확률이 매우 높다. 백목련은 희고 화려한 꽃잎과 향기를 가지고 있어 많은 사람들이 좋아한다. 일반적으로 조경수를 파는 곳을 찾아서 목련을 구입해보면, 대부분 백목련이다. 목련은 고부시목련이라고 해야지 우리나라 자생 목련을 구입할 수 있다. 고부시라는 말은 일본어로 주먹이라는 뜻으로 열매가 주먹처럼 생겼다고 해서 붙여진 이름이다. 이 고부시라는 이름이 학명으로 고정되어 있어 우리나라에서는 아쉬움이 크다.

목련 종류를 약으로 사용할 때는 신이(辛夷)라고 하고 봄에 꽃을 피워 영춘화라고도 한다. 한방에서는 꽃봉오리를 약간 맵다고 하여 신이라고 부르며 약재로 이용한다. 예로부터 코와 관련된 병에는 신이가 아니면 소용이 없다고 할 정도로 그 효과가 탁월하며 실제 중국에서는 비후성 비염에 걸린 환자를 대상으로 임상실험 결과 그 효과가 있었다는 연구도 보고되고 있다. 목련의 꽃봉오리뿐만 아니라 가지에서도 진한 향기가 난다. 그래서 목련으로 만든 장작으로 불을 지피면 나쁜 냄새를 없앨 수도 있다. 과거 선조들은 목련으로 만든 장작을 태우면 좋은 향기가 나서 나쁜 병마를 내쫓는다고 여겨 목련으로 된 장작을 준비해 두곤 했다.

목련과 백목련이 원줄기가 높게 자라지만, 자목련은 그루터기 밑에서 작은 가지가 여러 개 모여 나는 것이 다르다. 자목련 꽃잎은 안팎으로 암자색이지만, 자주목련은 꽃잎이 연한 홍자색이고 그 안쪽이 흰 것으로 구별할 수 있다.

▲ 백목련 수형

▲ 백목련 겨울눈

32. 일본목련

과명	학명	개화	결실
목련과	*Magnolia obovata*	5~6월	9~11월

<table>
<tr><td rowspan="6">수목 포인트</td><td>성상</td><td>- 낙엽 활엽 교목이다.
- 높이는 20m이다.</td></tr>
<tr><td>분포 및 자생지</td><td>- 일본이 원산지다.</td></tr>
<tr><td>꽃</td><td>- 양성화이고, 5~6월에 흰색 꽃이 핀다.</td></tr>
<tr><td>잎</td><td>- 어긋나게 달리지만 가지 끝에서는 모여서 달리며, 도란상 긴 타원형이다.
- 뒷면은 흰빛이 돌며 부드러운 털이 있다.
- 잎이 매우 크고 잎 뒷면에 흰빛이 돌기 때문에 구별이 쉽다.</td></tr>
<tr><td>열매</td><td>- 취과이고 골돌과이며, 9~11월에 적갈색으로 익는다.
- 속씨는 흑갈색이다.</td></tr>
<tr><td>줄기 (수피)</td><td>- 회백색이고 매끈한 편이며 껍질눈이 발달한다.
- 겨울눈은 3~5cm이고 2개의 비늘조각에 싸여 있으며 털이 없다.</td></tr>
<tr><td colspan="2">검색 포인트</td><td>- 목련이나 백목련에 비해 잎이 난 후에 꽃이 핀다.
- 꽃과 잎이 매우 크며 잎 뒷면이 흰색 빛을 띠는 점이 다른 목련 종류들과 다르다.
- 잎은 가지 끝에서 모여 나고 위로 향한다.</td></tr>
<tr><td colspan="2">생태·조경 포인트</td><td>- 햇볕이 잘 드는 곳에서 생육이 양호하다.
- 넓은 잎, 향기 좋은 큰 꽃의 관상가치가 높아 관상수로 흔히 식재하며 최근에는 가로수, 녹음, 악센트식재로도 사용하고 있다.
- 최근 도시림 및 숲에서 번식력이 높아 자생식생군락을 훼손하여 숲을 교란시키는 대표적 종으로 인식되고 있으며 향후 지속적 관찰 및 관리가 요구되는 수종이다.</td></tr>
<tr><td colspan="2">인문학 포인트</td><td>- 종소명 오보바타(obovata)는 잎이 거꿀계란형이라는 뜻이다.
- 이름은 일본에서 나는 목련에서 유래하여 후박(厚朴)이라고도 부른다. 녹나무과의 상록활엽수종인 후박나무와 다른 수종이니 유의해야 한다.
- 우리나라에는 1920년경에 도입되어 전국에 식재되었다.
- 열매를 말린 것을 후박실이라 하며 독특한 향기가 있다.
- 일본목련의 꽃말은 '숭고한 정신, 우애'이다.</td></tr>
</table>

▲ 일본목련 잎

▲ 일본목련 수형

33. 함박꽃나무

과명	학명	개화	결실
목련과	*Magnolia sieboldii*	5~6월	9~10월

<table>
<tr><td rowspan="6">수목 포인트</td><td>성상</td><td>- 낙엽 활엽 소교목이다.
- 높이는 7~10m이다.</td></tr>
<tr><td>분포 및 자생지</td><td>- 한국, 중국, 일본에 분포한다.
- 함경도를 제외한 전국의 산지에서 자생하며 저지대부터 고지대(해발고 1,200m 부근)까지 자란다.</td></tr>
<tr><td>꽃</td><td>- 5~6월에 잎이 난 후 가지 끝에 8~12cm의 흰색 꽃이 핀다.</td></tr>
<tr><td>잎</td><td>- 잎은 어긋나고 타원형 또는 넓은 도란형이다.
- 잎 뒷면은 회록색이고 맥 위에 털이 있다.</td></tr>
<tr><td>열매</td><td>- 취과이고 골돌과이며, 9~10월에 붉은색으로 익는다.
- 속씨는 심장형 또는 넓은 난형이고 흑갈색이다.</td></tr>
<tr><td>줄기(수피)</td><td>- 회백색이고 매끈한 편이다.
- 수피에 피목이 뚜렷하다.</td></tr>
<tr><td colspan="2">검색 포인트</td><td>- 목련이나 백목련에 비해 잎이 난 후에 꽃이 피며 저지대에서는 5~6월에 주로 꽃이 피며 해발고 1,000m 이상 지역에서는 7월에도 꽃이 핀다.
- 꽃은 주로 아래나 옆을 향해 핀다.
- 수피에는 회백색의 피목이 있고 튀어나와 있다.</td></tr>
<tr><td colspan="2">생태·조경 포인트</td><td>- 우리나라 숲 깊은 골짜기의 전석지대에 분포하며 해발고 1,300m 이상까지 자란다.
- 강한 햇빛에서는 생육이 불량하다.
- 주로 그늘진 곳, 비옥한 곳, 수분이 많고 배수가 잘되는 곳, 통기성이 좋은 곳에서 생육이 양호하다.
- 여름철 아름다운 꽃으로 가치가 높아 조경수로서 향후 잠재성이 큰 수종이다.</td></tr>
<tr><td colspan="2">인문학 포인트</td><td>- 종소명 시볼디(sieboldii)는 19세기 독일의 식물학자로 일본 식물을 연구하였던 F. P. von Siebold의 인명이다.
- 꽃이 함지박처럼 큰 나무라는 뜻의 이름이다.
- 산목련이라고도 한다.
- 함박꽃나무는 북한의 국화이다.
- 북한에서는 목란이라고 부른다.
- 함박꽃나무의 꽃말은 '수줍음'이다.</td></tr>
</table>

▲ 설악산국립공원 해발 1,200m 부근에서 찍은 함박꽃나무 꽃

▲ 함박꽃나무 수피

▲ 함박꽃나무 잎

34. 백합나무

과명	학명	개화	결실
목련과	*Liriodendron tulipifera*	5~6월	9~10월

수목 포인트	성상	- 낙엽 활엽 교목이다. - 높이는 30~40m이다.
	분포 및 자생지	- 북미가 원산지이다.
	꽃	- 양성화이고, 5~6월에 새 가지 끝에 황록색으로 핀다.
	잎	- 어긋나게 달리고 잎 끝이 수평으로 자른 듯 V자형 모양으로 형성되어 있다. - 뒷면은 맥 위에 흰색 털이 있다. - 가을에는 노란 단풍이 든다.
	열매	- 취과이고 시과※이며, 9~10월에 갈색으로 익는다,
	줄기(수피)	- 회색 또는 회갈색이고 세로로 얕게 갈라진다. - 겨울눈은 연두색 또는 흑갈색이고 비늘 조각이 2개이며 털이 없다.
검색 포인트		- 잎이 끝이 잘린 듯한 버즘나무 형태이고 열매가 솔방울 형태로 모여 달리는 점이 특징이다. - 꽃은 녹황색 계열이며 튤립 꽃을 닮아 튤립나무라고 한다.
생태·조경 포인트		- 병충해에는 강하지만 바람에 약하다. 건조에도 약한 편이어서 습기가 있고 지력(地力)이 좋은 곳에서 식재하면 양호하게 생육할 수 있다. - 20~25년생이 되면 수고생장이 끝나고 줄기가 굵어질 뿐이다. - 공해와 병충해에 강하고 수형이 아름다워 전국의 가로수나 공원수로 많이 식재한다. 다만, 수령이 오래가지 못하고 천근성으로 바람이 심한 지역은 식재를 피하는 것이 좋다.
인문학 포인트		- 속명 『릴리오엔드론』은 그리스어로 백합이라는 뜻의 '릴리온(leirion)'과 수목이라는 뜻의 '덴드론(dendron)'의 합성어로, 꽃의 모양이 백합과 비슷함을 강조한다. 종소명 『튤리피페라』는 '튤립 꽃이 달린'의 뜻을 가진다. - 튤립나무, 목백합이라고도 한다. - 꽃이 백합 같다고 해서 백합나무라고도 하고 튤립 꽃과 비슷하다고 해서 튤립나무라고도 한다. - 백합나무는 미국 동부 지방에 널리 분포하는 수목으로 우리나라에서는 1904년 들여와 심었으나, 추위로 인해 곧 고사했다는 기록이 있다. - 백합나무는 목련과 이며 전 세계적으로는 미국백합나무 이외에 중국백합나무가 있다. 그 모양이 미국과 흡사한데, 이는 격리 분포에 해당한다고 할 수 있다. - 백합나무는 목재가 아름다운데, 결이 곱고 광택이 있어 가구재로 활용가치가 높다. 또한 백합나무 목재는 뜨거운 증기 속에 넣어도 물기를 흡수하지 않는 까닭에 모자 틀로도 쓰인다. 이외 화판, 제도판 등 쓰임새가 넓다. - 밀원식물이다. - 백합나무의 꽃말은 '사랑의 고백'이다.

※ 과피가 얇은 막 모양으로 돌출하여 날개를 이루어 바람을 타고 멀리 날아 흩어지는 열매이다. 대표적 예로 단풍나무가 있다.

▲ 백합나무 수피

▲ 백합나무 수형

▲ 백합나무 잎

35. 생강나무

과명	학명	개화	결실
녹나무과	*Lindera obtusiloba*	3~4월	9~10월

<table>
<tr><td rowspan="6">수목
포인트</td><td>성상</td><td>- 낙엽 활엽 관목이다.
- 높이는 3~6m이다.</td></tr>
<tr><td>분포 및
자생지</td><td>- 한국, 중국, 일본에 분포한다.
- 전국 산지에서 자생한다.</td></tr>
<tr><td>꽃</td><td>- 암수딴그루이고, 3~4월에 가지마다 노란색 꽃이 모여 핀다.
- 꽃자루는 길이 1cm 정도로 털이 밀생한다.
- 꽃은 잎보다 먼저 핀다.</td></tr>
<tr><td>잎</td><td>- 어긋나게 달리고, 난상 원형이며 위쪽이 3개로 주로 갈라지지만, 갈라지지 않는 것도 있다.
- 뒷면에 흰색 털이 많다.</td></tr>
<tr><td>열매</td><td>- 열매는 둥글고 자루가 있으며 9~10월에 익는다.
- 열매는 검은색이다.</td></tr>
<tr><td>줄기
(수피)</td><td>- 회색 또는 흑회색이고 버즘 같은 흰색 무늬가 나타나며 둥근 껍질눈이 많다.
- 어린 가지는 황록색이다.
- 겨울눈은 털이 없으며 잎눈은 길쭉하고 꽃눈은 둥글다.</td></tr>
<tr><td colspan="2">검색 포인트</td><td>- 잎이 3개로 갈라지고 비비면 생강과 비슷한 향이 나며 꽃이 잎보다 먼저 핀다.
- 노란색 꽃과 검은색 열매가 특징이다.</td></tr>
<tr><td colspan="2">생태·조경
포인트</td><td>- 전국 산지에서 분포하며 내한성이며 가뭄에도 잘 견딘다.
- 음지에서 잘 견디며 척박한 토양에서도 잘 자란다.
- 아직 조경수로는 많이 이용하고 있지 않지만, 생태복원공간에 활용되고 있다.</td></tr>
<tr><td colspan="2">인문학
포인트</td><td>- 속명 Lindera는 스웨덴의 식물학자 Jhann Linder에서 유래했다. 종소명 obtusiloba는 잎 끝이 둔한 잎을 뜻한다.
- 잎을 비비거나 꺾으면 생강 냄새가 난다 하여 붙여진 이름이다.
- 지역에 따라서는 열매를 짜서 기름을 추출하여 동백유로 일컫고 머리를 단장하는 데 사용한다. 강원도에서는 생강나무를 동백이라고도 했다. 예전 노래 가사 혹은 시 등에서 언급된 동백나무가 바로 생강나무를 말하는 것이다.
- 잎이 전혀 갈라지지 않는 것을 둥근잎생강나무(L. obtusiloba)라고 한다.
- 생강나무의 꽃말은 '수줍음'이다.</td></tr>
</table>

▲ 생강나무 잎

▲ 숲 내부에서 아교목층으로 자라는 생강나무 전경

36. 비목나무

과명	학명	개화	결실
녹나무과	*Lindera erythrocarpa*	4~5월	9~10월

구분	항목	내용
수목 포인트	성상	- 낙엽 활엽 교목이다. - 높이는 6~15m이다.
	분포 및 자생지	- 한국, 중국, 일본에 분포한다. - 중부 이남의 산지(150~2,000m)에서 자생한다.
	꽃	- 암수딴그루이고, 4~5월에 새 가지 밑의 잎겨드랑이에 황록색 꽃이 산형꽃차례※로 모여 핀다.
	잎	- 어긋나게 달리고, 도피침형※※ 또는 긴 타원형이다. - 뒷면은 녹백색이고 맥 위에 연한 갈색 털이 있다.
	열매	- 핵과※※※이고 9~10월에 붉은색으로 익는다.
	줄기(수피)	- 연한 회갈색이고 껍질눈이 많으며 오래될수록 불규칙하게 비늘 조각처럼 떨어진다. - 겨울눈은 적갈색이다. 잎눈은 길고 뾰족하며 꽃눈은 둥글다.
검색 포인트		- 잎의 형태는 도침형이며 특이한 향이 난다. - 가을이면 샛노란 단풍이 든다. - 감태나무※※※※에 비해 잎이 길쭉하고 뒷면 맥 위에 연한 갈색 털이 있는 점이 다르다. - 나무껍질이 비늘처럼 떨어지는 점이 특징이다.
생태·조경 포인트		- 전석지 그늘진 곳에서 생육이 양호하다. - 내한성이 강해 전국에서 생육 가능하다. - 수피는 연한 회갈색으로 피목이 많으며 오래되면 수피가 떨어진다. - 노란색 단풍과 주홍색 열매가 아름다워 조경용으로 가치가 있다. - 꽃보다 열매나 잎이 아름답다.
인문학 포인트		- 속명 Lindera는 스웨덴의 식물학자 Jhann Linder에서 유래했다. 종소명 「이리스로카르파(erythrocarpa)」는 '빨간 열매'를 뜻한다. - 일본명 카나쿠기노끼(금정목)는 쇠(金) 못(釘)처럼 단단한 나무라는 의미이다. 그러나 실제로 재질이 그렇게 단단하지는 않다. 이런 특징으로 나무 비를 만드는 비목(碑木)과는 전혀 상관없는 나무이다. 업적이나 오래 남겨야 할 내용을 이렇게 잘 부서지는 나무를 사용했을 리는 없었을 것이다. - 비목나무 꽃이 노란빛이 있고 줄기가 보얗다고 하여 보얀목이라고도 한다. 즉, 나무껍질이 흰색을 띠고 있다는 것이다 - 목재는 가구재로 쓰이며 나무는 관상용으로 식재한다. - 잎이나 열매를 자르면 매운 냄새가 난다. - 비목나무의 꽃말은 '아픈 기억'이다.

※ 산형꽃차례는 꽃대의 꼭대기 끝에 여러 개의 꽃이 방사형으로 달린 무한꽃차례의 하나이다.

※※ 도피침형은 피침형을 거꾸로 한 모양이다. 피침형은 창모양처럼 생겼으며 너비에 비해 길이가 긴 것(예 버드나무 등)

※※※ 중심부 한 개나 몇 개의 견고한 핵을 갖는 과실이다. 중과피(中果皮)는 육질이고 내과피(內果皮)는 나무처럼 단단하게 되어 있으며 그 안에 종자가 들어 있는 열매로 벚나무, 매실나무, 매화나무, 복숭아나무, 감탕나무, 올리브나무, 호두나무, 멀구슬나무 등이 대표적 열매이다.

※※※※ 감태나무(L. glauca)는 중국, 일본, 대만, 한국에 분포하는 수종으로 우리나라에서는 중부 이남의 산지에서 주로 자라며 백동백나무라고도 한다. 잎 앞면은 광택이 나며 뒷면은 회록색이고 흰색 또는 연한 갈색 털이 있으며 표면에는 광택이 난다. 열매는 9~10월에 검은색으로 익는다.

▲ 비목나무 수피

▲ 비목나무 열매

37. 녹나무

과명	학명	개화	결실
녹나무과	*Cinnamomum camphora*	5~6월	10~11월

수목 포인트	성상	- 상록 활엽 교목이다. - 높이는 15~30m이다.
	분포 및 자생지	- 한국, 중국, 일본, 대만에 분포한다. - 제주도 남쪽의 계곡이나 곶자왈에서 자라며 가로수로 심기도 한다.
	꽃	- 양성화이고, 5~6월에 새 가지의 잎겨드랑이에서 나온 원추꽃차례※에 연한 황백색 꽃이 핀다.
	잎	- 어긋나게 달리고, 난형이다. - 뒷면은 회녹색을 띠고 주맥과 만나는 측맥의 밑부분에 작은 샘점이 있다.
	열매	- 핵과이고 10~11월에 흑자색으로 익는다.
	줄기 (수피)	- 황갈색 또는 흑갈색이고 세로로 깊게 파이면서 갈라진다. - 어린 줄기는 녹색이다. - 겨울눈은 난형이고 끝이 뾰족하다.
검색 포인트		- 잎 가장자리가 파상형이며 3출맥이 특징이다. - 2~3년 가지까지 녹색을 띠며 비비면 특이한 향이 있다. - 생달나무※※에 비해 잎이 넓고 가장자리가 구불거리며 잎 뒷면의 주맥과 만나는 측맥의 일부분에 작은 샘점이 있는 점이 다르다. - 나무껍질이 깊게 파이면서 갈라지는 점도 다르다.
생태·조경 포인트		- 제주도 산기슭 양지바른 곳에서 자라며 배수가 양호하고 비옥한 토양에서 잘 자란다. - 병충해에도 강해 말라죽는 일이 거의 없다. - 대기정화능력이 우수하여 환경정화수로 이용할 수 있다. - 광택의 잎과 원정형 수형이 아름다워 조경용으로 매우 다양하게 사용되는 수종이다.
인문학 포인트		- 어린 가지가 녹색을 띠어 '녹낭'이라 부르는데, 이후 '녹낭 → 녹나무'가 되었다. - 녹나무의 종소명 camphora가 장뇌를 의미하며 특유의 향기가 나는 기름 성분이 있다. - 제주도에는 녹나무를 집 주변에 심지 않는 풍습이 있다. 이는 녹나무 향기가 귀신을 쫓는다 하여 조상 제사를 모실 수 없다는 믿음 때문이다. 육지 사람들이 복숭아나무를 집안에 심지 않는 것과 같은 개념이라고 이해하면 된다. - 녹나무는 바닷가 주변에 주로 자라며, 주로 배를 건조하는 데 쓰임이 많았다. 또한 녹나무의 목재의 재질이 너무 치밀하면서 고와서 다양한 기구와 건축재에도 활용하였으며 목재에 함유된 장뇌가 살충효과가 있어 악기 및 고급 가구에 귀하게 쓰였다. 일본에서는 장뇌를 귀하여 여겨 우리나라 인삼처럼 국가 전매품으로 취급하기도 한다. - 또한 대만에서 자라는 녹나무가 유명한데, 여기서도 녹나무에서 추출되는 장뇌 때문이다. 다른 동남아 아열대 지역에서도 녹나무가 자라고 장뇌향을 추출할 수 있지만 품종이 달라 약품이나 셀루로이드 산업용 원료로 쓰기에 부적합하고 오직 대만 북동부 고산지역의 녹나무 숲에서 나는 장뇌만이 품질과 생산량 모두 뛰어나 널리 쓰였다. - 지브리 스튜디오 이웃집 토토로 애니메이션에 나오는 나무가 바로 녹나무이다. - 천연기념물로는 제주도 서귀포시 도순리 녹나무 자생지가 제162호로 지정되어 있다. - 녹나무의 꽃말은 '신선'이다.

※ 꽃차례(혹은 화서)가 가지를 치며 가지에 꽃자루가 있어 꽃이 달리는 것이다. 벼, 수리 등의 벼과식물에 흔히 나타나며 수수꽃다리 등이 대표적이다.

※※ 생달나무(Cinnamomum yabunikkei)는 서해안과 남해안 도서지역 및 제주도 낮은 지대에서 자라는 대표적 상록활엽수이다. 잎의 앞면은 광택이 나며 삼축맥이고 뒷면은 분백색이다.

▲ 일본 동경도 녹나무 식재 전경

▲ 녹나무 수형

녹나무 수피 ▶

38. 후박나무

과명	학명	개화	결실
후박나무과	*Machilus thunbergii*	5~6월	7~8월

수목 포인트	성상	- 상록 활엽 교목이다. - 높이는 15~20m이다.
	분포 및 자생지	- 한국, 중국, 일본, 대만에 분포한다. - 경북 울릉도와 제주도를 비롯해 서남해안 도서지역의 낮은 산야에서 자생한다.
	꽃	- 양성화이고, 5~6월에 새 가지 밑부분의 잎겨드랑이에서 나온 원추꽃차례에 황록색 꽃이 핀다.
	잎	- 어긋나게 달리고, 도란상 긴 타원형이다. - 앞면은 광택이 있고 뒷면은 회록색이다.
	열매	- 장과형의 핵과이고, 7~8월에 흑자색으로 익는다.
	줄기(수피)	- 갈색 또는 회갈색이고 매끈한 편이나 오래되면 약간 갈라지고 회백색 얼룩무늬가 생기기도 한다. - 어린 가지는 녹색이다. - 겨울눈은 난형이고 적갈색을 띤다.
검색 포인트		- 잎의 끝 모양이 유두(젖꼭지)를 닮은 것처럼 돌출되어 있다. - 잎 뒷면은 흰빛이 있으며 혁질이다.
생태·조경 포인트		- 난온대 기후에서 자라는 상록 교목이다. - 붉은색 새잎과 수형이 아름다워 조경용으로 다양하게 활용된다.
인문학 포인트		- 잎과 나무껍질이 두껍다는 뜻의 후박에서 유래되었을 것으로 추정된다. - 종자는 동그랗고 회갈색을 띠는데, 밤처럼 전분질과 점성이 강한 점액질로 이루어진 속은 천연기념물 흑비둘기의 먹이로 이용된다. - 울릉도 호박엿은 울릉도를 상징하는 말이 되기도 하는데, 상업적 측면도 있지만, 후박나무가 많이 자생하는 울릉도는 후박나무 껍질을 벗겨 증기에 쪄서 말렸다가 불에 달이면 진득한 액체가 나와 엿을 만들어 타박상, 부종, 염증 제거 때에 쓰여 가정상비약으로 쓰임새가 많았다고 한다. - 지금도 울릉도에는 호박엿 공장이 3곳이나 있다. 후박나무 껍질을 잘게 부숴 반죽을 하면 찐득한 점성이 높은 선향의 접합제로 쓰인다. - 최근 후박나무의 주성분인 마글놀롤과 호노키올의 페놀성 성분에 항염, 항균작용이 있어 세계에서 가장 많이 발병하는 치주 및 잇몸 질병 치료에 많은 진전이 있었다는 논문도 있다. - 천연기념물로는 제299호 남해 창선도 왕후박나무, 부안 격포리 후박나무군락(제123호), 진도 관매도 후박나무(제212호) 등 전국에 6곳 이상에서 지정・관리되고 있다. - 후박나무의 꽃말은 '모정'이다.

▲ 전라남도 완도수목원 입구 호수변에 식재된 후박나무

▲ 후박나무 수피

▲ 후박나무 수형

39. 오미자

과명	학명	개화	결실
오미자과	*Schisandra chinensis*	5~6월	9~10월

구분		내용
수목 포인트	성상	- 낙엽 활엽 만경목(덩굴성 수목)이다. - 높이는 6~10m이다.
	분포 및 자생지	- 한국, 중국, 일본, 러시아에 분포한다. - 전국 산지의 숲 속에서 자생한다.
	꽃	- 암수딴그루이고 드물게 암수한그루이며, 5~6월에 새 가지의 잎겨드랑이에서 나온 꽃자루에 황백색(혹은 흰색) 꽃이 1개씩 핀다.
	잎	- 어긋나게 달리고 짧은 가지에서는 모여 달리며, 타원형 또는 도란형이다. - 뒷면 맥 위에 거친 털이 있다.
	열매	- 장과※이고, 9~10월에 붉은색으로 익는다.
	줄기(수피)	- 광택이 있는 적갈색이고 도톰한 껍질눈이 발달하여 종이처럼 얇게 벗겨진다. - 겨울눈은 긴 난형이고 털이 없다.
검색 포인트		- 잎은 작은 치아상 톱니가 있고 엽병의 기부가 붉은 빛이 돈다. - 열매는 수상으로 달리며 붉은색이다. - 잎이 넓고 질이 얇은 점이 남오미자와 차이점이다.
생태·조경 포인트		- 산지의 경사면에서 자라며 내음성, 내한성이 강하다. - 배수가 잘되는 비옥한 토양을 선호한다. - 붉은색 열매가 아름다워 조경용으로 가치가 높다.
인문학 포인트		- 속명 스키잔드라(Schisandra)는 그리스어로 갈라지다를 의미하는 쉬젠(schizein)과 수술을 뜻하는 안드로스(andros)의 합성어로 분리된 꽃밥 세포를 뜻한다. 종소명은 중국이 원산지임을 말해준다. - 열매에서 다섯 가지 맛(단맛, 쓴맛, 신맛, 짠맛, 매운맛)이 난다 하여 오미자라 한다. - 우리나라 전국 산지에서 볼 수 있으며 큰 타원형의 잎이 미역줄나무와 다래와도 유사하여 유심히 살펴봐야 한다. - 몸에 좋은 성분이 많아 약재로 쓰거나 즙이나 차로 마시며 생즙을 내어 먹기도 한다. - 남오미자(*Kadsura japonica*)는 남해안의 도서 지역을 비롯해서 제주도의 숲 가장자리 혹은 바닷가 근처에서 흔히 자란다. - 남오미자는 남쪽에서 자라는 오미자라는 뜻이다. 오미자에 비해 잎이 긴 난형이고 질이 두꺼우며 상록성이고 열매가 구형으로 모여 달리는 점이 다르다. - 오미자의 꽃말은 '재회, 다시 만납시다'이다.

※ 육질로 되어 있는 내외벽 안에 많은 종자가 들어 있다. 감나무, 다래, 머루 등이 대표적이다.

▲ 오미자 잎과 열매

오미자(五味子)는 다섯가지 맛을 낸다고 하여 붙여진 이름이다.
다섯가지 맛은 단맛, 신맛, 매운맛, 쓴맛, 짠맛이며 이중 신맛이 가장 강하다
위 사진은 국내 최초로 오미자 산업특구로 지정된 경북 문경시 오미자 농장에서 찍은 사진이다.
오미자에는 오미자, 남오미자(남부지역 분포), 흑오미자(제주지역 분포) 등 3종류가 있다.

▲ 오미자 잎

▲ 남오미자 잎

40. 매자나무

과명	학명	개화	결실
매자나무과	*Berberis koreana*	5~6월	9~10월

구분	항목	내용
수목 포인트	성상	- 낙엽 활엽 관목이다. - 높이는 2m이다.
	분포 및 자생지	- 한국 특산식물이다. - 경기도를 비롯해 강원도와 충북의 숲 가장자리나 하천 주변에서 자생한다.
	꽃	- 양성화이고, 5~6월에 많은 가지 끝에서 나온 총상꽃차례에 노란색 꽃이 모여 핀다.
	잎	- 어긋나게 달리고 짧은 가지에서는 모여 달린 것처럼 보이며, 도란형※ 또는 타원형이다. - 양면에 털이 없고 뒷면은 회록색이다.
	열매	- 장과 이고, 9~10월에 붉은색으로 익는다. - 열매는 지름 0.6cm 정도의 구형 혹은 난상 구형이다.
	줄기(수피)	- 회색 또는 회갈색이고 오래될수록 불규칙하게 갈라진다. - 어린 가지는 짙은 적갈색이고 가시가 달린다. - 겨울눈은 난형 또는 타원형이고 비늘 조각은 적갈색이며 끝이 뾰족하다.
검색 포인트		- 매발톱나무 대비 어린 가지가 적갈색이고 잎 가장자리의 톱니가 덜 날카롭다 - 열매가 구형인 점이 매발톱나무와 다르다. - 소지의 능선이 패여 있다. 잎은 혁질이며 도란형으로서 톱니가 있다.
생태·조경 포인트		- 그늘진 곳에 생육이 양호하지만 햇볕이 있어도 비교적 생육이 양호하다. - 둥근 수형과 황색 꽃이 아름다워 조경용으로 흔히 사용한다. - 환경오염이 심한 곳에서는 생육이 불량하므로 식재 시 고려해야 한다. 특히, 오염도가 심한 도심지역에서 식재는 피하는 것이 좋다.
인문학 포인트		- 매자나무의 학명은 베르베리스 코리아나(*Berberis koreana*)처럼 우리나라 고유의 특산 수종임을 알 수 있다. - 매발톱나무와 비슷한 매자나무는 제주도의 섬매발톱나무와 함께 우리나라 특산식물이며 우리의 고유수종이다. - 매자나무 잎은 독성이 있지만, 가지와 함께 약용으로 쓰인다. 속껍질이 황금색이어서 노란 염료로도 이용한다. - 베르베린(berberine)은 세균과 곰팡이 억제에 효과가 있고 최근에는 항생제로도 많이 쓰인다. 100년 역사를 가진 정로환이라는 약도 이 베르베린을 이용한다. 이외에도 안약치료제, 당뇨병, 우울증 예방, 암 치료제 등 다방면에 활용되고 있다. 매자나무의 학명도 베르베린이 많이 함유되어 베르베리스(Berberis)이다. - 일본매자나무(B. thunbergii)는 일본의 재배품종으로 잎이 자주색이다. - 당매자나무(B. poiretii)는 가시는 단순하게 3개로 갈라지고 잎에 톱니가 없는 것이 매자나무와 다르다. - 매자나무의 꽃말은 '까다로움'이다.

※ 도란형은 난형을 거꾸로 한 모양이다. 여기서 난형은 달걀모양으로 생긴 것을 의미한다.

▲ 일본매자나무

41. 매발톱나무

과명	학명	개화	결실
매자나무과	*Berberis amurensis*	5~6월	9~10월

구분	항목	내용
수목 포인트	성상	- 낙엽 활엽 관목이다. - 높이는 2~3m이다.
수목 포인트	분포 및 자생지	- 한국, 중국, 일본, 러시아, 몽골에 분포한다. - 제주도를 제외한 지리산 이북의 높은 산 능선에서 자생한다.
수목 포인트	꽃	- 양성화이고, 5~6월에 짧은 가지 끝에 달리는 총상꽃차례에 노란색 꽃이 모여 핀다.
수목 포인트	잎	- 어긋나게 달리고 짧은 가지에서는 모여 달린 것처럼 보이며, 도란형이나 타원형이다. - 가장자리에 날카로운 톱니가 매자나무보다 많이 있다. - 양면에 털이 없고 뒷면은 연한 녹색이다.
수목 포인트	열매	- 장과이고, 9~10월에 붉은색으로 익는다. - 열매는 1cm 길이의 타원형이다.
수목 포인트	줄기(수피)	- 회갈색이고 오래될수록 세로로 얇게 갈라지며 코르크층이 발달한다. - 어린 가지는 회색이고 가시가 달린다. - 겨울눈은 난형 또는 타원형이고 끝이 뾰족하며 가시 위쪽에 달린다.
검색 포인트		- 매자나무에 비해 어린 가지가 회갈색이고 잎 가장자리의 톱니가 매우 날카롭다. 즉, 매자나무의 잎의 톱니는 자잘한 데 대비 매발톱나무는 좀 더 크고 날카롭다. - 열매가 타원형인 점이 매자나무와 다르다. - 가시는 3개로 갈라진다.
생태·조경 포인트		- 그늘진 곳에 잘 자라며 배수가 좋고 수분이 적당한 통기성 토양에서 생육이 왕성하다. - 황색 꽃이 아름다워 전정에 강해 주연부, 경계, 악센트식재에 적당하다. - 매발톱나무는 매자나무와 달리 높은 산지에서 자라는 편으로 높은 산지에서 발견되는 것은 거의 모두 매발톱나무라고 생각하면 된다.
인문학 포인트		- 이름은 잎에 나는 예리한 가시를 매의 발톱에 비유한 데서 유래되었다. - 여름의 초입에 노랑 방울을 단 듯한 모습과 가을의 빨간 열매의 단아한 모습은 순결과 변하지 않는 아름다움의 꽃말과도 잘 어울린다. - 제주도 한라산 고지대의 섬매발톱나무(var. *quelpaertensis*), 경북 울릉도 바닷가 근처 왕매발톱나무(var. *latifolia*) 등이 있다. 지역 환경적 차이로 진화한 측면이 있어 크게 매발톱나무의 범주에 포함시키고자 하는 견해도 있다. - 매발톱나무의 꽃말은 '승리의 맹세'이다.

▲ 매발톱나무 수형

▲ 매발톱나무 잎과 가시

42. 남천

과명	학명	개화	결실
매자나무과	*Nandina domestica*	5~6월	10~12월

구분	항목	내용
수목 포인트	성상	- 상록 활엽 관목이다. - 높이는 2~3m이다.
	분포 및 자생지	- 중국, 일본 등지에 분포한다. - 주로 남부지방에서 월동이 가능하지만, 최근 들어 중부지방에서도 흔히 식재한다.
	꽃	- 양성화이고, 5~6월에 줄기 끝에 달리는 20~35cm의 원추꽃차례에 흰색 꽃이 모여 핀다.
	잎	- 어긋나게 달리고, 3회 깃꼴겹잎이며 길이는 30~50cm이고 엽축에 마디가 있다. - 뒷면 맥 위에 털이 있다. - 겨울부터 다음 해 봄까지는 단풍이 든 것처럼 붉은색으로 변한다.
	열매	- 장과이고, 10~12월에 붉은색으로 익으며 모양은 구형이다.
	줄기 (수피)	- 갈색이고 세로로 얕은 홈이 있다. - 밑에서 가지가 많이 갈라진다.
검색 포인트		- 잎은 2~3회 우상복엽이고 흰색의 꽃과 붉은색 열매가 특징이다. - 다른 매자나무과 나무에 비해 잎 가장자리가 밋밋하고 꽃이 원추꽃차례에 달리는 점이 다르다. 그리고 가시도 없다.
생태·조경 포인트		- 내한성 약해 추운 시기에 이식이 어렵다. - 햇볕이 다소 적은 곳에서 생육이 양호하다. - 가을에 붉은 단풍이 아름답고 겨울철 붉은 열매가 아름다워 다양하게 활용하고 있는 수종이다.
인문학 포인트		- 속명 Nandina는 일본 발음을 라틴어화 한 것이고 종소명 domestica는 집, 가정, 국내 등의 의미이다. - 원산지인 중국 남부에서는 5m까지 자라지만, 우리나라에서는 상록 소관목을 2~3m 정도 자란다. - 일본인들은 정원에 꼭 남천을 식재한다. - 해독과 부패방지 성분이 있어 생선회를 먹을 때 밑에 깔아 두기도 한다. - 뿔남천(*Mahonia japonica*)은 중국, 대만에 분포하며 남부지방에서 관상수로 심으며 중부지방에서 월동도 가능하다. - 뿔남천은 다른 매자나무과 나무에 비해 잎 가장자리에 날카로운 가시가 있고 나무껍질에 코르크가 발달하는 점이 다르다. - 열매가 황색인 것은 노랑남천(var. *leucocarpa*)이다. - 남천의 꽃말은 '전화위복'이다.

▲ 남천 열매

▲ 가로수 하층식생으로 식재된 남천

43. 으름덩굴

과명	학명	개화	결실
으름덩굴과	*Akebia quinata*	4~5월	9~10월

구분	항목	내용
수목 포인트	성상	- 낙엽 활엽 만경목이다. - 높이는 5~7m이다.
	분포 및 자생지	- 한국, 중국, 일본에 분포한다. - 황해도 이남의 산야에서 자생한다.
	꽃	- 암수한그루이고, 4~5월에 짧은 가지 끝의 잎 사이에서 나온 총상꽃차례에 연한 자주색이 도는 꽃이 아래를 향하여 핀다.
	잎	- 새로운 가지에서는 어긋나게 달리고 오래된 가지에서는 모여 달리며, 소엽은 5장으로 손바닥 모양이다. - 뒷면은 흰빛이 돈다.
	열매	- 장과※이고 골돌과※※이며, 9~10월에 갈색으로 익는다. - 약간 바나나 맛이 나며 식용으로 가능하지만, 씨가 많아 먹기에 불편하다.
	줄기(수피)	- 갈색 또는 회갈색이고 껍질눈이 있다. - 겨울눈은 적갈색이고 털로 덮인다.
검색 포인트		- 소엽이 5장이며 상록성인 멀꿀※※※과 다르게 낙엽성이다. - 잎끝이 오목하고 꽃받침은 3개이다. - 열매가 익으면 벌어진다. 멀꿀은 익어도 벌어지지 않는다.
생태·조경 포인트		- 산자락, 계곡 지역에서 잘 자라며 부식질이 많은 사질양토를 선호한다. - 조경용으로 이용은 많이 하고 있지 않지만, 독특한 잎, 열매 등으로 가치가 크다.
인문학 포인트		- 종소명 퀴이나타(quinata)는 '다섯 장의 작은 잎'이라는 뜻이다. - 열매가 얼음처럼 보이는 덩굴이라는 뜻의 어름덩굴이 변한 이름이다. - 다래, 머루와 더불어 선조들이 가장 즐겨 먹었던 열매 중의 하나이다. - 다만, 설익은 것을 먹을 때는 구토 증상이 있으므로 반드시 후숙 시켜 먹어야 안전하다. - 꽃은 꽃대로 예쁘면서도 향기가 있어 부녀자들이 향낭에 넣어 몸에 지니고 다녔다. - 어린잎은 나물로도 먹을 수 있고, 열매의 검은 종자는 기름을 짜서 먹거나 등잔을 밝히는 데 사용하기도 했으며 으름을 삶은 물을 천연염료로도 사용한다. - 으름덩굴의 꽃말은 '재능'이다.

※ 육질로 되어 있는 내외벽 안에 많은 종자가 들어 있다. 감나무, 다래, 머루 등이 대표적이다.

※※ 하나의 봉선을 따라 과피가 벌어지는 단단한 열매인데, 건개과의 일종으로 목단이나 작약 등이 그 예이다. 속씨식물의 열매는 과피가 종자를 싸고 있는 형태인데, 그 열매가 다 자라면 건조한 과피가 벌어지는 종류가 있다. 이것을 건개과라고 한다. 이 중에서 1심피에서 발달하였고 하나의 봉선을 따라 과피가 벌어지는 단단한 열매를 골돌과라고 한다.

※※※ 멀꿀(Stauntonia fexaphylla)은 제주도 및 남해안 일원에서 분포하며 으름덩굴에 비해 상록성인 덩굴식물이다. 열매는 10~11월에 적갈색으로 익는다. 잎은 손바닥 모양이며 질이 두껍고 앞면은 광택이 있으며 뒷면은 그물 모양의 맥이 뚜렷하다.

▲ 숲 가장자리에서 자라는 으름덩굴 전경

▲ 으름덩굴 꽃

44. 계수나무

과명	학명	개화	결실
계수나무과	*Cercidiphyllum japonicum*	3~4월	10~11월

<table>
<tr><td rowspan="6">수목 포인트</td><td>성상</td><td>- 낙엽 활엽 교목이다.
- 높이는 30m이다.</td></tr>
<tr><td>분포 및 자생지</td><td>- 중국, 일본에 분포한다.
- 전국에서 공원수로 심는다.</td></tr>
<tr><td>꽃</td><td>- 암수딴그루이고, 3~4월에 잎겨드랑이에 붉은색으로 핀다.</td></tr>
<tr><td>잎</td><td>- 마주나게 달린다.
- 짧은 가지에 달리는 잎은 난형 또는 타원형이고 가장자리는 밋밋한 편이다.</td></tr>
<tr><td>열매</td><td>- 골돌과이고, 10~11월에 암길색으로 익는다.</td></tr>
<tr><td>줄기(수피)</td><td>- 흑회색이고 세로로 거칠게 갈라진다.
- 어린 가지는 갈색 또는 적갈색이고 껍질눈이 있다.
- 겨울눈은 긴 난형이고 2개의 비늘 조각에 싸여 있다.</td></tr>
<tr><td colspan="2">검색 포인트</td><td>- 가을에 노란 단풍이 들며 땅에 떨어져 발효되면 달콤한 향기가 난다.</td></tr>
<tr><td colspan="2">생태·조경 포인트</td><td>- 햇빛 요구도는 중간 정도이며 배수가 잘되고 통기성이 좋은 토양을 선호한다.
- 심장형의 잎과 가을 노란색 단풍 등이 아름답다.
- 하트 모양의 잎은 노란 단풍이 들고 달콤한 향기(냄새) 때문에 정원수로 흔히 심는다.</td></tr>
<tr><td colspan="2">인문학 포인트</td><td>- 속명 서시디필룸(Cercidiphyllum)은 박태기나무 속의 '붉은 겨울눈의 나무'를 뜻하는 서시스(Cercis)와 잎을 뜻하는 필론(phyllon)의 합성어로 잎이 박태기나무의 잎과 같다는 뜻이다※.
- 계수나무는 1억 4천만 년 전 중생대 백악기 때 출현하였으며 화석의 분포로 미루어볼 때, 이 시기에는 북반부에 넓게 분포하고 있었으나, 이후 점차 그 면적이 축소되어 아메리카 및 유럽에서는 사라졌고 아시아 동쪽 온대지방에 비교적 적은 면적으로 분포하고 있다.
- 우리나라에서 식재된 계수나무는 중국과 일본에서 수입된 것이다. 우리 주변의 계수나무는 1900년경부터 일본으로부터 들여온 것이다.
- 계수나무는 나무 모양이 기품이 있고 정결한 느낌을 준다 하여 고상함과 순결함을 상징한다. 이는 잎이 윤기 있고 매끄러우며 더러운 곳에서도 흙이나 먼지가 잘 붙지 않는 데서 생긴 상징성 때문인 것으로 추측된다.
- 계수나무의 계(桂)는 계수나무를 의미하는 동시에 상록성이고 가을에 꽃이 피는 목서, 녹나무과의 육계나무(일명 계피나무) 이 세 가지를 뜻하므로 계(桂)자의 해석에 주의해야 한다※※. 중국에서는 목서를 계수라고 한다.
- 계수나무는 피자식물로서 매우 원시적인 것으로 간주된다. 암술이 여러 개 있으면서 서로 떨어져 있는 것을 다심피류(多心皮類)라고 하는데, 여기에는 목련류, 동백나무류 그리고 계수나무가 속한다※※.
- 계수나무의 꽃말은 '명예, 승리의 영광'이다.</td></tr>
</table>

※ 나영학(2016) 인문학으로 본 우리나무 이야기

※※ 서울대학교 출판문화원(2019) 나무백과

※※※ 이야기가 있는 나무백과(임경빈) 중 '계수나무' 내용 일부 재구성

알고 있으면 도움이 되는 포인트

계수나무의 진화과정에서의 위치***

계수나무는 피자식물로서는 매우 원시적인 것으로 간주된다. 암술이 여러 개 있으면서 서로 떨어져 있는 것을 다심피류라고 하는데, 목련류와 동백나무류, 그리고 계수나무가 여기에 속한다.
계수나무는 화석으로서 가장 옛것으로 알려져 있고 약 1억 4천만 년 전인 백악기에는 북반구 각처에 존재했다는 보고가 있다. 그러나 그 이후 아프리카 및 유럽 대륙에서는 사라졌고 아시아 대륙 일부에 조금 남아 있다.

▲ 겨울철 계수나무 가지

▲ 계수나무 수피

▲ 계수나무 잎

45. 양버즘나무

과명	학명	개화	결실
버즘나무과	*Platanus occidentalis*	4~5월	10~11월

구분	항목	내용
수목 포인트	성상	- 낙엽 활엽 교목이다. - 높이는 20~40m이다.
	분포 및 자생지	- 북미가 원산지다. - 전국에서 가로수나 공원수로 흔히 심는다.
	꽃	- 암수한그루이고, 4~5월에 달리는 두상꽃차례※에 모여 핀다.
	잎	- 어긋나게 달리고, 넓은 난형 또는 손바닥모양이다. - 양면에 별 모양의 털이 밀생 하지만 점차 떨어진다.
	열매	- 수과이고, 10~11월에 갈색으로 익는다.
	줄기 (수피)	- 암갈색이고 세로로 길라지면서 조각조각 떨어져 버짐 같은 얼룩무늬를 만든다. - 겨울눈은 난형이고 털이 없으며 1개의 비늘 조각에 싸여 있다.
검색 포인트		- 나무껍질에 얼룩무늬가 생기고 열매가 방울 모양인 점이 특징이다. - 잎은 장상으로 갈라지고 중앙열편은 너비가 길이보다 길고 열매는 1개씩 달린다.
생태·조경 포인트		- 도심지 강한 대기오염 속에서도 생육이 왕성하다. - 척박한 토양에서도 잘 자란다. - 대기오염에 강하고 생장이 빠르며 전정이 잘 된다.
인문학 포인트		- 속명 Platanus는 그리스어의 platys(넓다)라는 뜻이다. 종소명 occidentalis는 '서양'을 뜻한다. - 이름은 서양에서 도입되었고 수피의 생긴 모습이 버짐에 비유한 이름으로 추측된다. - 청주 양버즘나무 가로수 길은 1952년 녹화사업으로 처음 조성되었다. - 세계적으로 보아도 느릅나무, 네군도단풍과 함께 가장 널리 심어지는 3대 가로수 수종의 하나이다. - 우리나라에서도 은행나무, 느티나무와 더불어 가장 많이 식재되는 가로수이다. 최근 산림청에서는 꽃가루 알레르기를 유발하는 수종으로 양버즘나무를 포함하여 16종을 선정하였다. 알레르기성 비염과 결막염을 일으키기 때문이다. 4~5월에 분비되는 종자 솜털이 문제가 되지만 아직까지 우리나라에서는 도시환경에서도 잘 자라며 또한 여름철 도시열섬 완화와 가로수로서의 기능에 있어서는 최고의 나무라 할 수 있다. - 버즘나무(*P. orientalis*)는 열매는 3개 이상, 잎의 중앙열편은 너비보다 길이가 길다. - 단풍버즘나무(*P. hispanica*)는 버즘나무와 양버즘나무 사이에서 만들어진 교잡종으로 열매는 2개씩이지만 간혹 많기도 하고 잎 중앙열편의 길이와 너비가 같다. - 양버즘나무의 꽃말은 '하늘로부터 받은 은혜'이다.

※ 꽃이삭을 중심으로 하여 여러 꽃이 모여서, 그 모양이 머리 모양을 이루어 한 송이처럼 보이는 것을 말한다. 두상화서(頭狀花序)라고도 한다.

▲ 청주 가로수길의 원조는 청주의 들머리인 경부고속로 청주 나들목에서 강서동 반송교까지 4.53km 길이, 묘목 160그루로 조성하였다. 1952년 녹화사업으로, 양버즘나무를 심어 조성한 길은 수령 100년 가까운 나무가 거대한 터널을 이루는 청주의 명물이다. 지금은 5.44km로 조금 늘었으며, 양버즘나무 1,572 그루가 식재되어 있다. 2001년 산림청이 주관한 아름다운 숲 부문에서 대상을 받았으며, 영화 〈만추〉, 드라마 〈모래시계〉에서 배경으로 활용되었다.

▲ 양버즘나무 수형과 잎

46. 히어리

과명	학명	개화	결실
조록나무과	*Corylopsis coreana* [*C. gotoana* var. *coreana*]	3~5월	9~10월

수목 포인트	성상	- 낙엽 활엽 관목이다. - 높이는 2~4m이다.
	분포 및 자생지	- 한국 특산식물이다. - 강원도, 경기도, 경남, 전남 등의 산지에서 자라며 관상수로 심기도 한다.
	꽃	- 양성화이고, 3~5월에 잎겨드랑이에 달리는 총상꽃차례에 노란색으로 핀다.
	잎	- 어긋나게 달리고, 난상 원형이다. - 엽맥이 빗살무늬로 패인다. - 뒷면은 백록색이고 털이 없다.
	열매	- 삭과[※]이고, 9~10월에 갈색으로 익으며 뿔 같은 암술대 흔적이 남는다.
	줄기(수피)	- 회갈색이고 매끈하다. - 소지는 황갈색 혹은 암갈색이며 2년지는 회갈색이다.
검색 포인트		- 화축과 잎자루와 잎 뒷면에 털이 없는 점이 특징이다. - 일본종인 '고토아나히어리'와 같은 종으로 보는 견해도 있다.
생태·조경 포인트		- 일조량이 많은 곳, 유기질이 풍부한 곳, 토심이 깊은 곳에서 생육이 양호하다. - 심장형의 잎과 노란색 꽃이 아름다워 많이 식재한다.
인문학 포인트		- '해여리꽃'은 '한 해를 여는 꽃'이라는 뜻이다. - 히어리는 영춘화, 생강나무, 매화, 서향 등과 더불어 봄에 일찍 피는 꽃이다. - 히어리는 지리산 지역의 방안으로 외국에서 빌려온 이름이 아니라 순 우리 이름이다. - 잎의 모양이 개암을 닮아서 속명 코리롭시스(Corylopsis)는 코리루스(Corylus)와 비슷하다는 옵시스(opsis)의 합성어로 이루어진다. - 영어 이름도 코리안 윈터 헤이즐(Koreaa winter hazel)로 '한국의 겨울 개암'이란 뜻이다. - 히어리가 우리나라에서 처음 발견되어 특산 식물임이 알려지고 학계에 등록한 시기는 1924년이며 일본인 우에키가 등록하였다. 초기에는 지리산과 조계산 일대에만 분포하는 것으로 알려졌으나, 이후 남해의 섬, 경기도 일원에서도 발견되었다. 이후 백운산에서 히어리 군락이 발견되어 우리나라 히어리 북방한계선이 새로 설정된 의미가 있다[※※]. - 우리나라에 1종 1속이다. - 히어리의 꽃말은 '봄의 노래'이다.

※ 삭과((蒴果)는 열매 속이 여러 칸으로 나뉘어서, 각 칸 속에 많은 종자가 들어있는 열매의 구조를 말한다. 열매가 익어 껍질이 갈라지면서 씨앗이 외부로 드러나는 형태를 열개과(裂開果)라고 하는데 삭과는 열개과에 속하는 열매의 한 종류이다. 많은 식물이 열개과의 열매를 가지고 있는데 백합 ·붓꽃 등의 과실이 예이다. 열매가 익어서 성숙하면 위에서 아래로 향하여 껍질이 갈라지며(열개)하여 종자가 밖으로 나온다. 간혹 아래에서 열개되는 것, 위쪽 주위에서 뚜껑 모양으로 열개되는 것(싸리풀), 상부에 수많은 구멍이 생겨 열개되는 것(양귀비 ·금어초) 등이 있지만 대부분이 위에서 아래로 열리는 형태를 취한다.

※※ 이유미(2015) 우리나무 백가지

▲ 히어리 수형

▲ 히어리 잎 뒷면

47. 풍년화

과명	학명	개화	결실
조록나무과	*Hamamelis japonica*	2~4월	9~10월

구분		내용
수목 포인트	성상	- 낙엽 활엽 관목이다. - 높이는 2~5m이다.
	분포 및 자생지	- 일본이 원산지다. - 전국에서 공원수나 조경수로 심는다.
	꽃	- 양성화이고, 2~4월에 잎겨드랑이에서 1개 또는 여러 개의 노란색 꽃이 모여 핀다.
	잎	- 어긋나게 달리고, 약간 일그러진 마름모꼴의 타원형이다. - 양면에 털이 있고 특히 뒷면 맥 위에 갈색 털이 많다. - 잎맥은 5~6쌍이다.
	열매	- 삭과이고, 9~10월에 갈색으로 익으며 난상 구형이고 짧은 털이 밀생한다.
	줄기(수피)	- 회색 또는 회갈색이고 껍질눈이 있다. - 겨울눈은 갈색 털로 덮인다.
검색 포인트		- 꽃잎이 긴 점이 특징이며 안쪽은 암자색이다. - 잎은 도란형이고 윗부분에 파상의 톱니가 있다. - 꽃은 잎보다 먼저 피며 노란색이다.
생태·조경 포인트		- 일조량이 좋은 곳, 수분이 많은 곳에서 생육이 양호하다. - 잎보다 먼저 피는 꽃이 아름다워 악센트식재로 적합하다.
인문학 포인트		- 속명 Hamamelis는 비슷하다는 뜻의 hamos와 사과라는 뜻의 melis의 합성어이다. 종소명 japonica는 일본 원산임을 뜻한다. - 꽃이 풍성하게 피는 해는 풍년이 든다고 믿었던 데에서 유래한다. 한자로 豊年花라고 하며 뜻을 풀이하면 꽃이 많이 피면 그해는 풍년이 든다는 것이다. - 매우 다양한 품종이 있으며 꽃이 한겨울에 피기도 한다. - 우리나라에 풍년화가 가장 먼저 심어진 곳은 서울 청량리의 국립산림과학원(과거 임업연구원)이 있는 홍릉수목이라고 한다. 그 시기는 1930년대쯤으로 추정된다. - 우리가 알고 있는 일본 원산의 풍년화와 더불어 중국 원산의 모리스풍년화 그리고 미국 원산의 버지니아 풍년화(일명 서양 풍년화) 등이 있다. 일본 원산의 풍년화는 꽃이 필 무렵 잎이 모두 떨어지는데, 중국 원산의 모리스풍년화는 거의 대부분 남아있으며 이외에도 꽃받침, 꽃잎, 잎 등에서 다소 차이가 있다.

▲ 풍년화 잎

풍년화 수형 ▶

48. 풍나무

과명	학명	개화	결실
조록나무과	*Liquidambar formosana*	4월	10월

구분		내용
수목 포인트	성상	- 낙엽 활엽 교목이다. - 높이는 20~25m이다.
	분포 및 자생지	- 중국이 원산지다. - 주로 남부지방에서 관상수나 조경수로 심는다.
	꽃	- 암수 한 그루이고, 4월에 가지 끝이나 잎겨드랑이에서 나온 꽃차례에 모여 핀다.
	잎	- 어긋나게 달리고, 삼각상의 넓은 난형이다. - 뒷면 맥 주변에 흰색 또는 갈색 털이 많으며 맥겨드랑이 쪽에는 오랫동안 남아 있다.
	열매	- 삭과이고, 10월에 갈색으로 익는다.
	줄기(수피)	- 흑갈색이고 세로로 갈라진다. - 겨울눈은 난형이고 털이 있으며 여러 조각의 비늘 조각에 싸인다.
검색 포인트		- 미국풍나무와는 다르게 잎이 3갈래로 갈라진다.
생태·조경 포인트		- 풍나무는 추위에 약해 중부지방에서는 월동이 어렵고 주로 남부지방에서 관상수로 식재한다. - 큰 나무의 이식이 어렵고 전정에 잘 적응하지 못한다.
인문학 포인트		- 속명 Liquidambar는 액체(Liquidus)와 수지(amber)의 합성어로서 나무줄기에서 수지가 나온다는 것을 뜻한다. 종소명 formosana는 대만을 의미한다. 그래서 우리나라에서는 대만풍나무라고 부르기도 하지만 국내에서는 대만풍나무라고는 이명으로도 조차 등록되지 않았다. - 풍나무는 잎이 단풍나무를 닮아서 붙여진 이름으로 추정된다. 대만풍나무라고도 한다. - 미국풍나무는 학명이 *Liquidambar styraciflua*이다. 미국풍나무는 잎이 5개로 갈라지고 줄기와 가지에 코르크가 발달하는 점이 풍나무(대만풍나무)와 다르다. - 우리나라에서는 대만 원산의 풍나무와 미국풍나무 그리고 터키 원산의 동양풍나무, 중국 원산의 아칼리카나풍나무 등 4종과 미국풍나무 품종 15종 등 모두 19종이 등록되어 있다. - 미국풍나무를 제외하고 중부지방에서는 노지월동이 불가능하거나 불안정하여 중부지방에서는 쉽게 볼 수 없다. - 풍나무에는 달콤한 향기와 수지가 있어 약으로 사용하거나 가을 단풍이 아름다워 중국에서는 한나라때부터 궁궐에 많이 식재하였다는 기록이 있다. 일본의 도쿠가와가의 8대 쇼군인 요시무네가 특별히 원하여 중국에서 어렵게 들여와 사찰에 식재하였다고 한다. 이 시기가 1720년대 쯤이다.

▲ 대만풍나무 수형

▲ 대만풍나무 수피

49. 두충나무

과명	학명	개화	결실
두충과	*Eucommia ulmoides*	4~5월	10~11월

구분	항목	내용
수목 포인트	성상	- 낙엽 활엽 교목이다. - 높이는 10~20m이다.
	분포 및 자생지	- 중국이 원산지다. - 전국에서 심어 기른다.
	꽃	- 암수딴그루이고 4~5월에 꽃잎 없는 녹황색 꽃이 모여 핀다.
	잎	- 어긋나게 달리고, 난형 또는 긴 타원형이다. - 뒷면 맥 위에 흰색 털이 있다. - 잎이나 열매를 찢으면 끈끈한 검(gum)질의 액이 실처럼 늘어진다.
	열매	- 시과※이고, 10~11월에 황록색으로 익는다.
	줄기(수피)	- 회갈색이고 오래될수록 세로로 불규칙하게 갈라진다. - 어린 가지는 갈색이고 껍질눈이 있다. - 겨울눈은 적갈색이고 광택이 있다.
검색 포인트		- 잎이나 열매를 자르면 끈끈한 진액이 실처럼 늘어나는 점이 특징이다.
생태·조경 포인트		- 조경수로는 거의 이용하지 않으며 껍질을 건조해 한약재로 쓰인다. - 우리나라 전역에서 재배 가능하며 다소 토양수분이 많은 비옥지로서 토심이 깊고 배수가 잘되는 사질양토에서 생육이 양호하다. - 추위에 비교적 강해 강원도 일부 지역을 제외하고 전국 어디에서나 식재 가능하다.
인문학 포인트		- 중국의 두중이라는 사람이 이 나무의 껍질을 달여 먹고 득도했다고 하는데, 아무래도 여기에서 이름이 유래된 것 같다. - 우리나라에서는 1926년에 최초로 도입된 암수 그루가 서울시 홍릉수목원에 있다. - 북한 평양시 대성산 두충나무는 북한 천연기념물 제13호로 지정되어 있다. 수고는 12~13 m, 흉고 둘레길이는 1.1~1.6 m 이다.

※ 과피가 얇은 막 모양으로 돌출하여 날개를 이루어 바람을 타고 멀리 날아 흩어지는 열매이다. 느릅나무, 물푸레나무, 단풍나무 등에서 볼 수 있다.

▲ 두충나무 수피

▲ 두충나무 잎

50. 느릅나무※

과명	학명	개화	결실
느릅나무과	*Ulmus davidiana* var. *japonica*	3~4월	5~6월

수목 포인트	성상	- 낙엽 활엽 교목이다. - 높이는 10~15m이다.
	분포 및 자생지	- 한국, 중국, 일본, 러시아, 몽골에 분포한다. - 전국의 산지에서 자생한다.
	꽃	- 양성화이고, 3~4월에 2년지에 달리는 취산꽃차례에 모여 핀다.
	잎	- 어긋나게 달리고, 도란형 또는 도란상 타원형이다. - 양면에 털이 있고 뒷면 맥 위에 흰색 털이 많다.
	열매	- 시과이고, 5~6월에 익는다.
	줄기(수피)	- 회갈색이고 오래될수록 세로로 불규칙하게 갈라진다. - 겨울눈은 난형이고 흑갈색이며 비늘 조각에 털이 있다.
검색 포인트		- 잎 뒷면에 털이 있고 밑부분이 일그러지며 복거치이다. - 잎 질이 느티나무보다 거칠고 뻣뻣하다.
생태·조경 포인트		- 일조량이 많은 곳, 비옥한 곳을 선호한다. - 수관이 넓고 지하고가 높으며 노란색 단풍이 아름다워 다양하게 이용하며 현재보다 앞으로 더 활용가치가 큰 수종이다.
인문학 포인트		- 속명 Ulmus는 켈트어 elm에서 유래하였으며 종소명 davidiana는 중국 식물채집가인 David를 기념하기 위함이다. - 속껍질을 벗겨 찧으면 느른해진다고 해서 느릅나무이다. - 느릅나무 속에는 세계적으로 약 20~30개의 종이 있고 분포가 북반구 온대 지방에 국한되어 있다. - 느릅나무는 척박한 도시 환경에 견디는 힘이 강하고 쉽게 옮겨 심을 수 있으며 가지를 쳐서 나무 모양을 다듬어 줄 수 있다. 향후 식재수종으로 더 보급되어야 할 대표적 수종이라 할 수 있다. - 느릅나무는 도시의 오염된 공기에 견디는 힘이 강하고 아름다운 모습을 갖추어 영국에서는 가로수나 공원수, 울타리용으로 많이 심는다. - 세계적으로 가장 아름답고 기능적이며 건강하고 또한 많이 이용되는 가로수종은 느릅나무, 플라타너스, 피나무, 그리고 마로니에이다. - 흉년에는 대용식이 되었고 뿌리는 약이 되며 목재가 잘 썩지 않아 송수관이나 조선선, 다리 교각 등에 흔히 사용하였고 현재도 사용하고 있다. - 과거 느릅나무는 불씨를 얻는 데 사용했던 나무이다. 일본 홋카이도 아이누족은 느릅나무를 '지끼사니'라고 부르는데 이는 우리가 불을 비벼낸다라는 뜻이다. 중국에서도 유사한 기록이 있다. - 당느릅나무(*U. davidiana*)는 열매에 털이 있다. 참느릅(*U. parvifolia*)은 잎 길이가 3~5cm로 느릅나무보다 작고 10월에 결실한다. 난티나무(*U. laciniata*)는 잎 끝에 3개의 결각이 있다. 왕느릅나무(*U. macrocarpa*)는 온대 중부 이북에 자라며 소지에 코르크가 발달하고 잎 끝이 뾰족하고 길이 3.5~7cm 정도이다.

※ 우리나라에서 자라는 대표적 느릅나무과 수종으로는 느릅나무, 왕느릅나무, 참느릅나무, 난티나무, 느티나무, 시무나무, 비술나무 등이 있다. 이중 시무나무는 하천 주변에서 자라며 씨가 한쪽으로 치우쳐있는 것이 특징이고 비술나무는 느릅나무에 비해 열매가 큰 점이 다르고 잎 뒷면에 털이 없고 시무나무에 비해 잎의 끝이 뾰족하다.

※※ 이야기가 있는 나무백과(임경빈) 중 '느릅나무' 내용 일부 재구성

알고 있으면 도움이 되는 포인트

느릅나무의 「생물학적 특성」

느릅나무 속에는 세계적으로 약 20~30개의 종이 있고 분포는 북반구 온대 지방에 국한되어 자란다. 우리나라에는 느릅나무, 왕느릅나무, 참느릅나무, 떡느릅나무, 난티나무, 비술나무 등이 주요 수종이다.
느릅나무는 우리나라 온대림의 대표적 수종이라고 할 수 있다. 종에 따라 생육 영역이 다르다. 참느릅나무는 따뜻한 지역에서 주로 분포하고 떡느릅나무와 난티나무는 추운 곳을 선호한다. 일본에서도 떡느릅나무는 홋카이도에 많이 분포한다. 특히 삿포로는 떡느릅나무와 아까시나무를 가로수로 많이 심고 있다.
비술나무는 북방 수종이라고 할 수 있는데, 영어 이름은 시베리아 느릅나무(Siberian elm)로 이름이 의미하는 것처럼 한지성 수목이다. 학명은 *Ulmus pumila*로서 중국 신장, 산시, 산둥, 만주, 시베리아 등에 광범위하게 분포한다.

느릅나무 수형 ▶

▲ 느릅나무 수피

▲ 잎 비교 : (왼쪽)느티나무 잎, (오른쪽)느릅나무

51. 느티나무

과명	학명	개화	결실
느릅나무과	*Zelkova serrata*	4~5월	10월

구분	항목	내용
수목 포인트	성상	- 낙엽 활엽 교목이다. - 높이는 20~35m이다.
	분포 및 자생지	- 한국, 중국, 일본, 대만, 러시아에 분포한다. - 전국의 산지 계곡에서 자라며 예로부터 정자나무로 심어왔다.
	꽃	- 암수한그루이고, 4~5월에 어린 가지에 황록색 꽃이 핀다.
	잎	- 어긋나게 달리고, 긴 타원형 또는 난상 피침형이며 변이가 심한 편이다. - 앞면과 뒷면 맥 위에 뻣뻣한 털이 있다.
	열매	- 견과이고 10월에 익는다.
	줄기(수피)	- 회백색 또는 회갈색이고 껍질눈이 있으며 오래될수록 비늘처럼 떨어진다. - 어린 가지는 갈색이고 껍질눈이 있다. - 겨울눈은 난형 또는 원추형이고 갈색이며 털이 없다.
검색 포인트		- 느릅나무에 비해 잎이 좁고 열매가 단단한 견과인 점이 다르다. - 수피에 가로방향의 피목이 발달하며 시간이 지나면 수피가 비늘처럼 떨어진다.
생태·조경 포인트		- 전국 계곡부에서 자생하며 약간 그늘진 곳, 배수와 통기가 잘되는 중성 토양에서 생육이 양호하다. - 가로수식재, 녹음식재 등에 적합하다.
인문학 포인트		- 속명 Zelkova는 코카서스에서 자라는 식물이름 Zelkova에서 유래하였다. 종소명 serrata는 톱니가 있다는 뜻으로 잎을 강조한 것이다. - 느티나무의 지명을 상징하는 충북 괴산군에는 300년 이상된 느티나무가 60여 그루가 있다. - 우리나라에서 가장 오래된 느티나무는 부산 기장군 장안읍에 있는 수령 1,300년쯤 되는 나무이다. - 세월이 흐르면 흐를수록 늦게 티가 난다고 해서 느티나무라 하며, 멀리서 보아도 늘 티를 내는 나무라 가까이 가서 살피지 않아도 느티나무인 줄 짐작하여 알고 있음에 늘 티를 내는 나무라는 뜻의 '늘티나무'가 느티나무가 되었다는 구전이 있다. - 느티나무는 한자로 괴목(槐木) 또는 거(欅)로 쓴다. - 수형이 아름답고 목재의 쓰임새가 넓으며 그 재질이 뛰어남에도 불구하고 문화적인 인식에 있어서는 느릅나무와 회화나무 등에 다소 밀리는 느낌이 있다. 우리 선조들은 회화나무를 괴목이라 부르며 귀한 나무로 여겼으며 다양한 기록에도 나타나지만 느티나무는 그 명칭이 거수가 옛 문헌에는 잘 나타나지 않는다. 회화나무는 높은 벼슬자리를 상징하여 중국 주대부터 많은 사람들에게 사랑을 받았지만, 느티나무는 그러하지 못했다. - 우리나라에서는 느티나무를 괴목으로 부르기도 하였다. 괴산의 삼괴정이 그 예이다. 이처럼 괴목은 회화나무를 주로 지칭하지만, 우리나라에서는 느티나무를 지칭하기도 한다. 그만큼 느티나무도 귀하게 여겼다는 이야기다. - 느티나무는 재질이 좋아 기둥에서 관재까지 고급 목재로 사용된다. - 둥근잎느티나무(*Z. Serrata* var. *latifolia*)는 속리산에서 자라며 잎 끝이 둥글고 타원형의 잎이 마치 느릅나무와 같다. 긴잎느티나무(*Z. Serrata* var. *longifiolia*)는 잎이 피침형으로 강원도와 경남에 자란다.

▲ 건국대학교 글로컬캠퍼스 교내 느티나무 가로수 식재 전경

▲ 느티나무 수피

▲ 느티나무 잎

52. 푸조나무

과명	학명	개화	결실
팽나무과	*Aphananthe aspera*	4~5월	10~11월

수목 포인트	성상	- 낙엽 활엽 교목이다. - 높이는 20~25m이다.
	분포 및 자생지	- 한국, 중국, 일본, 대만에 분포한다. - 제주도와 경북 울릉도를 포함해 전남과 경남과 서남해안의 도서 지역에서 자생한다.
	꽃	- 암수한그루이고, 4~5월에 새 가지에 황록색 꽃이 핀다.
	잎	- 어긋나게 달리고, 긴 타원형 또는 난형이다. - 앞면은 거친 편이고 뒷면에는 누운 털이 있다. - 측맥은 7~12쌍으로 가지런하며 잎 가장자리 전체에 예리한 톱니가 있다.
	열매	- 핵과※이고, 10~11월에 흑자색 또는 검은색으로 익는다.
	줄기(수피)	- 회갈색이고 껍질눈이 있으며 오래되면 세로로 거칠게 갈라진다. - 겨울눈은 납작한 난형이고 갈색이며 털이 있다.
검색 포인트		- 잎의 표면은 매우 거칠며 뒷면에는 복모가 있다. - 잎의 측맥은 7~12쌍이며 거치의 끝까지 닿아 있다. 팽나무는 끝까지 닿지 않는다.
생태·조경 포인트		- 하천가 및 마을 부근의 적당히 그늘진 곳, 비교적 수분이 많고 배수가 잘 되는 토양에서 생육이 양호하다. - 생장속도가 비교적 빠르며 넓게 퍼진 가지와 높은 지하고를 형성한다.
인문학 포인트		- 속명 'Aphananthe'는 '희미하다'를 뜻하는 그리스어 'aphalles'와 '꽃'을 뜻하는 'anmos'의 합성어이다. - 종소명인 'aspera'는 '까칠까칠하다'라는 의미이다. - 검팽나무(*Celtis choseniana*)는 잎이 난상타원형이고 끝이 뾰족하며 1~12cm이다. 둥글고 긴 열매가 검게 익는다.

※ 중과피(中果皮)는 육질이고 내과피(內果皮)는 나무처럼 단단하게 되어 그 안에 종자가 들어 있는 열매로, 벚나무·매실나무· 매화나무· 복숭아나무· 감탕나무· 올리브· 체리· 호두나무· 멀구슬나무의 열매가 그 예이다.

53. 팽나무

과명	학명	개화	결실
팽나무과	*Celtis sinensis*	4~5월	10월

수목 포인트	성상	- 낙엽 활엽 교목이다. - 높이는 20~30m이다.
	분포 및 자생지	- 한국, 중국, 일본, 대만 등에 분포한다. - 전국에서 자라며 대개 해안가와 남부지방에서 자생한다.
	꽃	- 수꽃 양성화 한 그루이고, 4~5월에 황록색 꽃이 핀다.
	잎	- 어긋나게 달리고, 일그러진 난형 또는 넓은 타원형이다. - 뒷면과 맥 주위에 흰색 또는 갈색 털이 있다. - 잎은 달걀형으로 타원형 또는 긴 타원형으로 종류가 다양하고 삐뚤어진 모양을 하며, 끝이 뾰족하고 잎의 상반부에 잔톱니가 있다.
	열매	- 핵과이고, 10월에 황적색으로 익는다.
	줄기(수피)	- 회색이고 매끄러운 편이다(회백색의 피목 발달). - 어린 가지는 흑갈색이고 털이 밀생한다. - 겨울눈은 넓은 난형이고 짙은 갈색이다.
검색 포인트		- 잎의 윗부분에만 잔톱니가 있고 측맥은 3~4쌍이다. - 잎 밑부분이 왜저이며 측맥의 아랫부분은 어긋나고 수피는 울퉁불퉁하다.
생태·조경 포인트		- 산기슭, 골짜기, 하천가의 그늘이 적당한 곳에서 생육이 양호하다. - 생장속도가 빠르고 해풍에 강하다.
인문학 포인트		- 속명 Celtis는 단맛이 나는 열매가 달리는 나무라는 고대 그리스명에서 전용되었다. 종소명 sinensis는 중국을 의미한다. 그러나 오히려 우리나라에서 더 잘 자라고 보호되고 있다. - 잎의 표면은 거칠다. 어린잎은 나물로도 먹는다. - 과육은 단맛이 나며, 열매에 자루가 있다. 종자는 둥글며 표면은 그물맥처럼 되어 있고 생식으로 섭취하기도 하며, 기름을 짜서 식용유로도 쓴다. - 열매를 이대라는 작은 대나무 통에 넣고 불면 팽하고 소리를 내고 날아간다 하여 팽나무라 한다. - 전국에 천연기념물로 6곳이 지정되어 있다. 이중 경북 예천 황목근(천연기념물 제400호)은 아주 넓은 땅을 소유하고 세금을 낸다. - 천연기념물 제494호인 전북 고창 수동리 팽나무는 그 수형과 수세가 매우 우수하다.

▲ 팽나무 수피

▲ 팽나무 잎 크기 비교

▲ 제주도 애월읍 팽나무 보호수
제주도 애월읍 상가리 1666번지에 위치하는 팽나무 보호수로
지정당시 수령은 약 1,000년이었으며 수고는 8m, 나무둘레길이는 약 5.7m 이다.

제주특별자치도 기념물 제19호 명월 팽나무군락은 중동 마을을 흐르는 하천 양쪽을 따라 오래된 팽나무 64그루가 군락을 이루고 있다. 수령은 100~400년 정도이며 현재 하천변 그늘에는 유생들이 시를 읊으며 놀았다는 명월대가 남아 있다.

54. 뽕나무

과명	학명	개화	결실
뽕나무과	*Morus alba*	5월	6~7월

구분		내용
수목 포인트	성상	- 낙엽 활엽 교목이다. - 높이는 10~13m이다.
	분포 및 자생지	- 중국이 원산지다. - 전국에서 심어 기르며 야생화되어 퍼져 있다.
	꽃	- 암수딴그루이고, 5월에 황록색 꽃이 새 가지의 밑부분이나 잎겨드랑이에서 아래를 향해 달린다.
	잎	- 어긋나게 달리고, 난형 또는 넓은 난형이고 결각처럼 갈라지기도 한다. - 가장자리에 둔한 톱니가 있다. 앞면은 광택이 있고 뒷면 맥 위에 잔털이 있다.
	열매	- 상과※이고 수과이며, 6~7월에 검은색으로 익는다.
	줄기(수피)	- 회갈색이고 껍질눈이 있으며 오래될수록 세로로 깊게 갈라진다. - 겨울눈은 넓은 난형이고 적갈색이다.
검색 포인트		- 산뽕나무는 잎끝이 꼬리처럼 길게 나타나는데 비해 잎끝이 꼬리처럼 길어지지 않는다. - 산뽕나무는 가장자리에 날카로운 결각이 발달하는데 비해 뽕나무는 가장자리의 톱니가 둔하다.
생태·조경 포인트		- 양수로서 추위나 염분에 대한 저항성이 강하다. - 누에를 키우기 위해 재배하며 생장속도가 빨라 조경수로도 활용 가치가 높다.
인문학 포인트		- 속명 모루스(Morus)는 라틴 고명으로 켈트어 모어(mor)에서 유래하며 검다는 뜻으로 열매가 검은 mulberry(오디)의 옛 라틴이름이다. 종소명 '알바(alba)'는 흰색이라는 뜻으로 오디가 까맣게 익기 전에 흰색인 풋 열매를 강조한 것이다. - 서양에서는 뽕나무가 늦게 싹을 틔워 늦서리의 피해를 받을 염려가 없으므로 '지혜의 나무'로 알려져 고대 로마인들은 뽕나무를 지혜의 여신 미네르바에게 바쳤다고 한다. - 천연기념물로는 창덕궁 뽕나무(천연기념물 제471호)와 경상북도 상주시 은척면 뽕나무(경상북도 기념물 제1호)는 수령 300년을 자랑한다. - 옛날에는 농사와 함께 누에치기가 중요한 국가 기간 사업이었다. 고치에서 실을 뽑아 비단을 짤 수 있었기 때문이었다. 그러므로 궁궐 안 곳곳에 뽕나무를 심게 하고 백성들에게 양잠을 권했다고 태종실록에 기록되어 있다. 세종 때에는 창덕궁에 100여 그루의 뽕나무가 있었고 경복궁과 밤섬에는 더욱 많은 뽕나무가 있었다고 한다※※. - 산뽕나무(*M. bombycis*)는 우리나라에서도 자생하며 산에서 자라는 뽕나무라는 뜻의 이름이며 잎끝이 꼬리처럼 길며 가장자리 거치가 날카로움으로 뽕나무와 구별 가능하다.

※ 상과(桑果)는 복화과의 하나이며 짧은 꽃대에 많은 꽃이 엉겨서 피고 열매가 다닥다닥 열어 겉으로 보기에는 마치 한 개체처럼 보인다. 오디, 파인애플이 대표적 예이다.

※※ 이동혁(2016) 한국의 나무 바로 알기

※※※ 이야기가 있는 나무백과(임경빈) 중 '뽕나무' 내용 일부 재구성

알고 있으면 도움이 되는 포인트

뽕나무의 「재배 혹은 권장 역사」***

우리나라에서 뽕나무 재배가 기록으로 나타난 것은 신라 때의 민정 문서이다. 여기서 기록된 것에 따르면, 현재 충북 청주로 추정되는 4개 마을의 생태와 자세한 수량을 밝히고 있다. 4개 마을의 뽕나무 수는 1,235그루로 당시 양잠을 하여 명주는 중국에까지 수출된 것으로 추정되고 있다.

삼국사기에는 삼국의 뽕나무 재배와 관련된 내용이 있는데, 문무왕 11년(671)에는 '당시 전쟁이 심해 잠부는 뽕 따는 때를 잃었다'는 기록이 있고 평원왕 25년(583년)에는 백성에게 농사와 양잠을 장려했다고 하며 의자왕 20년(660)에도 역시 농사와 양잠을 장려하였다는 기록이 있다.

고려사에서는 현종 19년(1028)에 뽕나무를 심게 하여 잠업을 권장했으며 인종 23년에 입지를 선택하여 뽕나무, 밤나무, 옻나무, 닥나무를 심게 했고 명종 18년에도 그와 같이 시행하였다는 기록이 있다.

태종 16년(1416)에는 뽕나무, 꾸지뽕나무 등을 심고 보호해서 양잠업을 널리 권장했고, 세조 원년(1455)에도 뽕나무 수를 조사해서 보고하라는 지시가 있었다고 한다. 이외에 뽕나무 재배 기술에 대해 언급한 책으로는 산림경제, 목민심서, 임원경제지 등이 있다.

▲ 뽕나무 열매(익으면 진한 남색으로 변함)

▲ 어릴 때 뽕나무 잎

55. 꾸지뽕나무

과명	학명	개화	결실
뽕나무과	*Cudrania tricuspidata*	5~6월	9~10월

구분	항목	내용
수목 포인트	성상	- 낙엽 활엽 관목이다. - 높이는 2~8m이다.
	분포 및 자생지	- 한국, 중국에 분포한다. - 황해도 이남의 볕이 잘 드는 산야에서 자생한다. - 주로 남부지방에서 자라며 바닷가 쪽에 많다.
	꽃	- 암수딴그루이고, 5~6월에 잎겨드랑이에 1~2개씩 달리는 두상꽃차례에 황록색 꽃이 모여 핀다.
	잎	- 어긋나게 달리고, 난형 또는 타원형이다. - 가장자리는 밋밋하지만 결각처럼 몇 개로 갈라지기도 하는 등 변이가 심하다. - 양면에 털이 있고 특히 뒷면 맥 위에 많다.
	열매	- 상과이고 수과이며, 9~10월에 붉은색으로 익는다.
	줄기(수피)	- 회갈색이고 세로로 갈라져 벗겨진다. - 어린 가지는 털이 많고 가시가 달린다.
검색 포인트		- 뽕나무에 비해 꽃이 두상화서에 달리고 가지에 가시가 있으며 열매가 붉게 익는 점이 다르다. - 가지에 가시가 있고 잎은 마름모형이다. - 잎은 가장자리는 밋밋하나 3개로 갈라지는 것도 있다.
생태·조경 포인트		- 일조량이 풍부한 곳, 적윤지 토양에서 잘 자란다. - 최근 조경용으로 개발되어 사용되고 있으며 붉은색 열매가 관상가치가 있다.
인문학 포인트		- 속명 쿠드라니아(Cudrania)는 그리스명 쿠드르스(cudros)로, 즉, 영광이 있다에서 유래한다. - 종소명 '트리카스피다타(tricuspidata)'는 '잎 세 곳이 뾰족하다'를 의미한다. - 황해도지방에서는 이 나무를 '활뽕나무'라고 부른다는데, 이는 이 나무가 활의 재료가 되기 때문이다.

▲ 꾸지뽕나무 해설판(한택식물원)

▲ 꾸지뽕나무 어린 잎

56. 닥나무

과명	학명	개화	결실
뽕나무과	*Broussonetia kazinoki*	4~5월	6~7월

구분	항목	내용
수목 포인트	성상	- 낙엽 활엽 관목이다. - 높이는 2~6m이다.
	분포 및 자생지	- 한국, 중국, 일본, 대만에 분포한다. - 전국의 숲 가장자리에서 자라며 심어 기르던 것이 야생화하여 자라기도 한다.
	꽃	- 암수한그루이고, 4~5월에 새 가지의 잎겨드랑이에 모여 핀다.
	잎	- 어긋나게 달리고, 난형 또는 긴 난형이다. - 앞면은 짧은 털이 밀생 해서 거친 편이고 뒷면에는 부드러운 털이 있다.
	열매	- 상과이고 수과이며, 6~7월에 붉은색으로 익는다.
	줄기(수피)	- 갈색이고 껍질눈이 있다. - 어린 가지는 털이 있다가 없어진다. - 겨울눈은 난형이고 2개의 비늘 조각에 싸인다.
검색 포인트		- 꾸지나무에 비해 암수한그루이고 잎자루가 짧은 점이 다르다.
생태·조경/인문학 포인트		- 껍질에 많이 들어 있는 튼튼한 인피 섬유로 전통한지를 만들었다. 신라 민정 문서나 무구정광 대다라니경에 쓰인 닥나무 종이는 천년을 넘겨도 썩지 않을 정도로 품질이 뛰어나다. - 닥나무는 뽕나무과와 유사하다. 뽕나무류, 무화과나무류, 꾸지뽕나무류와는 모두 사촌간이라 할 수 있다. - 닥나무 속의 종으로는 닥나무와 꾸지나무가 있다. 꾸지나무는 닥나무와는 달리 잎이 뚜렷한 심장저를 가지고 있으며, 잎 앞뒤에 더 강하게 보이는 조모(粗毛)가 있다. 남부지방에서는 꾸지나무를 닥나무라 부르기도 한다. - 세계 문명의 발상지 중 하나인 메소포타미아에서는 기원전 4천년부터 3천년에 이르는 사이 즉, 6천 년 전부터 점토판에 설형문자※를 새겨 기록을 남겼다. 중국에서는 목간, 죽간이라 하여 나무나 대나무 줄기를 얇게 다듬어 기록 재료로 사용하였다. - 최초의 종이는 중국에서 만들어졌다. 서기 105년 채륜이 삼과 나무껍질을 재료로 하여 종이를 만들었다고 한다. 그러나 이에 앞서 기원전 170년경 전한에서 종이가 사용된 것이 발견되어 채륜이 발전시킨 것으로 이해하면 될 듯하다. 이후 중국의 제지 기술은 전 세계로 나아갔는데, 고려 승려 담징이 610년 일본으로 건너가 제지술을 알려주었다는 기록이 일본서기에 나와 있다. - 우리나라에는 언제 정확히 전해졌는지 기록은 없지만, 중국의 제기 기술보다 더 뛰어나 우리나라의 종이를 숭상하게 되었다. 우리나라 사신이 중국으로 갈 때 뇌물용으로 종이를 많이 가져갔다는 기록, 관문을 통과할 때마다 고려지 한 장만 주면 모든 일이 해결될 정도라고 한다. - 조선 후기에도 청나라 조공 물품에 종이가 포함되어 있었다. 처음 예물로 보낸 공물지는 연간 2만 여권이었으나, 병자호란 이후에는 연간 10만 권에 이르렀다고 하니 우리나라 종이 생산의 어려움을 예측할 수 있을 것이다. - 우리나라에서는 닥나무 종이가 사용된 기록으로 신라 민정 문서가 있다. 이 문서는 일본 도다이지 쇼소인 중창에 보관되어 있는데 1953년 논문이 발표되면서 세상에 드러났다. 만약 이 시기에 명주천에 민정 문서가 기록되었다면 과연 지금 남아 있을까? 의심이 된다. 그만큼 닥나무 종이의 위력은 대단한 것이다.

※ 설형문자(楔形文字)는 기원전 3,100년경부터 기원전 1세기 중엽까지 메소포타미아를 중심으로 고대 오리엔트에서 광범위하게 사용되던 문자로서 회화 문자에서 생긴 문자로 점토 위에 갈대나 금속으로 새겨 썼기 때문에 문자의 선이 쐐기 모양으로 보인다(표준국어대사전).

▲ 닥나무 열매

▲ 닥나무 꽃

57. 가래나무

과명	학명	개화	결실
가래나무과	*Juglans mandshurica*	4~6월	9~10월

구분	항목	내용
수목 포인트	성상	- 낙엽 활엽 교목이다. - 높이는 15~20m이다.
수목 포인트	분포 및 자생지	- 한국, 중국, 일본, 대만에 분포한다. - 경북 이북 산지의 계곡 주변에서 자라고 그 외의 남부지방에서는 심어 기른다.
수목 포인트	꽃	- 암수한그루이고, 4~6월에 핀다.
수목 포인트	잎	- 어긋나게 달리고, 깃꼴겹잎이다. - 엽축과 잎 뒷면에 털이 밀생 하다가 점차 떨어진다.
수목 포인트	열매	- 견과이고 핵과이며, 9~10월에 녹갈색으로 익는다.
수목 포인트	줄기(수피)	- 회색 또는 흑회색이고 세로로 갈라진다. - 겨울눈은 갈색이고 털로 덮인다.
검색 포인트		- 소엽은 7~9장 이상이고 가장자리에 톱니가 있으며 소엽 아랫부분은 왜저이다. - 타원형의 열매가 모여서 많이 달린다.
생태·조경 포인트		- 양수이고 적윤지이고 비옥한 토양에서 생육이 양호하다. - 성목이 되면 우산형의 수형이 아름답다. - 우리나라에서 현재 조경수로는 많이 사용하고 있지 않지만, 향후 녹음식재와 군락식재로 가능성이 크다.
인문학 포인트		- 속명의 주글란스(Juglans)는 고대 라틴명으로 '조비스 글랜스(Jovis glans)', 즉, 주피터의 견과에서 열매가 맛이 좋기 때문에 붙여졌다. 종소명 맨드슈리카(mandshurica)는 '만주지역'을 뜻한다. - 부강한 나라에는 곰이 많고 곰의 서식을 위해서는 가래나무가 있어야 한다. 그래서 가래나무가 많은 나라는 부강하다. - 열매를 추자라 부른다. 조상의 산소를 가는 일을 추행이라 하는데 조상의 무덤이 있는 장소를 추하라 하였는데, 후손들에게 효도하는 일을 일깨워주는 역할을 위해 산소 주변에 가래나무를 심었다.

▲ 가래나무 잎과 수형

58. 호두나무

과명	학명	개화	결실
가래나무과	*Juglans regia*	4~5월	9~10월

구분		내용
수목 포인트	성상	- 낙엽 활엽 교목이다. - 높이는 10~20m이다.
	분포 및 자생지	- 중국 및 서남아시아가 원산지다. - 전국에서 과실수로 심어 기른다.
	꽃	- 암수한그루이고, 4~5월에 핀다.
	잎	- 어긋나게 달리고, 깃꼴겹잎이다. - 소엽은 5~7개이다. - 뒷면 맥겨드랑이에 털이 약간 있다. - 잎은 타원형으로 윗부분의 잎이 크다.
	열매	- 견과이고 핵과이며, 9~10월에 녹갈색으로 익는다.
	줄기(수피)	- 회색 또는 회갈색이고 오래될수록 세로로 갈라진다. - 겨울눈은 원추형이고 잔털이 있으며 2~3개의 비늘조각이 덮인다.
검색 포인트		- 소엽은 7장 이하이며 잎 가장자리가 거의 밋밋하다.
생태·조경 포인트		- 양수이고 적윤지이고 비옥한 토양에서 생육이 양호하다. - 주택 주위에 독립수로 주로 식재한다.
인문학 포인트		- 종소명 「레기아(regia)」는 'rex'와 같이 '국왕'이라는 뜻이다. - 호도(胡桃)는 열매의 모양이 복숭아와 비슷하여 붙여진 듯하다. - 북유럽에서는 호두나무의 열매를 가지고 사랑을 점치기도 한다. 호두를 불 속에 넣어 터지는 정도로 사랑의 정열도를 점친다고 한다. 과거 로마인들은 자식을 많이 낳으라고 호두 열매를 던지는 습관이 있었다고 한다※. - 고려 충렬왕 16년(1290년) 원나라 사신으로 다녀온 유청신(柳淸臣)이 호두나무 열매와 묘목을 가져와 광덕사 및 마을에 심었다고 전해지고 있는데, 이후 천안 광덕사를 호두나무 시배지로 부르고 있다. - 현재까지 천안 광덕사 일원이 우리나라 호두나무의 최초 재배지가 맞지만, 현재 천연기념물로 지정된 광덕사 호두나무가 최초 식재된 나무인지는 확인되지 않고 있다. 광덕사 호두나무는 수령은 약 400년으로 추정되며 높이는 20m, 둘레길이는 3~4m 정도이다.

※ 두산백과(www.doopedia.co.kr) 자료를 참조하여 재작성

▲ 호두나무 수피

▲ 호두나무 열매

59. 굴피나무

과명	학명	개화	결실
가래나무과	*Platycarya strobilacea*	6월	9~10월

수목 포인트	성상	- 낙엽 활엽 교목이다. - 높이는 5~12m이다.
	분포 및 자생지	- 한국, 중국, 일본, 대만에 분포한다. - 중부 이남의 산지나 숲 가장자리에서 자라며 특히 바닷가 쪽에 많다.
	꽃	- 암수한그루이고, 6월에 새 가지 끝에 황록색 꽃이 핀다.
	잎	- 어긋나게 달리고, 깃꼴겹잎이다. - 뒷면 맥 위와 맥겨드랑이에 흰색 털이 있다.
	열매	- 소견과※이고 구과이며, 9~10월에 적갈색으로 익는다.
	줄기(수피)	- 회색 또는 회갈색이고 세로로 갈라진다. - 겨울눈은 삼각상 난형이고 비늘 조각에 부드러운 털이 있다.
검색 포인트		- 소엽은 날카로운 톱니가 있고 열매는 하늘을 향해 있다.
생태·조경 포인트		- 양지의 척박한 환경에서 잘 자란다. - 조경용이라기보다는 산림지역 내 조림용으로 흔히 활용된다.
인문학 포인트		- 속명 Platycarya는 희랍어 platy(넓다)와 caryon(견과)의 합성어이다. 종소명 strobilacea 구과상이라는 의미이다. 즉 학명에서는 열매를 강조하며 가래나무 열매와 달리 견과가 평평하다는 것을 의미한다. - 굴피나무, 호두나무, 가래나무 이 세 나무가 모여서 호두나무과라는 한 족보를 이루고 있다. - 굴피나무의 열매는 수천 개씩 열린다. 모두 하늘을 바라보고 있다. 열매는 검은색 물감을 얻는 데 사용한다. 껍질에는 독이 있어서 잎과 가지를 찧어서 시냇물에 넣으면 물고기들이 죽는다. - 굴피집과는 관련이 없는 나무다. 굴피집의'굴피'는 굴참나무의 껍질을 의미하는 것이다. - 굴피나무의 이름은 껍질이 질기고 물에 잘 썩지 않아 물고기를 잡는 그물을 만든다고 하여 굴피나무라는 의견이 있다. - 나무껍질에서는 황색 염료를 얻어 그물 염색을 했고 열매는 황갈색 염료로 사용하기도 하였다. - 가래나무과는 화석 기록이 풍부한 분류군인데, 가장 오래된 굴피나무 종류의 화석은 지금으로부터 약 5천 3백만 년 전에 미국 서부에 분포하고 있었음이 보고되고 있다(Manos and Stone, 2001)※※ - 중국굴피나무는 잎줄기에 날개가 있고 꽃차례가 밑으로 처져 굴피나무와 크게 차이가 난다.

※ 분열과, 수과, 다육과의 핵으로 작은 견과 혹은 견과 모양의 열매를 의미한다.

※※ 오상훈(2010) 한반도의 생물자원 포탈 자료

▲ 굴피나무 수피

굴피나무 열매 ▶

60. 중국굴피나무

과명	학명	개화	결실
가래나무과	*Pterocarya stenoptera*	4~5월	9~10월

수목 포인트	성상	- 낙엽 활엽 교목이다. - 높이는 20~30m이다.
	분포 및 자생지	- 중국이 원산지다. - 경기도 이남에서 공원수 또는 정원수로 심는다.
	꽃	- 암수한그루이고, 4~5월에 나오는 미상꽃차례※에 황록색 꽃이 핀다.
	잎	- 어긋나게 달리고, 9~25장의 작은 잎으로 이루어진 깃꼴겹잎이다. - 뒷면 맥 위에 갈색 털이 있다. - 엽축에 날개가 발달한다. - 작은 잎들은 장타원형으로 가장자리에 톱니가 있다.
	열매	- 소견과이고 구과이며, 9~10월에 갈색으로 익는다.
	줄기(수피)	- 적갈색 혹은 회갈색이고 오래될수록 세로로 갈라진다. - 겨울눈은 비늘조각이 없이 갈색 털로 덮여 있다.
검색 포인트		- 엽축에 날개가 발달한다.
생태·조경 포인트		- 비옥하고 습기가 많은 토양을 좋아하며 내한성이 크고 양지나 음지에서 모두 잘 자란다. - 도시의 각종 공해에 대한 저항성이 강하다. - 최대 30m 높이로 자라며 1년 동안 높이 1~2m씩 성장하는 등 생육속도가 다른 나무에 비해 매우 빠르고 번식력도 강해 산림생태계 훼손 우려가 된다.
인문학 포인트		- 속명 '테토카야(Pterocarya)'는 그리스어로 날개를 뜻하는 pteron과 견과를 뜻하는 카리온(caryon)의 합성어이며 '열매에 날개가 있다'는 뜻이다. - 종소명 스텐옵테라(stenoptera)는 '좁은 날개'를 뜻하며 열매를 강조한다. - 어린나무의 생장이 빨라 산림 녹화용으로 사용하기도 하며 한방에서는 가지와 잎을 약재로 사용하는데 주로 피부가려움증이나 옴에 효과가 있다. ※※ - 목재는 기구재나 조각재로 사용하며 일반적으로 정원수, 가로수, 풍치수 등으로도 흔히 식재한다.

※ 비교적 부드러우며 가늘고 긴 수상꽃차례에 단성화가 달리며 밑으로 늘어지는 꽃차례로 미상화서라고도 하는데 무리지어 피는 모든 꽃들이 수꽃이든가 암꽃 1가지로만 이루어져 있으며 암술과 수술은 한 꽃에 나타나지 않는다.

※※ 두산백과(www.doopedia.co.kr) 자료를 참조하여 재작성

61. 밤나무

과명	학명	개화	결실
참나무과	*Castanea crenata*	5~6월	9~10월

구분	항목	내용
수목 포인트	성상	- 낙엽 활엽 교목이다. - 높이는 15m이다.
	분포 및 자생지	- 한국, 일본에 분포한다. - 중부 이남에서 심어 기른다.
	꽃	- 암수한그루이고, 5~6월에 황백색 꽃이 핀다.
	잎	- 어긋나게 달리고, 타원형 또는 긴 타원상 피침형※이다. - 앞면은 광택이 있고 뒷면에는 별 모양의 털이 있어서 회백색을 띤다.
	열매	- 견과이고, 9~10월에 익는다.
	줄기(수피)	- 어린 나무는 마름모 모양의 껍질눈이 발달하고 성목이 되면 짙은 회색으로 변하면서 세로로 깊게 갈라진다. - 어린 가지는 털이 밀생한다.
검색 포인트		- 상수리나무와 유사한 모양이나 잎의 톱니에도 엽록소가 있어서 녹색인 점이 다르다.
생태·조경 포인트		- 연평균 기온 10~14℃와 4~10월의 평균기온이 16~20℃인 지역에서 잘 자란다. - 뿌리를 깊게 내리므로 건조에 강하고 여러 토양에서도 잘 적응한다. 다만, 지하수위가 높으면 수명이 짧아진다. 지형에 따라 동해의 피해가 있다. 밤나무줄기마름병은 동향보다 서향에서 더 심하다.
인문학 포인트		- 우리 속담에 "밤꽃이 필 때는 딸네 집에도 가지 말라고 했다"라는 말이 있다. 농번기뿐만 아니라 먹을 것이 없어 굶주리는 시기이므로 접대하기 어려웠음을 말해준다. - 우리나라 밤 재배의 역사는 2000년 전 낙랑시대 것으로 추정되는 고분에서 밤알이 발견되었고 마한과 후한서는 물론 백제에서도 밤을 생산했다는 기록이 있다. - 중종 66권 24년(1529년) 11월 14일, 시강관 김희열이 사대부와 서인의 장례에 대해 다음과 같이 건의하였다. "천자는 소나무를, 제후는 잣나무를, 대부는 밤나무를, 선비는 느티나무를 심고, 서인은 나무를 심지 못하는 등 장사 지내는 등급이 이같이 엄격합니다." - 밤나무의 세계적 분포의 경우 밤나무는 북반구에만 있고 남반구에는 없다. 세계적으로 열한 개의 종류가 있으며 이탈리아, 프랑스, 스페인 등은 예전부터 밤 생산지로 유명하고 세계 밤 생산액의 3분의 2정도를 차지한다. - 밤나무는 원래 온대지방에 자라는 나무이다. 우리나라로 말하자면 신의주와 함흥을 연결하는 선 이남이 재배적지인 것이다. - 밤나무의 세계적 산지는 첫째, 한국 계통, 둘째, 중국 계통, 셋째, 미국, 넷째, 유럽 등이다. - 조삼모사

※ 피침형은 창모양처럼 생겼으며, 나비에 비해 길이가 긴 것 (대표적 예로는 버드나무가 있다)

▲ 밤나무 열매

▲ 밤나무 수형

알고 있으면 도움이 되는 포인트

밤나무의 「세계적 분포와 우리나라 재배역사」※

밤나무는 북반구에만 있고 남반구에는 없다. 세계적으로 종의 수준에서 약 11개의 종류가 있다. 이탈리아, 프랑스, 스페인 등은 예전부터 밤 생산지로 유명하고 세계 밤 생산액의 3분의 2를 차지하고 있다.
미국에도 한 종류의 밤나무가 있는데 주로 동부 애팔래치아 산맥을 중심으로 분포하고 있다. 그러나 미국의 밤은 품질이 좋지 않고 동고병이라는 병 때문에 큰 타격을 받고 있다.
밤나무는 원래 온대 지방에서 자라는 나무이다. 우리나라로 말하자면, 신의주와 함흥을 연결하는 선의 이남이 밤나무의 생육적지가 된다. 아시아에서는 한국, 중국, 일본이 주요 밤 생산 국가이다. 밤나무의 세계적 산지는 다음 네 그룹으로 구분 가능하다.
첫째, 한국 계통의 밤으로 산에 자연적으로 나는 것을 산밤나무라 하는데 현재 재배되고 있는 것은 이 산밤나무를 기본으로 개량된 것이다.
둘째, 중국 밤나무 계통이다. 텐진율, 약밤나무로 불리는데, 약밤나무는 북쪽 지방에서는 큰 나무이지만 남쪽으로 오게 되면 키가 작아진다. 반대로 열매는 북쪽으로 갈수록 작아지고 남쪽 지방에서는 굵다.
셋째, 미국 밤나무 계통으로 동고병에 약하다.
넷째, 유럽 밤나무 계통으로 알이 굵고 미국으로 많이 수출된다. 역시 동고병에 약하며 겨울이 되어도 잎이 나뭇가지에 붙어 있다.
중국 진나라 시대의 삼국지에서 마한에는 굴기가 배만 한 밤이 난다는 기록이 있고 송나라 시대의 후한서에서도 마한 사람들은 농사를 짓고 누에를 치며 길쌈을 하며 큰 밤을 생산한다는 기록이 있다. 고려조 예종 13년(1118)에는 전국 방방곡곡에서 농경지로 이용되고 있는 땅 이외에는 밤나무, 뽕나무, 옻나무, 닥나무를 심으라고 했으며 명종 18년(1188)에는 옻나무, 닥나무, 밤나무, 잣나무, 배나무, 대추나무 등을 알맞은 곳에 또 알맞은 때에 심어 국민의 수익을 높이도록 하라는 지시가 있었다. 조선 성종 23년(1492)에 나온 속대전에는 밤나무를 심어 밤을 생산하는 농민은 노동력을 국가에 제공하는 부역에서 제외되는 혜택을 받았다고 하였다.
산림경제에서는 밤나무 목재는 오래가고 성질이 좋으며 귀중한 나무라 하여 식재가 장려되었다. 태종 7년(1407)에는 법령으로 강변 같은 데 밤나무를 심도록 하였다. 경남 밀양의 밤나무 숲과 대구 부근의 금호강변 밤나무 숲은 지금도 유명하다.

※ 이야기가 있는 나무백과(임경빈) 중 '밤나무' 내용 일부 재구성

「참나무숲 보호를 위한 진목봉산(眞木封山) 그리고 금표(禁標)와 봉표(封標)」※※

진목봉산은 선박 건조에 필요한 참나무를 생산하던 숲이다. 우리 조상들은 참나무류를 이용하여 전통 목선의 늑골, 용골, 내용골 및 선수재와 키를 만들었다. 또한 목재와 목재를 연결은 쇠못 대신에 참나무로 만든 못을 사용하였다. 진목봉산 지정 이유는 조선시대 중요 운송수단이었던 선박을 건조하는데 필요한 참나무를 지속적으로 생산하기 위한 것으로 추정된다.

옛 문헌에서 경남 기장이나 고성지방의 산림이 진목봉산으로 표기되어 있으나, 실제 확인되지 않았었는데, 지리산 피아골에서 율목봉표와 진목봉표가 함께 새겨진 자연석이 발견되어 이를 실제 확인할 수 있었다.

이외 숲을 보호하기 위한 다양한 제도를 살펴보면, 대표적인 것이 금산(禁山)과 봉산(封山)이 있다. 금산제도는 오늘날의 그린벨트와 같은 의미라고 생각해도 된다. 치악산 구룡사 입구 언덕이 황장금표(黃腸禁標)란 네 글자가 선명하게 생겨져 있다. 이는 구룡사 주변이 조선시대 질 좋은 황장목 소나무를 생산하던 숲임을 알려주는 귀중한 단서이다. 금산은 조선 전기의 산림제도이고 봉산은 조선 숙종 이후에 나타난 조선 후기의 대표적인 산림제도라고 할 수 있다.

조선 초기 궁궐 축조 등 많은 목재가 필요했을 것으로 추측되며 이를 위해 조선 정부는 특정한 산림을 국가의 필요에 따라 사용할 수 있도록 별도로 지정하였는데 이렇게 국가에서 지정한 산림을 금산이라 불렀고 바위에 새긴 금표를 통해 그 경계를 구분하였다. 금산으로 지정한 대표적인 것으로 도성 주위의 백악산(북악산), 남산, 인왕산, 낙산 등이 있으며 지방에 소재한 금산으로는 국방상 보전을 위한 첫째, 관방금산(關防禁山) 인데, 대표적인 곳이 조령, 죽령, 추풍령, 동선령, 마천령, 철산 등이다. 둘째, 연해금산(沿海禁山)은 바닷가 숲을 보호하여 건축재, 조선재, 관곽재 등을 생산하기 위한 것이다. 마지막으로 태봉금산(胎封禁山)은 임금과 왕후의 태를 매장한 곳이었다.

황장금산은 황장목을 생산하던 황장산을 말한다. 조선시대에는 왕족이 죽으면 몸통 속 부분이 누런색을 띠고 재질이 좋은 소나무를 관곽재로 사용하였고 이런 소나무를 황장목이라 불렀다. 이에 일반 백성들의 도벌을 방지하기 위해 황장산을 지정하였다. 오늘날 황장산을 나타내는 황장금표는 모두 강원도 지방에 있다. 원주시 학곡리 치악산 구룡사 입구, 인제군 한계리 안산 기슭의 황장금표가 대표적이다.

조선 후기에 접어들어 사유지의 증가 등으로 인해 금산 제도의 활용이 어렵게 되자 봉산은 특수목적을 위한 수단이다. 봉산 제도는 숙종 때부터 새롭게 도입되었으며 국가의 다양한 수요에 따라 산림을 기능적으로 보다 세분화시켜 관리·보호할 수 있는 시책이었다. 이런 봉산에는 황장봉산(黃腸封山), 율목봉산(栗木封山), 진목봉산(眞木封山), 향탄봉산(香炭封山), 삼산봉산(蔘山封山) 등이 있다.

황장봉산은 황장금산처럼 왕실의 관곽재를 생산하던 소나무 숲을 말하며 조선 조정은 강원도, 경상도와 전라도 일원 60여 곳에 황장산을 지정하였다. 현재에는 황장금표 4개소와 울진군 소광리에서 발견된 황장봉산 표지만이 남아 있다.

※※ 숲과 문화연구회(1995) 참나무와 우리문화 자료 참조

62. 갈참나무

과명	학명	개화	결실
참나무과	*Quercus aliena*	4~5월	9~10월

수목 포인트	성상	- 낙엽 활엽 교목이다. - 높이는 20~25m이다.
	분포 및 자생지	- 한국, 중국, 일본에 분포한다. - 전국의 낮은 산지에서 자생한다.
	꽃	- 암수한그루이고, 4~5월에 황록색 꽃이 핀다.
	잎	- 어긋나게 달리고, 도란형 또는 도란상 긴 타원형이다. - 뒷면은 회백색을 띠고 별 모양의 털이 밀생한다.
	열매	- 견과이고, 9~10월에 익는다. - 밑부분은 비늘 조각이 기와처럼 포개진 각두에 싸인다.
	줄기(수피)	- 회색 또는 흑갈색이고 세로로 갈라진다. - 어린 가지는 껍질눈이 있다. - 겨울눈은 긴 타원형이고 끝이 뾰족하다.
검색 포인트		- 떡갈나무나 신갈나무에 비해 잎자루가 길고 잎 뒷면이 회백색인 점이 다르다. - 졸참나무에 비해서는 잎이 크고 물결 모양의 톱니가 있는 점이 다르다.
생태·조경 포인트		- 사면 계곡부나 저지대 양지 바른 곳, 토심이 깊은 곳, 적윤지의 토양에서 주로 잘 자란다. - 다른 참나무류 대비 수분 요구도가 매우 높은 편이다.
인문학 포인트		- 떡갈나무와 갈참나무를 옛말로 '가람나모'라 했으며, 이 나무의 잎은 크고 넓어서 단오날 쌀떡을 싸서 졌다고 한다. 이는 계절 민속음식으로 이 떡을 '가랍떡'이라 했다. - 참나무 중 가을 단풍이 가장 아름답고, 늦게까지 잎을 달고 있어 가을 참나무 즉, 갈참나무라는 이름을 얻었다. - 경상북도 영주시 영풍 병산리에 있는 갈참나무는 수령 600년을 자랑한다(천연기념물 제285). - 충청북도 충주시 탄금대공원 능선부와 사면부에는 대경목 갈참나무군락이 넓게 분포하고 있다. 문화재청 명승 제49호로 지정되어 있으나, 훼손으로 수목의 훼손이 심한 상태이다.

▲ 갈참나무와 소나무의 경쟁 모습

▲ 갈참나무 수피

63. 졸참나무

과명	학명	개화	결실
참나무과	*Quercus serrata*	4~5월	9~10월

구분		내용
수목 포인트	성상	- 낙엽 활엽 교목이다. - 높이는 20~25m이다.
	분포 및 자생지	- 한국, 중국, 일본, 대만에 분포한다. - 전국의 낮은 산지에서 자생한다.
	꽃	- 암수한그루이고, 4~5월에 황록색 꽃이 핀다.
	잎	- 어긋나게 달리고, 타원상 난형 또는 난상 피침형이다. - 뒷면은 회록색을 띠고 누운 털이 있다.
	열매	- 견과이고, 9~10월에 익는다. - 밑부분은 비늘 조각이 기와처럼 포개진 각두에 싸인다.
	줄기(수피)	- 회색 또는 회백색이고 세로로 불규칙하게 갈라진다. - 어린 가지는 껍질눈이 있다. - 겨울눈은 난형이고 끝이 뾰족하다.
검색 포인트		- 떡갈나무나 신갈나무에 비해 잎자루가 길고 잎 뒷면이 회록색인 점이 다르다. - 갈참나무에 비해서는 잎이 작고 가장자리의 톱니가 안으로 예리하게 굽는 점이 다르다.
생태·조경 포인트		- 산림 계곡이나 사면부에서 분포하며 생장력이 우수하다. - 참나무류 중에서 수간이 가장 곧은 편이며 키가 가장 큰 수종이다. - 최근 조경용으로 다수 적용되고 있다.
인문학 포인트		- 종소명 세라타(serrata)는 톱니가 있다는 뜻이다. - 졸참나무라는 이름은 졸(열매가 작은)참나무라는 데에서 유래한다. - 졸참나무는 참나무 6형제 중에 목재의 재질이 가장 우수하다. - 졸참나무 열매는 작고 볼품없지만, 떫은 맛이 가장 없는 도토리 열매이기도 하다. - 경상북도 영양군 수비면 송하리 274 일원에 소재한 졸참나무와 당숲은 2021년 11월에 천연기념물 제567호로 지정되었다. 졸참나무의 수령은 약 250년 정도이며 수고 20~25m, 흉고직경 1.3m이다. 이외 느티나무, 소나무, 말채나무 등이 함께 자라고 있다. - 목재는 재질이 치밀하고 단단하여 가구재, 기구재, 마루판재, 펄프재 등으로 사용된다. 나무껍질은 약용, 염색제, 목선의 방수 충진재 등으로 사용된다.

▲ 졸참나무 잎 뒷면

▲ 졸참나무 열매

64. 신갈나무

과명	학명	개화	결실
참나무과	*Quercus mongolica*	4~5월	9~10월

구분	항목	내용
수목 포인트	성상	- 낙엽 활엽 교목이다. - 높이는 20~30m이다.
	분포 및 자생지	- 한국, 중국, 러시아에 분포한다. - 전국의 높은 산지에서 자생한다.
	꽃	- 암수한그루이고, 4~5월에 황록색 꽃이 핀다.
	잎	- 어긋나게 달리고 가지 끝에서는 모여 달린 것처럼 보이며, 도란형 또는 긴 타원형이다. - 뒷면은 분백색이 돌고 맥 위에 털이 있다.
	열매	- 견과이고, 9~10월에 익는다. - 밑부분은 비늘 조각이 기와처럼 포개진 각두에 싸인다.
	줄기 (수피)	- 회색 또는 회갈색이고 세로로 불규칙하게 갈라진다. - 어린 가지는 껍질눈이 있다. - 겨울눈은 긴 난형이고 끝이 뾰족하다.
검색 포인트		- 이저가 발달해 갈참나무나 졸참나무에 비해 잎자루가 짧은 점이 다르다. - 떡갈나무에 비해서는 잎 뒷면에 갈색 털이 없는 점이 다르다.
생태·조경 포인트		- 산지의 햇볕이 잘 드는 곳, 척박한 토양에서 잘 자란다. - 참나무류 중 분포범위가 가장 넓은 수종으로 우리나라에서 가장 넓은 면적의 수종중 하나이다.
인문학 포인트		- 종소명 몽골리카(mongolica)는 몽고를 의미한다. - 신갈나무는 참나무류 중에서 해발고도가 가장 높은 곳까지 분포되어 있는 수종이다. - 높은 산에서 보는 참나무류는 무조건 신갈나무라 해도 과언이 아니다. 실제 해발고도 800m 이상의 아고산대 식생대에서 나타나는 참나무류 중 대표적 수종이다. - 열매는 졸참나무, 갈참나무처럼 털이 없으며 당해 연도에 결실한다.

알고 있으면 도움이 되는 포인트

「기후와 한반도 식생 변화」※

기후에 따른 식생의 변화를 파악하여 그 시대의 우점 분포 수종과 더 나아가 기후대까지도 추측할 수 있다. 식물의 꽃가루는 외막, 내막, 세포질로 이루어져 있는데 이 가운데에서 외막의 스포어 레닌이라는 물질은 썩지 않고 남아 원래의 상태를 유지하여 약 1억 년의 지층에서도 그 형태가 남아있을 수 있다. 또한 이 외막의 생김새는 식물의 종류에 따라 독특하게 구분되어 꽃가루가 속한 과, 속, 종을 알아내는 데 사용한다.
우리나라에서 이 꽃가루 분석법을 사용하여 과거의 기후와 식생의 변화를 연구한 사람은 일본인 Yamazaki(1940)가 최초이다. 이후 다양한 연구가 진행되다가 연속된 퇴적물을 통해 비교적 상세한 자료를 얻은 곳이 강원도 속초시에 위치한 영랑호에서이다. 한일 공동연구로 진행된 이 연구에서 영랑호 바닥의 지하 12m까지의 퇴적물에 들어 있는 꽃가루를 분석하였는데 이를 통해 우리나라 과거 1만 7천여 년간의 식생변화를 추정할 수 있다.
과거 15,000년 전에는 동해안 낮은 곳에서도 한대성 수종 꽃가루들이 다소 발견되는 것을 미루어 볼 때, 한랭한 기후였음을 추정할 수 있다. 15,000~10,000년 전 시기에는 수목의 꽃가루보다 초본식물과 고사리류의 꽃가루가 다수 발견되는 것으로 보아 이 시기도 한랭한 기후였음을 알 수 있다. 우리나라에서 참나무류가 가장 번성했던 시기는 10,000~6,700년 전으로 유럽 기준으로는 중석기시대에 해당하나, 우리나라의 경우 후기 구석기시대로 추정되고 있다(손보기 등, 1992). 6,700~4,500년 사이에는 기온이 상승하고 건조해지면서 소나무류가 급증하고 참나무류가 감소하였던 시기였다. 이 시기에 한반도 서해안 지대인 경기도 일산의 토탄에서 얻은 꽃가루에서는 오리나무속, 참나무속, 소나무속 및 물푸레나무속 식물이 출현하였는데, 이중 오리나무속 식물들이 다량 출현한 것을 미루어볼 때, 당시 서해안 지역은 지구의 기온 상승에 따른 해수면 상승으로 서해안 저지대가 상당수 습한 지역이었을 가능성이 높다. 이후 4,500년부터 기후가 약간 서늘해지고 습윤해짐에 따라 소나무속은 줄어들고 참나무류가 다시 번성하기 시작했다. 1,400년 전부터는 기후적인 측면도 있지만, 인간의 산림식생에 대한 간섭이 심해져 참나무류의 세력은 감소하였고 소나무류의 세력이 우세하게 되었다.

시기	우점 분포 식생종	기후대
17,000~15,000년 전	- 가문비나무속, 전나무속, 잣나무류, 낙엽송 등 우점	한냉기
15,000~10,000년 전	- 초본식물, 고사리류 우점	늦은 빙기
10,000~6,700년 전	- 참나무속 우점	온난습윤기후
6,700~4,500년 전	- 소나무류, 참나무속, 서어나무속 우점	온난건조기후
4,500~1,400년 전	- 참나무속, 소나무류, 서어나무속, 개암나무속, 느릅나무속, 가래나무속 우점	한랭습윤기후
1,400년 전~현재	- 소나무류, 초본식물 우점	산림파괴 및 이용 시대

※ 숲과 문화연구회(1995) 참나무와 우리문화 학술 토론회 자료 참조

65. 떡갈나무

과명	학명	개화	결실
참나무과	*Quercus dentata*	4~5월	9~10월

구분	항목	내용
수목 포인트	성상	- 낙엽 활엽 교목이다. - 높이는 15~20m이다.
	분포 및 자생지	- 한국, 중국, 일본, 대만에 분포한다. - 전국의 낮은 산지에서 자생한다.
	꽃	- 암수한그루이고, 4~5월에 황록색 꽃이 핀다.
	잎	- 어긋나게 달리고 가지 끝에서는 모여 달리며, 도란상 긴 타원형이다. - 뒷면은 회갈색의 짧은 털 또는 별 모양의 털이 밀생한다.
	열매	- 견과이고, 9~10월에 갈색으로 익는다. - 각두의 비늘 조각은 선형이고 길며 뒤로 젖혀진다.
	줄기(수피)	- 회색 또는 회갈색이고 세로로 불규칙하게 갈라진다. - 어린가지는 껍질눈이 있다. - 겨울눈은 난상 타원형이고 털로 덮인다.
검색 포인트		- 잎자루가 매우 짧으며 신갈나무에 비해 잎에 결각 모양의 톱니가 있고 잎 뒷면에 회갈색 털이 밀생 하는 점이 다르다.
생태·조경 포인트		- 산지의 햇볕이 잘 드는 곳, 척박한 토양에서 잘 자란다. - 떡갈나무가 군락으로 분포하는 경우는 흔치 않으며, 산 능선부 일조량은 많고 토양 내 수분 함유가 높은 곳을 선호한다. 즉, 능선부 말안장 형태의 지형에서 대규모 군락을 형성하기도 한다(경기도 천마산 능선부지역 등에서 넓은 군락을 형성하고 있다).
인문학 포인트		- 참나무 종류 중에서 잎이 가장 크고 두꺼우며 뒷면에 갈색 털이 융단처럼 깔려 있다. - 떡을 싸거나 떡 잎에 까는 깔개로 이용하여 유래하였다. - 표준국어대사전에서 갈참나무, 떡갈나무 따위의 열매는 도토리, 상수리나무의 열매는 상수리, 졸참나무의 열매는 굴밤이라고 되어 있지만, 우리는 그냥 통용해 도토리라고 하고 있다. - 일본에서는 도토리를 동구리, 영어로는 에이콘(acorn)이라고 한다. - 도토리의 식용은 선사시대부터 이루어졌을 것으로 추정된다. 특히 참나무류가 자라는 북반구 온대지방에서는 모두 동일한 조건이었을 것이다. - 조선왕조실록에는 도토리를 식용, 더 나아가 구황식물로 활용한 다양한 문헌이 존재한다. - 세조 원년(1455)에는 도토리를 수집하여 흉년에 대비해야 한다는 상소가 있었고 선조 26년(1593년)에는 정책적으로 기민을 구제하는 데 도토리가 항상 소중한 것으로 등장하고 있다. - 예전에 떡갈나무의 잎을 증기로 찌고 말려서 일본으로 수출해서 돈을 벌었던 적이 있었는데, 일본인들은 단옷날 떡갈나무 잎에 싼 떡을 즐기는 습성이 있었기 때문이다.

▲ 떡갈나무, 신갈나무, 갈참나무, 졸참나무

▲ 떡갈나무 수피

알아두면 유익한 포인트

세계의 참나무※

세계적으로 참나무속은 약 280~300여 종으로 알려져 있다. 일부 학자들에 의하면 약 450종이라고도 한다. 참나무속의 수종들은 대부분 북반구의 온대지역에 집중되어 있다. 가장 오래된 참나무 화석은 북미의 Oligocene의 퇴적층에서 발견된 열매, 화서, 화분, 잎 등이 있다.

유럽은 오래전부터 문화적으로 참나무류와 밀접한 역사를 지니고 있다. 특히 영국에서는 참나무 숲이 사람들의 생활습관이나 정서에 지대한 영향을 끼쳐 왔으며 전설, 문학작품에도 자주 등장한다. 영국의 산림은 과거 모두가 참나무 숲이라고 해도 과언이 아니다. 지금으로부터 약 450여 년 전인 헨리 8세 시대에 섬 전체의 30% 이상이 참나무 수종으로 덮여 있었다. 현재 유럽에 분포하는 참나무 종류는 약 27종 정도이다. English oak로 불리는 *Quercus robur*은 영국과 북부 유럽을 대표하는 수종이면서 참나무를 대표하는 수종이라고 할 수 있다. 이외 *Quercus petraea*, *Quercus ilex*, *Quercus suber*, *Quercus coccifera* 등이 주요 수종이다.

미국에는 약 80종의 다양한 참나무류가 분포하고 있으며 잡종과 변종을 합하면 150종에 이른다. 이중 약 60종 정도는 교목 성상 수종이다. 식물학적으로 편의상 white oak와 red oak로 구분하여 부르기도 하는데 북동부 지역의 대표 수종은 white oak인 *Quercus alba*이다. red oak의 대표 수종은 *Quercus rubra*이다.

기타 지역의 경우 자료가 많지 않은 편인데, 중국의 경우 학자에 따라 그 견해가 크지만 약 100종이 넘는 종이 있다고 하며 주로 서남 및 남부지방에 다수 분포하고 있다. 일본에서는 우리나라 자생수종을 포함하여 약 15종이 분포하고 있다고 전해진다.

우리나라에서 참나무류는 중부지방에서 자생하는 낙엽활엽수 6종과 남부지방에서 자생하는 상록활엽수 6종이 대표적이다. 참나무 중 상록활엽수는 붉가시나무, 종가시나무, 가시나무, 참가시나무, 개가시나무, 졸가시나무 등이다.

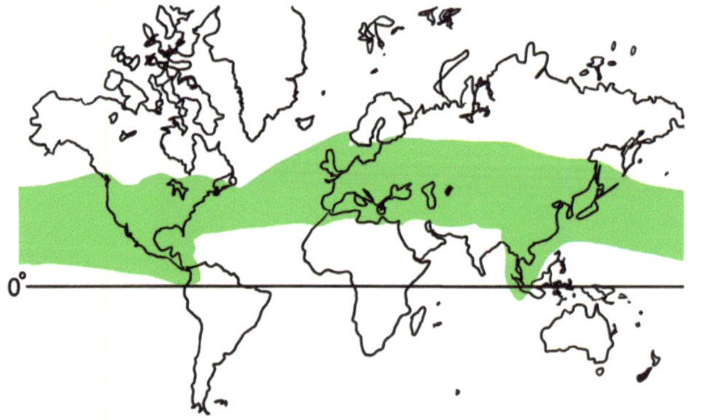

[세계의 참나무속 분포지도]

※ 숲과 문화 연구회(2015) 참나무와 우리 문화 자료 참조

참나무 6종류 식별 체계도※※

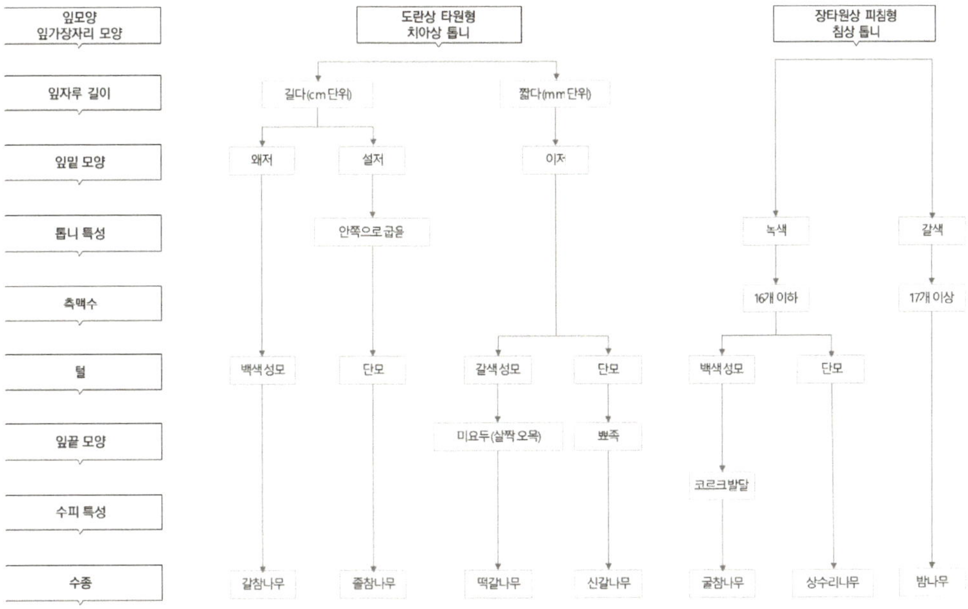

※※ 숲과 문화 연구회(2015) 참나무와 우리문화 자료 참조 재작성

66. 굴참나무

과명	학명	개화	결실
참나무과	*Quercus variabilis*	4~5월	다음 해 9~10월

수목 포인트	성상	- 낙엽 활엽 교목이다. - 높이는 25~30m이다.
	분포 및 자생지	- 한국, 중국, 일본, 대만에 분포한다. - 전국의 낮은 산지에서 잘 자란다. 해발고 50~1,800m에서 자랄 수 있지만, 주로 400~500m에 많이 분포한다. - 남향의 건조한 곳이나 돌이 많은 땅에서도 잘 자란다.
	꽃	- 암수한그루이고, 4~5월에 황록색 꽃이 핀다.
	잎	- 어긋나게 달리고, 난상 타원형 또는 긴 타원형이다. - 뒷면은 별 모양의 회백색 털이 밀생한다.
	열매	- 견과이고, 다음 해 9~10월에 갈색으로 익는다. - 각두의 비늘 조각은 가시 모양이고 나선상으로 밀생한다.
	줄기 (수피)	- 회백색 또는 회갈색이고 코르크가 두껍게 발달하며 세로로 불규칙하게 갈라진다. - 어린 가지는 껍질눈이 있다. - 겨울눈은 난형이고 많은 수의 비늘 조각이 덮인다.
검색 포인트		- 상수리나무에 비해 앞 뒷면이 회백색을 띠고 나무껍질에 코르크가 두껍게 발달하는 점이 다르다.
생태·조경 포인트		- 양수이며 비교적 척박한 토양에서 잘 자라지만 토심이 깊고 비옥한 토양을 좋아한다.
인문학 포인트		- 나무의 수피에 코르크가 발달하며 골이 깊어 골참나무로 불리다가 굴참나무가 되었다는 설이 있다. - 천연기념물로 4곳이 지정되고 있다. 울진 수산리 굴참나무, 서울 신림동 굴참나무 등이다. - 굴참나무의 코르크 껍질은 보온이 잘되고 방수성이 뛰어나 옛 굴피 집의 지붕으로 썼다. - 남쪽에 있는 상록의 가시나무 종자에는 수평방향으로 금이 나있다. 우리나라 온대지방에 나는 낙엽성 참나무 종류는 종자에 이와 같은 금이 없고 털 같은 비닐이 발달해 있다. - 코르크를 생산할 수 있는 가장 유명한 것은 스페인, 포르투갈, 이탈리아, 모로코 등 지중해 해안에 나는 코르크참나무(*Quercus suber*)※이다. - 굴참나무의 껍질도 코르크참나무의 껍질과 비슷한 조직을 가지고 있으나, 더 무겁고 탄력성이 떨어진다. 같은 부피라면 굴참나무의 코르크가 30%가량 더 무겁다. - 일본에서는 코르크참나무를 번식하려고 애를 썼으나 성공하지 못한 상태이다. - 우리나라에서 가장 좋은 나무는 굴참나무이며 이 밖에 개살구나무와 황벽나무가 있다. 황벽나무의 코르크는 굴참나무보다 질은 좋으나, 생산량이 적다. - 일제강점기에 부산에 코르크 회사가 있었다. 당시 해군의 군수물자 충당하는데 큰 역할을 했으며 이 당시 우리나라 굴참나무껍질 연간 사용량은 약 300만kg 정도에 이르렀다. 이 회사는 굴참나무 자원의 발굴에 혈안이 되었고 각지에서 사람을 모아 굴참나무껍질 벗기기 강습회가 열릴 정도이었다. - 굴참나무는 어릴 때에는 껍질이 두껍지 않다가 15년 정도 되면 코르크 껍질의 두께가 약 1cm 만큼 자라 이용할 수 있게 된다. 이때 손도끼로 껍질을 벗겨내어 이용한다. 그 뒤 8~9년이 지나면 다시 사용할 수 있다. 나무의 나이가 약 40년생이 될 때까지 이를 되풀이하면서 껍질을 벗겨낸다.

▲ 굴참나무 수피

▲ 상수리나무 잎

▲ 굴참나무 잎

※ 수명은 100~500년인데, 10년마다 껍질을 벗길 수 있으며 한 나무에서 20~25kg의 코르크가 생산된다. 코르크참나무는 가장 좋은 질의 코르크를 생산하는데, 1×1×2.5cm 부피의 코르크는 약 7억 개의 세포로 이루어진다. 이 안에 공기가 있고 세포의 벽은 방수막으로 되어 있어 물속에서도 뜨게 한다. 이는 불에 잘 타지 않는 고무공을 쌓아 올린 것과 같아 방수, 방음, 방열 기능을 한다.

67. 상수리나무

과명	학명	개화	결실
참나무과	*Quercus acutissima*	4~5월	다음 해 9~10월

수목 포인트	성상	- 낙엽 활엽 교목이다. - 높이는 25~30m이다.
	분포 및 자생지	- 한국, 중국, 일본 등에 분포한다. - 전국의 낮은 산지에서 자생한다.
	꽃	- 암수한그루이고, 4~5월에 황록색 꽃이 핀다.
	잎	- 어긋나게 달리고, 긴 타원형이다. - 뒷면은 연한 녹색이고 갈색 털이 많다가 점차 떨어진다. - 잎의 끝은 뾰족하고 밑은 둥글고, 가장자리에는 뾰족한 톱니가 있다. - 가장자리의 뾰족한 톱니는 엽록소가 없어 갈색을 띤다.
	열매	- 열매는 견과로 2년생 가지에 달리며, 이듬해 10월경에 익는다. - 각두의 비늘 조각은 가시 모양이고 나선상으로 밀생한다.
	줄기 (수피)	- 회백색 또는 회갈색이고 코르크가 얇게 발달하며 세로로 불규칙하게 갈라진다. - 어린 가지는 껍질눈이 있다. - 겨울눈은 긴 난형이고 많은 수의 비늘 조각이 덮인다.
검색 포인트		- 굴참나무에 비해 잎 뒷면이 연한 녹색을 띠고 나무껍질에 코르크가 약간만 발달하는 점이 다르다. - 잎 가장자리의 뾰족한 톱니는 엽록소가 없어 갈색을 띤다.
생태·조경 포인트		- 강한 햇볕에도 내성이 강하나 이식은 어려운 편이다. - 토심이 깊고 비옥한 토양에서 생육이 양호하지만, 척박한 토양에서도 잘 자란다.
인문학 포인트		- 쿠에르쿠스(Quercus)는 켈트어로 질이 좋다는 뜻의 퀘르(quer)와 재목을 뜻하는 퀘즈(quez)의 합성어로 나무의 재질이 좋다는 뜻이다. 그래서 참나무라 부른다. - 종소명 아쿠티시마(acutissima)는 가장 뾰족하다는 뜻으로 잎의 가장자리에 뾰족한 톱니가 참나무류 중에서 가장 뾰족하다. - 증식은 가을에 종자를 채취하여 노천매장하였다가 봄에 파종한다. - 이름은 경기도 방언으로 상실이 → 상시리로 변했다고 전해진다. - 1434년(세종 16년) 2월에 경상도 진제경차관이 임금에게 올린 글에서 '구황식물로서 상실(橡實)이 가장 좋고 다음이 소나무 껍질입니다'라고 하였다. 여기서 '상실'은 '상수리'를 의미하는 것이다. - 임진왜란 때 의주로 피난 간 선조가 좋아해서 전쟁 후에도 수라상에 올랐다고 해서 전해지는 말은 근거가 없다.

알고 있으면 도움이 되는 포인트

「도토리 식용의 역사」※

도토리는 선사시대부터 식량으로 이용되었을 것으로 추측된다. 이는 우리나라뿐 아니라 참나무류가 자라는 북반구 온대지방에서 어디에서나 적용할 수 있다.
조선왕조실록 세종 16년(1434)에 '경상도 진체 경차관이 계를 올려 말하기를 구황식품으로 도토리가 으뜸이고 소나무 껍질이 그다음입니다.'라고 나와 있다. 세조 원년(1455)에도 도토리를 모아서 흉년에 대비해야 한다는 상소 내용이 있고 또 선조 26년(1593)에는 정책적으로 기민을 구제하는 데 도토리가 항상 소중한 것으로 등장하고 있다. 구황청은 조선시대 흉년에 백성을 구제하던 관청으로, 이후 이름이 진휼청으로 바뀌었다. 구황 방법을 서술한 구황촬요는 1554년에 간행되었다. 따라서 오래전부터 도토리의 식용 방법이 연구되고 그 경험이 전파되었을 것으로 짐작된다.
일본에서도 16세기 말경 우리나라에서 발달된 도토리 식품 가공 기술이 고치현 일대에 전해져 우리나라의 도토리 가공 기술은 오래전부터 매우 발달하였던 것으로 짐작된다. 약 200년 전의 책인 산림경제에서도 마떡, 마죽, 밤죽, 밤떡 만드는 방법 등이 소개되어 있다. 제주도에는 1794년 갑인흉년 때 물참나무의 열매가 구황에 큰 도움이 되었기에 한라산 중턱에 있는 큰 물참나무에 해마다 감사제를 올리고 있다. 이는 제주도에서 오래전부터 도토리를 식용으로 이용하고 있었던 것을 알 수 있다.
가뭄으로 벼농사가 어려울 때 오히려 도토리나무의 결실에는 도움을 주어 도토리가 구황작물에 매우 우수하였음을 알 수 있다. 즉, 흉년이 드는 기후조건이 오히려 참나무류의 생장과 결실에 도움을 준 것이 된 것이다.

※ 이야기가 있는 나무백과(임경빈) 중 '참나무' 내용 일부 재구성

▲ 상수리나무 잎

▲ 굴참나무수피

▲ 상수리나무 수피

68. 가시나무

과명	학명	개화	결실
참나무과	*Quercus myrsinifolia*	4~5월	10~11월

구분	항목	내용
수목 포인트	성상	- 상록 활엽 교목이다. - 높이는 15~20m이다.
	분포 및 자생지	- 한국, 중국, 일본 등에 분포한다. - 전남 진도 및 서남해안의 일부 도서 지역에서 매우 드물게 자생한다.
	꽃	- 암수한그루이고, 4~5월에 황록색 꽃이 핀다.
	잎	- 어긋나게 달리고, 긴 타원형이다. - 양면에 털이 없으며 앞면은 광택이 있고 뒷면은 회록색이다.
	열매	- 견과이고, 10~11월에 다갈색으로 익는다.
	줄기(수피)	- 흑회색이고 갈라지지 않으며 작은 껍질눈이 있다. - 겨울눈은 긴 난형이고 비늘 조각에 털이 있다.
검색 포인트		- 거치가 가시 같고 측맥은 12~15쌍이며 뒷면은 회백색으로 털이 없다.
생태·조경/인문학 포인트		- 도토리가 달리는 남부지방의 참나무류 종류이다. - 가시나무의 가시는 날카로운 진짜 가시의 뜻이 아니라, 굳고 단단한 뜻의 가시이다. - 가시나무에도 붉가시나무, 종가시나무, 개가시나무, 참가시나무 등 다양하다. - 도토리가 열린다는 점에서 모두 참나무속이다. 참나무속 중 상록성인 것이 바로 가시나무아속이다. - 상록성의 가시나무 종류가 낙엽성의 신갈나무 종류와 다른 점은 도토리를 담고 있는 접시(종지라고 해도 좋음)의 바깥면이 윤층(원형의 띠가 층을 이룸)으로 되어 있는 점이다. - 가시나무는 목재가 단단하고 강인하며 터지는 일이 거의 없다. - 조엽수종: 기온이 높고 강수량이 많은 지역에서 자라는 상록활엽수. 겨울의 추위와 건조한 기후를 견디기 위해 잎이 두껍고 표면에 광택이 있다. 대표적인 조엽수종으로는 사철나무, 동백나무 등이 있다. 가시나무도 대표적 조엽수종에 해당한다. - 가시나무는 제주도에서 중요한 수목인데, 이는 선박의 재료로서도 중요한 측면을 가진다. - 겸손하고 예의 바르며 진리를 좋아하는 사람이 가시나무가 되었다는 그리스 신화는 우리에게 많은 것을 알려준다. 제우스가 아들 헤르메스와 함께 필레몬의 집을 찾았을 때, 그 집에 겸손과 예절과 착함이 가득한 것을 보고 남편 필레몬은 가시나무로, 착한 아내 바우키스는 보리수나무로 변신시켜 오래 살 수 있도록 했다. - 유럽에서는 사자는 백수의 왕, 독수리는 백금의 왕, 가시나무는 숲의 왕이라는 말이 있다. - 가시나무는 굳세면서도 오래가는 사랑을 상징한다.

▲ 전라남도 완도수목원에서 자생하는 가시나무

▲ 우리나라 참나무속 12종류 비교 해설판

▲ 가시나무 잎의 앞면과 뒷면

알고 있으면 도움이 되는 포인트

조엽수종(照葉樹種) 그리고 난온대림 분포※

일본 사람들은 그들의 문화 그리고 동부아시아의 문화를 일컫어 조엽수림 문화라고 한다. 조엽수종이란 무엇인가? 대표적인 것이 가시나무 종류이다. 물론 녹나무, 동백나무, 후박나무, 차나무 등도 조엽수종에 해당한다. 조엽수종의 잎은 표면이 번쩍이고 짙은 녹색이며 온대 지방의 낙엽활엽수종에 비하여 대체로 잎이 작다. 여름이 덥고 비가 많이 오며 겨울이 비교적 추운 곳에 이러한 조엽수림이 형성되어 있다. 한편 유럽 지중해 연안과 근동 지방에 나는 올리브를 대표로 하는 숲은 조엽수림과 비슷하지만 경엽수림이라 해서 구별하고 있다. 그곳은 겨울에 비가 많이 내리고 그다지 춥지 않으며 여름은 매우 건조한 환경이다. 따라서 조엽수림은 겨울의 추위에, 경엽수림은 여름의 건조에 적응하는 것이 중요한 식물이다. 경엽수종의 잎은 보통 조엽수종에 비해 크기가 훨씬 더 작다.

우리나라의 조엽수림대는 난온대 또는 상록활엽수림 제대로 언급되는 곳인데, 그 면적이 넓지 않다. 산림청(2014)의 자료에 따르면, 난온대 상록활엽수립은 면적 9,669ha로서 남한 산림면적의 0.17% 정도이며 대부분 전라남도에 분포하고 있다. 면적 비율은 상록활엽수 전체 면적의 86.4%이다.

세계의 난온대림의 분포는 중국 남동해 및 지중해 연안, 미국의 샌프란시스코와 플로리다 일대, 칠레 연안 등이며 우리나라 남부와 일본 규슈 일대 등이다. 최병기(2012)에 따르면 세계적 난온대림의 분포를 제시하였으며 박석곤 등은 2018년도에 동아시아의 난온대림 분포지도를 구체적으로 제시한 바 있다.

고기후 자료에 따른 난온대림의 형성은 1만년 전쯤 한반도와 일본 열도가 분리되면서 쿠로시오 난류의 영향으로 온난 습윤한 기후가 발달하였고 9천 년 전에 쿠로시오 난류가 한반도 전역에 영향을 미쳐 난대림 형성이 시작된 것으로 추측할 수 있다. 이후 6천 년 전에 분석한 꽃가루에서 현재와 동일한 난대수종들이 확인된 바 있다.

난온대림의 천이단계는 초기단계(곰솔군락) → 중간단계(후박나무림) → 극상단계(구실잣밤나무림)이다.

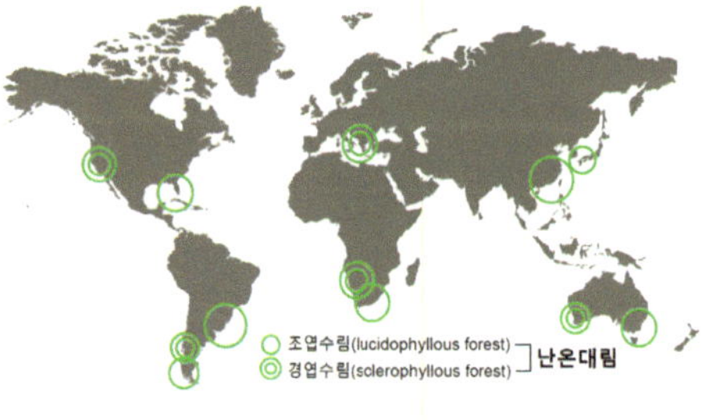

난온대림의 세계적 분포(최병기, 2012)

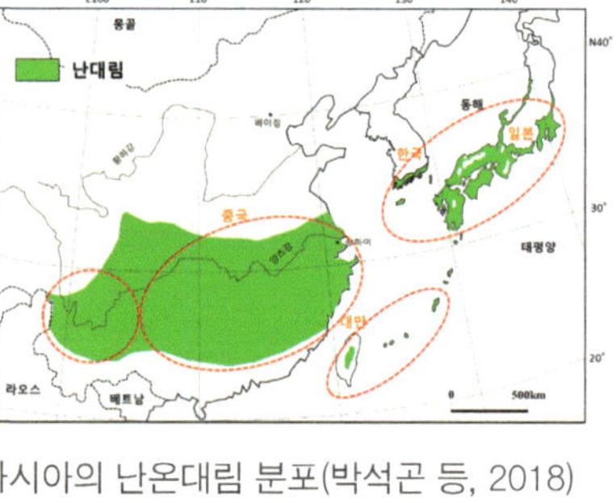

동아시아의 난온대림 분포(박석곤 등, 2018)

※ 이야기가 있는 나무백과(임경빈) 중 '가시나무' 내용 일부 재구성

69. 오리나무

과명	학명	개화	결실
자작나무과	*Alnus japonica*	3월	10~11월

구분	항목	내용
수목 포인트	성상	- 낙엽 활엽 교목이다. - 높이는 15~20m이다.
	분포 및 자생지	- 한국, 중국, 일본, 러시아, 대만에 분포한다. - 제주도를 제외한 전국의 습기 있는 산과 들에서 자생한다.
	꽃	- 암수한그루이고, 3월에 가지 끝에 적갈색 꽃이 잎보다 먼저 핀다.
	잎	- 어긋나게 달리고, 난상 긴 타원형 또는 도란상 피침형이다. - 앞면에는 털이 없고 뒷면 맥 위에 적갈색 털이 있다가 점차 떨어지고 맥겨드랑이에 흰색 털이 남는다. - 잎맥은 7~8개 정도가 있고 2~3cm의 잎자루가 있다.
	열매	- 10~11월에 다갈색으로 익는다.
	줄기(수피)	- 회갈색이고 오래될수록 세로로 불규칙하게 갈라진다. - 어린 가지는 갈색이고 털이 있거나 없다. - 겨울눈은 끝이 둥근 긴 타원형이고 굵은 자루가 있다.
검색 포인트		- 수피는 회갈색으로 깊게 갈라진다. - 잎은 긴 타원형이며 측맥이 7~11쌍이다.
생태·조경 포인트		- 습한 토양을 선호하지만, 비교적 척박한 토양에서도 잘 자란다. - 대기정화에 효과가 있다. - 대표적 습지성 목본식물이며 저습지의 잠재 자연식생의 주인공이라고 해도 과언이 아니다. - 오리나무는 한랭한 기후를 선호하는데, 우리나라가 과거 온난 건조한 기후대이어서 오리나무의 분포 면적이 거의 없는 것으로 추정한다.
인문학 포인트		- 속명 알누스(Alnus)는 '가까이'라는 뜻의 '올(al)'과 '개울의 제방'이라는 뜻의 '랜(lan)'의 합성어로서 좋은 장소를 가리킨다. Alder tree(오리나무)의 옛 라틴명이다. - 안동 하회마을 하회탈도 오리나무로 만들었다. - 영어 명칭으로 알과 올은 새의 날개를 의미하는 동원어이다. 즉, 오리는 알을 낳는 새를 대표하는 동물이며 하늘, 인간, 땅을 이어주는 신성한 매개체로서의 역할을 했다고 할 수 있다. - 오리나무 껍질을 달여서 먹으면 술독이 풀리고 술을 담그면 술이 물이 된다는 이야기가 전해온다. - 이름의 유래는 여러 가지 설이 있으나 오리마다 심었다고 하여 얻어진 이름으로 알려져 있다. - 그러나 5리마다 식재한 이유와 어떻게 심었는지 등에 대한 출처와 정보를 어디에서도 확인할 수 없어 확인이 불가능하다. - 물새를 대표하는 오리처럼 물을 좋아하는 나무여서 오리나무라고 한 것은 아닌지 추측된다. - 오리남기(오리나무)란 한글명이 18세기 시조에 나타난 것으로 미루어 볼 때, 우리나라 식물이름 가운데 가장 오래된 이름일지도 모른다.

▲ 서울특별시 둔촌동생태경관보전지역내 습지변에서 자라는 오리나무군락

▲ 서울특별시 둔촌동생태경관보전지역내 습지변에서 자라는 오리나무군락

70. 사방오리

과명	학명	개화	결실
자작나무과	*Alnus firma*	3~4월	10~11월

구분		내용
수목 포인트	성상	- 낙엽 활엽 교목이다. - 높이는 7~15m이다.
	분포 및 자생지	- 일본이 원산지다. - 충남을 비롯해 전북과 경북 이남의 산지나 절개면 경사지에 사방용으로 심는다.
	꽃	- 암수한그루이고, 3~4월에 가지 끝에 황록색 꽃이 잎보다 먼저 핀다.
	잎	- 어긋나게 달리고, 좁은 난형이다. - 끝은 뾰족하고 가장자리에 날카로운 톱니가 있다. - 뒷면 맥 위에 누운 털이 있다. - 잎의 잎맥수가 10~13개로 촘촘하다.
	열매	- 10~11월에 다갈색으로 익는다.
	줄기(수피)	- 회갈색이고 오래될수록 비늘처럼 갈라져 떨어진다. - 어린 가지는 적갈색이고 털이 없다. - 수꽃눈은 뭉툭하고 끈적거리고 향기가 나는 노란색 점액이 나온다.
검색 포인트		- 잎의 끝이 날카롭고 다소 윤채가 있다. - 측맥이 12(13)~17쌍으로 깊게 파인다.
생태·조경 포인트		- 일사량이 많은 곳, 척박한 토양에서도 생육이 양호하다. - 조경용이라보다는 산림사방사업 시 녹화용으로 흔히 사용된다.
인문학 포인트		- 종소명 '퍼머(firma)'는 견고하다는 뜻이다. - 오리나무에 비해 겨울눈에 자루가 없다. - 이름은 사방공사에 사용하는 오리나무라는 뜻에서 유래한다. - 국내에는 1940년경에 도입되었다.

▲ 사방오리 꽃과 신엽의 모습

71. 물오리나무

과명	학명	개화	결실
자작나무과	*Alnus hirsuta*	3~4월	9~10월

구분		내용
수목 포인트	성상	- 낙엽 활엽 교목이다. - 높이는 10~20m이다.
	분포 및 자생지	- 한국, 중국, 일본, 러시아에 분포한다. - 전국의 산지에서 흔히 자생한다.
	꽃	- 암수한그루이고, 3~4월에 적갈색 꽃이 잎보다 먼저 핀다.
	잎	- 어긋나게 달리고, 넓은 난형 또는 원형에 가깝다. - 끝은 뾰족하고 가장자리에 겹톱니가 있으며 얕게 5~8쌍으로 갈라진다. - 앞면은 짙은 녹색이며 뒷면은 회백색이고 갈색 털이 있다.
	열매	- 9~10월에 다갈색으로 익는다. 열매 이삭은 난상 구형 또는 타원형이다.
	줄기(수피)	- 흑회색 또는 흑갈색이고 가로로 껍질눈이 있으며 매끈한 편이나 오래될수록 갈라진다. - 어린 가지는 부드러운 털이 밀생 하다가 점차 떨어진다. - 겨울눈은 도란형이고 굵은 자루가 있으며 털이 있다.
검색 포인트		- 잎 뒷면 맥 위에 갈색 털이 있으며 다소 흰빛이 돈다. - 잎이 크고 둥글며 뭉툭하다.
생태·조경 포인트		- 일사량이 많은 곳, 척박한 토양에서도 생육이 양호하다. - 조경용이라보다는 산림사방사업 시 녹화용으로 흔히 사용된다. - 생육속도가 빠르며 습지나 척박지 모두 잘 자라므로 사방녹화용으로 식재 가능하고 특히 도로변 공기 질소를 고정시키는 효과가 있다.
인문학 포인트		- 학명의 이명인 *Alus sibirica*에서 종소명 '시비리카(*sibirica*)'는 시베리아 지역을 말한다. - 목재는 조직이 치밀하고 견고하여 가구재나 토목 용재로 사용한다. - 잎은 가축의 사료로 이용한다. - 껍질과 열매는 염료용으로 사용되며 수피는 약재로 이용한다.

▲ 물오리나무의 새로 난 잎 뒷면

▲ 물오리나무의 새로 난 잎 앞면

▲ 물오리나무 열매

72. 박달나무

과명	학명	개화	결실
자작나무과	*Betula schmidtill*	4~5월	9~10월

구분	항목	내용
수목 포인트	성상	- 낙엽 활엽 교목이다. - 높이는 20~30m이다.
	분포 및 자생지	- 한국, 중국, 일본, 러시아에 분포한다. - 전국의 높은 산지에서 자생한다.
	꽃	- 암수한그루이고, 4~5월에 잎이 나면서 함께 핀다.
	잎	- 어긋나게 달리고, 긴 난형 또는 타원형이다. - 뒷면에 샘점이 흩어져 있고 맥 위에 흰색의 긴 털이 밀생한다.
	열매	- 9~10월에 다갈색으로 익는다.
	줄기(수피)	- 흑회색 또는 흑갈색이고 오래될수록 갈라져 두껍게 벗겨진다. - 어린 가지는 적갈색이고 껍질눈이 많다. - 겨울눈은 긴 난형이고 3~4개의 적갈색 비늘 조각에 싸이며 흰색 털이 있다.
검색 포인트		- 나무껍질이 흑회색이고 두껍게 벗겨진다. - 측맥이 7쌍 이상이고 엽병이 1cm 이하이다.
생태·조경 포인트		- 온대 북부지역의 깊은 산 양지바른 곳에서 잘 자란다. - 현재 조경용으로 이용하지 않으나, 녹음식재, 군락식재용으로 활용 가능하다.
인문학 포인트		- 우리나라 수목 중 재질이 가장 단단하다. 홍두깨에서 다듬잇돌로 사용, 병사들의 육모방망이까지 두루 쓰였다. - 우리나라 전국에 분포하면서 비교적 추운 지방에서 잘 자란다. - 과거 기록에 의하면, 설악산과 묘향산 부근에 특히 많으며 강원도 향로봉, 문경새재에서도 분포한다는 기록이 있다. - 박달나무는 목리가 치밀해 도장(인장)용 목재로도 그 가치를 인정받았다. - 지금까지 도장이라 하면 주로 회양목 도장을 일컬었고 그래서 회양목을 도장나무라고도 했다. - 지금은 회양목 목재 자원이 거의 고갈되어 그 대체목으로 모색된 것이 바로 박달나무이다. - 단군신화에 나오는 나무이다. - 박달나무는 물에 거의 가라앉을 정도로 무겁고 단단하여 홍두깨, 방망이로 많이 이용된다. 이밖에 가구재, 조각재, 곤봉, 수레바퀴 등으로 이용된다.

▲ 박달나무 수피와 잎

▲ 박달나무 수피

73. 물박달나무

과명	학명	개화	결실
자작나무과	*Betula dahurica*	4~5월	9~10월

구분	항목	내용
수목 포인트	성상	- 낙엽 활엽 교목이다. - 높이는 10~20m이다.
	분포 및 자생지	- 한국, 중국, 일본, 러시아에 분포한다. - 제주도와 경남 및 전남의 일부 지역을 제외한 전국의 산지에서 자생한다.
	꽃	- 암수한그루이고, 4~5월에 잎이 나면서 함께 핀다.
	잎	- 어긋나게 달리고, 난형 또는 난상 마름모형이다. - 양면 맥 위에 털이 있다.
	열매	- 9~10월에 다갈색으로 익는다.
	줄기(수피)	- 회색 또는 회갈색이고 얇은 조각으로 불규칙하게 벗겨진다. - 겨울눈은 난형이고 3~4개의 비늘 조각에 싸인다.
검색 포인트		- 수피는 회갈색 또는 회색이며 작은 조각으로 벗겨지고 잎의 측맥이 6~8쌍이다.
생태·조경 포인트		- 산록부 혹은 산복부의 양지바른 적윤지 또는 다소 건조한 곳에서 잘 자란다. - 양수이나 반음지에서도 잘 자라며 내한성이 크다. - 산림 내 습한 토양 혹은 지하수위가 높은 곳에서 자라는 자생낙엽활엽수로서 생태학적 가치가 크며 꾸준한 보호와 관리가 필요한 수종이다.
인문학 포인트		- 종소명 다브리카(dahurica)는 시베리아 남부의 Dauria 지방을 뜻한다. - 나무에 물 성분이 많아 수액을 받아 마실 수 있는 박달나무 종류라는 뜻이다. - 우리나라 중부지방 습한 산림지역에 흔히 분포한다. - 껍질은 염료와 벽지 등으로 쓰인다 - 경북 문경시는 '문경새재 아리랑' 노랫말에 나오는 홍두깨 방망이 재료인 물박달나무를 널리 알리기 위해 물박달나무를 상징적으로 식재하였다. 이 나무는 속이 단단해 예부터 다듬이 방망이로 많이 사용되던 수종이다.

▲ 물박달나무 잎

▲ 물박달나무 열매

74. 자작나무

과명	학명	개화	결실
자작나무과	*Betula platyphylla* var. *japonica*	4~5월	9~10월

구분	항목	내용
수목 포인트	성상	- 낙엽 활엽 교목이다. - 높이는 10~25m이다.
	분포 및 자생지	- 중국, 일본, 러시아, 유럽, 북한 등지에 분포한다. - 함경도의 고지대에서 자라며 남한의 것은 모두 심은 것이다.
	꽃	- 암수한그루이고, 4~5월에 잎이 나면서 함께 핀다.
	잎	- 긴 가지에서는 어긋나게 달리고 짧은 가지에서는 2개씩 모여 달리며, 삼각상의 넓은 난형이다. - 뒷면 맥겨드랑이에 털이 있다.
	열매	- 9~10월에 다갈색으로 익는다.
	줄기(수피)	- 광택이 나는 흰색이고 얇게 벗겨진다. - 어린 가지는 적갈색이다. - 겨울눈은 긴 타원형이고 4~6개의 비늘조각에 싸인다.
검색 포인트		- 측맥이 7쌍 이하이고 열매는 밑으로 처지며 수피가 백색으로 벗겨진다.
생태·조경 포인트		- 온대 북부 이북의 산악지역에서 흔히 자라며 극양수이다.
인문학 포인트		- 이름은 경남 방언으로 거재수, 즉 재앙을 쫓아내는 힘을 가진 물(수액)을 소유하고 있는 나무라는 의미가 설득력을 얻는다. - 거제수나무와 가까운 나무가 자작나무와 박달나무이다. 모두 자작나무 종류이다. - 자작나무류 나무의 잎은 나뭇잎의 표준이라고 할 수 있는데, 대게 나뭇잎을 그려보라고 하면 거제수 잎과 닮은 것을 그리게 된다. - 거제수나무의 엽저는 흐르지도 않고 오므라들지도 않는 그 중간, 말하자면 표준형에 가깝다. - 사시나무는 잎자루가 길어 전체적으로 안정되지 않고 항상 흔들린다. - 지역에 따라서는 거제수나무를 물자작나무로 부르기도 한다. 그만큼 자작나무를 닮았다는 말이다. - 자작나무류를 라틴어로는 베툴라라고 하는데, 이 단어는 나무를 뜻하는 켈트어 '베투betu'를 어원으로 하고 있다. 그만큼 나무 중의 나무이며 쓸모가 많은 나무임을 말해준다. - 거제수나무는 한반도뿐만 아니라 만주, 그리고 러시아의 아무르 지방에도 자라고 있다. - 곡우에 거제수나무 줄기에서 물을 받아 마시면 재앙을 물리칠 수 있다고 한다. - 수액의 주성분은 포도당과 과당이며 이는 고로쇠나무의 설탕과 비교된다. - 악센트식재, 유도식재 등에 적합하다.

▲ 경기도 광주시 곤지암에 위치한 화담숲 내에 조성된 자작나무 숲의 전경

▲ 자작나무 잎과 열매

▲ 자작나무 잎과 수피

75. 개암나무

과명	학명	개화	결실
자작나무과	*Corylus heterophylla*	3~4월	8~9월

수목 포인트	성상	- 낙엽 활엽 관목이다. - 높이는 2~3m이다.
	분포 및 자생지	- 한국, 중국, 일본, 러시아에 분포한다. - 전북과 경북 이북의 볕이 잘 드는 산지나 숲 가장자리에서 자생한다.
	꽃	- 암수한그루이고, 3~4월에 2년지에 잎보다 먼저 핀다.
	잎	- 어긋나게 달리고, 넓은 도란형 또는 원형에 가깝다. - 앞면과 잎자루에 짙은 샘털이 나기도 하고 자주색 무늬가 나타나기도 하는 등 다양한 변이가 있다. - 어린잎에 주로 고동색의 얼룩무늬가 생기는데 시간이 지나면 없어진다. - 뒷면 맥 위와 맥겨드랑이에 긴 털이 있다.
	열매	- 견과이고, 8~10월에 익는다. - 포엽이 자라 견과를 감싸며 양면에 샘털이 많다.
	줄기(수피)	- 회갈색이고 어린 가지에 샘털이 많다. - 겨울눈의 비늘 조각은 5~8개이다.
검색 포인트		- 잎에 샘털이 많고 포엽이 견과를 완전히 덮지 않는 점이 특징이다. - 잎 앞면에 자줏빛 무늬가 있다.
생태·조경 포인트		- 양지바른 산록부에서 생장이 왕성하다.
인문학 포인트		- 밤보다 못하다는 개+밤나무가 변한 이름같다. 전라도에서는'깨금'이라고 하고 제주도에서는'처낭'이라고도 한다. 과거에는 밤과 더불어 중요한 과일 혹은 식량으로 중요했던 열매이다. - 개암나무와 관련된 이야기 중 하나이다. 옛날 어느 사람이 마루에서 왁자지껄해서 문구멍으로 내다보니 도깨비들이 잔뜩 몰려오고 있어 놀라서 벽장 속으로 숨었는데, 도깨비들은 방에 들어와 둘러서더니 방망이 하나씩을 들고는 뚝딱뚝딱 두드리며「금 나와라 뚝딱, 은 나와라 뚝딱」하며 장난치는 것을 본 그는 무서워서 떨다가 입 안에 든 개암을 딱! 하고 깨물고 말았다. 그러자 도깨비들이 놀라서 서로 먼저 도망치려다 방망이 하나를 놓고 가고 말았다. 벽장에서 나와 보니 금과 은이 수북이 쌓여 있고 도깨비방망이도 있어 나뭇짐 대신 금은을 지고 와서 필요할 때마다 도깨비방망이로 금과 은이 나오게 하여 부자가 됐다는 이야기로 개암이 도깨비를 쫓았다고 하여 부럼으로 깨무는 것이다※. - 물개암나무는 잎 윗부분에 결각이 있으며 끝에 결각이 심하다. 난티잎개암나무는 잎의 주맥 끝이 뾰족하다. 참개암나무(*C. sieboldiana*)는 총포가 열매 전체를 둘러싸며 끝이 길게 자라서 통처럼 된다. - 주연부식재에 적합하다.

※ 최영전(1997) 한국민속식물 자료 재인용

▲ 개암나무 어린잎 가운데 무늬가 생긴 모습

▲ 개암나무 열매

개암나무 잎 ▶

76. 까치박달

과명	학명	개화	결실
자작나무과	*Carpinus cordata*	4~5월	8~10월

구분		내용
수목 포인트	성상	- 낙엽 활엽 교목이다. - 높이는 15~18m이다.
	분포 및 자생지	- 한국, 중국, 일본, 러시아에 분포한다. - 전국의 산지에서 자생한다.
	꽃	- 암수한그루이고, 4~5월에 잎이 나면서 함께 핀다.
	잎	- 어긋나게 달리고, 넓은 난형이다. - 가장자리에 뾰족한 겹톱니가 있다. - 뒷면 맥 위에 긴 털이 있다.
	열매	- 소견과이고, 8~10월에 익는다. - 포조각은 소견과를 완전히 감싼다.
	줄기(수피)	- 회갈색이고 마름모 모양의 껍질눈이 발달하면서 오래될수록 얇게 벗겨져 다릅나무처럼 된다. - 겨울눈은 긴 타원형이고 끝이 뾰족하며 다수의 비늘조각에 싸인다.
검색 포인트		- 서어나무에 비해 잎의 측맥이 15~24쌍으로 많고 뚜렷한 점이 특징이다. - 나무껍질에서 마름모 모양의 껍질눈이 발달한다.
생태·조경 포인트		- 서어나무와 더불어 대표적 극상수종이다. - 음지에서 잘 자라고 기후에 대한 내성이 강한 편이다. - 잎의 질감이 양호하며 포가 겹쳐져서 긴 타원형으로 처지는 열매가 아름답다. - 군락식재, 녹음식재 등에 적합하다.
인문학 포인트		- 속명 '카르피누스(Carpinus)'는 라틴 고명으로 캘트어 'car(木)'와 'pin(頭)'의 합성어이다. - 종소명 '코르다타(cordata)'코르타투스(cordatus), 즉 잎의 모양이 심장형이라는 뜻이다. - 목재가 단단하기가 박달나무 같다는 뜻에서 유래한다. - 까치박달의 '까치'는 작다라는 뜻의 '아치'가 변한 것으로 박달나무보다 작은 박달나무라는 뜻이라는 설도 있다. - 까치박달은 생태 적응력이 매우 뛰어나 토질과 환경을 거의 가리지 않고 산과 도심에서도 생육이 매우 우수한 나무이다.

▲ 까치박달 잎

▲ 까치박달 수피

77. 서어나무

과명	학명	개화	결실
자작나무과	*Carpinus laxiflora*	4~5월	9~10월

<table>
<tr><td rowspan="6">수목
포인트</td><td>성상</td><td>- 낙엽 활엽 교목이다.
- 높이는 15m이다.</td></tr>
<tr><td>분포 및
자생지</td><td>- 한국, 일본에 분포한다.
- 강원도 이남의 산지에서 자생한다.</td></tr>
<tr><td>꽃</td><td>- 암수한그루이고, 4~5월에 잎이 나면서 함께 핀다.</td></tr>
<tr><td>잎</td><td>- 어긋나게 달리고, 난형 또는 난상 타원형이다.
- 가장자리에 날카로운 겹톱니가 불규칙하게 있다.
- 뒷면 맥 위에 털이 있다.</td></tr>
<tr><td>열매</td><td>- 소견과이고, 9~10월에 익는다.
- 포조각은 양쪽 가장자리에 불규칙한 톱니가 있다.</td></tr>
<tr><td>줄기
(수피)</td><td>- 회색이고 매끈한 편이며 근육처럼 울룩불룩하다.
- 겨울눈은 긴 타원형이고 끝이 뾰족하며 다수의 비늘 조각에 싸인다.</td></tr>
<tr><td colspan="2">검색 포인트</td><td>- 개서어나무에 비해 잎끝이 꼬리처럼 길게 뾰족하고 잎 앞면에 털이 적으며 포조각 양쪽에 톱니가 있는 점이 다르다.</td></tr>
<tr><td colspan="2">생태·조경
포인트</td><td>- 대표적 극상수종이다.
- 강한 일사에서는 생육이 불량하고 적윤지 토양에 적합하다.
- 줄기가 울퉁불퉁하여 손으로 쓰다듬으면 근육질을 느낄 수 있다.
- 공해가 심한 도심지에는 적합하지 않는 수종이다.
- 군락식재, 녹음식재 등에 가능하다.</td></tr>
<tr><td colspan="2">인문학
포인트</td><td>- 종소명 '랙시플로라(laxiflora)'는 풍부하다와 플로라(flora), 즉 꽃의 합성어로서 '꽃이 많이 핀다'를 뜻한다.
- 서나무라고도 하며 나무이름의 유래는 확실하지 않으며 서쪽에 있는 나무라는 뜻이다.
- 표고버섯을 재배하는 골목으로 사용할 수도 있지만, 참나무 골목에 비하면 생산량이 적어 과거에는 주로 땔감용으로 많이 이용되었고 지금은 조경수나 생태복원용 수종으로 흔히 이용한다.
- 증식은 노천매장 후 봄에 파종한다.
- 전라남도 남원시에서는 남원 숨은 보석 10선을 지정하였는데, 이중 운봉읍 행정마을 서어나무 숲이 있다. 과거 인공적으로 조성한 숲으로 수해 방지용으로 조성한 비보림의 일종이다. 식재수종은 서어나무가 아니라 개서어나무이다. 약 3천㎡ 면적에 현재 90여 그루가 있다. 산림청에서는 천이 극상수종인 서어나무 군락지로서 그 가치를 인정하여 국가산림문화자산으로 2019년에 지정하였다.
- 경기도 광릉 소리봉 주변에는 자생 서어나무 군락지가 분포하는데, 이는 국내 하나뿐인 천연학술보존림으로 세계적으로도 그 가치를 인정받고 있다.</td></tr>
</table>

▲ 서어나무 잎

▲ 공원 주차장변에 식재된 서어나무

78. 소사나무

과명	학명	개화	결실
자작나무과	*Carpinus turczaninowii*	4~5월	9~10월

구분		내용
수목 포인트	성상	- 낙엽 활엽 소교목이다. - 높이는 3~10m이다.
	분포 및 자생지	- 한국, 중국, 일본에 분포한다. - 주로 서남해안의 바닷가 산지 쪽에서 자라며 강원도 내륙에서도 자생한다.
	꽃	- 암수한그루이고, 4~5월에 잎이 나면서 함께 핀다.
	잎	- 어긋나게 달리고, 넓은 난형 또는 난상타원형이다. - 뒷면 맥 위와 맥겨드랑이에 털이 있다.
	열매	- 소견과이고, 9~10월에 익는다. - 포조각은 4~8개 정도가 달리고 가장자리에 불규칙한 톱니가 있다.
	줄기(수피)	- 회갈색이고 약간 거칠다. - 어린가지는 적갈색이고 껍질눈이 많다. - 겨울눈은 긴 난형이고 비늘 조각 끝에 털이 있다.
검색 포인트		- 서어나무에 비해 잎이 작고 잎끝이 길지 않으며 포조각의 수가 4~8개로 적은 점이 다르다. - 잎의 모양이 계란형에 가깝고 엽병과 소지에도 털이 있다.
생태·조경 포인트		- 양지에서 생장이 양호하며 건조토양에서 잘 자란다. - 바람에 견디는 힘이 강하며 주로 바닷가 인근 해안에서 많이 분포하고 있다. - 방풍식재, 주연부식재, 악센트식재 등에 가능하다.
인문학 포인트		- 종소명 turczaninowii는 러시아의 식물학자인 Turczaninov를 기념한 것이다. - 소사나무는 하나의 줄기에 잔가지가 많고 맹아력이 강해 분재로 많이 이용된다. - 뿌리를 내리는 능력이 좋아 꺾꽂이 번식도 하지만, 종자 번식도 가능하다. 현재 황산화 물질을 추출하여 약용으로 쓰이기도 한다. - 인천광역시 강화군 화도면 문산리 산 55번지 참성단(사적 제136호)에는 천연기념물 제55호 소나무가 있다. 이 소사나무의 수고는 약 4.8m, 근원부의 둘레길이는 약 2.74m 정도이며 수형이 아름다워 우리나라의 대표적 소사나무라고 인정받고 있다. - 또한 인천 옹진군 영흥면 내리에는 국내 최대 소사나무군락이 있다. 약 300여 주의 소사나무가 분포하고 있으며 과거 선조들이 방풍림의 목적으로 조성하였다. 지금은 해수욕장의 그늘을 제공해 주는 대표적 나무로써 인천 영흥도 십리포 해수욕장의 자랑거리 중의 하나가 바로 소사나무군락이다※. - 왕소사나무는 황해도 옹진군과 완도 등에서 자라며 섬소사나무는 거문도에서 자라고 있다.

※ 한국관광공사 제공 자료 참조

▲ 소사나무 잎

▲ 소사나무 수피

79. 노각나무

과명	학명	개화	결실
차나무과	*Stewartia pseudocamellia*	6~8월	9~10월

구분		내용
수목 포인트	성상	- 낙엽 활엽 교목이다. - 높이는 7~15m이다.
	분포 및 자생지	- 한국, 일본에 분포한다. - 경북 소백산 이남의 산지에서 자생한다.
	꽃	- 양성화이고, 6~8월에 어린 가지의 잎겨드랑이에 핀다. - 꽃잎의 수는 5~6장으로 비교적 꽃이 크고 가운데가 노란색이다.
	잎	- 어긋나게 달리고, 타원형 또는 긴 타원형이다. - 뒷면과 맥 위에 누운 털이 있다.
	열매	- 삭과이고, 9~10월에 익는다. - 씨는 갈색이고 불규칙한 타원형으로 가장자리에 미약한 날개가 있다.
	줄기(수피)	- 회갈색이고 오래될수록 얇은 조각으로 떨어지면서 황갈색 얼룩이 생긴다. - 겨울눈은 긴 난형이고 흰색 털로 덮인다.
검색 포인트		- 수피가 적갈색이며 얼룩무늬로 벗겨진다.
생태·조경 포인트		- 온대 남부에서 주로 분포한다. - 건조한 암석지에서도 생육기 양호하다. - 직립하는 수형과 백색 꽃이 아름답다. 특히, 적갈색 비늘모양의 수피가 인상적이다. - 악센트식재, 유도식재, 녹음식재 등에 적합하다.
인문학 포인트		- 속명 Stewartia는 영국의 에든버러 식물원장을 기념한 것이고 종소명 세도카멜리아(pseudocamellia)는 카멜리아(camellia) 종과 비슷하다는 의미이다. - 노각나무의 아름다움은 나무의 껍질과 6~7월에 하얀 꽃이 피고 지는 모습이다. 수피의 촉감은 마치 비단을 만지는 듯한 부드러운 촉감이 있다. - 나무의 줄기가 사슴을 닮아 녹각에서 노각으로 순화되었다는 설도 있다. - 해오라기의 다리를 닮아 노각이라고도 한다. - 꽃이 다 피어 그 색을 발현하기도 전에 아무런 미련 없이 땅으로 떨어지는 한국인의 마음을 닮은 꽃이 있다면, 겨울에는 동백꽃이요, 여름에는 노각나무 꽃일 것이다. - 2021년도에는 남방계 식물인 노각나무가 원주 치악산에서 발견되어 학계의 관심을 받고 있다. 2011년에 소백산에서 발견되어 당시 노각나무의 북방한계선이라고 여겼으나, 치악산은 소백산에서 북쪽으로 약 50km 북상한 지역이므로 노각나무의 북방한계선에 대한 정밀한 연구가 다시 이루어져야 할 것이다. 당시 조사 책임자였던 공주대 송교수는 치악산에서 남방계 기후변화 생물지표종인 노각나무가 발견되었다는 것은 북방한계 지도가 바뀌었다는 것을 의미하며 기후변화와 관련이 있다고 언급하였다.

▲ 노각나무 꽃

▲ 노각나무 잎

80. 동백나무

과명	학명	개화	결실
차나무과	*Camellia japonica*	11~다음해 4월	9~10월

구분		내용
수목 포인트	성상	- 상록 활엽 소교목이다. - 높이는 5~10m이다.
	분포 및 자생지	- 한국, 중국, 일본, 대만에 분포한다. - 경북 울릉도와 경남, 전라도, 제주도 및 해안을 따라 충남과 경기도에서도 자생한다.
	꽃	- 양성화이고, 11~12월에 피고 다음 해 4월에 가지 끝이나 잎겨드랑이에서 붉은색으로 핀다.
	잎	- 어긋나게 달리고, 긴 타원형 또는 난상 타원형이다. - 질은 가죽질이고 양면에 털이 없다. - 앞면은 광택이 있고 뒷면은 연한 녹색이다.
	열매	- 삭과이고, 9~10월에 붉은색으로 익는다.
	줄기(수피)	- 회갈색 또는 황갈색이고 매끈하다. - 잎눈은 길쭉하고 꽃눈은 둥글다.
검색 포인트		- 잎은 혁질이며 표면은 짙은 녹색이고 붉은색 꽃이 지역에 따라 다르지만 12~2월에 핀다.
생태·조경 포인트		- 난온대 기후대 전역에서 자생하고 있으며 환경에 대한 내성이 크고 내음성이 강하다. - 건조에 비교적 잘 견디고 공해에 강하며 이식이 용이다. - 짙은 녹색의 잎, 겨울철 붉은색 꽃이 아름답고 전정에 잘 견딘다. - 악센트식재, 군락식재, 유도식재 등에 적합하다.
인문학 포인트		- 동백꽃은 추운 겨울에 꽃이 피어 벌과 나비가 수분을 못하고 동박새의 도움으로 수분을 한다. - 혼례식 때는 동백나무 잎을 생명의 탄생과 금석맥약의 굳은 약속의 상징으로 쓰고, 동백기름은 어두운 밤 등불을 밝히고 여인들에게는 고운 머릿결을 유지해 주는 머릿기름으로 사랑을 받았다. - 종소명은 일본이 원산지임을 말하고 있지만, 문헌상으로 봐도 서양의 여러 나라들이 중국을 통해 동백나무를 가져간 기록을 보면 중국이 원산지임이 밝혀지고 있다. - 우리에게 널리 알려진 프랑스 알렉상드르 뒤마 페르의 소설 "춘희"는 동백꽃을 들고 있는 부인이 원작으로 일본에서 번역되면서 한자 그대로 춘희라고 우리나라에 전해진다. 일본에서는 춘(椿)이 동백나무를 의미하지만, 우리나라에서는 참죽나무를 의미한다. - 장자(壯者) 내편 소요유(逍遙遊)에도 이 참죽나무가 나오는데, 8천 세를 봄으로 삼고, 8천 세를 가을로 삼는다 하여 장수를 의미한다. 참죽나무는 신령스러움과 장수에 비유하기도 하며 아버지가 거처하는 집 앞에 심어 수복강녕을 기원하였다. - 지금도 남의 아버지를 높여 부른 말에 '춘부장(椿府丈)'이라는 말이 있는데, 여기서 유래한 것이다. - 옹진군 대청도 동백나무숲은 북방한계선으로 그 가치가 있어 천연기념물 제66호로 지정관리되고 있다. - 전남 나주시 송죽리 금사정 동백나무는 수령 500여 년으로 현재 알려진 동백나무로서는 가장 굵고 모양새도 아름답다.

▲ 동백나무 수형

▲ 동백나무 열매

▲ 동백나무군락 내부 모습

81. 피나무

과명	학명	개화	결실
피나무과	*Tilia amurensis*	6~7월	8~9월

구분		내용
수목 포인트	성상	- 낙엽 활엽 교목이다. - 높이는 20~25m이다.
	분포 및 자생지	- 한국, 중국, 러시아에 분포한다. - 전국의 산지에서 자생한다.
	꽃	- 양성화이고, 6~7월에 잎겨드랑이에서 나온 산방꽃차례에 3~20개의 황백색 꽃이 핀다.
	잎	- 어긋나게 달리고, 넓은 난형이다. - 뒷면은 회록색을 띠고 맥 위와 맥겨드랑이에 갈색 털이 밀생한다.
	열매	- 견과이고, 8~9월에 갈색으로 익는다. - 씨는 구형이고 갈색이며 털이 있다.
	줄기(수피)	- 회갈색이고 오래될수록 세로로 길게 갈라진다. - 겨울눈은 난형이고 광택이 있는 2~3개의 비늘 조각에 싸인다.
검색 포인트		- 잎은 심장저이고 뒷면 맥액에 갈색 털이 있다.
생태·조경 포인트		- 깊은 산 산록부에서 자라며 사질양토가 적합하다. - 토양수분이 많은 곳은 생육이 불량하며 척박한 토양에서도 잘 자라지 못한다. - 심장 모양의 잎, 열매가 달고 있는 포 등이 아름다워 조경 가치가 있다. - 수간이 곧고 수형이 아름다워 가로수, 공원수로 가치가 크며, 유럽에서는 피나무 가로수가 매우 흔하고 유명하다.
인문학 포인트		- 종소명 아무렌시스(amurensis)는 러시아의 아무르 지역이 원산지임을 말해준다. - 약이 귀하던 시절 골수염 치료와 껍질이 강인해 옛날 우리 생활에 크게 기여하였다. - 잎의 끝은 뾰족하며 밑 부분은 심장형이고 가장자리에 예리한 톱니가 있으며 뒷면은 회녹색을 띤다. - 피나무 속 식물은 북반구 온대 지역에 약 30종이 분포하며 우리나라에는 9종이 분포한다. - 목재는 재질이 연하고 나뭇결이 부드러워 가공하기 쉬워 각종 조각재를 만드는데 안성맞춤이다. - 껍질은 밧줄을 만드는 데 사용하며 섬유질이 삼베 등 다른 섬유보다 질기고 물에도 내구성이 강해 각종 노끈과 망태기, 미투리를 만드는데 유용하게 사용하였다. - 꽃은 밀원식물로 유명하다. 피나무 벌꿀이란 이름으로 높은 가격에 거래되며 Bee tree 애칭도 있다. - 독일에서는 피나무를 가로수로 많이 식재하며 우리나라 사찰에 식재된 보리수나무라는 명칭의 키 큰 나무는 대부분 피나무 혹은 보리자나무이다.

▲ 피나무 수피

▲ 피나무 수형

▲ 피나무 잎 크기 비교

82. 벽오동

과명	학명	개화	결실
벽오동과	*Firmiana simplex*	6~7월	9~10월

구분		내용
수목 포인트	성상	- 낙엽 활엽 교목이다. - 높이는 10~15m이다.
	분포 및 자생지	- 중국, 대만, 일본에 분포한다. - 전국에서 정원수나 풍치수로 심으며 주로 남부지방에서 많이 심는다.
	꽃	- 암수한그루이고, 6~7월에 가지 끝에 달린 20~50cm의 원추꽃차례에 노란색 꽃이 모여 핀다.
	잎	- 어긋나게 달리고, 난상 원형이다. - 가장자리는 밋밋한 편이며 대개 3~5개로 갈라진다. - 뒷면과 맥 주위에 별 모양의 털이 있다.
	열매	- 골돌과이고, 9~10월에 갈색으로 익는다.
	줄기(수피)	- 청록색이고 매끈한 편이다. - 겨울눈은 구형이고 적갈색 털이 밀생한다.
검색 포인트		- 줄기 및 가지가 녹색이고 잎은 크게 3개로 갈라지고 심장저이다.
생태·조경 포인트		- 생장속도가 매우 빠른 편이다. - 뿌리는 심근성이며 공해에 강하다. - 녹색의 수피가 아름다워 조경 가치가 있지만, 중부지방에서는 한해를 입는 경우도 있다.
인문학 포인트		- 속명 피르미아나(Firmiana)는 오스트리 사람 K. J. von Firmian을 기념한 것이고 종소명 심플렉스(simplex)는 단일 혹은 단생이라는 뜻이다. - 푸른 껍질을 갖고 있으며 큰 잎이 오동나무를 닮았다고 벽오동이다. - 왕을 상징하는 봉황새는 벽오동에만 집을 마련한다고 알려져 선비들의 공간인 서원이나 향교에 흔히 심고 가꾸었다. - 벽오동은 줄기가 곧고 생육이 빠른 편에 속한다. 한해에 약 한 마디만큼 자란다. - 목재는 단단하고 결이 곧아 악기, 나막신으로 주로 활용되었고 나무껍질에서는 섬유를 채취하여 종이를 만드는 풀로 활용하였다. 그러나 주로 조경용 혹은 관상용으로 이용된다.

▲ 벽오동 수형

▲ 벽오동 수피

▲ 벽오동 잎

83. 위성류

과명	학명	개화	결실
위성류과	*Tamarix chinensis*	5월과 9월	10월

구분		내용
수목 포인트	성상	- 낙엽 활엽 관목이다. - 높이는 3~8m이다.
	분포 및 자생지	- 중국이 원산지다. - 전국의 공원이나 정원에 경관수로 심는다.
	꽃	- 양성화이고, 대개 봄과 가을경에 각각 1번씩 2회 피지만 시기를 달리하여 피기도 한다.
	잎	- 어긋나게 달리고, 침형이며 비늘 조각 또는 기와처럼 가지 전체를 촘촘히 덮듯이 달리는 것이 향나무와 비슷하다.
	열매	- 삭과이고, 10월에 익는다. - 씨는 털이 있어 바람에 날아간다.
	줄기(수피)	- 회색이고 오래될수록 거칠게 세로로 갈라진다. - 가지는 아래로 처진다.
검색 포인트		- 잎은 회록색이며 가늘고 침형이며 가지 전체에서 난다. - 꽃은 총상화서로서 1년에 두 차례 핀다.
생태·조경 포인트		- 천근성이다. - 일사량이 많은 곳, 토양수분이 많은 곳을 선호한다. - 질감이 곱고 잔잔한 느낌을 준다. 담황색 꽃이 아름다워 수변의 악센트식재에 좋다. - 이외, 매립지의 녹화용 수종으로도 좋고 해안지역 식재에도 적합하다.
인문학 포인트		- 속명 Tamarix는 라틴 고명으로 피레네 지방의 Tamaris강 유역을 의미하는 것이고 종소명 chinensis는 중국이 원산이라는 뜻이다. - 버드나무를 닮았고 중국 진나라의 수도 위성에서 잘 자라는 나무라는 뜻의 이름이다. - 위성류를 얼핏 보면 능수버들과 같이 가지가 아래로 처져 있고 물가를 주로 분포하는 특징에 기인하여 버드나무 류(柳)를 사용한 것이 아닌가 하는 추론이 있다. - 중국에서는 당나라 때부터 위성류를 뜰에 심었고 양귀비가 이 나무를 매우 사랑하였다고 한다. - 위성류는 죄악 또는 범죄를 상징한다고 한다. 로마에서 죄인의 머리에 이 나뭇가지로 만든 관을 씌웠기 때문으로 사료된다.

충북 충주시 한옥집 앞에 서 있는 위성류의 겨울철 모습

84. 버드나무

과명	학명	개화	결실
버드나무과	*Salix pierotii*	4월	5월

수목 포인트	성상	- 낙엽 활엽 교목이다. - 높이는 10~20m이다.
	분포 및 자생지	- 한국, 중국, 일본, 러시아에 분포한다. - 제주도를 제외한 전국의 계곡이나 하천 또는 물가에서 흔히 자생한다.
	꽃	- 암수딴그루이고, 4월에 위쪽 가지의 잎겨드랑이에 피며 잎이 나면서 함께 핀다.
	잎	- 어긋나게 달리고, 피침형 또는 난상 피침형이다. - 뒷면은 분백색을 띠고 털이 있다. - 턱잎은 끝이 꼬리처럼 길고 가장자리에 날카로운 톱니가 있다.
	열매	- 삭과이고, 5월에 익는다. - 씨는 흰색의 긴 털이 달린다.
	줄기(수피)	- 회갈색이고 세로로 불규칙하게 갈라진다. - 겨울눈은 긴 난형이고 털이 있다.
검색 포인트		- 소지는 황록색이며 가지는 처지지 않는다. 잎의 가장자리에 안으로 굽은 거치가 있다.
생태·조경/인문학 포인트		- 속명 Salix는 라틴 고어로 sal(가깝다)와 lis(물)의 합성어로서 물가에 흔히 자란다는 의미이다. 학명 이명으로 쓰이는 종소명 koreenesis는 우리나라가 원산지임을 말해준다. - 세찬바람에도 꺾이는 법이 없고 불교의 자비사상과 결합하여 관음보살로 비유되기도 한다. - 버드나무의 학명에서 보듯이 살릭스(Salix)는 라틴어 고명으로 '가깝다'를 의미하는 캘트어 '살'과 '물'을 뜻하는 '리스(lis)'의 합성어이다. - 버드나무의 특징 중 하나는 새로운 가지만 약간 늘어져 있으며 다른 가지는 늘어지지 않는다는 것이다. - 아스피린의 원조 버드나무는 의학의 아버지 히포크라테스가 환자들의 고통을 경감시켜 주고 버드나무 잎을 씹게 했다고 전해지며 그 후, 1820년대 버드나무에 살리신(salicin)이라는 통증 완화 성분이 들어 있음을 알아냈다. - 처음 살리신을 개발했을 때 너무 써서 먹기가 어려웠는데, 이후 독일 바이엘사 호프만은 류머티즘으로 고생하는 아버지를 위해 아세틸살리실산, 즉 아스피린을 개발했다. - 아스피린은 해열, 진통, 살균과 더불어 혈전 용해 효과가 인정된 약품으로 고대 중국에서는 치통이 심할 때 버드나무 가지로 이 사이를 문질렀다는 기록이 있다. - 지금도 일본에서는 이쑤시개를 '요지(일본명, 버들가지)라 부르기도 한다. - 세계적으로 버드나무 종류는 약 300가지가 있고 주로 북반구에 많고 남아프리카와 칠레에도 분포한다. - 일단 종자가 성숙해서 어미 나무에서 떨어지면 1주일간은 생명력을 유지하지만, 그 뒤 쉽게 싹트는 힘을 잃어버리고 만다. 햇볕을 좋아해서 그늘진 곳에서는 생육이 불량하다.

알고 있으면 도움이 되는 포인트

버드나무의 「용도」※

버드나무는 대기오염에 강하며 대기 중의 오염물질을 흡착하여 대기를 깨끗하게 하므로 가로수에 적합한 수종이다. 그러나 보통 꽃가루로 알고 있는 것은 꽃이 진 후 열매를 맺고 있는 종자를 가볍게 멀리 날려 보내기 위한 종자에 붙은 솜털로 종모라고 한다. 그래서 많은 사람들이 알레르기를 유발한다 하여 싫어한다. 이에 대한 해결방안은 암나무가 아닌 수나무만 식재하면 무리 없을 듯하다.

갯버들은 봄이 오는 시냇가에 회색 솜털 같은 겨울눈을 달고 있다가 형형색색의 꽃술을 터뜨리며 피어나 봄을 알리는 대표적인 나무이다. 버들피리의 추억이 바로 갯버들인 것이다.

왕버들은 아주 튼튼하게 자라 위풍당당하여 다른 나무들과는 또 다른 매력이 있다. 새순이 올라올 때는 붉은색을 띠어 매우 아름답다. 대부분의 버드나무가 속성수이지만, 왕버들만은 오래 살 수 있어 정자목으로 많이 이용되고 있다.

버드나무류는 약용식물로도 매우 유용하다. 잎과 가지를 한방에서는 이뇨, 진통, 해열제로 썼으며 민간에서는 각혈에 꽃을 달여 먹고 옻이 오르면 가지를 태운 연기를 쐬었으며 피가 나는 곳에는 열매의 솜털을 붙여 지혈하고 감기와 무좀까지 고쳤다고 한다.

버드나무의 목재는 독이 없어 약방에서 고약을 다지는 재료와 도마를 만들기도 했다. 아스피린의 원료가 되는 물질도 버드나무류의 뿌리에서 추출한 것이다. 그리고 버드나무의 암꽃은 성욕을 감퇴시킨다고 한다.

제주도에서는 버드나무류 가지가 바람에 잘 흔들리므로 집 안에 심으면 바람을 피운다고 하여 절대 집안에 식재하지 않는다.

※ 우리나무 백가지(이유미) 중 '버드나무' 내용 일부 재구성

▲ 버드나무 꽃

▲ 버드나무 잎

▲ 버드나무 잎의 앞면과 뒷면

▲ 서울특별시 길동생태공원내 버드나무숲 산책로

85. 용버들

과명	학명	개화	결실
버드나무과	*Salix matsudana* f. *tortuosa*	4월	5월

구분		내용
수목 포인트	성상	- 낙엽 활엽 교목이다. - 높이는 10~20m이다.
	분포 및 자생지	- 중국이 원산지다. - 전국의 공원이나 정원에서 경관수로 심는다.
	꽃	- 암수딴그루이고, 4월에 위쪽 가지의 잎겨드랑이에 피며 잎이 나면서 함께 핀다. - 꽃밥은 대개 노란색이지만 붉은색인 것도 있다.
	잎	- 어긋나게 달리고, 피침형이다. - 앞면은 광택이 있는 녹색이고 뒷면은 흰빛이 돈다.
	열매	- 삭과이고, 5월에 익는다. - 씨는 흰색의 긴 털이 달린다.
	줄기 (수피)	- 회갈색이고 세로로 불규칙하게 갈라진다. - 어린 가지는 황갈색이고 구불거리며 수양버들처럼 아래로 처진다. - 겨울눈은 긴 난형이고 갈색이다.
검색 포인트		- 잎과 가지가 뱀 혹은 용처럼 구불거리면서 아래로 처진다.
생태·조경 포인트		- 양지에서 잘 자란다. - 습지에서도 잘 자라며 비교적 건조한 곳에서도 자란다. - 가지가 뒤틀리는 불규칙한 수형으로 조경적 가치가 있다.
인문학 포인트		- 종소명 '마슈다나(matsudana)'는 중국 식물 연구가 일본인 '松田'의 이름이다. 변종명 '토투오사(tortuosa)'는 '불규칙하게 꼬인'이라는 뜻이다. - 우리나라에 도입된 시기는 명확하지 않으나, 1911년경에 만주 안동현(安東縣)에 도입된 기록이 있다. 용버들은 단목으로 주로 식재하며 군락으로는 형성되지 않는다. 전국에 식재되고 있으나 한랭하고 건조한 기후를 선호하여 주로 중부 이북지역에서 많이 식재한다. 대표적인 곳은 경북 성주 세종대왕 자태실(子胎室) 인근에 위치하는 선석사(禪石寺) 경내에 식재한 용버들이 전형적 수형을 가지고 있다※.

※ 김종원(2013) 한국식물생태보감 자료 참조

▲ 용버들 가지와 잎

▲ 용버들 수형

86. 수양버들

과명	학명	개화	결실
버드나무과	*Salix babylonica*	3~4월	5월

수목 포인트	성상	- 낙엽 활엽 교목이다. - 높이는 10~18m이다.
	분포 및 자생지	- 중국이 원산지다. - 전국의 공원이나 물가에 풍치수로 심는다.
	꽃	- 암수딴그루이고, 3~4월에 위쪽 가지의 잎겨드랑이에 피며 잎이 나면서 함께 핀다. - 꽃밥은 붉은색 또는 황적색이다.
	잎	- 어긋나게 달리고, 좁은 피침형이다. - 뒷면은 분백색을 띠며 털이 있거나 거의 없다. - 턱잎은 피침형이고 가장자리에 톱니처럼 보이는 샘점이 있다.
	열매	- 삭과이고, 5월에 익는다. - 씨는 흰색의 긴 털이 달린다.
	줄기(수피)	- 회갈색이고 세로로 불규칙하게 갈라진다. - 겨울눈은 긴 난형이고 뾰족하다.
검색 포인트		- 가지가 아래로 많이 처지며 소지가 적자색이다.
생태·조경 포인트		- 양지에서 잘 자라며 토양 수분이 많은 곳을 선호한다. - 공해에 강하며 이식이 용이하다. - 병충해에 약하고 암나무에서 발생하는 봄철 씨털이 날리는 단점이 있다.
인문학 포인트		- 종소명 베빌로니카(babylonica)는 티그리스강과 유프라테스강 사이의 메소포타미아 남동쪽의 지명인 바빌로니아를 의미한다. - 수양버들은 능수버들과 함께 가는 줄기가 아래로 늘어지며 능수버들을 수양버들의 개체변이로 보는 견해도 있다. - 수양이라는 명칭은 중국의 수양산 근처에 많다고 하여 붙였다고 한다. 수양버들은 원산지인 중국 양쯔강 하류지방에서 많이 볼 수 있는데, 중국 수나라의 양제가 양쯔강에 대운하를 만들면서 심으라고 권장했던 수종이다. 그리고 조선시대 수양대군의 이름을 따서 수양버들이라고 했다는 이야기도 전해진다. - 능수버들에 비해 암꽃과 수꽃에 털이 적다. - 우리가 보는 대부분은 능수버들이다. 능수버들(S.pseudolasiogyne)은 가지가 아래로 축 처지며 수양버들과 비슷하나 소지가 황록색이다. - 조선시대 산림경제에서 '버들은 동쪽에 심으면 잘 자라고 서쪽에는 심지 않는다'라는 문구가 있다. 이는 버드나무류가 양수임을 증명하는 글귀이다.

▲ 수양버들 수피

▲ 수양버들 수형

▲ 수양버들 잎

87. 갯버들

과명	학명	개화	결실
버드나무과	*Salix gracilistyla*	3~4월	5월

구분	항목	내용
수목 포인트	성상	- 낙엽 활엽 관목이다. - 높이는 1~3m이다.
	분포 및 자생지	- 한국, 중국, 일본에 분포한다. - 제주도를 제외한 전국의 하천 주변이나 습지 또는 숲 가장자리에서 자생한다.
	꽃	- 암수딴그루이고, 3~4월에 위쪽 가지의 잎겨드랑이에서 피며 잎보다 먼저 핀다.
	잎	- 어긋나게 달리고, 긴 타원형 또는 도피침형이다. - 가장자리에 잔 톱니가 있다. - 앞면은 측맥이 뚜렷하고 뒷면은 회백색 털이 밀생한다.
	열매	- 삭과이고, 5월에 익는다. - 열매 이삭은 원주형이다. - 씨는 흰색의 긴 털이 달린다.
	줄기(수피)	- 회록색이고 오래되면 갈라지기도 한다. - 겨울눈과 어린 가지에 털이 밀생한다.
검색 포인트		- 낙엽활엽관목으로 하천 가장자리에 주로 분포하며 잎 뒷면에 회백색 털이 밀생한다.
생태·조경 포인트		- 하천변에 주로 자라며 하천복원용으로 흔히 이용한다. - 4월에 잎보다 먼저 꽃이 핀다.
인문학 포인트		- 종소명 '그라치리스트얄(gracilistyla)'은 가늘고 긴 암술대라는 의미이다. - 개울가에서 자라는 버드나무라는 뜻이다. 대개 물과 친하며 심지어 뿌리가 물에 완전히 노출되어도 썩지 않고 오히려 물속 산소를 공급하고, 물고기들에게 서식처를 제공하며 수중의 중금속을 빨아들여 정화하는 능력까지 있다. - 이런 성질을 이용하여 최근 부산 경남과 대구 경북 지방의 환경 단체들이 연합해서 낙동강 700리 강둑에 갯버들을 심어, 강둑이 물에 쉽사리 떠내려가는 것을 막고 전국에서 가장 오염되어 있는 낙동강을 정화하는데 일조하자는 계획을 발표한 적이 있다. - 우리나라 전국의 냇가나 산골짜기에서 자라는 낙엽관목인 갯버들의 '개'가 '내'를 뜻하는 말로 물즉, 습지와 관련이 있다. 중국에서도 수양(水楊)이라고 하니, '물을 좋아하는 버들'이라는 뜻이다.※

※ 정헌관(2008) 우리 생활 속의 나무 자료 참조

▲ 충주 달천강변에서 자라는 갯버들군락 전경

▲ 갯버들 수형

88. 왕버들

과명	학명	개화	결실
버드나무과	*Salix chaenomeloides*	4~5월	5~6월

수목 포인트	성상	- 낙엽 활엽 교목이다. - 높이는 10~20m이다.
	분포 및 자생지	- 한국, 중국, 일본에 분포한다. - 강원도 이남의 낮은 하천이나 습지 주변에서 자생한다.
	꽃	- 암수딴그루이고, 4~5월에 위쪽 가지의 잎겨드랑이에서 피며 잎이 나면서 함께 핀다.
	잎	- 어긋나게 달리고, 타원형 또는 난형이다. - 앞면은 광택이 있고 뒷면은 분백색을 띤다. - 턱잎은 귀 모양이고 날카로운 톱니가 있다.
	열매	- 삭과이고, 5~6월에 익는다. - 씨는 흰색의 긴 털이 달린다.
	줄기(수피)	- 회갈색이고 오래될수록 깊게 갈라진다. - 겨울눈은 긴 난형이고 털이 없다.
검색 포인트		- 잎 뒷면은 흰빛이 돌고 동아에 2개의 아린이 있다. - 잎 아래에 귀 모양의 탁엽이 있다. - 붉은 빛을 띠는 신록이 특징이다.
생태·조경 포인트		- 주로 냇가 및 저지대 양지바르고 습한 토양에서 생육이 양호하다. - 비교적 둥근 모양의 수형이 아름답고 다른 버드나무류에 비해 수고가 높고 균형이 잡혀 있어 정자목으로 흔히 사용된다.
인문학 포인트		- 톱니가 있는 탁엽이 발달하며 새순이 붉은색을 띠어 쉽게 구별한다. - 이름은 거목이 되는 버드나무에서 유래한다. - 천연기념물로는 김제 종덕리 왕버들 제296호를 비롯 2곳이 지정되어 있다. - 우리나라 기록에 왕버들이 분포하거나 조성한 기록이 다수 있다. 신라의 왕가 숲이 있다는 기록이 있고 여기에 왕버들, 소나무, 팽나무 등으로 구성되었다고 전한다. - 이외 하천변에 자라는 특성으로 다수의 왕버들 숲이 존재하고 있었다고 전해진다. - 성주 경산리 성밖 숲은 천연기념물 제403호로 지정되어 있으며 숲의 나이는 약 300~500년 정도이며 왕버들 52그루가 자라고 있다. 즉, 왕버들로만 구성된 단순림이다. 흉고 둘레길이는 평균 3.11m(1.84~5.97m), 나무 높이는 평균 12.7m(6.3~16.7m)이다. 성밖 숲은 인위적으로 조성된 숲으로 풍수지리설에 의한 비보림인 동시에 수해 방비림이기도 하다. - 왕버들이나 다른 버드나무 종류의 버들꽃은 소양제로서 큰 효과가 있다고 한다. 이는 성욕을 억제하거나 감퇴시키는 효과가 있다는 의미이다.

▲ 붉은 빛이 도는 새로 난 잎

▲ 왕버들 수목해설판(한택식물원)

89. 호랑버들

과명	학명	개화	결실
버드나무과	*Salix caprea*	4~5월	5~6월

구분		내용
수목 포인트	성상	- 낙엽 활엽 소교목이다. - 높이는 6~10m이다.
	분포 및 자생지	- 한국, 중국, 일본, 러시아에 분포한다. - 전국의 산지에서 자라며 물가가 아닌 곳에서도 잘 자생한다.
	꽃	- 암수딴그루이고, 4~5월에 위쪽 가지의 잎겨드랑이에 피며 잎이 나기 전에 핀다.
	잎	- 어긋나게 달리고, 타원형 또는 긴 타원형이다. - 가장자리에 물결 모양의 얕은 톱니가 있다. - 질은 두꺼운 편이다. - 앞면은 주름지고 뒷면은 흰색 털이 밀생한다. - 새잎은 붉은빛이 돌며 탁엽이 귀 모양이다.
	열매	- 삭과이고, 5~6월에 익는다. 씨는 흰색의 긴 털이 달린다.
	줄기(수피)	- 회갈색이고 오래될수록 깊게 갈라진다. - 겨울눈은 긴 난형이고 적갈색이다.
검색 포인트		- 넓은 타원형의 잎의 앞면은 주름이 많고 뒷면은 흰 털이 있다. - 잎 윗면에 백색 융모가 끝까지 밀생한다.
생태·조경/인문학 포인트		- 종소명 '카프레아(caprea)'는 '지지하다'라는 뜻이다. - 봄에 노랗게 피어나는 수꽃 차례를 호랑이의 눈에 비유한 이름으로 추론하나 근거가 미약하다. - 떡버들(*S. hallaisanensis*)은 한라산, 설악산 등 능선부에서 자라며 잎 뒷면 털은 맥상에만 존재한다.

90. 은사시나무

과명	학명	개화	결실
버드나무과	*Populus tomentiglandulosa*	4월	5월

구분	항목	내용
수목 포인트	성상	- 낙엽 활엽 교목이다. - 높이는 20m이다.
	분포 및 자생지	- 한국에서 개발한 특산식물이다. - 전국에서 심는다.
	꽃	- 암수딴그루이고, 4월에 잎이 나기 전에 미상꽃차례로 핀다.
	잎	- 어긋나게 달리고, 난형 또는 난상 타원형이다. - 가장자리에 불규칙한 치아 모양의 톱니가 드문드문 있다. - 앞면의 맨 아래쪽에 꿀샘덩이가 있으며 뒷면은 흰색 털이 밀생 하다가 점차 떨어진다.
	열매	- 삭과이고, 5월에 익는다. - 난형 또는 도란형이며 열매 이삭은 아래로 늘어진다.
	줄기(수피)	- 회백색이고 매끈한 편이며 마름모 모양의 껍질눈이 발달한다. - 겨울눈은 뾰족한 난형이고 털로 덮인다.
검색 포인트		- 잎 가장자리에 불규칙한 치아상의 톱니가 있고 뒷면은 백색의 섬모가 발달한다. - 줄기가 흰색 빛이며 다이아몬드형 피목이 가로로 발달한다.
생태·조경 포인트		- 양수이며 습한 토양에서 생육이 양호하다. - 공해에 강하다. - 수피가 은백색으로 아름다워 조경용으로 가치가 있으나, 주로 사용하지 않는다. - 지금까지 은사시나무는 조림용 수목으로 활용되어 왔다.
인문학 포인트		- 종소명 토멘티글란둘로사(tomentiglandulosa)는 중국산 사시나무 종류(*Populus tomentosa*; 가칭 털백양)와 수원사시나무의 잡종이라는 의미에서 만들어진 라틴명이다. - 은백양과 사시나무의 자연 교잡종이라는 뜻이다. 은백양은 잎이 3~5갈래로 갈라지고 뒷면에 털이 밀생한다. - 포플러 종류는 잡종을 잘 만들며, 또한 잡종의 분류도 혼란스럽다. 은백양은 중부 유럽에서 하천 범람이 자주 발생하는 범람원의 선구식생 요소로 오스트리아 빈(Vienna) 다뉴브(Donau) 강 언저리에 있는 국제 원자력기구(IAEA) 배후습지에 은백양 범람원식생이 넓게 발달하고 있다.※ - 우리나라에서는 과거 대표적 산림 조림수종으로 활용하였다.

※ 김종원(2013) 한국식물생태보감 자료 참조

은사시나무 수피 ▶

91. 양버들

과명	학명	개화	결실
버드나무과	*Populus nigra* var. *italica*	4월	5~6월

<table>
<tr><td rowspan="6">수목 포인트</td><td>성상</td><td>- 낙엽 활엽 교목이다.
- 높이는 30m이다.</td></tr>
<tr><td>분포 및 자생지</td><td>- 중국, 유럽 등지에 분포한다.
- 전국의 하천 주변이나 마을 어귀에 심는다.</td></tr>
<tr><td>꽃</td><td>- 암수딴그루이고, 4월에 잎이 나기 전에 위쪽 가지에 미상꽃차례로 핀다.</td></tr>
<tr><td>잎</td><td>- 어긋나게 달리고, 마름모형 또는 난상 삼각형이다.
- 가장자리에 둔한 톱니가 불규칙하게 있다.
- 앞면은 광택이 있고 뒷면은 회록색을 띠며 향기가 나는 점액이 분비되어 잎 뒤까지 흐른다.</td></tr>
<tr><td>열매</td><td>- 삭과이고, 5~6월에 익는다.
- 난형이고 털이 없으며 열매 이삭은 아래로 늘어진다.</td></tr>
<tr><td>줄기 (수피)</td><td>- 흑갈색이고 세로로 갈라지며 맹아지가 많이 나온다.
- 수형은 빗자루 모양이 된다.
- 겨울눈은 적갈색이다.</td></tr>
<tr><td colspan="2">검색 포인트</td><td>- 미루나무에 비해 수형이 빗자루 모양이고 잎이 넓은 점이 다르다.</td></tr>
<tr><td colspan="2">생태·조경 포인트</td><td>- 유럽 원산으로 관상용으로 심으며 가로수와 조림수로 사용한다.</td></tr>
<tr><td colspan="2">인문학 포인트</td><td>- 종소명 니그라(nigra)는 나무줄기가 흑색을 띤다는 의미이다. 이탈리카(italica)는 이탈리아가 원산지라는 의미이다.
- 서양에서 들여온 버드나무 종류라는 뜻이다. 양버들의 원산지는 이탈리아 북부 롬바디(Lombardy)이다. 우리나라에는 19세기 말에 유럽 선교사에 의해 우리나라에 처음 도입되었으며 주로 수나무였다.
- 1910~1918년 사이에 약 10년간은 우리나라 조림 역사상 아까시나무와 포플러의 시대라고 할 수 있다. 이후 포플러 시대가 지나가고 물오리나무와 리기다소나무의 시대가 도래했다고 할 수 있다.
- 일제강점기 초에 미국과 유럽에서 들여온 미루나무나 양버들 등을 통틀어 포플러라고 한다. 포플러는 우리나라 재래 수종보다 자람이 매우 빨라 부족한 목재 자원 조달에 큰 역할을 수행한 조림목이기도 하다.
- 우리나라에서는 새로 난 길(일명 신장로)을 따라 줄지어 식재된 양버들 풍경을 전통적인 전원 풍경으로 인식하지만, 실제로는 일제강점기 시대와 근대에 형성된 경관이다. 과거 농촌 풍경을 떠 올릴 때 양버들 가로수 등을 생각하기 쉽지만 원래 우리의 전원 풍경은 아닌 이국적 경관인 것이다.
- 일본인들은 유럽 가로수 문화를 도입하면서 양버들, 미루나무 등을 수입, 재배하였다.※</td></tr>
</table>

※ 김종원(2013) 한국식물생태보감 자료 참조

▲ 서울 월드컵공원에 식재된 버드나무군락과 양버들

92. 이태리포플러

과명	학명	개화	결실
버드나무과	*Populus canadensis*	4월	5~6월

구분		내용
수목 포인트	성상	- 낙엽 활엽 교목이다. - 높이는 30m이다.
	분포 및 자생지	- 캐나다가 원산지다. - 생장이 빨라 전국의 하천이나 호수 같은 물가 주변에 심으며 길가에도 심는다.
	꽃	- 암수딴그루이고, 4월에 잎이 나기 전에 위쪽 가지에 미상꽃차례로 핀다.
	잎	- 어긋나게 달리고, 삼각상의 난형이다. - 가장자리에 둔한 톱니가 불규칙하게 있다. - 뒷면은 연한 녹색이다. - 새순이 나올 때에는 연한 적갈색을 많이 띤다.
	열매	- 삭과이고, 5~6월에 익는다. - 열매 이삭은 아래로 늘어진다. - 씨는 새하얀 색의 긴 털이 달린다.
	줄기 (수피)	- 흑회색이고 오래될수록 세로로 갈라진다. - 수형은 곧게 자라고 가지가 옆으로 퍼진다. - 겨울눈은 갈색이고 끈적거린다.
검색 포인트		- 양버들에 비해 가지가 옆으로 퍼지면서 자라고 잎의 폭보다 길이가 긴 점이 다르다.
생태·조경 포인트		- 대표적 속성수이며 토양 중금속 흡수능력이 우수하여 토양 정화수로 흔히 이용된다.
인문학 포인트		- 이탈리아에서 처음 들여온 포플러 종류라는 뜻이다. 그러나 원산지는 캐나다이다. - 양버들과 미루나무의 잡종이다. - 포플러는 'arbor populi'에서 유래되었다. 그 의미는 'the people tree'로 예전부터 공공장소나 사람들이 많이 모이는 장소에 식재되었기 때문이다.※ - 이태리포플러는 1954년 현신규박사가 도입한 것으로 기록되어 있으며 1962년부터 본격적으로 조림되기 시작했다. - 1933년 조선총독부 발간 '최근의 조선'에는 청주 포플러 가로수가 소개되고 있다.

※ 한국식물학회 제공 식물학 백과 자료 참조

※※ 한국식물학회(www.kspb.kr) 자료 및 네이버 지식백과 자료 재인용

※※※ Dickmann EI (2001) An overview of the genus Populus. In Dickmann EI, Isebrands JG, Eckenwalder JE 등 (eds) Poplar Culture in North America. NCR Research Press, Ottawa

※※※※ 구영본, 여진기, 신한나 등 (2010) 포플러(Poplars in South Korea), 국립산림과학원 연구신서 제36호

알고 있으면 도움이 되는 포인트

포플러(poplar)의 「재배 역사」**

18세기 이전 유럽에서 삽목이 잘되고 생장이 빠른 양버들(P. nigra)을 농경지의 방풍림과 마을 주변의 조경목으로 사용한 것으로 추정된다. 본격적인 재배는 18세기 이후 북미산 포플러인 미류나무(*P. deltoides*)가 유럽으로 도입되어 자연교잡종(교잡종포플러, hybrid poplar)이 나타나면서 시작되었다고 알려졌다. 교잡종포플러는 생장이 매우 우수하여 집단으로 조림하였고, 병해충 저항성 클론으로 선발된 이태리포플러(*P. euramericana*) I-214가 있다.

1, 2차 세계대전 이후 폭발적으로 증가한 목재수요를 대처하기 위해 1942년 프랑스에서는 국가포플러위원회가 설립되었고, 1947년 UN의 FAO에 국제포플러위원회가 창립되어 국제적으로 포플러의 증식과 재배가 권장되었다. 미국에서는 Lake States(미네소타주, 위스콘신주, 미시간주)에 대규모로 조림된 포플러의 이용개발을 목적으로 목재 재질과 용도에 대한 집중적인 연구사업이 실시되었다.*** 국내에서는 1900년을 전후하여 선교사들에 의해 은백양(P. alba)과 양버들(P. nigra)이 도입되어 공원수 또는 가로수로 식재되었고 미루나무는 일제강점기에 도입되었다. 국내 자생종으로는 사시나무(*P. davidiana*), 수원사시나무(*P. glandulosa*), 황철나무(*P. maximowiczii*), 물황철나무(*P. koreana*), 당버들(*P. simonii*)이 있다.

1962년 시작된 치산녹화 1, 2차 기간 동안 대표적인 조기녹화 및 단기소득 수종으로 한때(1978~1980) 연간 10만 헥타르 내외를 조림하였으나, 1981년 하천법에 의해 하천부지에 나무의 식재가 금지됨에 따라 이태리포플러의 적지를 상실하고 또한 인건비 상승으로 포플러 식재가 줄어들게 되었고 1990년 중반 이후 완전히 사라졌다.****

그러나 최근 기후변화와 지구온난화 문제가 제기되면서 선진국에서는 빠른 생장 특성을 이용하여 대체에너지 자원과 탄소흡수원 그리고 펄프재 자원으로 포플러가 각광을 받고 있다. 또한 개발도상국에서는 혼농임업(agro-forestry)의 경제수종으로 중요시되고 있다. 국내에서도 목질계 바이오매스 자원 및 환경오염 정화수종으로서의 역할이 부각되고 있고 또한 생명공학 모델 수종으로서의 포플러의 중요성이 커지고 있다.

▲ 충북 충주 무술공원 내 식재된 이태리포플러

▲ 이태리포플러 잎

93. 만병초

과명	학명	개화	결실
진달래과	*Rhododendron brachycarpum*	6~7월	9월

구분	항목	내용
수목 포인트	성상	- 상록 활엽 관목이다. - 높이는 1~4m이다.
	분포 및 자생지	- 한국, 일본에 분포한다. - 경북 울릉도를 포함해 지리산 이북의 높은 산지 이북에서 자생한다.
	꽃	- 양성화이고, 6~7월에 가지 끝에 달리는 총상꽃차례에 5~20개의 연한 홍백색 꽃이 모여 핀다.
	잎	- 어긋나게 달리고 가지 끝에서는 5~8개가 모여 달리며, 타원상 피침형 또는 긴 타원형이다. - 앞면은 광택이 있고 뒷면은 회갈색 또는 연한 갈색 털이 밀생한다.
	열매	- 삭과이고, 9월에 갈색으로 익는다. - 씨는 갈색이다.
	줄기(수피)	- 적갈색 또는 회백색이고 불규칙하게 갈라져 벗겨진다.
검색 포인트		- 잎이 상록성이며 두껍고 뒷면에 흰색 털이 밀생한다. - 꽃은 가지 끝에 모여 핀다.
생태·조경 포인트		- 고산지대의 습도가 높은 음지에서 분포한다. - 고온과 건조에 약하며 사질토양에서는 생육이 부적합하다. - 식재 시에는 그늘지고 바람이 잘 통하는 곳이 적합하다. - 햇볕이 부족한 곳에 악센트 식재하면 좋다.
인문학 포인트		- 종소명 *brachycarpum*은 짧은 열매라는 뜻으로 열매를 강조한 것이다. - 주로 고산지대에 자라는 식물이며 추운 겨울에도 푸른 잎을 잃지 않는 강인한 생명력을 지닌 생물이지만, 기후가 평온한 울릉도에도 분포한다. - 만병초는 만병을 고칠 수 있다는 뜻이다. 진달래과 식물은 거의 모두 안드로메도톡신(Andromedotoxin)이라는 독성 물질을 가지고 있어 많이 섭취하면 팔다리 경련이 일어나고 호흡 및 중추신경 마비, 설사, 구토 등으로 죽음에 이를 수 있다. 특히 철쭉에는 많은 양의 안드로메도톡신이 들어 있어 먹을 수 없다. 만병초 또한 마찬가지이다. 모 방송국 아침방송에서 만병초 효소액을 마시고 병원에 실려간 적도 있다. - 만병초 꽃에서 좋은 향이 있어 중국에서는 칠리 향 또는 향수라는 이름으로 불리기도 한다. 우리나라에서는 만병초가 두견새가 울 때 핀다고 하여 두견화라고 불리기도 했다. - 우리나라에는 3종류의 만병초가 자생하며, 울릉도에는 분홍꽃의 홍만병초, 백두산에는 노랑만병초가 자란다.

▲ 한택식물원 만병초원 식재 전경

94. 진달래

과명	학명	개화	결실
진달래과	*Rhododendron mucronulatum*	3~5월	9~10월

수목 포인트	성상	- 낙엽 활엽 관목이다. - 높이는 2~3m이다.
	분포 및 자생지	- 한국, 중국, 일본, 러시아, 몽골에 분포한다. - 전국의 산지에서 자생한다.
	꽃	- 양성화이고, 3~5월에 가지 끝에 1~5개의 분홍색 꽃이 모여 핀다. - 수술은 10개이고 밑부분에 털이 있으면 화관과 길이가 비슷하다.
	잎	- 어긋나게 달리고, 긴 타원상 피침형 또는 도피침형이다. - 끝은 뾰족하고 가장자리는 밋밋하다. - 양면에 흰색과 갈색 비늘털이 섞여있다.
	열매	- 삭과이고, 9~10월에 익는다.
	줄기(수피)	- 회색이고 매끈하다. - 겨울눈은 긴 타원형이고 8개의 비늘조각에 싸인다.
검색 포인트		- 잎은 예두이며 낙엽성이다. - 연한 적자색(분홍색)의 꽃이 잎보다 먼저 핀다.
생태·조경 포인트		- 양수로서 내음성이 크며 산성토양에서 잘 자란다. - 이른 봄에 피는 분홍색 꽃이 아름다워 조경수로서 흔히 이용한다. - 생태학적으로 소나무 하층 식재로 적합하다.
인문학 포인트		- 속명 로도덴드론(Rhododendron)은 그리스어로 장미를 뜻하는 로던(rhodon)과 수목을 뜻하는 덴드론(dendron)의 합성어이며 붉은 꽃이 피는 나무라는 뜻이다. - 진달래의 어원은 확실하지 않다. 고려가요에 나오는 '돌욋곶'이 진달래꽃을 가리키는 것이라면 그것이 현재 우리가 알고 있는 어형으로는 가장 오래된 것일 수도 있다. 조선 중종 때 편찬된 훈몽자회에는 '진돌위'로 되어 있다. - 진달래는 두견화(杜鵑花)라고도 하고 참꽃이라고도 한다. 두견화라는 것은 중국 이름으로서 두견새가 울 때에 핀다고 하여 붙여진 이름이라고 한다. - 흰꽃이 피는 흰진달래, 가지나 잎자루에 털이 있는 털진달래, 잎이 넓은 타원형 또는 원형인 것을 왕진달래라고 한다. - 상록관목으로 강원도, 충북, 경북 내륙지방에는 흰 꽃이 꼬리모양을 하며 자라는 꼬리진달래, 잎 표면에 윤기가 있고 사마귀 같은 돌기가 있는 반들진달래, 열매가 가늘게 자라는 한라산진달래 등이 있다. - 강원도, 경기 남부지역과 더불어 충북 월악산국립공원에는 잎이 진달래보다 다소 작은 꼬리진달래(*Rhododendron micranthum*)가 많이 분포하고 있다. 꼬리진달래는 상록활엽관목으로 잎 뒷면에 갈색 비늘조각이 빽빽하다. 그리고 이름은 가지 끝에 모여피는 모습이 마치 꼬리처럼 보여서 붙여졌다. 자생지는 주로 바위지대나 석회암지대이다.

95. 철쭉

과명	학명	개화	결실
진달래과	*Rhododendron schlippenbachii*	4~6월	9~10월

수목 포인트	성상	- 낙엽 활엽 관목이다. - 높이는 2~5m이다.
	분포 및 자생지	- 한국, 중국에 분포한다. - 전국 산지에서 자라며 주로 높은 산에서 자라는 편이다.
	꽃	- 양성화이고, 4~6월에 새 가지 끝부분에 3~7개의 연한 분홍색 꽃이 잎이 나면서 함께 핀다.
	잎	- 어긋나게 달리고 가지 끝에서는 5장씩 모여 달리며, 도란형 또는 넓은 도란형이다. - 뒷면 맥 주변과 잎자루에 흰색 털과 샘털이 있다.
	열매	- 삭과이고, 9~10월에 익는다.
	줄기(수피)	- 회색이고 매끈한 편이나 오래될수록 작은 조각으로 갈라진다. - 겨울눈은 타원형이고 부드러운 털이 있다.
검색 포인트		- 진달래에 비해 잎이 가지 끝에 모여 달리고 꽃이 잎과 함께 나오며 꽃의 지름이 큰 점이 다르다. - 잎은 도란형 혹은 넓은 타원형으로 4~5개씩 모여 난다.
생태·조경 포인트		- 반음지에서 생육이 양호하며 적습한 사질양토에서 잘 자란다. 그러나 건조에도 다소 강한 편이다. - 고산초원 및 산록부에 군락을 이루는 경우가 많다. - 고산에서 5~6월에 개화하는 분홍색 꽃이 아름답고 군락을 이루어 시선을 사로잡는다. - 우리나라 국립공원 중 소백산국립공원 능선부에서 형성된 철쭉군락이 유명하며 '철쭉제'라는 축제도 열린다.
인문학 포인트		- 종소명 schlippenbachii는 1854년에 한국 식물을 처음으로 수집한 독일의 해군 제독 B. A. Schlippenbach를 기념한 것이다. - 진달래는 먹을 수 있어 참꽃이라고 하고 철쭉꽃은 독을 품고 있어 먹을 수가 없어 개꽃이라 한다. - 철쭉과 산철쭉 등에는 그라야노톡신(GTX)을 함유하고 있어 신경독과 심장독성을 일으킨다. 진달래도 GTX가 들어 있다. - 천연기념물 제348호 정선 반론산 철쭉나무 및 분취류 자생지이다. 이 나무는 높이 4.39m, 둘레 0.84m로 나이는 약 200년 정도이며 해발고 1064m의 능선에서 자란다. - 천연기념물 제462호는 경남 가지산 철쭉나무 군락지이다. 노거수 및 약 219000주의 철쭉나무가 집중적으로 자생하고 있다. - 수로부인 설화에 등장하는 헌화가의 꽃이 바로 철쭉이다. - 꽃은 독성이 있어 함부로 사용하지 못하지만, 뿌리는 그늘에서 잘 말려서 탈모가 심할 때 말린 것을 달인 물로 머리를 감으면 효과가 있다고 한다. ※

※ 송상곤(2010) 약초도감 자료 참조

▲ 철쭉 꽃

▲ 철쭉 수형 및 잎

96. 산철쭉

과명	학명	개화	결실
진달래과	*Rhododendron yedoense* f. *poukhanense*	4~6월	9~10월

수목 포인트	성상	- 낙엽 활엽 관목이다. - 높이는 1~2m이다.
	분포 및 자생지	- 한국 특산식물이다. - 황해도와 평북 이남 산지의 능선이나 하천 주변에서 자생한다. - 제주도의 한라산에서는 6월까지 핀다.
	꽃	- 양성화이고, 4~6월에 가지 끝에 2~3개의 홍자색 꽃이 잎이 난 후에 핀다.
	잎	- 어긋나게 달리고 가지 끝에서는 모여 달리며, 긴 타원형 또는 도피침형이다. - 양면에 갈색 털이 있고 특히 뒷면맥 위에 밀생한다.
	열매	- 삭과이고, 9~10월에 익는다.
	줄기(수피)	- 회색이고 매끈한 편이다. - 겨울눈은 난형이고 황갈색의 누운 털과 함께 샘털도 있어서 끈적거린다.
검색 포인트		- 진달래에 비해 잎이 난 후에 꽃이 피고 잎 양면에 갈색 털이 있는 점이 다르다. - 기본종은 겹꽃이다. - 어린 가지와 꽃자루에 점성이 있으며 작은 가지와 엽맥에는 갈색 털이 밀생한다.
생태·조경 포인트		- 일사가 양호한 곳, 산성토양의 사질양토에서 생육이 양호하다. - 공해에 강하며 이식이 용이하다. 맹아력도 강하다. - 생장이 양호하고 전정에 강해 다양하게 이용한다.
인문학 포인트		- 종소명 yendonse는 일본 북해도 지역을 의미한다. - 산에서 나는 철쭉이라는 의미이다. 우리나라 조경용으로 사용하는 철쭉류는 대부분 산철쭉을 개량한 것이라고 봐도 무방하다. - 약용으로는 탈모에 효과가 있는 것으로 알려져 있다. - 진달래과 식물들은 대부분 독성물질(andromedotoxin)을 가지고 있어 식용하였을 때 팔다리의 경련이 발생하면서 호흡 및 중추의 마비를 일으킬 수도 있다. 우리가 먹는 진달래도 andromedotoxin을 20% 정도 함유되어 있으므로 함양이 높은 꽃밥은 떼어내고 술과 화전 등으로 식용해야 한다. - 과거 소련의 학자 리센코가 발견한 춘화현상(春花現像)이란 식물이 4~5℃ 이하의 저온을 감응한 후 따뜻한 기온이 도래했을 때, 꽃을 피우는 현상을 의미한다. 대표적 식물로는 개나리, 진달래, 산철쭉, 철쭉, 라일락, 튤립 등이 있다. 즉, 이들 식물들이 온실 등 따뜻한 곳에서 겨울을 나면 봄에 개화하지 않을 수 있다. - 춘화현상은 우리에게도 적용되지 않은가 싶다. 젊은 시절 혹독한 시련을 보내는 청년세대들이 춘화현상처럼 혹독한 시기를 견디면 성공 혹은 행복을 누릴 수 있을 것이다. 이들 식물들이 혹독한 겨울을 견디어 꽃을 피는 것처럼 우리도 이 힘든 시기를 거치면 반드시 꽃을 피울 수 있다는 믿음을 알려주고 있는 것이라고 생각한다.

▲ 산철쭉 꽃

▲ 산철쭉 식재 모습

97. 때죽나무

과명	학명	개화	결실
때죽나무과	*Styrax japonicus*	5~6월	9~10월

구분	항목	내용
수목 포인트	성상	- 낙엽 활엽 소교목이다. - 높이는 4~10m이다.
	분포 및 자생지	- 한국, 중국, 일본에 분포한다. - 중부 이남의 산지에서 자생한다.
	꽃	- 양성화이고, 5~6월에 새 가지의 끝부분에 달리는 총상꽃차례에 1~6개의 흰색 꽃이 아래를 향해 핀다. - 꽃에서 매우 진한 향기가 난다.
	잎	- 어긋나게 달리고, 타원형 또는 난상 타원형이며 변이가 심한 편이다. - 앞면은 털이 약간 있고 뒷면 맥 위와 잎자루에 별 모양의 털이 있다가 점차 떨어진다.
	열매	- 삭과이고, 9~10월에 회백색으로 익는다.
	줄기(수피)	- 흑갈색이고 매끈한 편이다. - 겨울눈은 비늘 조각이 없고 별 모양의 털이 있다.
검색 포인트		- 송이 꽃차례에 종 모양의 흰색 꽃이 2~5개씩 밑을 보고 매달린다. - 잎은 달걀형 긴 타원형이며 끝이 뾰족하고 가장자리에 잔 톱니가 있거나 밋밋하다. 측맥은 3~5쌍이다.
생태·조경 포인트		- 황해도 이남 산 중턱에서 주로 분포하며 적습하고 비옥한 토양에서 잘 자란다. - 내한성이 강해 우리나라 어디에서나 잘 자라며 공해에도 매우 강하다. - 완충식재, 유도식재, 군락식재로 용이하다.
인문학 포인트		- 속명 Styrax는 아랍어 storax(안식향)을 생산하는 수목의 고대 희랍어이고 종소명 japonicus는 일본이라는 뜻이다. - 제주도나 섬에서는 때죽나무 가지를 띠로 엮어 항아리에 걸쳐 빗물을 받으면 물이 오래도록 변질이 되지 않는다고 알려져 있다. - 나무껍질에 때가 많이 낀 것 같은 검은색에서 이름이 붙여졌다는 설이 있고 열매에 에고사포닌이라는 마취성분이 있어 이를 빻아 물에 넣으면 물고기를 기절시키는데, 물고기를 때로 죽인다고 해서 붙여졌다는 의견도 있다. 또한 꽃이 지고 매달린 열매가 삭발한 많은 중들이 떼로 몰려 있다는 뜻의 때중나무로 불리다가 때죽나무가 되었다는 내용도 전해진다. - 최근 전라도에서는 때죽나무 열매를 이용해 어류용 천연 마취제를 개발하여 특허등록을 하였다. - 물고기 장거리 이동시 폐사 등 부작용 없이 산업화가 가능하며 열매는 찧어서 빨래하는데도 사용하기도 했다. - 최근 서울 남산 등에서 자생종인 때죽나무가 아교목층을 중심으로 매우 번성하고 있다. 이는 도시지역 내 고립된 남산의 토양 환경이 악화되어 도시환경에 적응력이 높은 때죽나무가 번성한 것으로 추측된다. 때죽나무가 자생종이기는 하지만, 도시환경이 그만큼 악화되었다는 점을 나타내는 것이기도 하다.

▲ 때죽나무 잎

▲ 때죽나무 꽃

98. 쪽동백나무

과명	학명	개화	결실
때죽나무과	*Styrax obassia*	5~6월	9~10월

구분		내용
수목 포인트	성상	- 낙엽 활엽 소교목이다. - 높이는 10~15m이다.
	분포 및 자생지	- 한국, 중국, 일본에 분포한다. - 전국의 산지에서 자생한다.
	꽃	- 양성화이고, 5~6월에 새 가지의 끝부분에 달리는 10~20cm의 총상꽃차례에 20개 내외의 흰색 꽃이 아래를 향해 핀다.
	잎	- 어긋나게 달리고, 도란형 또는 넓은 난형이다. - 두시면은 별 모양 털이 있어 회록색을 띤다.
	열매	- 삭과이고, 9~10월에 회백색으로 익는다.
	줄기(수피)	- 흑갈색이고 매끈하다. - 2년지는 적갈색이고 겨울에 껍질이 얇게 벗겨진다. - 겨울눈은 긴 난형이고 때죽나무보다 크다.
검색 포인트		- 때죽나무에 비해 잎이 크고 꽃이 많이 달리며 겨울에 2년지 껍질이 얇게 벗겨지는 점이 다르다. - 송이 꽃차례는 비스듬히 처지며 흰색 꽃이 촘촘히 늘어진다. - 잎은 흔히 짧은 가지 끝에 3장씩 모여 달린다.
생태·조경 포인트		- 우리나라 전역의 산기슭과 산 중턱의 반음지에서 잘 자라고 적습하고 비옥한 토양을 선호한다. - 5~6월에 피는 꽃과 9월에 익는 열매가 관상가치가 크다. - 악센트식재, 유도식재에 적합하다.
인문학 포인트		- 속명 Styrax는 아랍어 storax(안식향)을 생산하는 수목의 고대 희랍어이고 종소명 obassia는 일본명 '오오바지 샤'를 의미하는 것이다. - 동백기름처럼 기름을 사용하던 나무이다. 과거 동백기름은 남서해안 일부 지역에서만 자라고 다른 지역에서는 없어서 일반 백성들은 그 대용으로 쪽동백나무 열매를 이용하였다. 또한 이 나무의 기금은 머리에 생긴 이를 완전히 없앨 수 있는 효과도 있었다. - 때죽나무와 같은 에고사포닌이라는 마취성분이 있어 물고기를 잡는데 이용하기도 한다. - 열매가 시집간 여자가 뒷머리를 틀어 올려 비녀를 꽂은 머리를 말하는 쪽을 붙여낸 이름이 아닐까 유추하기도 한다. - 때죽나무와 쪽동백나무는 천연 살충제로 개발 가능하며 나이테가 보이지 않을 만큼 고와서 그림이나 글씨를 새기는 바탕 나무로 이용하기도 한다.※

※ 한국학중앙연구원 제공 한국향토문화전자대전(www.grandculture.net) 자료 참조

▲ 쪽동백나무 수피

▲ 쪽동백나무 꽃

99. 노린재나무

과명	학명	개화	결실
노린재나무과	*Symplocos sawafutagi*	5~6월	9~10월

구분		내용
수목 포인트	성상	- 낙엽 활엽 관목이다. - 높이는 2~5m이다.
	분포 및 자생지	- 한국, 중국, 일본에 분포한다. - 전국의 산지에서 자생한다.
	꽃	- 양성화이고, 5~6월에 새 가지의 끝에 달리는 4~8cm의 원추꽃차례에 흰색 꽃이 모여 핀다.
	잎	- 어긋나게 달리고, 도란형 또는 타원형이다. - 가장자리에 날카로운 톱니가 있다. - 뒷면 맥 위와 잎자루에 부드러운 털이 있다.
	열매	- 핵과이고, 9~10월에 파란색 혹은 쪽빛으로 익는다. - 씨는 위쪽이 약간 잘록하다.
	줄기(수피)	- 회갈색으로 세로로 얕게 갈라진다. - 가지는 위쪽에서 옆으로 퍼져 우산 모양의 수형을 이룬다. - 겨울눈은 난형이고 갈색의 비늘 조각에 싸인다. - 어린 가지에는 털이 밀생한다.
검색 포인트		- 수형이 둥근형이 아니라 위쪽이 다소 평평한 모습으로 자란다. - 잎 표면이 짙은 녹색이고 광택이 난다. - 수피가 조각으로 갈라진다. - 타원형 열매는 6~7mm 길이로 가을에 파란색 혹은 남색으로 익는다.
생태·조경 포인트		- 일사가 양호한 곳, 적습하고 비옥한 사질양토에서 잘 자란다. - 광택이 나는 잎과 빨간 열매, 자연스러운 수형이 조경수로 적합하지만, 많이 쓰이지는 않는다. - 주연부식재, 악센트식재 군락내 하종식재 등으로 적합하다.
인문학 포인트		- 노린재나무는 냄새나는 노린재라는 곤충과는 전혀 상관이 없다. 이름은 노란색 잿물이라는 뜻을 가지며 노린재나무를 태운 재로 만든 노란 잿물을 전통 염색재로 사용한 데서 유래하였다. 그러나 실제로는 그러지 않는 경우도 많다. - 잎과 줄기를 삶으면 노란색 물이 진하게 나오며 잎과 나무를 불에 태운 재를 잿물로 만들면 노란색 물의 농도가 흐려진다. - 목재의 재질은 우수하지만 수고가 낮아 주로 도장용(인장용) 재료로도 사용하며 이외 지팡이 그리고 농업용 도구를 만들기도 했다. - 제주도의 섬노린재나무와 남해안 일대의 검노린재나무도 있다. 검노린재나무는 노린재나무에 비해 잎이 타원형이고 수피에 가로로 피목이 발달하며 열매는 검은색으로 익는다.

▲ 노린재나무 잎

▲ 노린재나무 수형

▲ 노린재나무 꽃

100. 말발도리

과명	학명	개화	결실
수국과	*Deutzia parviflora*	5~6월	9~10월

구분		내용
수목 포인트	성상	- 낙엽 활엽 관목이다. - 높이는 1~2m이다.
	분포 및 자생지	- 한국, 중국, 러시아, 몽골에 분포한다. - 제주도를 제외한 전국의 산지에서 자라며 강원도에서 비교적 많이 자생한다.
	꽃	- 양성화이고, 5~6월에 가지 끝에 달리는 산방꽃차례에 흰색 꽃이 모여 핀다.
	잎	- 마주나게 달리고, 타원상 난형이다. - 끝은 뾰족하고 가장자리에 잔 톱니가 있다. - 양면에 털이 있어 만져보면 거칠게 느껴진다.
	열매	- 삭과이고, 9~10월에 익는다. - 별 모양의 털이 있고 암술대가 남는다.
	줄기 (수피)	- 회갈색이고 세로로 얇게 갈라져 벗겨진다. - 겨울에 어린 가지는 껍질이 벗겨지지 않는다. - 겨울눈은 긴 난형이다.
검색 포인트		- 잎에 잔 거치가 있고 양면에 별 모양 털이 있어서 만지면 까끌거린다. - 소지는 회갈색이나 수피를 벗기면 녹색이다. - 흰 꽃이 쟁반처럼 피어난다.
생태·조경 포인트		- 산림 내 습한 전석 지대 그늘진 곳에서 잘 자란다. - 수분이 많고 배수가 잘 되는 비옥한 토양에서 생육이 양호하다. - 5~6월에 피는 흰색 꽃과 원형의 수형이 아름다워 조경수로 흔히 이용된다. - 맹아력이 있어 생울타리나 차폐식재 수종으로 적합하며 사면 절개지 복원용으로도 가능하다.※
인문학 포인트		- 이름은 열매 모양이 말발굽의 편자를 닮았다고 해서 유래한다. - 물참대는 전국 산지의 습한 곳에서 주로 자라며 말발도리에 비해 꽃턱이 연녹색이고 꽃받침의 통부와 열매에 털이 없으며 잎 뒷면에 털이 없고 어린 가지의 껍질이 벗겨지는 점이 다르다. - 꼬리말발도리, 매화말발도리, 바위말발도리, 태백말발도리, 속리말발도리 등이 있다. - 가을에 열매를 채취하여 말려 아토피 피부염, 심한 가려움증에 사용한다.※※

※ 국립수목원 제공 국가생물종지식정보시스템 자료 참조

※※ 송상곤(2010) 약초도감 자료 참조

▲ 바위틈에서 잘 자라는 매화말발도리 잎

▲ 각시말발도리 꽃

▲ 각시말발도리 식재군락 전경

101. 빈도리

과명	학명	개화	결실
수국과	*Deutzia crenata*	5~7월	9~10월

<table>
<tr><td rowspan="6">수목
포인트</td><td>성상</td><td>- 낙엽 활엽 관목이다.
- 높이는 1~3m이다.</td></tr>
<tr><td>분포 및
자생지</td><td>- 일본이 원산지다.
- 전국의 정원이나 수목원 또는 식물원 등지에서 관상수로 심는다.</td></tr>
<tr><td>꽃</td><td>- 양성화이고, 5~7월에 가지 끝에 달리는 5~10cm의 원추꽃차례에 흰색 꽃이 모여 핀다.</td></tr>
<tr><td>잎</td><td>- 마주나게 달리고, 난형 또는 난상 피침형이다.
- 끝은 뾰족하고 가장자리에 잔 톱니가 있다.
- 양면과 잎자루에 별 모양의 털이 있다.</td></tr>
<tr><td>열매</td><td>- 삭과이고, 9~10월에 익는다.
- 씨는 표면에 지문 같은 무늬가 있고 양 끝에 막질의 날개가 있다.</td></tr>
<tr><td>줄기
(수피)</td><td>- 회갈색이고 세로로 얇게 갈라지면서 불규칙하게 벗겨진다.
- 속은 비어 있다.
- 어린 가지는 적갈색이고 별 모양의 털이 밀생한다.
- 겨울눈은 난형이고 털이 있다.</td></tr>
<tr><td colspan="2">검색 포인트</td><td>- 수피가 회갈색이며 줄기의 속이 비어 있다.
- 어린 가지는 붉은색을 띠며 잎은 마주난다.</td></tr>
<tr><td colspan="2">생태·조경
포인트</td><td>- 정원이나 조경수로 흔히 식재한다.</td></tr>
<tr><td colspan="2">인문학
포인트</td><td>- 줄기 속이 빈 말발도리 종류하는 뜻의 이름이다.
- 일본말 발도리라고도 한다.
- 식물에서는 겹꽃일 때, 만첩이라는 단어를 사용한다. 그래서 겹꽃이 피는 나무를 만첩빈도리(f. plena)라고 한다.
- 실제, 꽃이 겹꽃으로 아름다워 우리 주변 공원에는 만첩빈도리가 많이 식재되어 있다.</td></tr>
</table>

▲ 빈도리 수피

▲ 빈도리 잎

102. 산수국

과명	학명	개화	결실
수국과	*Hydrangea macrophyllqa subsp. serrata*	6~7월	10~11월

구분	항목	내용
수목 포인트	성상	- 낙엽 활엽 관목이다. - 높이는 1~2m이다.
	분포 및 자생지	- 한국, 일본에 분포한다. - 강원도와 경기도 이남 산지의 계곡 주변이나 습기 있는 사면에서 자생한다.
	꽃	- 양성화이고, 6~7월에 가지 끝에 달리는 지름 5~10cm의 산방꽃차례에 자잘한 꽃이 모여 핀다.
	잎	- 마주나게 달리고, 긴 타원형 또는 난상 타원형이다. 끝은 꼬리처럼 길게 밑부분은 쐐기형이다. - 가장자리에 삼각상의 톱니가 있다. - 뒷면 맥 위와 맥겨드랑이에 털이 밀생한다.
	열매	- 삭과이고, 10~11월에 익는다. - 씨는 지문 같은 무늬가 있고 양 끝에 돌기 같은 날개가 있다.
	줄기(수피)	- 회갈색이고 세로로 얇게 갈라진다. - 겨울눈의 끝눈은 뾰족하며 곁눈은 작고 2개의 비늘 조각에 싸여 있다.
검색 포인트		- 잎은 난형으로 끝이 길고 가장자리에 톱니가 있다. - 꽃은 붉은색이 도는 하늘색이며 수술과 암술을 가운데 두고 주위에 2~3cm 정도의 무성화가 있다.
생태·조경 포인트		- 중부 이남의 계곡에서 자생하며, 건조한 바위틈이나 습한 계곡에서도 잘 살고 내음성이 강하다. - 척박한 입지보다는 부식질이 많은 토양을 선호하며, 내한성, 내공해성이 강하다. - 물을 좋아해 물이 있는 곳에서는 생장이 왕성하고 잎이 싱싱하다. - 악센트식재, 주연부식재에 적합하다.
인문학 포인트		- 수국은 물국화라는 뜻으로 물을 좋아하고 꽃 모양이 국화를 닮아서 붙여진 이름으로 추정된다. - 속명'히드란게아(Hydrangea)'는 그리스어로 물이라는 뜻의 히드로(hydro)와 그릇이라는 안게이온(angeion)의 합성어이다. 습한 토양에서 잘 자라는 수국의 특성과 둥근 공을 닮은 꽃 모양을 나타낸 것이다. - 종소명인 마크로필라(macrophylla)는 잎이 크다는 뜻으로 달걀 모양의 넓은 잎을 표현한 것이다. - 한자 이름으로는 수구화(繡求花), 자양화(紫陽花) 등이 있으며 수구화의 수는 수놓다라는 뜻으로 꽃이 비단에 수놓듯이 아름답다는 의미로 해석할 수 있다. 구(求)는 둥근 공을 의미하므로 꽃의 모양을 표현한 것이다.※ - 꽃의 모양을 보면 가운데 양성화가 있는 진짜 꽃이 있고 주변을 돌아가면서 가짜 꽃이 있어 원반 같은 모양을 하고 있다. 암수술이 있는 진짜 꽃은 너무 작아 나비와 벌에게 띄기 어려워 꽃 주변에 꽃받침을 잘 발달시켜 암수술이 없는 가짜 꽃으로 곤충들을 유인하여 수분한다. - 산수국의 꽃이 다양한 이유는 토양산도 때문이다. 산성이 강하면 파란색을, 알칼리성이 강하면 분홍색을, 중성이면 흰색의 꽃을 피우는 경향이 있다. - 산수국의 꽃은 에너지 절약의 전략이라고 할 수 있다. 즉, 곤충과 벌을 유인하는 가짜 꽃은 조금 만들고 종자를 생산하는 진짜 꽃을 많이 만들어 에너지를 최소화하면서 종을 번식시키는 전략을 구사하고 있는 것이다. - 산수국은 모든 수국의 모체이다. 산수국의 가짜 꽃을 육성하여 만든 것이 바로 수국이다. - 꽃말은 변덕과 진심이다.

※ 강판권(2010) 역사와 문화로 읽는 나무사전 자료 참조

▲ 완도수목원에 피어있는 산수국

▲ 산수국의 잎과 줄기

103. 나무수국

과명	학명	개화	결실
수국과	*Hydrangea paniculata*	7~8월	9~11월

구분		내용
수목 포인트	성상	- 낙엽 활엽 관목이다. - 높이는 2~4m이다.
	분포 및 자생지	- 중국, 일본, 러시아, 대만에 분포한다. - 전국의 공원이나 정원에 관상수로 심는다.
	꽃	- 양성화와 무성화이고, 7~8월에 가지 끝에 핀다. - 중앙부에 피는 꽃은 양성화이고 주변부에 피는 주변화는 무성화다. - 산수국이 산방화서라면 나무수국은 원추화서이다.
	잎	- 마주나게 달리거나 3개씩 돌려 달리기도 하며, 타원형 또는 난상 타원형이다. - 앞면은 털이 있다가 점차 떨어지고 뒷면 맥 위와 맥겨드랑이에 누운 털이 있다.
	열매	- 삭과이고, 9~11월에 익는다. - 씨는 양 끝에 날개가 있다.
	줄기 (수피)	- 회갈색이고 세로로 길게 갈라지면서 벗겨진다. - 어린 가지는 적갈색이다. - 겨울눈은 원추형 또는 구형이고 털이 없다.
검색 포인트		- 잎은 마주나거나 3장씩 돌려 달린다. - 꽃은 흰색이며 원추꽃차례에 달리는 점이 산수국과 다르다.
생태·조경 포인트		- 자생지에서는 산기슭, 계곡, 덤불숲 등에 분포한다. - 관상용으로 정원 등에 식재한다.
인문학 포인트		- 목본의 수국이라는 뜻이다. - 종소명 패니큘라타(paniculata)는 원추형이라는 뜻으로 꽃피는 형태를 강조한다. - 나무수국의 꽃은 불두화의 꽃과 유사하게 생겨 꽃이 활짝 피었을 때는 구분이 어려울 정도이다. - 우리나라는 산에서 만날 수 있는 산수국, 제주 한라산 1,000m쯤에서 자생하는 탐라수국, 덩굴성 등수국 등이 있다. 그리고 일본에서 들여온 나무수국이 있다. - 일본에서 나무수국은 일본 전역에서 자생한다. - 꽃이 중성화(암술과 수술이 없음)뿐인 것을 큰 나무수국(for. *grandiflora*)이라고 한다. - 꽃말은 냉정, 무정, 변심으로 알려져 있다.

▲ 나무수국 수목해설판(한택식물원)

▲ 나무수국 수형

104. 조팝나무

과명	학명	개화	결실
장미과	*Spiraea prunifolia* var. *simpliciflora*	4~5월	9~10월

구분	항목	내용
수목 포인트	성상	- 낙엽 활엽 관목이다. - 높이는 1~2m이다.
	분포 및 자생지	- 한국, 중국에 분포한다. - 제주도를 제외한 전국의 숲 가장자리나 강가 또는 밭둑에서 흔히 자생한다.
	꽃	- 양성화이고, 4~5월에 2년지에 달리는 산형꽃차례에 3~6개의 흰색 꽃이 가지 가득 모여 핀다. - 달콤한 꿀 향기가 난다.
	잎	- 어긋나게 달리고, 긴 타원상 피침형 또는 도란형이다. - 가장자리에 잔 톱니가 있다. - 앞면에는 털이 없고 뒷면에 있다가 점차 떨어지면서 가장자리나 맥 위에만 약간 남는다.
	열매	- 골돌과이고, 9~10월에 익는다. - 끝부분에 털이 있고 암술대 흔적이 남는다.
	줄기(수피)	- 회색 또는 회갈색이고 껍질눈이 있다. - 겨울눈은 둥글고 적갈색이다.
검색 포인트		- 잎이 긴 타원상이고 가장자리에 잔 톱니가 있는 점이 특징이다. - 2년생 가지에 꽃이 촘촘히 달리며 3~6개의 흰색 꽃이 모여 달린다. 달콤한 향기가 있다.
생태·조경 포인트		- pH 6~8의 중성 토양에서 잘 자란다. - 척박한 토양에서도 생육은 양호한 편이다. - 4~5월에 피는 하얀 꽃이 줄기를 따라 피어 경계식재 및 주연부식재에 양호하다.
인문학 포인트		- 속명 스피레아(Spiraea)는 그리스어 스페이라(speira)에서 유래되었으며 나선이나 화환을 뜻하며 또렷하다는 뜻의 델로스(delos)의 합성어로서 '화환을 만드는 나무'라는 뜻이다. - 종소명 프루니폴리아(prunifolia)는 벚나무 속의 잎과 같다는 뜻이다. - 꽃이 조밥처럼 생겼다고 조밥나무라고 하던 것이 변한 이름으로 추정되며 추위에도 잘 견디는 조팝나무는 방향성 밀원식물로서 손색이 없다. - 뿌리는 상산 혹은 촉칠근이라 하는데, 동의보감에서는 학질을 낫게 하고 가래를 토하게 할 뿐 아니라 열을 내리는 치료제로 사용하였다. 조선왕조실록에서는 일본 사신이 상산※을 궁중에 바쳤다는 기록이 있는 것으로 보아 궁중에서도 쓰였던 한약재임을 짐작할 수 있다. 북아메리카 인디언들은 말라리아에 걸리거나 구토할 때 또는 열이 많이 날 때 민간 치료 약으로 이 조팝나무 뿌리나 줄기를 썼다고 한다. 최근에는 버드나무와 함께 조팝나무에서 해열제의 대명사라고 할 수 있는 아스피린 원료를 추출하는 등 중요한 식물이다.※※ - 조팝나무 종류로는 당조팝나무, 아구장나무, 인가목조팝나무, 공조팝나무, 산조팝나무, 참조팝나무, 꼬리조팝나무, 일본조팝나무 등이 있다.

※ 조팝나무의 뿌리를 상산 혹은 촉칠근이라 한다.

※※ 정헌관(2008) 우리 생활 속의 나무 자료 참조

▲ 당조팝나무

▲ 공조팝나무

▲ 덤불조팝나무

▲ 참조팝나무

▲ 조팝나무 꽃이 활짝 핀 모습

105. 꼬리조팝나무

과명	학명	개화	결실
장미과	*Spiraea salicifolia*	6~8월	9~10월

구분		내용
수목 포인트	성상	- 낙엽 활엽 관목이다. - 높이는 1~2m이다.
	분포 및 자생지	- 한국, 중국, 일본, 러시아 등에 분포한다. - 지리산 이북의 습지나 산지의 습기 있는 풀밭에서 자생한다.
	꽃	- 양성화이고, 6~8월에 새 가지 끝에 달리는 원추꽃차례에 연한 홍자색 꽃이 모여 핀다.
	잎	- 어긋나게 달리고, 피침형 또는 긴 타원상 피침형이다. - 앞면은 진한 녹색이다. - 뒷면과 맥 위와 잎자루에 갈색 털이 있다.
	열매	- 골돌과이고, 9~10월에 익는다. - 배봉선에 털이 있고 암술대 흔적이 남는다. - 씨는 선형으로 가늘다.
	줄기(수피)	- 자갈색이고 능선이 있으며 세로로 갈라진다. - 어린 가지는 연한 갈색이고 능각이 뚜렷하다. - 겨울눈은 난형이고 끝이 뾰족하며 털이 있다.
검색 포인트		- 잎은 어긋나며 피침형이며 가장자리에 뾰족한 잔 톱니가 있다. - 꽃은 원추 꽃차례에 연한 홍자색으로 핀다. - 일본조팝나무는 적자색의 꽃이 겹산방꽃차례로 피며, 잎은 피침상의 좁은 난형이다.
생태·조경 포인트		- 건조지역보다 습한 곳을 선호한다. - 내한성이 양호하여 중부 이북지역에서 주로 자생한다. - 경계식재, 주연부식재 등에 적합하다.
인문학 포인트		- 꽃차례가 꼬리처럼 길어 붙여진 이름이다. - 중국에서는 꼬리조팝나무를'수선국(繡線菊)'이라고 하는데, 중국 문헌의 기록에 따르면, 효성이 지극한 '수선'이 전쟁터에서 죽은 아버지의 무덤가에서 가져온 꽃이라 하여 붙여진 이름이다. - 꼬리조팝나무와 일본조팝나무는 둘 다 홍자색 혹은 분홍색 계열의 꽃을 피우는데, 꼬리조팝나무는 원추화서이며 일본조팝나무는 산방화서이다. 또한 꼬리조팝나무는 우리나라 계곡에서 볼 수 있는 자생종이며 일본조팝나무는 일본에서 들여온 나무이다.

▲ 꼬리조팝나무 수형

▲ 꼬리조팝나무 잎

106. 국수나무

과명	학명	개화	결실
장미과	*Stephanandra incisa*	5~6월	9~10월

<table>
<tr><td rowspan="6">수목
포인트</td><td>성상</td><td>- 낙엽 활엽 관목이다.
- 높이는 1~2m이다.</td></tr>
<tr><td>분포 및
자생지</td><td>- 한국, 중국, 일본, 대만에 분포한다.
- 전국의 산지에서 흔히 자생한다.</td></tr>
<tr><td>꽃</td><td>- 양성화이고, 5~6월에 가지 끝에 달리는 2~6cm의 원추꽃차례에 작은 흰색 꽃이 모여 핀다.
- 꽃차례의 축과 꽃자루에 잔털이 있다.</td></tr>
<tr><td>잎</td><td>- 어긋나게 달리고, 난형 또는 삼각상의 난형이다.
- 뒷면에 털이 있다.
- 턱잎은 난상 피침형이고 가장자리에 톱니가 약간 있다.</td></tr>
<tr><td>열매</td><td>- 골돌과이고, 9~10월에 익는다.
- 씨는 난형이고 갈색이다.</td></tr>
<tr><td>줄기
(수피)</td><td>- 회갈색이고 오래될수록 세로로 갈라진다.
- 가지는 지그재그로 뻗으며 끝이 아래로 처진다.
- 겨울눈은 난형이고 털이 있다.</td></tr>
<tr><td colspan="2">검색 포인트</td><td>- 잎은 어긋나며 세모진 달걀형으로 가장자리에 불규칙한 겹톱니가 있다.
- 꽃은 원추꽃차례로 가지 끝이 자잘한 형태의 연노란색 꽃이 모여 핀다.</td></tr>
<tr><td colspan="2">생태·조경
포인트</td><td>- 우리나라 전역에서 잘 자라고 적윤지의 토양에서 잘 자라서 사면 저지대 혹은 사면 계곡부에서 흔히 자생한다.
- 이식은 잘 되지만, 공해에 약한 단점이 있다.
- 가지가 빽빽하여 답압의 피해가 우려되는 곳에 주연부식재, 경계식재, 지피용식재 등에 활용 가능하다.</td></tr>
<tr><td colspan="2">인문학
포인트</td><td>- 아이들이 소꿉놀이를 할 때 이 나무의 줄기 속의 수를 뽑아 국수라고 하면 놀았다는 데에서 유래했다.
- 산지 습한 지역에서 흔히 볼 수 있으며 밀원식물이다.
- 봄에 어린 순을 찔레꽃처럼 먹기도 하며 나물이나 된장국에 넣어 먹기도 한다. 또한 숯가마 포대 제작이나 염료식물로 이용 가능하다.
- 나비국수는 잎이 거의 비슷하게 5개로 갈라져서 나비 같아서 국수나무와 구별할 수 있으며 서울 및 제주도에서 자란다. 개국수나무라고도 한다.
- 나도국수나무는 골돌※의 경우 복봉선에 따라 갈라지면서 한 개의 열매에 5개의 종자가 들어 있다.
- 섬국수나무는 울릉도에서 자생하며 잎은 갈라지지 않고 잎의 뒷면에 털이 없으며 엽병이 1cm 이하이다.</td></tr>
</table>

※ 여러 개의 씨방으로 구성되어 있으며, 1개의 봉선을 따라 벌어지고 1개의 심피 안에 1개 또는 여러 개의 종자가 들어 있는 열매(예 : 목련)

▲ 숲 내부에서 자라는 국수나무 군락 전경

▲ 국수나무 잎과 꽃

107. 쉬땅나무

과명	학명	개화	결실
장미과	*Sorbaria sorbifolia*	7~8월	9~10월

<table>
<tr><td rowspan="6">수목
포인트</td><td>성상</td><td>- 낙엽 활엽 관목이다.
- 높이는 2m이다.</td></tr>
<tr><td>분포 및
자생지</td><td>- 한국, 중국, 일본, 몽골, 러시아에 분포한다.
- 경북 이북의 높은 산 능선이나 계곡 또는 하천 주변에서 자생한다.</td></tr>
<tr><td>꽃</td><td>- 양성화이고, 7~8월에 가지 끝에 달리는 10~15cm의 원추꽃차례에 자잘한 흰색 꽃이 모여 핀다.</td></tr>
<tr><td>잎</td><td>- 어긋나게 달리고, 깃꼴겹잎이다.
- 작은 잎은 피침형 또는 난상 피침형이다.
- 뒷면에 부드러운 털과 별 모양의 털이 밀생 하다가 점차 떨어진다.</td></tr>
<tr><td>열매</td><td>- 골돌과이고, 9~10월에 익는다.
- 씨는 길쭉하고 가장자리에 좁은 날개가 있다.</td></tr>
<tr><td>줄기
(수피)</td><td>- 회갈색이고 도톰한 껍질눈이 있다.</td></tr>
<tr><td colspan="2">검색 포인트</td><td>- 수술이 40~50개로 많고 꽃잎보다 길며 잎 뒷면에 털이 있고 열매에도 털이 있는 점이 다르다.
- 우상복엽(깃꼴겹잎)으로 소엽은 13~23개이며 날카로운 복거치가 있다.
- 복총상화서에 백색꽃이 달린다.</td></tr>
<tr><td colspan="2">생태·조경
포인트</td><td>- 중부 이북 능선부의 습한 곳에 잘 자란다.
- 중성 토양을 좋아하고 바람과 공해에 강한 편이다.
- 원추형 흰색 꽃이 가지 끝에 달려 아름다우며 다간형이다. 주연부식재, 악센트식재에 사용한다.</td></tr>
<tr><td colspan="2">인문학
포인트</td><td>- 꽃차례가 수수 이삭 같은 나무라는 뜻의 이름이다. 다른 이름으로 개쉬땅나무, 밥쉬나무 등으로 불리기도 한다. 그러나 이제 개쉬땅나무라는 명칭은 쓰지 말고 쉬땅나무라고 해야 한다.
- 쉬땅은 수수깡의 평안도 사투리이다. 나무 이름은 꽃 모양에서 유래했는데 수수 이삭처럼 보여 붙여졌다.
- 이름에 대한 다른 의견은 쉬땅나무를 불어넣으면 줄기에서 공기가 새어나가 '쉬'하고 소리나 나고 더 뜨거워지면 '땅'하고 소리가 난다 하여 쉬땅나무라고 한다는 것인데, 큰 의미는 없는 것 같다.
- 뿌리는 땅속줄기처럼 뻗어 나간다.
- 어린잎은 식용으로 가능하며 대표적 밀원식물 중의 하나이다.
- 2010년에 국립수목원에서는 7월의 나무로 쉬땅나무를 선정하기도 하였다. 대표적 여름꽃 나무라고 할 수 있다. 장미과 식물인 쉬땅나무는 장마가 그친 뒤 많은 수분을 머금은 흰색 꽃 무더기가 장관을 이룬다. 멀리서 보면 마치 흰색 수수밭 같다.</td></tr>
</table>

▲ 공원 가장자리에 식재된 쉬땅나무

▲ 쉬땅나무 꽃

108. 황매화

과명	학명	개화	결실
장미과	*Kerria japonica*	4~5월	9~10월

구분	항목	내용
수목 포인트	성상	- 낙엽 활엽 관목이다. - 높이는 1~2m이다.
	분포 및 자생지	- 중국, 일본에 분포한다. - 중부 이남의 정원이나 공원 등지에 심는다. - 남한에는 자생하지 않는 것으로 추정한다.
	꽃	- 양성화이고, 4~5월에 가지 끝에 노란색으로 1개씩 핀다.
	잎	- 어긋나게 달리고, 피침형 또는 긴 난형이다. - 앞면은 짙은 녹색이고 털이 있다. - 뒷면은 회록색이고 털이 밀생 하며 맥 위에는 오래도록 남는다.
	열매	- 수과이고, 9~10월에 갈색으로 익는다.
	줄기 (수피)	- 녹갈색이고 매끈하다. - 어린 가지는 녹색이고 털이 없다. - 겨울눈은 긴 난형이고 적갈색 비늘 조각에 싸인다.
검색 포인트		- 잎 가장자리에 겹톱니가 있고 잎맥을 따라 골이 지고 뒷면 잎맥 위에 털이 있다. - 줄기는 녹색이며 노란색 꽃은 짧은 가지 끝에 한 개씩 달리며 꽃잎은 5장이다.
생태·조경 포인트		- 중부 이남 사찰이나 마을 주변에 많이 식재한다. - 양지 음지를 모두 잘 자란다. - 공해에 강하고 이식이 용이한 장점이 있다. - 황색 꽃이 아름다워 악센트식재, 주연부식재, 경계식재 등에 활용하고 있다. - 국내 조경설계에서 황매화로 설계하지만, 실제 현장에서는 거의 죽단화를 식재하고 있는 실정이다.
인문학 포인트		- Kerria는 영국의 정원사 Wiliam Kerr 씨를 기념하기 위함이다. japonica는 원산지가 일본이라는 뜻이다. - 노란색 꽃이 피는 매화를 닮아서 붙여진 이름이다. - 황매화는 가시나무가 변한 나무라고도 한다. 과거 남녀가 사랑을 했고 이를 시기하던 도깨비가 가시가 많은 나무로 둘러싸고 여자를 도망 못 가도록 하였다. 이후 남자가 도깨비를 내쫓자 가시가 사라지고 이 나무가 황매화가 되었다는 전설이 있다. - 죽단화(f. *pleniflora*)는 겹꽃으로 피는 것이 황매화와 다르다 - 죽단화는 꽃이 풍성하고 아름다워 황매화보다 더 양호한데, 왜 굳이 황매화로 자꾸 설계도면에 기록하는지 이해가 안 된다. 결실하지는 못한다. - 황매화의 꽃말은 숭고, 높은 기풍이다.

▲ 황매화 꽃과 잎

▲ 죽단화 꽃과 잎

109. 산딸기

과명	학명	개화	결실
장미과	*Rubus crataegifolius*	5~6월	6~8월

<table>
<tr><td rowspan="6">수목 포인트</td><td>성상</td><td>- 낙엽 활엽 관목이다.
- 높이는 1~2m이다.</td></tr>
<tr><td>분포 및 자생지</td><td>- 한국, 중국, 일본, 러시아에 분포한다.
- 전국의 산과 들에서 흔하게 자라지만 변이가 심해 약간씩 다르게 보인다.</td></tr>
<tr><td>꽃</td><td>- 양성화이고, 5~6월에 새 가지 끝에 달리는 산방 꽃차례에 2~6개의 흰색 꽃이 모여 핀다.</td></tr>
<tr><td>잎</td><td>- 어긋나게 달리고, 넓은 난형이며 손바닥처럼 3~5갈래로 갈라지고 변이가 심한 편이다.
- 가장자리에 날카로운 겹톱니가 불규칙하게 있다.
- 뒷면 맥 위와 잎자루에 잔털과 굽은 가시가 있다.</td></tr>
<tr><td>열매</td><td>- 취과이고 집합과 이며, 6~8월에 붉은색으로 익는다.</td></tr>
<tr><td>줄기 (수피)</td><td>- 갈색 또는 적갈색이고 가시가 있다.
- 위쪽에서 가지가 많이 갈라진다.
- 겨울눈은 난형이고 적갈색이다.</td></tr>
<tr><td colspan="2">검색 포인트</td><td>- 새로 난 가지는 적갈색이며 털이 없고 가시가 많다.
- 잎 뒷면 맥 위와 잎자루에 부드러운 털과 가시가 있다.
- 장상 잎으로 3~5갈래로 갈라진다.</td></tr>
<tr><td colspan="2">생태·조경 포인트</td><td>- 전국 각지의 산불발생지, 벌채지, 산림훼손지 등의 양지바른 곳에서 잘 자란다.
- 양수이며 선구수종이다.
- 봄의 흰꽃이 아름답다.
- 주연부식재에 적합하다.</td></tr>
<tr><td colspan="2">인문학 포인트</td><td>- 산딸기의 속명은 루부스(Rubus)인데, 이는 라틴어로 붉은색이란 뜻의 루베르(ruber)에서 유래되었다. 열매의 붉은빛 때문에 이런 이름을 가진 것이다.
- 산에서 자라는 딸기나무 종류라는 뜻이다.
- 산과 들, 특히 화전(火田)을 일구었던 곳이나 황폐한 곳에 1차로 침입하였다가 토양이 안정되면 쇠퇴해버린다. 맹아력이 크고 지표면 가까이 있는 가근성 땅속줄기에서 근맹아가 발생한다.
- 우리가 일반적으로 먹는 딸기는 아메리카 대륙이 원산지인 초본식물을 과일로 개량한 것이지만 산딸기는 목본 즉, 나무이다.
- 딸기 속에는 약 300종이 있으며 우리나라에는 20종 정도가 있다. 우리가 일반적으로 많이 볼 수 있는 종류는 산딸기, 멍석딸기, 줄딸기 등이다. 이외 딸기나무 종류에는 멍덕딸기, 복분자, 곰딸기, 섬나무딸기, 섬딸기, 검은딸기, 장딸기, 제주산딸기, 거지딸기, 가시딸기 수리딸기, 겨울딸기, 서양산딸기 등이 있다.
- 멍석딸기(R. parvifolius)는 산딸기와 같이 전국의 산과 들에서 흔히 자라며 홀수깃꼴겹잎으로 작은 잎은 3~5장씩 달리며 잎 뒷면에 흰색 털이 밀생 하며 맥 위에도 털과 가시가 있다.
- 줄딸기(R. pungens)도 전국 산과 들에서 흔히 자라며 홀수깃꼴겹잎으로 작은 잎은 5~7장이고 꽃은 홍자색으로 가지 끝에 1개씩 달린다. 줄기가 덩굴처럼 길게 뻗는 점이 특징이다.</td></tr>
</table>

▲ 산딸기 줄기 가시

▲ 산딸기 수형

▲ 산딸기 꽃과 잎

110. 찔레꽃

과명	학명	개화	결실
장미과	*Rosa multiflora*	5~6월	9~10월

구분		내용
수목 포인트	성상	- 낙엽 활엽 관목이다. - 높이는 2~3m이다.
	분포 및 자생지	- 한국, 중국, 일본, 대만에 분포한다. - 전국의 산과 들에서 자생한다.
	꽃	- 양성화이고, 5~6월에 가지 끝에 달리는 원추꽃차례에 흰색 또는 연한 홍자색의 꽃이 모여 핀다.
	잎	- 어긋나게 달리고, 깃꼴겹잎이다. - 뒷면과 엽축에 부드러운 털이 있다.
	열매	- 장미과이고, 9~10월에 붉은색으로 익는다. - 수과는 난형이고 긴 털이 있다.
	줄기(수피)	- 갈색이고 굽은 가시가 있으며 오래될수록 얇게 갈라져 벗겨진다. - 겨울눈은 난형이고 붉은색이다.
검색 포인트		- 잎은 우상복엽(깃꼴겹잎)이고 소엽은 5~9개이다. - 긴 줄기는 밑으로 처지고 줄기에 가시가 있다. - 원추꽃차례에 흰색 또는 연한 홍자색의 꽃이 모여 피며 매우 좋은 향기가 있다.
생태·조경 포인트		- 우리나라 전국 각처의 산기슭과 하천 유역에 흔히 자란다. - 일조량이 풍부한 곳에서 잘 자라며 배수가 잘 되는 비옥한 땅에서 생장과 번식 속도가 매우 빠르다. - 내공해성이 강하고 이식이 용이하다. - 흰색 꽃과 붉은 열매가 관상가치가 높아 정원의 생울타리용으로도 많이 사용한다.
인문학 포인트		- 속명 Rosa는 켈트어 rhod(붉은)에서 유래하였다. 종소명 multiflora는 많은 꽃을 의미하는 것이다. - 가시가 많아서 찌르는 나무라는 뜻의 '찔 + 에(또는 애) + 꽃'이 변형된 이름이다. - 장미 품종을 접목할 때, 대목으로 사용한다. - 우리나라 야생장미는 찔레꽃과 더불어 해당화, 붉은인가목, 흰인가목, 생열귀나무 등이 있다. - 찔레꽃의 어린순은 그 맛이 일품이고 꽃 향기도 매우 아름답다. 과거 우리나라가 향수 문화가 크게 발달했더라면 많이 활용되었을 것이다. - 흘러간 대중가요인 찔레꽃(가수 백난아)의 노래 가사인' 찔레꽃 붉게 피는 남쪽나라 내 고향 ~'에서 언급된 찔레꽃은 아무래도 해당화를 언급한 게 아닌가 하는 느낌이 든다. 찔레꽃은 흰색의 꽃을 피우기 때문이다. - 찔레꽃과 관련된 슬픈 이야기가 있는데, 고려시대 원나라의 공녀를 끌려간 찔레라는 이름을 가진 소녀가 있었는데, 부모는 찔레가 끌려가자 목을 매어 죽었고 이를 모르는 찔레는 부모를 그리워하는 마음이 커서 고려로 잠시 돌아와 가족을 찾았으나 찾을 수가 없었습니다. 다시 원나라로 돌아가기는 싫어 동생의 이름을 부르면서 죽었고 이후 이 계곡에 동생을 부르던 그 목소리가 아름다운 향기가 되어 온 산천을 뒤덮었다고 하여 이 꽃나무의 이름을 찔레꽃이라 하였다는 전설이 있다.

▲ 찔레꽃의 흰색꽃

▲ 찔레꽃의 잎과 수형

111. 해당화

과명	학명	개화	결실
장미과	*Rosa rugosa*	5~7월	8~9월

구분		내용
수목 포인트	성상	- 낙엽 활엽 관목이다. - 높이는 1~2m이다.
	분포 및 자생지	- 한국, 중국, 일본, 러시아 등에 분포한다. - 전국의 바닷가 모래땅이나 바위틈에서 자생한다.
	꽃	- 양성화이고, 5~7월에 가지 끝에 1~3개의 홍자색 꽃이 핀다.
	잎	- 어긋나게 달리고, 깃꼴겹잎이다. - 작은 잎은 타원형이고 5~9개이다. - 뒷면과 엽축에 부드러운 털이 밀생 하며 작은 가시가 있다.
	열매	- 장미과이고, 8~9월에 붉은색으로 익는다. - 수과는 난형이고 긴 털이 있다.
	줄기 (수피)	- 갈색이고 납작한 가시와 바늘 모양의 가시가 함께 달린다. - 땅속줄기가 길게 뻗는다. - 겨울눈은 난형이고 붉은색이다.
검색 포인트		- 바닷가 모래땅에서 흔히 자란다. - 잎은 7~9개의 소엽으로 이루어져 있고 표면에 주름이 많고 광택이 있다.
생태·조경 포인트		- 해안가 모래땅과 산기슭 양지바른 곳에서 자란다. - 강한 햇볕에도 내성이 강하고 배수가 잘 되는 사질토에서 잘 자란다. - 홍자색의 꽃이 아름답고 대기오염에 강하고 도심지 관상용 수종으로 적합하다. - 줄기에 가시가 빽빽하여 열식으로 밀식하면 악센트식재, 경계식재로 이용하면 좋다.
인문학 포인트		- 바닷가에서 자라기 때문에 붙여진 이름이다. - 학명은 툰베르기가 명명했으며 속명 로사(Rosa)는 장미를 의미하는 로돈과(rhodon) 붉음을 뜻하는 켈트어 로드(rhodd)에서 유래했다. 종소명인 루고사(rugosa)는 주름이 있다는 뜻이다. 이는 잎의 모습을 두고 붙인 이름이다. - 해안사구 식물 중 대표적인 낙엽관목 수종으로 해안사구 지역에서 쉽게 볼 수 있다. 1980년대 녹화사업을 통해 전국적으로 식재가 많이 되었으나, 현재 군락으로 분포하는 지역은 거의 없다.※ - 해당화 꽃말은 기다림을 의미하며, 꽃송이는 젊음을 상징한다. 민화나 수를 놓을 때 많이 이용하며, 관상용과 조경용으로 많이 식재되고 있다. 해당화 꽃은 향이 좋아 향수의 원료이며, 과실은 약용과 식용으로 이용된다. - 영어권에서는 해당화의 원산지를 터키와 일본으로 인식하고 있다. - 흰꽃이 피는 해당화는 흰해당화이다. 노랑해당화는 해당화에 비해 잎이 작고 얇으며 꽃이 노란색이고 겹꽃으로 피는 점이 다르다. - 과거 미인을 나타내는 단어인 해어화(解語花)는 양귀비가 자신을 해당화에 비유하면서 생긴 말이다.

※ 국립공원공단 생물종정보(식물) 자료 참조

▲ 안면도 신두리 해안 해당화군락

▲ 해당화의 잎과 열매

112. 앵도나무

과명	학명	개화	결실
장미과	*Prunus tomentosa*	3~4월	5~6월

<table>
<tr><td rowspan="6">수목
포인트</td><td>성상</td><td>- 낙엽 활엽 관목이다.
- 높이는 2~3m이다.</td></tr>
<tr><td>분포 및
자생지</td><td>- 중국이 원산지다.
- 전국에서 심어 기른다.</td></tr>
<tr><td>꽃</td><td>- 양성화이고, 3~4월에 가지마다 1~2개의 흰색 또는 연한 홍색 꽃이 잎이 나기 전부터 핀다.</td></tr>
<tr><td>잎</td><td>- 어긋나게 달리고, 난상 타원형 또는 도란상 타원형이다.
- 가장자리에 불규칙한 잔 톱니가 있다.
- 양면에 털이 있으며 짧은 잎자루가 있다.</td></tr>
<tr><td>열매</td><td>- 핵과이고, 5~6월에 붉은색으로 익는다.
- 씨는 난형이다.</td></tr>
<tr><td>줄기
(수피)</td><td>- 흑갈색이고 오래될수록 불규칙하게 벗겨진다.
- 어린 가지에는 털이 밀생 하다가 점차 떨어진다.
- 겨울눈은 난형이고 끝이 뾰족하며 흰색 털이 있다.</td></tr>
<tr><td colspan="2">검색 포인트</td><td>- 흰색 꽃과 구슬 같은 붉은색 열매가 특징이며 잎에 털이 매우 많다.
- 짧은 꽃자루에 잔털이 빽빽하고 암술대는 긴털이 빽빽하다.</td></tr>
<tr><td colspan="2">생태·조경
포인트</td><td>- 양지, 음지 모두 잘 자란다.
- 배수가 잘 되는 비옥한 토양에서 생육이 양호하다.
- 주로 과수용으로 재배되며 4월에 피는 흰꽃과 6월에 맺는 붉은 열매가 아름답다.
- 악센트식재에 적합하다.</td></tr>
<tr><td colspan="2">인문학
포인트</td><td>- 종소명인 tomentosa는 '가는 솜털이 밀생 하다'라는 뜻으로 앵도나무 잎의 뒷면에 융모(털)가 많음을 말해 준다.
- 열매가 복숭아와 닮았다고 하여 여기서 이름이 유래하였다. 지금의 복숭아와 비교한다면 전혀 관계가 없는 것 같지만, 야생 복사나무 열매와 비교한다면 다소 이해가 갈 것이다.
- 오래전부터 재배하던 나무로써 예로부터 앵도나무는 단옷날을 전후로 가장 먼저 익는 과일로 여겨 제물과 약제로 소중하게 사용되었다.
- 부여 궁남지 발굴 현장에서 앵두 씨가 발견돼 최소한 삼국시대부터 식용했을 것으로 본다. 앵두는 '고려사'에서도 등장한다.※
- 그러나 국립수목원에서 제공하는 국가 생물종 지식시스템에서는 앵도나무를 중국 원산이면서 우리나라에는 1,600년경에 도입되었다고 제시하고 있다.※※</td></tr>
</table>

※ 강판권(2010) 역사와 문화로 읽는 나무사전 자료 참조

※※ 국립수목원 제공 국가생물종지식정보시스템 자료 참조

▲ 앵도나무 수목해설판(한택식물원)

▲ 앵도나무 수형

앵도나무 ▶

113. 복사나무

과명	학명	개화	결실
장미과	*Prunus persica*	4~5월	8~9월

구분	항목	내용
수목 포인트	성상	- 낙엽 활엽 관목이다. - 높이는 3~6m이다.
	분포 및 자생지	- 중국이 원산지이지만, 자생지는 불분명하다. - 전국에서 재배하고 여러 품종이 있으며 야생화화여 자란다.
	꽃	- 양성화이고, 4~5월에 가지마다 1~2개의 연한 홍색 꽃이 잎이 나기 전부터 핀다.
	잎	- 어긋나게 달리고, 긴 타원형 또는 도란상 피침형이다. - 가장자리에 얕은 톱니가 촘촘하게 있다. - 뒷면 맥 위에 털이 있다.
	열매	- 핵과이고, 8~9월에 황적색으로 익는다. - 씨는 난형이고 과육에서 잘 떨어지지 않는다.
	줄기(수피)	- 흑갈색이고 오래될수록 불규칙하게 갈라진다. - 어린 줄기는 껍질눈이 발달한다. - 겨울눈은 난형이고 흰색 털로 덮인다.
검색 포인트		- 잎은 어긋나며 피침형~거꿀피침형이며 끝이 뾰족하며 가장자리에 얕은 톱니가 있다. - 자두나무보다 꽃이 크고 연한 홍색이며 잎이 긴 점이 다르다.
생태·조경 포인트		- 일사가 좋은 곳에서 생육이 양호하며 비옥한 토양을 좋아한다. - 주로 과수용으로 재배되며 봄철 꽃이 아름다워 악센트식재, 경계식재 등에 좋다.
인문학 포인트		- 독일의 식물학자 바츠(Batsch)가 학명을 붙였다. 종소명인 페르시카(persica)는 원산지가 페르시아(지금의 이란)라는 뜻이다. 우리나라 이름인 복사나무도 어디에서 유래되었는지 알 수가 없다. - 복사나무는 고향을 상징하는 나무로 인식되고 있다. 아무래도 동요'고향의 봄'때문이 아닐까 한다(나의 살던 고향은 꽃피는 산골 복숭아꽃 살구꽃 아기 진달래~). - 복사꽃은 중국 동진 시기 도연명의 도화원기로부터 영향을 받아 도원에서 보듯 별천지를 상징한다.※ - 복사나무는 자두나무와 은행나무 등과 마찬가지로 종자를 위로해서 심어야지 발아가 잘 된다. 복사나무는 감나무, 자두나무, 매화나무를 복사나무 대목에 접붙이기도 한다. 감나무를 접붙이면 금도가 되고, 자두나무를 접붙이면 이도가 되고 매화나무를 접붙이면 취도가 된다. - 귀신을 쫓는다 하여 제사상에 복숭아를 올리지 않는다. 무당들이 동쪽으로 뻗은 복숭아나무 가지로 귀신 들린 사람들에게 휘두르는 일도 이러한 속설 때문이다.

▲ 복사나무 잎

▲ 복사나무 꽃

알고 있으면 도움이 되는 포인트

복사나무「유래」※※

예전에 복사나무가 페르시아를 통해 유럽에 소개되어 그곳이 원산지로 알려져 학명에도 페르시카(persica)란 이름이 붙었으나 그곳에서는 야생하는 나무가 발견되지 않았고 어떤 고대 문헌에도 기록되어 있지 않다. 이후 중국 화북의 해발 600m 이상의 고원지대에서 발견되어 원산지가 중국으로 정정되고 이 나무가 실크로드를 통해 페르시아로 전해졌고 그곳에서 다시 1세기경 유럽으로 전파되었다고 이해하면 된다.

경제적 가치가 있는 복사나무의 품종을 키우기 시작한 것은 1906년 유럽을 통해 품종과 재배기술이 전해지면서부터이다. 우리나라에서는 대개 과실을 그대로 먹는 것이 보통이나, 유럽에서는 통조림으로 많이 애용한다.

복사나무는 귀신을 쫓는 나무라고 알려져 있다. 제사를 올리면서 복숭아를 올리지 않았는데 그 이유가 여기에 있다고 생각하면 된다. 음나무는 가시가 있어 귀신을 쫓는다고 하지만, 과연 복사나무는 어떻게 귀신을 쫓을까?라고 궁금해 할 수 도 있다.'본초강목'에 따르면 옛날의 복사나무 열매는 지금처럼 달콤하지 않고 매우 시었으며 먹고 나면 속이 편치 않았는데 이런 이유로 귀신이 무서워했는지도 모를 일이다.

복사나무는 무릉도원과도 연계가 되는데, 아무래도 복사꽃이 환하고 아름다운 여인이 있는 곳에서 달콤하고 몸에 좋은 과실을 먹으며 지내니 이런 이유가 아닐까 생각한다.

※ 강판권(2010) 역사와 문화로 읽는 나무사전 자료 참조

※※ 우리나무 백가지(이유미) 중 '복사나무' 내용 일부 재구성

▲ 복사나무 열매

114. 살구나무

과명	학명	개화	결실
장미과	*Prunus armeniaca* var. *ansu*	3~4월	6~7월

수목 포인트	성상	- 낙엽 활엽 소교목이다. - 높이는 5~10m이다.
	분포 및 자생지	- 중국이 원산지이다. - 전국에서 흔히 심어 기른다.
	꽃	- 양성화이고, 3~4월에 가지마다 1~2개의 연한 홍색 꽃이 잎이 나기 전에 핀다.
	잎	- 어긋나게 달리고, 난형 또는 난상 원형이다. - 가장자리에 둔한 톱니가 불규칙하게 있다. - 양면에 털이 거의 없고 뒷면 맥겨드랑이에만 약간 있다.
	열매	- 핵과이고, 6~7월에 황적색으로 익는다. - 씨는 납작한 구형이고 날개가 있으며 과육과 잘 떨어진다.
	줄기(수피)	- 회갈색이고 오래될수록 세로로 불규칙하게 갈라지며 코르크질이 발달하지 않는다. - 겨울눈은 난형이고 여러 개의 비늘 조각에 싸인다.
검색 포인트		- 3~4월에 잎이 나오기 전에 흰색 꽃이 피며 꽃자루가 매우 짧고 꽃받침은 뒤로 젖혀진다. - 둥근 노란색 열매는 자루가 없으며 털이 빽빽하다.
생태·조경 포인트		- 일사가 좋은 곳에서 생육이 양호하며 비옥한 토양을 좋아한다. - 주로 과수용으로 재배되며 봄철 연한 홍색의 꽃이 아름다워 악센트식재, 경계식재 등에 좋다.
인문학 포인트		- 속명 Prunus는 plum(자두)의 라틴이름이다. 종소명 armeniaca는 흑해 연안에 있는 아르메니아 지방 이름에서 유래했다. 안수(ansu)는 살구를 뜻하는 일본어 안즈(あんず)이다. - 한자로 풀어보면 개를 죽인다는 뜻이다. 이는 살구에 들어 있는 씨앗이 개의 독을 없앤다고 하여 개고기를 먹고 체했을 때, 살구씨를 달여 먹으면 낫는다고 하여 상비약으로 두고 사용했다는 기록으로 미루어 볼 때, 개고기에 의한 문제를 해결한다는 의미가 아닐까 생각한다. 그러나 이에 대한 논의는 더 필요한 상황이다. - 살구나무의 한자는 행(杏)이고 또 다른 한자 이름은 첨매(甛梅), 즉 달콤한 매실이다. 살구가 맛이 좋아 '좋은 매화 같다'하여 양행밀이라는 사람이 붙인 이름이다. - 살구꽃은 봄비와 남쪽을 상징하는 말이다. 살구꽃이 피는 시기는 청명, 한식과 맞물려 나들이하기 좋은 시기이고 옛날부터 이 시기에 살구꽃을 벗 삼아 술을 많이 마셨다는 기록이 있다. - 과거 당나라에서는 과거 시험을 급제하면 살구나무 꽃이 있는 행원에서 축하연을 베풀어 주어 살구나무를 '급제화(及第花)'라고 부르기도 했다.※ - 개살구나무(*P. mandshurica*)는 살구나무에 비해 잎 뒷면 맥 위에 털이 있고 가장자리의 톱니가 겹톱니이며 나무껍질에 코르크가 발달하는 점이 다르다. - 시베리아살구는 살구나무에 비해 잎이 좀 더 둥글고 열매가 납작한 편이며 씨의 한쪽에만 날개가 달리는 점이 다르다. 종소명 sibirica는 시베리아에서 자라는 살구라는 뜻이다.

※ 강판권(2010) 역사와 문화로 읽는 나무사전 자료 참조

▲ 살구나무 꽃

▲ 살구나무 수형(봄)

▲ 살구나무 수형(여름)

115. 매실나무

과명	학명	개화	결실
장미과	Prunus mume	2~4월	6~7월

구분	항목	내용
수목 포인트	성상	- 낙엽 활엽 소교목이다. - 높이는 4~10m이다.
	분포 및 자생지	- 중국이 원산지다. - 전국에서 심어 기르며 대단위로 재배하기도 한다.
	꽃	- 양성화이고, 2~4월에 가지마다 1~3개의 흰색 꽃이 잎이 나기 전에 핀다.
	잎	- 어긋나게 달리고, 도란상 타원형 또는 난형이다. - 양면에 털이 있다가 점차 없어진다.
	열매	- 핵과이고, 6~7월에 황색으로 익는다. - 씨는 난상 타원형이고 과육에서 잘 떨어지지 않는다.
	줄기(수피)	- 짙은 회색이고 오래될수록 불규칙하게 갈라진다. - 잔가지는 녹색이고 가시처럼 된다. - 겨울눈은 난형이고 끝이 뾰족하다.
검색 포인트		- 살구나무에 비해 꽃받침 조각이 뒤로 젖혀지지 않고 2년지가 녹색이며 씨가 과육에서 잘 떨어지지 않는 점이 다르다.
생태·조경 포인트		- 양지, 음지 모두 잘 자란다. 그리고 추위에도 잘 견디어 우리나라 어디에서나 잘 자란다. - 배수가 잘 되는 비옥한 토양에서 생육이 양호하다. - 4월의 꽃, 6~7월 열매가 아름답다.
인문학 포인트		- 속명 푸르누스(Prunus)는 '플람(plum)' 즉, 자두의 라틴명이다. 종소명 무메(mume)는 일본어로 우메를 말한다. 우메는 매실의 일본 발음이다. - 소나무와 대나무가'양'을 대표하는 나무라면 매화와 치자는'음'을 대표하는 나무이고 달빛 아래 고요하게 퍼져 나가는 매화향이 으뜸이라고 하였다. - 고려시대 김부식이 편찬한 삼국사기에 매실에 대한 기록이 최초로 언급되고 있는데, 매실은'신맛이 강하고 이 맛을 생각하면 입 안에 침이 돈다'라고 하였다. - 이름은 매실나무와 매화나무 둘 다 사용하고 있는데, 매실나무는 열매를, 매화나무는 꽃을 강조한 것이다. 선비들이 매화나무를 좋아한 이유는 추운 날씨에도 굳은 기개로 피는 하얀 꽃과 은은하게 배어나는 향기, 즉 매향 때문일 것이다. - 우리나라에서 가장 오래된 매화나무는 정당매※이다. 양화소록의 편찬자인 강희안의 조부인 강회백이 심은 나무라고 알려져 있다. - 강희안의 양화소록을 보면, 매화를 귀하게 여긴 이유가 첫째, 함부로 번성하지 않은 희소함이 있고 둘째, 늙은 나무의 아름다움이 있고 셋째, 살찌지 않은 마른 모습이 아름답고 넷째, 꽃봉오리가 벌어지지 않고 오므려 있는 자태 때문이라 하였다.※※ - 매화는 사군자에 해당하며 다양한 문학작품에 소재로 사용되었다. - 매화는 중국의 나라꽃이기도 하다. 과거 중국은 모란을 국화로 했으나, 너무 화려하다는 이유로 탈락시키고 매화가 추위에 강한 점이 혁명정신에 부합한다고 하여 새롭게 지정하였다.

※ 경상남도 산청군 단성면 운리 탑동마을 단속사 터에는'정당매(政堂梅)'라고 불리는 매화나무가 한 그루 있다. 백매화를 피우는 고매(古梅)'정당매'는 현존 한국 최고(最古)의 매화 중의 하나이다. 문헌에 따르면, 강회백이 소년시설에 식재하였다는 기록이 있어 이를 미루어볼 때 정당매는 수령이 약 650년 정도 될 듯하다. 수고는 3.5m이며, 1982년 11월 10일 보호수로 지정되었다.

※※ 이유미(2015) 우리나무 백가지 내용 중 매실나무 자료 참조

▲ 매실나무 수피

▲ 매실나무 잎

116. 자두나무

과명	학명	개화	결실
장미과	*Prunus salicina*	3~4월	6~8월

구분		내용
수목 포인트	성상	- 낙엽 활엽 소교목이다. - 높이는 7~10m이다.
	분포 및 자생지	- 중국이 원산지다. - 전국에서 심어 기르며 재배하는 경우가 많다.
	꽃	- 양성화이고, 3~4월에 가지마다 3개씩의 흰색 꽃이 잎이 나기 전에 핀다.
	잎	- 어긋나게 달리고, 좁은 타원형 또는 긴 타원상 도란형이다. - 가장자리에 잔톱니가 촘촘하게 있다. - 양면에 털이 없다.
	열매	- 핵과이고, 6~8월에 붉은색으로 익는다. - 씨는 과육에서 잘 떨어지지 않고 가장자리에 좁은 날개가 있다.
	줄기 (수피)	- 회갈색 또는 적갈색이고 오래될수록 세로로 불규칙하게 갈라진다. - 겨울눈은 삼각상의 난형이고 끝이 뾰족하다.
검색 포인트		- 매실나무에 비해 꽃이 작고 대개 3개씩 달리며 꽃받침조각이 넓은 피침형이고 잎이 좁은 점이 다르다.
생태·조경 포인트		- 양지, 음지 모두 잘 자란다. - 배수가 잘 되는 비옥한 토양에서 생육이 양호하다. - 흰꽃과 열매가 아름다워 악센트식재로 적합하다.
인문학 포인트		- 열매가 복숭아와 비슷하고 보라색이라는 뜻의 '자도(紫桃)나무'가 변해서 생긴 이름이다. - 자두의 한자는 복사나무 열매에 비유했지만, 영국의 식물학자 린들리(Lindley)가 붙인 학명에 등장하는 프루누스(Prunus)는 곧 자두를 의미한다. 매실나무와 살구나무는 물론 복사나무조차도 프루누스 학명을 달고 있다. 즉, 학명상 자두나무는 다른 나무들에게 이름을 빌려 주는 위치에 있다. - 우리나라에는 약 1,500년전에 도입된 것으로 추측할 수 있으며 오얏나무라고도 했다. - 나무 목(木)자와 아들 자(子)를 합해서 오얏 이씨(李氏) 성이 만들어졌다고 하며, 고려 때 도선국사가 오얏 성씨(李) 가진 새 왕조가 탄생할 것이며, 이씨 왕조가 도읍을 한양으로 옮기게 될 것이라고 예언했다는 얘기가 전해 온다. 그래서 고려의 조정에서는 지금의 북한산에 오얏나무(자두)를 많이 심어 어느 정도 크기만 하면 잘라 버리기를 반복하여 오얏 이씨의 기운을 없애려 애를 썼지만 결국 도선국사의 예언대로 이성계는 조선왕조를 세워 500년의 영화를 누리게 된 것이다.※ - 자두는 무병장수와 연관이 있으며 또한 자두를 먹으면 피부가 고와진다는 속설이 있는 것처럼 건강에 유익한 과일로 인정받아 왔다. 고대 문학작품에서는 자두를 신비한 과일로 묘사하기도 했다. - 자두나무는 대추나무와 마찬가지로 시집보내기를 했다. 정월 1일이나 15일에 갈라진 가지 사이에 돌을 끼우는 것이다.※※ - 과거 중국에서는 대추, 밤, 감, 배와 더불어 자두를 5대 과일로 취급하여 임금께 진상하였다는 기록이 있다.

※ 정헌관(2008) 우리 생활 속의 나무 자료 참조

※※ 세계 최초 종합농서인 중국 북위시대 가사협이 저술한 제민요술에서 언급되었다.

▲ 자두나무 잎

▲ 자두나무 꽃

▲ 공원내 식재된 자두나무 전경

117. 귀룽나무

과명	학명	개화	결실
장미과	*Prunus padus*	4~6월	7~9월

구분	항목	내용
수목 포인트	성상	- 낙엽 활엽 교목이다. - 높이는 10~15m이다.
	분포 및 자생지	- 한국, 중국, 일본, 몽골, 러시아에 분포한다. - 지리산 이북의 산지 계곡이나 능선에서 자생한다.
	꽃	- 양성화이고, 4~6월에 새 가지의 끝에 달리는 총상꽃차례에 흰색 꽃이 모여 핀다.
	잎	- 어긋나게 달리고, 타원형 또는 긴 타원상 도란형이다. - 가장자리에 날카로운 톱니가 촘촘하게 있다. - 뒷면의 맥겨드랑이에 잔털이 있기도 하고 없기도 하다.
	열매	- 핵과이고, 녹색→붉은색이었다가 7~9월에 검은색으로 익는다. - 씨는 난상 구형이다.
	줄기(수피)	- 흑갈색이고 껍질눈이 있으며 오래될수록 세로로 가늘게 갈라진다. - 가지를 꺾으면 고무 탄 것 같은 냄새가 난다.
검색 포인트		- 4~6월에 새 가지 끝에 달리는 총상꽃차례에 흰색 꽃이 모여 핀다. 즉, 귀룽나무는 봄에 하얀색 꽃이 피는 커다란 나무라고 여기면 된다.
생태·조경 포인트		- 산림 계곡부, 하천유역의 그늘진 곳을 좋아하며 수분이 많고 배수가 잘 되는 비옥한 토양에서 생육이 왕성하다. - 대기오염에 강하며 번식력도 좋아 생태복원용 수종, 공원 및 정원수, 가로수 등에 다양하게 사용된다. - 숲 속에서는 물푸레나무 등 습지성 낙엽활엽수가 있는 곳에 귀룽나무도 같이 자라고 있다. 분포지의 생태적 특성이 유사하기 때문이다.
인문학 포인트		- 종소명 padus는 야생 앵두의 그리스 이름이다. - 나무껍질이 아홉 마리 용이한데 얽힌 듯하다 하여 구룡목이라 하던 것이 변한 이름이다. 우리나라 금강산의 구룡폭포는 물줄기가 하늘을 승천하는 용의 모습과 같아 붙여진 이름이다. 이처럼 구룡이란 단어가 과거부터 주로 많이 사용되었다. - 북한에서는 귀룽나무에 핀 하얀색 꽃의 모습이 뭉개구름을 닮았다 하여 구름나무라고 한다. - 귀룽나무의 열매는 새들이 좋아하는 먹이이다. 유럽에서는 새들이 먹는 버찌 즉, European Bird Cherry라고 부른다. 새들이 먹이로 먹고 배설한 자리에 귀룽나무가 자란다. 벚나무 종류가 자연적으로 확산되는 것도 마찬가지다. 봄철 산에서 아름다운 벚나무를 만날 수 있게 해 준 새들에게 고마워해야 할 듯하다. - 귀룽나무는 어린 가지를 꺾거나 껍질을 벗기면 톡 쏘는 냄새 혹은 고무 타는 듯한 안좋은 냄새가 난다. 파리가 이 냄새를 싫어해 파리를 쫓는 데 사용하며 옛날 화장실에 두어 구더기를 없애는 데도 사용하였다. 벌통의 옆에 귀룽나무 가지를 두면 벌들이 유순해져 벌통관리가 쉽다고 한다. 이는 나무껍질에 있는 탄닌 성분의 정유물질 때문이 아닐까 하는 추측을 해본다. - 귀룽나무는 어린잎을 식용으로 하며 종자로 주로 번식한다. 뿌리로도 번식이 가능하다. 열매는 앵액(櫻額)이라고 하여 위 기능을 강화시키는 등의 작용을 하고 귀룽나무의 수피와 줄기, 가지는 한약에서 매우 중요한 자원으로 사용하고 있다. - 남한산성 계곡에 봄철 흰꽃을 피우는 귀룽나무와 더불어 다양한 낙엽활엽수가 분포하고 있어 매우 아름다우며 이외 강원도 원주시 신림면 성남리 성황림은 천연기념물 제93호로 지정된 곳인데, 여기는 귀룽나무를 비롯하여 전나무, 층층나무, 물푸레나무 등이 함께 군락을 형성하여 우리나라 대표적 온대 낙엽활엽수 군락을 볼 수 있는 곳이기도 하다.

▲ 귀룽나무 수피

▲ 귀룽나무 수형

▲ 귀룽나무 잎

118. 왕벚나무

과명	학명	개화	결실
장미과	*Prunus yedoensis*	3~4월	5~6월

구분	항목	내용
수목 포인트	성상	- 낙엽 활엽 교목이다. - 높이는 5~15m이다
	분포 및 자생지	- 한국 특산식물이다. - 제주도 한라산 중턱의 낙엽활엽수림 지대에서 드물게 자생한다.
	꽃	- 양성화이고, 3~4월에 가지마다 달리는 산형꽃차례에 3~6개의 흰색 또는 연한 홍색 꽃이 잎이 나기 전부터 핀다.
	잎	- 어긋나게 달리고, 넓은 타원형 또는 도란형이다. - 가장자리에 날카로운 겹톱니가 촘촘하게 있다. - 뒷면 맥 위와 잎자루에 털이 있다. - 샘점은 잎과 잎자루가 만나는 지점에 달린다.
	열매	- 핵과이고, 5~6월에 흑자색으로 익는다. - 씨는 난상 타원형이다.
	줄기 (수피)	- 회갈색이고 세로로 얕게 갈라진다. - 겨울눈은 삼각상 난형이고 털이 있다.
검색 포인트		- 꽃받침 통이 항아리 모양으로 부풀지 않고 작은 꽃자루가 길며 잎이 넓고 둥근 모양이다. - 대체적으로 왕벚나무는 꽃이 잎보다 먼저 피지만, 산벚나무는 잎과 꽃이 거의 같은 시기에 난다.
생태·조경 포인트		- 회백색이고 매끈한 편이다. - 수피에 피목이 뚜렷하다.
인문학 포인트		- 종소명 '에도엔시스(yedoensis)'는 도쿄의 옛 이름인 에도를 나타내며, 즉, '도쿄 벚나무'란 뜻이다. - 우리나라에서는 1908년 한라산 관음사 근처 숲에서 프랑스인 에밀 타케(Taquet, 1873~1952) 신부가 최초로 왕벚나무 표본을 채취했다. 1912년 독일 베를린대학 쾨네 교수를 통해 제주도가 왕벚나무 자생지임이 최초로 알려졌으며 그 후 일본의 많은 식물학자들이 제주도를 방문해 조사 결과에 지지를 표하였다. 일본의 국화이지만, 일본 내에서는 자생지가 발견되지 않고 있다. - '벚나무 자르는 바보, 매화나무 자르지 않는 바보'라는 말이 생겨날 정도로 벚나무는 전정을 하지 않고 자연 수형으로 키우는 것이 좋다. - 벚나무는 나무의 조직이 조밀하면서 단단해서 글자를 새기는데 적당하다. 팔만대장경에 사용한 나무 가운데 60% 정도가 산벚나무라는 사실도 밝혀졌다. - 국내 왕벚나무 자생지가 천연기념물로 지정된 곳은 제주 관음사 왕벚나무 자생지(천연기념물 제51호), 제주 신례리 왕벚나무 자생지(천연기념물 제156호), 제주 봉개동 왕벚나무 자생지(천연기념물 제159호), 그리고 내륙에서는 해남 대둔산 왕벚나무 자생지(천연기념물 제173호)가 있다. - 벚나무 가운데 올벚나무는 다른 벚나무보다 꽃이 먼저 피어 붙여진 이름이다. '올'이라는 단어는 이르다 혹은 빠르다는 뜻으로 해석할 수 있다. 전남 구례 화엄사 지장암의 올벚나무가 천연기념물 제38호로 지정되어 있다.

알고 있으면 도움이 되는 포인트

왕벚나무의「기원」※

왕벚나무는 일본의 국화이지만 일본에서는 자생의 흔적이 아직까지 발견되지 않아 식물학자들의 관심거리가 되고 있다. 왕벚나무는 올벚나무와 산벚나무 사이에서 발생한 교잡종으로 추측하고 있다.

한라산 위쪽에 분포하는 산벚나무 가지의 수피는 윤기가 나고 아름다운 진한 붉은색을 보이지만, 산 아래쪽에 나는 올벚나무의 수피는 회색을 띤 오흑색이고 아름다움은 다소 떨어진다.

제주도에서 왕벚나무는 한라산 주변 해발고 500~600m 지점에 집중해서 분포하고 있는데 현재 그 개체수는 약 200여 주로 극히 적은 상태이다. 수령은 어린나무에서 270년생까지 다양하다,

왕벚나무는 서귀포시 남원읍 신례리에 있는 것을 천연기념물 제156호로, 제주시 봉개동 산 78번지에 있는 것을 천연기념물 제159호로 지정해서 보호하고 있다. 봉개동의 왕벚나무는 프랑스 타케 신부가 1908년 처음 왕벚나무를 채집한 곳이기도 하다.

미국 하버드대학교 윌슨 박사는 왕벚나무가 올벚나무와 오오시마벚나무 사이에 생겨났다는 잡종설을 발표하였다. 올벚나무와 산벚나무 사이의 잡종이라는 학설도 있다.

이후 2018년 국내 학자들이 왕벚나무의 게놈(genome)을 완전히 해독했는데, 왕벚나무는 올벚나무와 (산)벚나무 사이의 자연 잡종이며 일본산 왕벚나무는 올벚나무와 오오시마벚나무 사이에 인공 교배종이라는 것을 밝혀냈다. 결국 국내 왕벚나무와 일본산 왕벚나무는 서로 다른 종으로 밝혀져 왕벚나무의 원산지에 대한 논쟁의 종지부를 찍었다.

※ 이야기가 있는 나무백과(임경빈) 중 '왕벚나무' 내용 일부 재구성

▲ 왕벚나무 수피

▲ 왕벚나무 꽃

▲ 제주 신례리 왕벚나무 자생지(천연기념물 제156호)
서귀포시 남원읍 신례리에 위치하고 있으며 수악교를 중심으로 반경 250m 이내에 위치한 왕벚나무 자생지는 어린 나무부터 큰 나무까지 현재 11그루 정도가 자생하고 있다.

▲ 제주 봉개동 왕벚나무 전경 및 자생지 안내판 (천연기념물 제159호)

▲ 제주 신례리 왕벚나무 자생지 위치도

119. 비파나무

과명	학명	개화	결실
장미과	*Eriobotrya japonica*	11~다음 해 1월	다음 해 5~6월

구분	항목	내용
수목 포인트	성상	- 상록 활엽 소교목이다. - 높이는 4~8m이다.
	분포 및 자생지	- 중국이 원산지이다. - 제주도를 비롯한 남부지방에서 식재한다.
	꽃	- 양성화이고, 11월~다음 해 1월에 가지 끝에 달리는 10~20cm의 원추꽃차례에 황백색 꽃이 모여 핀다.
	잎	- 어긋나게 달리고, 넓은 도피침형이다. - 질은 가죽질이다. - 앞면은 광택이 있고 측맥이 주름처럼 보인다. - 뒷면은 갈색 솜털이 밀생한다.
	열매	- 이과이고, 5~6월에 등황색으로 익는다. - 씨는 난형 또는 타원형이고 갈색이다.
	줄기(수피)	- 회갈색 또는 회백색이고 가로로 주름이 있다. - 어린 가지와 겨울눈이 갈색 솜털로 덮인다.
검색 포인트		- 꽃차례와 잎 뒷면과 열매에 갈색 솜털이 밀생 하는 점이 특징이다. - 겨울에 꽃이 피고 여름에 열매를 맺는다.
생태·조경 포인트		- 적윤지 토양에서 잘 자라고 내공해성이 약하며 이식은 곤란하다. - 노란 열매가 아름다워 남부지방에서는 악센트 식재로 이용한다.
인문학 포인트		- 비파나무는 잎 모양이 악기 비파를 닮아서 붙여진 이름이다. - 학명은 일본을 원산지로 하지만, 중국 양자강 중상류지역이 원산지이다. 속명인 에리오보트리아(Eriobotrya)는 그리스어로'부드러운 털'을 의미하는 에리온(erion)과'포도'를 뜻하는 보트리스(botrys)를 합친 것이다. 즉, 학명에서 연한 갈색 털과 둥근 열매를 강조했다. - 본초강목※에서는 황금색으로 익는 포도송이와 같은 열매를 탄환에 비유했다는 기록도 있다. 중국 삼국시대 위나라 조조는 비파나무 열매를 즐겼고 마당에 심어 직접 열매수를 세어볼 정도로 아꼈다고 한다. 중국에서의 재배 역사는 1,000년 이상으로 추정되며 일본에서도 많이 사랑받는 열매이다. - 우리나라에서는 집에 비파나무가 있으면 병이 없다고 할 정도로 만병에 좋은 영약으로 알려져 있다. 그래서 비파나무를 약의 대왕나무라 하기도 한다. 동의보감※※에서는 허준이 스승 유의태의 위암 치료에 비파나무 열매를 활용했다는 기록이 있다. 실제 1996년 한국 약용식물 학회지에서도 잎에서 나온 물질이 항암작용에 효과가 있다는 연구가 입증되었다.

※ 중국 명(明)나라 때의 본초학자(本草學者) 이시진(李時珍:1518~1593)이 엮은 약학서(藥學書)이다.

※※ 광해군 2년(1610년) 허준(許浚, 1546~1615)이 저술한 의학서적으로, 광해군 5년(1613년) 내의원에서 허준의 동의보감을 훈련도감자로 찍어내었다. 동아시아 의학을 집대성한 것으로 평가받는다. 국보 제319호이며 2009년에 세계기록유산으로 등재되었다. 우리나라에서는 7번째 세계기록유산으로 등재된 것이다.

▲ 비파나무 잎과 열매

120. 다정큼나무

과명	학명	개화	결실
장미과	*Rhaphiolepis indica* var. *umbellata*	5~6월	10~11월

구분	항목	내용
수목 포인트	성상	- 상록 활엽 관목이다. - 높이는 1~4m이다.
	분포 및 자생지	- 한국, 중국, 일본, 대만에 분포한다. - 전라도와 경남 및 제주도의 바다 가까운 산지나 바위틈에서 자생한다.
	꽃	- 양성화이고, 5~6월에 가지 끝에 달리는 원추꽃차례에 흰색 꽃이 모여 핀다.
	잎	- 어긋나게 달리고, 좁은 타원형 또는 도란형이다. - 가장자리는 밋밋하거나 둔한 톱니가 드문드문 있으며 뒤로 살짝 말린다. - 뒷면은 그물 모양의 맥이 뚜렷하고 털이 있다.
	열매	- 이과이고, 10~11월에 흑자색으로 익는다. - 씨는 약간 납작한 구형이고 흑갈색이며 광택이 있다.
	줄기(수피)	- 흑갈색이고 세로로 갈라진다. - 겨울눈은 난형 또는 긴 난형이고 적갈색이다.
검색 포인트		- 상록성이고 잎 가장자리의 톱니가 드문드문 있는 점이 특징이다. - 꽃은 원추꽃차례로서 흰색이다.
생태·조경 포인트		- 난온대 지역의 능선부나 산기슭 일사가 양호한 곳을 선호한다. - 일조량이 풍부한 곳에서 생육이 좋으며 습기가 많고 비옥한 토양을 좋아한다. - 광택이 나는 혁질과 봄철에 피는 흰꽃이 아름다워 정원수로 자주 이용한다.※
인문학 포인트		- 정확한 이름의 유래는 알려진 바 없다. 굳이 언급하자면 잎이 가지 끝에서 다정하게 핀다고 한다는데 정확지 않다. - 다른 이름으로 차륜매(車輪梅), 석반목(石斑木), 후엽석반목(厚葉石斑木) 등이 있다. 중국이름은 석반목(石斑木), 일본이름인 차륜매(車輪梅)라고 한다. 차륜매라는 이름은 꽃이 매화를 닮았고 가지가 뻗은 모습이 마치 수레 바퀴살처럼 생겼다는 데서 유래한다. - 일반적으로 관상용으로 사용하며 수피는 고급 염료를 만드는 데 사용한다. 줄기나 뿌리를 쪄서 즙을 내고 철분이 많은 진흙을 혼합하면 타닌산이 진흙 속의 철분과 산화반응을 하여 명주를 흑색으로 물들인다고 한다.※※ - 완도 주도 상록수림(천연기념물 제28호)과 울주 목도 상록수림(천연기념물 제65호) 등 주요 상록수림에서 각종 난대 수종과 함께 다정큼나무가 자생하고 있다. - 잎이 둥근 타원형인 것은 '둥근잎다정큼'이다.

※ 전라남도 산림연구소 완도수목원 보도자료(2022년 1월, 완도신문)에서는 남부지방에서 향후 철쭉꽃 대용으로 많이 사용하게 될 것으로 이야기하고 있다. 지금도 자생수종으로 가치가 크지만 향후 조경수로서의 활용가치도 크게 될 수종임에는 틀림없다.

※※ 박상진(2011) 문화와 역사로 만나는 우리 나무의 세계 자료 참조

▲ 다정큼나무 꽃

▲ 다정큼나무 잎

121. 산사나무

과명	학명	개화	결실
장미과	*Crataegus pinnatifida*	5~6월	9~10월

구분	항목	내용
수목 포인트	성상	- 낙엽 활엽 소교목이다. - 높이는 6~8m이다.
	분포 및 자생지	- 한국, 중국, 러시아에 분포한다. - 전국의 산지에서 자생한다.
	꽃	- 양성화이고, 5~6월에 가지 끝에 달리는 산방꽃차례에 흰색 꽃이 모여 핀다.
	잎	- 어긋나게 달리고, 넓은 난형 또는 삼각상 난형이고 3~5쌍의 결각이 생긴다. - 가장자리에 불규칙한 겹톱니가 있다. - 앞면은 광택이 약간 있고 뒷면 맥 위와 잎자루에 털이 있다.
	열매	- 이과이고, 9~10월에 붉은색으로 익는다. - 씨는 긴 난형이다.
	줄기(수피)	- 회갈색이고 불규칙하게 갈라진다. - 잔가지가 변한 가시가 있다. - 겨울눈은 삼각상의 난형이고 털이 없다.
검색 포인트		- 잔가지가 변한 가시가 있고 잎에 결각이 있는 점이 특징이다. - 소지는 가시로 변한다.
생태·조경 포인트		- 개울이나 마을 부근의 일사가 양호한 곳에서 생육이 좋다. - 비옥한 토양을 선호한다. 전정에 강한 편이다. - 공해에 강하며 이식이 양호한 편이다. - 흰색 꽃과 붉은색 열매가 우수해서 악센트식재, 기조식재에 좋다.
인문학 포인트		- 속명 크라테구스(Crataegus)는 그리스어로 힘을 뜻하며 크라토스(kratos)아 갖다를 뜻하는 에이젠(agein)의 합성어로 나무의 재질이 굳음을 의미한다. 종소명 피나티피다(pinnatifida)는 깃털처럼 갈라진다는 뜻으로 잎을 강조한 것이다. - 아침의 나무라는 별명답게 5월이면 하얀 꽃으로 꽃 대궐을 만드는 낙엽 소교목이다. 산사나무는 아름다운 공원수나 정원수, 과실수, 약용식물 측면서 어느 나무와 비교해도 빠지지 않는다. - 이유미 박사의 우리 나무 백가지에 따르면, 산사나무의 붉은 열매와 흰 꽃을 붉은 태양이 떠서 환해지는, 즉 해 뜨는 아침으로 비유할 수 있다고 한다. 중국의 산사수에서 이름을 얻은 산사나무는 이름 속에서 볼 수 있듯이 산에서 자라는 아침의 나무로 풀이할 수 있다. - 산사나무는 우리나라를 포함하여 중국 북부, 시베리아 등지에서 자라는 북방계 식물이며 세계적으로 약 100여 종이 있다. - 동서양 모두 산사나무의 가시가 귀신을 막아 준다고 해서 산울타리로 심고 있고 귀신과 벼락을 예방하는 나무로 알려져 있다. 서양에서는 산사나무를 '호손 혹은 하소린(hawthorm)'이라 부르며 천둥, 번개 등 재앙을 막아준다고 믿었고 우리나라에서도 산사나무의 가시가 액운을 막아준다고 믿었다. - 영국에서는 오월을 대표하는 나무라 하여 메이(May flower) 또는 퀵(Quick)이라고 부르며 17세기 청교도들이 아메리카로 건너갈 때 탔던 배 이름도 메이 플라워(May flower)이다. 또한 많은 기독교 국가들에서는 산사나무를 홀리손(Holy thorn)이라 부르는데, 즉 거룩한 가시나무라는 의미이다. 이는 예수가 수난을 받은 금요일에 꽃을 피웠기 때문으로 추측된다. - 강원도 원주시 신림면에 가면 가슴높이 둘레길이가 1m 정도이면서 300년생 정도의 산사나무가 있다. - 꽃말은 유일한 사랑과 관용의 미덕이다.

▲ 산사나무 수피

▲ 산사나무 잎과 열매

122. 마가목

과명	학명	개화	결실
장미과	*Sorbus commixta*	5~6월	9~10월

구분	항목	내용
수목 포인트	성상	- 낙엽 활엽 소교목이다. - 높이는 6~10m이다.
	분포 및 자생지	- 한국, 일본에 분포한다. - 황해도와 강원도 이남의 높은 산에서 자생하며 경북 울릉도에서는 흔히 자란다.
	꽃	- 양성화이고, 5~6월에 가지 끝에 달리는 겹산방꽃차례에 작은 흰색 꽃이 모여 핀다.
	잎	- 어긋나게 달리고, 깃꼴겹잎이다. - 엽축에 갈색 털이 있다. - 가장자리에 날카로운 겹톱니가 촘촘하게 있다. - 앞면에 털이 있다가 금세 떨어진다.
	열매	- 이과이고, 여름철에는 노란색이었다가 9~10월에 붉은색으로 익는다 - 씨는 난형이고 끝이 한쪽 끝으로 휜다.
	줄기(수피)	- 회갈색이고 껍질눈이 있다. - 겨울눈은 긴 타원형이고 비늘 조각에 싸인다.
검색 포인트		- 흰색 꽃과 붉은색 열매가 특징이다. - 잎은 복엽이고 소엽은 피침형이다.
생태·조경 포인트		- 중부 이남의 깊은 산 중턱 이상의 숲 속에서 자라며 적윤지에서 잘 자란다. - 공해에 잘 견디며 이식은 어렵다. - 5~6월의 흰꽃과 10월의 빨간 열매가 양호하다. 야생조류의 식이식물이다.
인문학 포인트		- 속명 Sorbus는 켈트어 sorb(떫다)에서 유래하였으며 종소명 commixta는 '혼합한'이라는 뜻이다. - 마가목은 한자로 마아목(馬牙木)에서 유래하였다. 마아목은 새싹의 모습이 말의 이빨 같다고 하여 붙여진 이름이다. - 마가목 지팡이만 짚고 다녀도 굽은 허리가 펴진다. 풀 중의 최고는 산삼이요 나무 중의 최고는 마가목이다. 이처럼 마가목은 신경통과 관절염에 거의 만병통치약과 같다. - 마가목은 울릉도와 더불어 설악산 등의 높은 산지(보통 해발 1,000m 이상이나 부근)에서 자생하고 있는데, 최근 외국산 마가목을 조경수로 무분별하게 들여와 우리 자생 마가목이 훼손되고 있으며 또한 약재로서의 효능이 입증되어 무분별한 종자 등의 채취로 인해 훼손 사례가 많다. 지금 공원에 식재된 마가목은 자생 마가목을 개량한 것이니라 대부분 외국산 마가목이라고 여기면 된다. 세계적으로는 마가목 종류가 약 80여 종 된다. - 식물학자들은 울릉도 성인봉에서 자라고 있는 마가목을 높게 평가한다. 엄밀히 말하면 당마가목(*S. pohuashanensis*)이다. 영어권에서는 숲 속의 물푸레나무라고 부른다.

▲ 마가목 꽃

▲ 마가목 열매(익으면 붉은색이 된다)

123. 모과나무

과명	학명	개화	결실
장미과	*Chaenomeles sinensis*	4~5월	9~10월

구분	항목	내용
수목 포인트	성상	- 낙엽 활엽 소교목이다. - 높이는 5~8m이다.
	분포 및 자생지	- 중국이 원산지다. - 전국에서 관상수로 심어 기른다.
	꽃	- 양성화이고, 4~5월에 짧은 가지의 끝에 분홍색 꽃이 1개씩 핀다.
	잎	- 어긋나게 달리고, 타원형 또는 난상 타원형이다. - 앞면은 털이 있다가 떨어지고 뒷면은 맥 위와 잎자루에 밀생한다. - 턱잎은 피침형 또는 타원형이고 가장자리에 샘털이 있다.
	열매	- 이과이고, 9~10월에 노란색으로 익는다. - 씨는 난형이고 한쪽 끝으로 휜다.
	줄기(수피)	- 녹갈색이고 조각으로 벗겨지면서 얼룩무늬가 생긴다. - 겨울눈은 넓은 난형이고 비늘 조각에 싸인다.
검색 포인트		- 잎은 톱니가 날카롭고 꽃은 1개씩 달린다. - 모과 열매로 구분할 수 있으며 소지는 가시로 변한다. - 수피가 녹갈색이고 조각으로 벗겨지면서 얼룩무늬가 생긴다.
생태·조경 포인트		- 일사가 양호한 곳에서 생육이 왕성하다. - 비옥한 토양에서 잘 자라며 내공해성이 강하고 이식이 용이한 장점이 있다. - 수피가 아름다워 정원수로 식재한다. 열매의 향기가 좋다.
인문학 포인트		- 속명 카이노멜레스(Chaenomeles)는 '갈라지다'라는 뜻의 그리스어 카이노(Chaino)와 '사과'를 뜻하는 말론(malon)의 합성어이다. 즉 모과가 사과처럼 생겨서 붙여진 이름이다. 종소명인 시넨시스(sinensis)는 중국을 나타내는 것이다. - 우리 속담에 '어물전 망신은 꼴뚜기가 시키고 과일 망신은 모과가 시킨다'라는 말이 있다. 그만큼 맛이 없다는 말이다. 그러나 모과나무는 아름다운 꽃, 향기 좋은 열매, 좋은 목재 재질을 가졌다. - 모과라는 명칭은 한자 '목과(木瓜)'에서 온 것으로 노랑 참외 같지만, 나무에 달리는 것이므로 모과(나무 참외라는 뜻)라 부른다. - 중국에서는 2,000년 전에 과수로 재배했다는 기록이 있다. 주요 생산지는 중국 절강성 산음과 난정이다. 우리나라에는 언제 도입되었는지 명확하게 나타난 문헌이 없다. 다만, 조선시대 어떤 문헌에서 경북 예천의 모과가 맛있다는 내용으로 미루어 볼 때, 그 이전에 국내에 들여와 전국에 식재된 것으로 추측된다. - 옛 선조들은 모과나무를 심을 때 노인이 심어야 한다고 한다. 그래서 젊은 사람은 심지 않는데, 이를 지키지 않으면 오래 살지 못한다는 미신이 있었기 때문이다. - 모과는 약용으로도 그 효과가 탁월한데, 모과의 향이 좋아 나이가 들어 잔기침을 완화시켜주는데 탁월하며 이외 탄닌을 비롯하여 칼슘, 철분 등의 무기질에 풍부한 알칼리성 식품으로 진통, 거담, 지사 등에 약효가 있다고 한다. - 모과나무는 목재가 치밀하고 광택이 있어 그 가치가 있다. 모과나무를 가공하지 않고 자연 그대로 보기 드물게 건축물의 기둥으로 쓰인 곳이 있는데, 구례 화엄사 구층암 요사채이다. 요사채의 두 기둥은 얼핏 보아 2백여 년은 넘은 듯하다. - 우리나라에서 유명한 모과나무는 강원도 삼척시 안의리에는 모과나무(강원도 기념물 제85호)와 더불어 전남 용수리에 있는 모과나무가 있다. 이 나무는 높이 35m, 가슴둘레길이 4.5m 정도 된다. 이외 경북 도덕암 모과나무를 경북 보호수로 2005년도 지정했는데 높이는 10m, 가슴둘레길이는 4m 정도이며 수령은 약 800년 정도로 추정하고 있다. 일반적으로 모과나무 둘레가 1m 정도 자라는데 보통 200년 정도 소요된다. 경남 의령군 충익사에 있는 모과나무는 1987년에 천연기념물 제83호로 지정되어 있다. 높이는 12m, 가슴 둘레길이는 3.1m 정도이다. 수령은 약 300년 정도로 추정한다.

▲ 모과나무 수피

▲ 모과나무 잎과 열매

124. 팥배나무

과명	학명	개화	결실
장미과	*Sorbus alnifolia*	4~6월	9~10월

구분		내용
수목 포인트	성상	- 낙엽 활엽 교목이다. - 높이는 10~20m이다.
	분포 및 자생지	- 한국, 중국, 일본, 대만에 분포한다. - 전국의 산지에서 자생한다.
	꽃	- 양성화이고, 4~6월에 가지 끝에 달리는 산방꽃차례에 6~10개의 흰색 꽃이 모여 핀다.
	잎	- 어긋나게 달리고, 도란형 또는 타원상 도란형이다. - 가장자리에 불규칙한 겹톱니가 있다. - 양면에 부드러운 털이 있다가 점차 떨어지는데, 뒷면 맥 위에 남기도 한다.
	열매	- 이과이고, 9~10월에 붉은색으로 익는다. - 씨는 난형이고 갈색이며 한쪽 끝이 휜다.
	줄기(수피)	- 회색 또는 회갈색이고 세로무늬가 생긴다. - 겨울눈은 긴 난형이다.
검색 포인트		- 잎은 타원상 난형이고 복거치가 뚜렷하고 짧은 가지에 3장씩 총생하는 것처럼 보인다. - 측맥이 뚜렷하면서 잎 뒷면에서 약간 광택을 느낄 수 있다.
생태·조경 포인트		- 공해에 강하고 건조, 척박지에서 잘 생육한다. 진달래, 소나무처럼 산성토양과 건조한 곳에서 견디는 능력이 우수하다. - 5월의 백색 꽃과 9~10월의 황적색 열매가 아름답다. - 기조식재, 유도식재, 녹음식재, 완충식재, 악센트식재, 군락식재 등에 적합하다.
인문학 포인트		- 속명 Sorbus는 켈트어 sorb(떫다)에서 유래하였으며 종소명 alnifolia는 alnus속의 잎과 같은 것을 의미한다. 즉 팥배나무 잎은 자작나무과의 오리나무 잎과 유사하다. - 팥배나무라는 이름은 열매가 팥알처럼 생겼고 꽃이 배나무를 닮은 나무라는 뜻이다. 그러나 맛이 없어 과일로 먹지는 않는다. 다만, 꽃에 꿀이 많아 밀원식물로도 유용하며 겨울새들의 먹잇감으로도 좋다. 즉 팥배나무는 늦봄 혹은 초여름의 흰색 꽃과 겨울철 낙엽이 진후 가지에 붙어 있는 붉은 열매가 아름답다. - 팥배나무의 한자 이름은 감당(甘棠)이며, 당이(棠梨), 두이(豆梨)라는 별칭이 있다. 「물명고(物名考)」에도 한글 훈을 붙여 '파배'라고 하고 있다. - 목재는 비교적 무겁고 단단하며 잘 갈라지지 않아서 각종 기구나 마룻재로 사용하며 숯을 만드는 재료로도 사용한다. - 중국인들에게 팥배나무는 특별한 의미가 있는데, 팥배나무를 사랑한다는 말은 곧 정치를 잘하는 자에 대한 사모를 의미하는 것이다. 중국 연나라 때 소공이라는 사람은 행정 일을 할 때, 팥배나무를 심고 그 아래서 송사 등을 판결하였다고 한다. 여기서 나오는 팥배나무가 중국에서 부르는 감당(甘棠)나무인데, 우리나라에서는 이 감당나무를 팥배나무라고 해석하고 있지만, 중국과 일본에서는 돌배나무 등의 다른 배나무 종류로 해석하고 있으므로 추후 고증을 통한 확인이 필요하다. - 팥배나무의 꽃말은 매혹이다.

▲ 팥배나무 수피

▲ 팥배나무 열매와 잎

125. 피라칸타

과명	학명	개화	결실
장미과	*Pyracantha angustifolia*	5~6월	10~11월

구분		내용
수목 포인트	성상	- 상록 활엽 관목이다. - 높이는 2~3m이다.
	분포 및 자생지	- 중국이 원산지다. - 전국에서 관상수로 심는다.
	꽃	- 양성화이고 5~6월 위쪽 가지의 잎겨드랑이에 달리는 산방꽃차례에 자잘한 흰색 또는 황백색 꽃이 모여 핀다.
	잎	- 어긋나게 달리고, 좁은 타원형 또는 도피침형이다. - 가장자리는 밋밋하다. - 양면에 털이 있다가 점차 떨어지고 잎자루와 뒷면 맥 위에는 계속 남는다.
	열매	- 이과이고, 10~11월에 붉은색으로 익는다. - 씨는 삼각상의 난형이고 광택이 있다.
	줄기(수피)	- 회갈색이고 껍질눈이 있다. - 잔가지가 변한 가시가 달린다.
검색 포인트		- 가지가 많이 갈라지고 짧은 가지는 가시로 변한다. - 열매는 적색(혹은 주홍색)으로 빽빽하게 달린다.
생태·조경 포인트		- 중부 이남에서 자라고 그늘진 곳이나 양지바른 곳에 모두 잘 자란다. - 배수가 잘 되고 적윤지의 석회질 토양에서 생육이 양호하다. - 주홍색으로 빽빽하게 열리는 열매가 아름다우며 식이식물이다. - 밀식하여 악센트식재 혹은 경계식재로 사용할 수 있다.
인문학 포인트		- 속명 피라칸타를 그대로 차용한 이름으로 피라칸타(Pyracantha)는 그리스어 pyro(불꽃) + acantha(인편)의 합성어이다. 한자로는 화극으로 붉게 익은 열매를 강조한 것이다. 종소명 안구스티폴리아(angustifolia)는 좁은 잎을 뜻한다. - 피라칸타는 열매가 많이 열리는 대표적 수종으로 겨울철 야생조류의 먹이로 유용하다. - 울타리용으로 많이 심으며 열매가 노란색인 품종도 있다. 중부지방에서는 잎을 떨어뜨린 채 월동한다. - 열매는 적양자(赤陽子)라는 이름의 약재로 사용한다. 부인병, 이질, 소화작용, 위 염증 등에 효과가 있다. - 피라칸타를 집에 심어 놓으면 돈이 들어온다고 하여 일반인들은 부자나무라고도 하지만, 근거는 없다. 필자는 피라칸타를 보면 건국대학교 실험포지에서 조림학 시간만 되면, 피라칸사, 소나무로 석부작을 엄청 많이 만들었던 기억이 있다. 피라칸타는 생육성이 좋아 분재용으로도 그만큼 좋다는 이야기이다. - 피라칸타의 꽃말은 알알이 영근 사랑이다.

▲ 원예품종으로 개발된 피라칸다 모하비

126. 자귀나무

과명	학명	개화	결실
콩과	*Albizia julibrissin*	6~7월	10~11월

구분	항목	내용
수목 포인트	성상	- 낙엽 활엽 소교목이다. - 높이는 4~10m이다.
	분포 및 자생지	- 북반구 지역에 넓게 분포한다. - 황해도와 강원도 이남의 산과 들에서 자생한다.
	꽃	- 수꽃양성화한그루이고, 6~7월에 가지 끝에 달리는 원추꽃차례에 분홍색 꽃이 모여 핀다.
	잎	- 어긋나게 달리고, 2회 깃꼴겹잎이다. - 작은 잎은 낫 모양의 긴 타원형이고 15~25개이다. - 엽축에는 잔털이 있다. - 밤이 되거나 햇볕이 약해지면 작은 잎들이 서로 마주 보며 접히는 수면 운동을 한다.
	열매	- 협과이고, 10~11월에 갈색으로 익는다. - 씨는 납작한 타원형이고 갈색이다.
	줄기(수피)	- 회갈색이고 껍질눈이 많다. - 겨울눈은 잎자루 속에 숨어 있다.
검색 포인트		- 우수우상복엽(짝수깃꼴겹잎)이고 보통 줄기가 차상으로 분지 한다. - 수술은 길게 밖으로 나온다. - 가지 끝에 원추꽃차례에 술 모양의 분홍색 꽃이 모여 핀다.
생태·조경 포인트		- 일사량이 풍부한 곳에서 잘 자란다. - 6~7월의 분홍색 꽃이 아름다우며 악센트식재용으로 많이 쓰인다.
인문학 포인트		- 학명의 속명 'Albizia'는 18세기 유럽에 처음 이 나무를 소개한 이탈리아인 필리포 델 알비치(Filippo del Albizzi)를 따서 붙인 이름이고, 종소명인 'julibrissin'은 페르시아어로 비단 꽃을 뜻한다고 한다. 자귀나무의 잎은 비단결처럼 부드럽다. 그래서 중국과 유럽에서는 자귀나무를 비단나무라고 부르기도 했다. 서양에서는 꽃잎이 퇴화된 수꽃의 수술이 마치 하늘거리는 드레스 같아서 silk tree라고 하였다고 전해진다. - 연분홍빛 부드러운 실타래를 풀어 놓은 모양의 꽃과 해가 지면 잎이 서로 맞붙어 잠을 자는 잎이 매우 특별한 모습을 하는 나무이다. 자귀나무는 잎이 수면활동을 하는 모습에서 좌귀목(佐歸木)이라 하던 것이 변한 것으로 추측된다. 합혼수(合婚樹) 등 여러 가지 이름을 가지고 있다. 또한 자귀나무는 소가 무척 좋아하며 시골에서는 소가 아파 여물을 먹지 못할 때 자귀나무 꽃과 잎을 먹이면 소가 건강을 회복한다 하여 소쌀밥나무라 하기도 한다. - 자귀나무 꽃이 피기 시작하면 장마가 얼마 남지 않았다는 것을 의미한다. 오월이 되어서야 가장 늦게 싹을 내민다. - 자귀나무의 껍질은 합환피(合歡皮)라고 하여 약재료로 사용한다. 신경쇠약과 불면증에 효과가 있다. - 왕자귀나무(*A. kalkora*)는 전남 목포 유달사 및 인근 도서에 자생하며 자귀나무보다 잎이 크며 꽃이 백색이다. 내한성이 약하다. - 자귀나무의 꽃말은 가슴의 두근거림, 한희이다.

▲ 자귀나무 꽃

▲ 자귀나무 수형

▲ 자귀나무 잎

127. 주엽나무

과명	학명	개화	결실
콩과	*Gleditsia japonica*	5~6월	10~11월

구분	항목	내용
수목 포인트	성상	- 낙엽 활엽 교목이다. - 높이는 10~20m이다.
	분포 및 자생지	- 한국, 중국, 일본에 분포한다. - 전국의 낮은 지대의 산지나 하천 주변에서 드물게 자생한다.
	꽃	- 암수딴그루로 알려져 있으나 수꽃양성화딴그루일 수 있고, 5~6월에 짧은 가지 끝에 달리는 10~15cm의 수상꽃차례에 녹황색 꽃이 모여 핀다.
	잎	- 어긋나게 달리고, 우수우상복엽(짝수깃꼴겹잎)이다. - 가장자리에 물결 모양의 톱니가 있다. - 엽축은 홈이 있고 밀생 하며 뒷면 맥 위에도 털이 있다. - 작은 잎은 좌우 비대칭으로 가장자리에 물결 모양의 톱니가 있다. - 잎자루 표면에 홈이 있으며 날개처럼 된다.
	열매	- 협과이고, 10~11월에 익는다. - 씨는 1cm의 납작한 타원형이고 흑갈색이며 광택이 있다.
	줄기(수피)	- 회갈색이고 껍질눈이 많으며 비교적 납작한 가시가 달린다. - 겨울눈은 반구형이고 비늘 조각에 싸인다.
검색 포인트		- 줄기에 소지 같은 가시가 비교적 납작한 형태로 많으며 열매가 비틀린다. - 조각자나무(*G. sinensis*)는 중국 원산으로 가시가 통통하고 열매가 비틀리지 않는다.
생태·조경 포인트		- 전국 어디에서나 잘 자라는 편이다. - 습기가 풍부하고 비옥한 사질양토에서 생장이 왕성하며 공해에 강하고 이식도 용이하다. - 도심지에서도 식재 가능한 민주엽나무도 개발되어 활용되고 있다.
인문학 포인트		- 속명 글레디트시아(Gleditsia)는 독일의 식물학자 글레디츠(Johann Gleditsch)를 기념하기 위한 것이고 종소명 japonica는 일본이라는 의미이다. - 주엽나무는 한자로 조협(皁莢)에서 유래했는데, 조협은 열매가 콩깍지처럼 생겨 붙여진 이름이다. 다른 이름인 오서(烏犀)※는 줄기에 붙어 있는 큰 가시가 코뿔소 뿔처럼 생겨서 붙여진 게 아닐까 추측한다. - 주엽나무는 20~30년이 되어야 열매가 달리는데, 열매가 본격적으로 달릴 때쯤이면 줄기에 큼지막한 가시가 생겨 열매와 자신을 외부세계로부터 보호한다. - 주엽나무는 거의 만병통치약처럼 쓰이는 약나무다. 비누가 없던 시절에는 열매를 삶은 물로 빨래를 하였다. 주엽나무와 유사한 조각자나무(*G. sinensis*)는 중국 원산으로 과거에 약재로 사용하기 위해 중국에서 들여왔다. 경주시 안강면 옥산리에 위치한 독락당에 이언적(1491~1553)이 심었다는 500년 된 조각자나무(천연기념물 제115호)가 있는 것으로 미루어 볼 때, 상당히 오래전에 도입된 것을 알 수 있다. 중국에서는 2,000년 전부터 약재로 사용해 왔던 기록이 있다. - 산림경제※※에는 '갑작스러운 뇌졸중 등 여러 가지 위급상황이 닥치면 조각자나무 가루를 먹인다.'라고 기록되었다 한다. 한방에서는 주엽나무와 조각자나무를 구별 없이 기록하고 있는 듯하다. 책에 좀이 스는 것을 방지할 목적으로도 이용했다.

※ 한자 오서(烏犀)는 검은색 코뿔소라는 의미이다.

※※ 조선 숙종 때 실학자 유암(流巖) 홍만선(洪萬選:1643~1715)이 농업과 일상생활에 관한 광범위한 사항을 기술한 서적

▲ 주엽나무 줄기와 가시

▲ 주엽나무 잎

128. 회화나무

과명	학명	개화	결실
콩과	*Sophora japonica*	7~8월	10~11월

수목 포인트	성상	- 낙엽 활엽 교목이다. - 높이는 15~25m이다.
	분포 및 자생지	- 중국이 원산지다. - 전국에서 정원수로 심으며 병충해와 공해에도 강해 가로수로 심기도 한다.
	꽃	- 양성화이고, 7~8월에 가지 끝에 달리는 15~30cm의 총상꽃차례에 황백색 꽃이 모여 핀다.
	잎	- 어긋나게 달리고, 우상복엽(깃꼴겹잎)이다. - 작은잎은 난형 또는 긴 난형이고 9~15개이다. - 뒷면은 흰빛이 돌고 엽축과 함께 털이 있으며 특히 맥 위에 털이 밀생한다.
	열매	- 협과이고, 10~11월에 익는다. - 종자는 황록색이다. - 씨는 난형이고 검은색이다.
	줄기 (수피)	- 흑갈색이고 세로로 깊게 갈라진다. - 어린 가지는 녹색이고 껍질눈이 있다. - 겨울눈은 잎 자국 속에 숨어 있다.
검색 포인트		- 가지를 자르면 좋지 않은 냄새가 난다. - 아까시나무에 비해 가시가 없고 잎에서 매우 쓴맛이 난다. - 우상복엽(깃꼴겹잎)이고 소지가 녹색이다. - 기다란 꼬투리열매는 씨앗이 있는 부분이 볼록해져서 잘록잘록한 모양이며 껍질은 육질이다.
생태·조경 포인트		- 여름에 피는 황백색의 꽃이 아름다워 가로수 및 녹음식재에 주로 사용한다. - 건조 및 공해에 강하다. - 전정을 하지 않아도 수려한 수형을 가지며 여름철 밀원이 부족한 시기에 꽃이 피어 밀원수종으로 적합하다.
인문학 포인트		- 회화나무의 이름은 괴(槐)의 중국식 발음인 '회'에서 유래한 것으로 추정되고 있다. 우리나라에서는 괴를 느티나무와 회화나무 등을 혼용해서 사용하지만, 중국에서는 괴는 회화나무만을 지칭하는 단어이다. - 리나이우스가 붙인 학명에서 회화나무의 원산지를 일본으로 표기하고 있지만, 중국이 원산지이다. - 회화나무는 잡귀를 물리치는 나무로 알려져 사람이 사는 집 근처에 많이 심었다. 그래서 조선시대 궁궐의 마당이나 출입구 부근에 많이 심었다. 그리고 서원이나 향교 등 학생들이 공부하는 학당에도 회화나무를 심어 악귀를 물리치는 염원을 했다고 전해진다. 이후 회화나무를 학자수로 인식했을지도 모른다. 우리나라와 중국에서 과거시험, 특히 학문의 진수인 문화 시험과 가장 관련이 있는 나무가 바로 학자수 회화나무이다. - 해미읍성의 회화나무는 300여 년 세월의 슬픈 역사를 가지고 있다. 여기 사람들은 이 나무를 교수목이라 부름 1790~1880년까지 약 100여 년간 천주교 신자들이 이 나무에 목을 매달아 죽였기 때문이다. - 중국 한나라 수도 장안에는 가로수를 회화나무로 심었다. 지금 북경을 비롯하여 주요 도시에서 회화나무 가로수를 쉽게 볼 수 있다. 우리나라 고려시대 이제현이 중국 하남 담회에서 회화나무를 보았다는 기록이 있다. 중국에서 1,000년 넘게 회화나무를 가로수 개념으로 식재한 것은 지금과 같은 가로경관, 대기오염, 그늘 제공의 이유가 아니었을 것이다. 콩과에 속하는 회화나무의 열매는 약이 되고 꽃은 염료가 되고 잎은 떡을 만드는 데 사용했기 때문이 아닐까 한다. 회화나무 잎은 비교적 늦게 나오며 꽃도 8월이 되어서야 핀다. - 우리나라 창덕궁 돈화문 앞마당 왼쪽으로 회화나무 8그루가 천연기념물로 보호 관리되고 있다. - 회화나무의 꽃말은 망향이다.

▲ 서울 조계사 대웅전 앞에 식재된 수령 450년 이상된 회화나무(서울시 보호수)

▲ 황금회화나무

▲ 회화나무 잎

▲ 회화나무 수형

129. 박태기나무

과명	학명	개화	결실
콩과	*Cercis chinensis*	4~5월	9~10월

수목 포인트	성상	- 낙엽 활엽 관목이다. - 높이는 2~5m이다.
	분포 및 자생지	- 중국이 원산지다. - 전국에서 관상수나 조경수로 심는다.
	꽃	- 양성화이고, 4~5월에 가지마다 달리는 산형꽃차례에 7~30개씩의 홍자색 꽃이 잎보다 먼저 핀다.
	잎	- 어긋나게 달리고, 넓은 난형 또는 심장형이다. - 앞면에 광택이 있으며, 뒷면은 연한 녹색이고 잎맥의 밑부분에 털이 약간 있다.
	열매	- 협과이고, 9~10월에 익는다. - 씨는 타원형이고 갈색 또는 흑갈색이며 광택이 있다.
	줄기 (수피)	- 회갈색이고 껍질눈이 있다. - 어린 가지는 황갈색이고 광택이 있다. - 꽃눈은 둥글고 비늘 조각이 여러 개다.
검색 포인트		- 홍자색 꽃이 가지에 7~30여 개씩 모여 달리고 잎이 심장형인 점이 특징이다.
생태·조경 포인트		- 일사가 양호한 곳에서 잘 자란다. - 석회 함량이 적으며 약한 습하고 비옥한 사질양토에서 잘 자란다. - 악센트식재, 경계식재에 적합하다.
인문학 포인트		- 러시아 식물학자 분지(Bunge, 1803~1890)가 붙인 학명에서도 열매를 강조하고 있다. 학명 중 케르키스(Cercis)는 그리스어로 '꼬투리가 칼집(cercis) 같아'라는 뜻이다. - 이 세상 나무 가운데 열매를 가장 많이 만드는 것을 꼽으라면 피라칸사를, 꽃을 가장 많이 만드는 것을 꼽으라면 박태기나무이다. 그만큼 많은 꽃이 화려하게 핀다는 의미이다. 마디마디에 꽃자루 없이 7~8개씩 꽃이 모여나 나뭇가지 전체를 완전히 덮어버린다. - 북한에서는 구슬꽃나무, 영어권에서는 중국의 붉은 꽃봉오리를 뜻하는 차이니즈 레드버드(Chinese Redbud)라고 부른다. 우리말 박태기는 꽃 모양이 마치 밥알처럼 생겨서 붙여진 이름이다. 경상도와 충주지방에서는 밥알을 '밥 티기'라고 부른다. - 서양에서는 유다가 예수를 배신한 죄책감으로 붉은 꽃은 흘린 피를 상징하며 새순이 나올 때 하트 모양의 잎모양으로 유다의 후회하는 마음을 상징한다고 하여 '유다나무'라 칭하기도 한다. - 박태기나무가 절 주위에 많이 심겨 있는 것은 옛날에 스님들이 중국을 왕래할 때 들여온 것으로 추정되지만 확인은 되지 않았다. - 꽃의 색깔이 흰색인 것을 흰박태기나무라 한다. - 박태기나무의 꽃말은 우정, 의혹, 배신이다. 다소 상반된 의미가 당황스럽다.

▲ 박태기나무 잎

▲ 박태기나무 꽃

130. 골담초

과명	학명	개화	결실
콩과	*Caragana sinica*	4~5월	7~8월

구분		내용
수목 포인트	성상	- 낙엽 활엽 관목이다. - 높이는 1~2m이다.
	분포 및 자생지	- 중국이 원산지다. - 최근에는 강원도 및 경북 산지에서 자생지가 발견되어 자생종으로 보는 견해도 있다.
	꽃	- 양성화이고, 4~5월에 잎겨드랑이에 1~2개의 노란색 꽃이 피며 점차 적황색으로 변한다.
	잎	- 어긋나게 달리고, 짝수깃꼴겹잎이다. - 끝은 오목하고 바늘 모양의 작은 돌기가 있으며 가장자리는 밋밋하다. - 앞면에 광택이 있고, 엽축 끝과 턱잎은 가시로 된다.
	열매	- 협과이고, 7~8월에 익는다. - 국내에서는 성숙한 열매를 보기가 어렵다.
	줄기(수피)	- 회갈색이고 가지를 많이 친다. - 가지는 5개의 능선이 있고 끝이 아래로 처진다. - 겨울눈은 난형이고 털로 덮인다.
검색 포인트		- 노란색 꽃은 위쪽 꽃잎이 활짝 뒤로 젖혀지고 꽃잎은 점차 붉은 빛을 띤다. 꽃에서 단맛이 나므로 날것으로 먹기도 한다. - 잎은 어긋나고 짝수깃꼴겹잎으로 작은 잎은 2쌍이다.
생태·조경 포인트		- 일사가 양호하고 척박한 토양에서도 잘 자란다. - 공해에 강하며 이식도 용이한 편이다. - 악센트식재, 주연부식재, 경계식재에 적합하다.
인문학 포인트		- 독일 식물학자 레더(Redder, 1863~1949)가 명명한 카라가나(Caragana)는 몽골의 '카라곤(caragon)'에서 유래했고 시니카(sinica)는 원산지가 중국이라는 뜻이다. - 골담초는 '뼈를 담당한다'는 뜻이다. 이 나무의 뿌리와 가지는 타박상과 관절염 치료에 좋기 때문에 이름이 골담초라고 붙여진 것은 아닐까 추측한다. - 골담초는 아주 옛날 중국에서 들어온 꽃나무다. 키가 2.5~3m 밖에 안 되는 관목류이지만 5월에 피는 아름다운 꽃과 특이하게 생긴 잎이 약재로 널리 쓰이기 때문에 가정집 뜰이나 오래된 사찰 주변에서 많이 볼 수 있다. 그러나 한국에서도 골담초가 강원도와 경북지역에 자생한다는 보고가 있다. 아울러 조선골담초(*Caragana koreana*)라는 종은 우리나라가 원산지임을 밝혀둔 종이다. 일본의 식물학자 나까이가 붙인 이름이다. - 경북 영주 부석사 무량수전 위에 위치한 '조사당'이라는 작은 목조 건물 처마 밑에 골담초가 식재되어 있다. 부석사를 창건한 의상대사가 짚고 다니던 지팡이라고 한다. 한글로 선비화라 적혀있다. 각종 문헌의 근거를 살펴보면 약 1,300여 년 살아온 나무로 알려졌는데, 아무래도 뿌리는 유지했으며 지상부가 고사했다가 움이 터서 다시 살기를 반복하지 않았을까 한다. - 골담초의 꽃말은 겸손이다.

◀ ▲ 영주 부석사 조사당에서 자라는 골담초
(의상대사가 중국에서 가져와 짚고 다니던 지팡이가
자란 것이라고 전해진다)

131. 족제비싸리

과명	학명	개화	결실
콩과	*Amorpha fruticosa*	5~6월	8~9월

구분	항목	내용
수목 포인트	성상	- 낙엽 활엽 관목이다. - 높이는 2~3m이다.
	분포 및 자생지	- 북미가 원산지다. - 전국의 숲 가장자리나 강둑 근처에 심으며 야생으로 퍼져나가 저절로 자라는 것이 많다.
	꽃	- 양성화이고, 5~6월에 가지 끝에 달리는 7~15cm의 수상꽃차례에 암자색 꽃이 빽빽하게 모여 핀다.
	잎	- 어긋나게 달리고, 깃꼴겹잎이다. - 작은 잎은 난형 또는 타원형이고 11~21개이다. - 끝은 둥글고 바늘 모양의 작은 돌기가 있으며 가장자리는 밋밋하다.
	열매	- 협과이고, 8~9월에 익는다. - 씨는 광택이 있다.
	줄기(수피)	- 회갈색이고 잔가지에 털이 있다가 점차 떨어진다. - 겨울눈은 난형이고 가지에 바짝 붙는다.
검색 포인트		- 소엽은 11~25개로 구성되며 난형 또는 타원형이다. - 꽃은 자주색이다. - 꼬투리열매는 표면이 오돌토돌하다.
생태·조경 포인트		- 척박한 토양에서 잘 자란다. - 생육이 왕성하여 사방용으로 흔히 적용한다. - 자생종의 생육을 저해하는 귀화식물로서 생태복원지역이나 자연숲에서의 식재 및 활용은 지양해야 한다. 척박지의 녹화 및 피복용으로 적합하지 생태적 공간에 도입은 금지해야 하는 종이고 만약에 생태복원 공간 등에 식재되어 있다면 제거 등의 관리가 이루어져야 한다.
인문학 포인트		- 속명 아몰파(Amorpha)는 '모양이 변형된 것(deformed one)'이란 의미로, 날개와 용골 꽃잎이 결여된 회색 빛 솜털을 가진 족제비싸리 종류의 꽃을 지칭한다. 실제로 족제비싸리는 꽃잎 5개 가운데 4개가 퇴화해 버렸고, 보이는 것은 진한 자색의 1개(旗弁, 기변)만 남았다. 대신에 밀원이 풍부한 꽃으로 변했다. - 족제비싸리는 북미 원산의 귀화식물로 관목이다. 우리나라에는 사방용으로 도입해 식재된 것이 야생화된 것이다. 북한에서는 왜구(矮軀)라 할 때의 '왜'의 의미가 붙은 '왜싸리'라고도 부른다. 일본명 이따찌하기(鼬萩, 유추)는 꽃차례가 족제비 꼬리를 닮은 데서 붙여진 것이다. - 1910년대에 사방용, 호안용으로 수입해 이용되면서 야생으로 퍼져나간 것으로 한글명 족제비싸리는 줄기나 가지를 문질러 보면 족제비의 항문선에서 나는 것 같은 고약한 냄새에서 유래한다. 겨울이 되면 그 냄새는 더욱 지독해진다.※ - 족제비싸리에 함유된 아모르핀은 진정작용과 진경작용을 가지고 있어 한방에서는 중풍과 심장질환, 관절염, 허리 통증 등에 사용된다. 즉 마취성분이 있어 통증을 없애는 효능이 있다. - 족제비싸리의 꽃말은 생각이 나오, 상념, 사색이다.

※ 김종원(2013) 한국식물생태보감 자료 참조

▲ 족제비싸리 꽃

▲ 족제비싸리 잎

132. 칡

과명	학명	개화	결실
콩과	*Pueraria lobata*	7~8월	9~10월

수목 포인트	성상	- 낙엽 활엽 만경목(덩굴성 수목)이다. - 길이는 10~20m이다.
	분포 및 자생지	- 한국, 중국, 일본, 러시아 등에 분포하며 중국에서 퍼져나간 것으로 보기도 한다. - 전국의 산과 들에서 흔히 자생한다.
	꽃	- 양성화이고, 7~8월에 잎겨드랑이에 달리는 10~25cm의 수상꽃차례에 홍자색 꽃이 모여 핀다.
	잎	- 어긋나게 달리고, 3출엽이다. - 작은 잎은 난형 또는 마름모형이고 3갈래고 얕게 갈라지기도 한다. - 뒷면과 맥 위와 턱잎에 갈색 털이 밀생한다.
	열매	- 협과이고, 9~10월에 익는다. - 씨는 신장형이고 갈색이다.
	줄기(수피)	- 갈색 또는 흑갈색이고 가로로 긴 껍질눈이 있으며 다른 물체를 휘감고 오른다. - 어린 줄기는 퍼진 털과 구부러진 털이 밀생한다. - 겨울눈은 삼각상이다.
검색 포인트		- 덩굴성으로 잎은 3출엽이고 줄기에 털이 많다. - 나비 모양의 적자색 꽃은 위쪽 꽃잎에 노란색 무늬가 있다.
생태·조경 포인트		- 일사가 양호한 곳에서 잘 자라며 건조에 강하고 척박한 토양에서도 잘 자란다. - 공해에 견디는 능력이 우수하다. - 토양 침식용으로 경사지에 적용 가능하다. 그러나 다른 식물을 피압하여 관리가 요구되는 식물이다.
인문학 포인트		- 칡의 학명은 영국의 식물학자 벤덤이 붙였고 속명인 푸에라리아(Pueraria)는 스위스 식물학자 푸에라리를 기념한 것이다. 칡의 다른 이명에 해당하는 학명의 종소명인 툰베르기아나(thunbergiana)는 스웨덴의 식물학자 툰베르크를 가리킨다. - 칡을 '츩'으로 표현하는 문헌이 나타나기도 하는데 이는 칡의 옛말이다. - 칡의 한자어는 갈(葛)인데 이는 초(草)와 갈(渴)※ 자가 합쳐서 만들어졌다. 즉, 갈(葛) 자는 풀이고 줄기는 건조하다는 의미인데 이는 줄기가 끊어져도 줄기에서 물이 흘러나오는 일이 없고 비교적 건조한 곳에서 잘 자라는 특성을 표현한 것으로 이해할 수 있다. - 우리가 흔히 이야기하는 '갈등(葛藤)'은 칡과 등나무가 서로 엉키어 있어 분간하기 어려운 그런 번뇌를 표현한 것이다. - 강원도 영월에는 칡 줄다리기가 있다. 이는 단종이 어린 나이에 영월에서 귀양살이를 하자 백성들이 그의 복위를 간절히 바라는 마음에서 시작했다고 한다. - 칡은 풀처럼 보이나 덩굴성 목본에 속한다. 칡뿌리는 전분이 풍부하여 흉년의 대용식이었으며 질긴 줄기 껍질은 옷감을 짜거나 삼태기를 비롯한 생활용구에 흔히 활용되기도 했다. 땅속의 굵은 뿌리를 갈근이라 하여 약용하거나 식용한다. - 칡의 꽃말은'사랑의 한숨'이다.

※ 갈(渴) : 건조하다. 목마르다. 서두르다.

▲ 다른 수목을 피압하는 칡

▲ 칡 잎

133. 조록싸리

과명	학명	개화	결실
콩과	*Lespedeza maximowiczill*	6~7월	9~10월

구분	항목	내용
수목 포인트	성상	- 낙엽 활엽 관목이다. - 높이는 2~3m이다.
	분포 및 자생지	- 한국, 중국, 일본에 분포한다. - 전국의 산지에서 자생한다.
	꽃	- 양성화이고, 6~7월에 잎겨드랑이와 가지 끝에 달리는 2~10cm의 총상꽃차례에 홍자색 꽃이 모여 핀다.
	잎	- 어긋나게 달리고, 3출엽이다. - 작은 잎은 넓은 타원형 또는 난형이다. - 끝은 뾰족하고 바늘 모양의 작은 돌기가 있으며 가장자리는 밋밋하다.
	열매	- 협과이고 9~10월에 익는다. - 씨는 신장형이고 녹갈색이다.
	줄기(수피)	- 갈색이고 세로로 갈라진다. - 겨울눈은 긴 난형이고 털이 있다.
검색 포인트		- 3출엽이며 표면에 털이 없고 끝이 뾰족하다.
생태·조경 포인트		- 산기슭이나 계곡부에도 잘 자라며 척박지에서도 잘 자란다. - 싸리나무 종류 중에서 가장 내음성이 강한 수종이다. 공해에도 잘 견디며 이식도 용이하다. - 자주색 꽃이 아름답고 줄기가 많으며 내건성이 뛰어나 사방용이나 주연부식재로 흔히 사용된다.
인문학 포인트		- 옛사람들에게 싸리나무는 다른 어떤 나무보다 생활용품을 제작하는 데 두루 쓰였다. 일반 백성들의 집에 들어가려면 먼저 싸리로 엮은 사립문을 밀고 들어가야 한다. 또 마당에 놓인 싸리비, 삼태기, 지게 위에 얹는 바소쿠리와 부엌에 두는 광주리, 키 등 거의 대부분이 싸리 제품이었다.※ - 집을 지을 때는 기둥과 기둥 사이를 먼저 싸리로 엮고 그 위에 흙을 발랐다. 명절날의 윷놀이에 쓰는 윷짝 역시 싸리나무였다. 군수물자로도 싸리나무는 빠지지 않는데, 화살대는 남부지방의 경우 이대를 주로 사용했으나, 대나무가 자라지 않는 북부지방의 경우 싸리나무나 광대싸리로 만들었다. - 「용비어천가」에는 '태조는 초명적(哨鳴鏑)이라는 큰 화살을 잘 이용했다. 이는 싸리나무로 화살대를 만들고 학의 날개로 넓고 길게 깃을 달았으며, 사슴뿔로 화살촉을 만들었다. 촉이 무겁고 대가 긴 것이 보통 화살과 같지 않다.'라고 기록되어 있다. 또 다른 귀중한 쓰임새는 횃불이었다. 기름이 풍족하지 않았던 시절에 횃불에는 대부분 싸리를 사용했다. - 조록싸리는 싸리 중에서도 내음성이 강하여 숲속 어디서나 쉽게 볼 수 있다. 싸리나무는 콩과식물 특유의 공중질소 고정능력이 있으므로 최근에는 도로 절개지나 황폐지 등 척박한 곳의 녹화식물로 많이 사용된다. - 조록싸리의 꽃말은 '생각이 나요'이다.

※ 한국학중앙연구원 제공 한국민족문화대백과 자료 참조

▲ 조록싸리와 싸리 잎 비교

▲ 조록싸리 잎

134. 싸리

과명	학명	개화	결실
콩과	*Lespedeza bicolor*	7~8월	9~10월

수목 포인트	성상	- 낙엽 활엽 관목이다. - 높이는 1.5~3m이다.
	분포 및 자생지	- 한국, 중국, 일본, 몽골, 러시아에 분포한다. - 전국의 산과 들에서 자생한다.
	꽃	- 양성화이고, 7~8월에 잎겨드랑이에 달리는 2~10cm의 총상꽃차례에 홍자색 꽃이 모여 핀다.
	잎	- 어긋나게 달리고, 3출엽이다. - 작은 잎은 타원상 난형 또는 타원상 도란형이다. - 끝은 둥글고 바늘 모양의 작은 돌기가 있으며 가장자리는 밋밋하다.
	열매	- 협과이고, 9~10월에 익는다. - 씨는 신장형이다.
	줄기(수피)	- 갈색 또는 적갈색이고 껍질눈이 발달한다. - 겨울눈은 둥글고 털이 있다.
검색 포인트		- 3출엽으로 끝이 오목하다. - 참싸리에 비해 꽃차례가 크고 길며(2~7cm) 꽃받침 조각이 꼬리처럼 길지 않은 점이 다르다.
생태·조경 포인트		- 내건성이 우수하며 사질양토를 선호한다. - 주연부식재에 적합하다.
인문학 포인트		- 붉은색 꽃을 보면 이 나무가 콩과에 속한다는 것을 알 수 있다. - 러시아 식물학자 투르차니노프(Turczaninov, 1796~1864)가 명명한 학명에서도 꽃을 강조하였다. - bicolor는 '두 가지 색을 가졌다'는 뜻이다. - 싸리는 싸립문, 물건을 담아두는 고리 등 선조들은 아주 긴요하게 사용하였고 청소용 싸리비도 이 나무로 만들었다. 그래서 한자로 싸리를 '청소하는 나뭇가지'를 뜻하는 소조(掃條)라 불렀다. - 싸리는 화살의 재료로 사용되었다. 중국과 우리나라에서는 화살을 싸리로 만들었다.※ 이외 화력이 대단하여 횃불, 교육용 회초리 등으로 사용하였다. - 2006년 의정부 천보산에서 발견된 싸리나무는 60년이나 된 우리나라에서 가장 오래되고 큰 나무이다. 높이 3.4m 가지와 가지 사이(수관 폭) 6.9m 정도이다. - 싸리의 꽃말은 '생각, 상념'이다.

※ 중국의 진서에 따르면 주나라 무망 때 만주지역의 읍루사람들이 싸리 화살을 바쳤다라는 기록이 있으며 삼국사기에서도 고구려 미천왕이 중국의 후조에게 싸리 화살을 선물한 기록이 있다.

▲ 싸리 수형

▲ 싸리 잎

135. 참싸리

과명	학명	개화	결실
콩과	*Lespedeza cyrtobotrya*	7~9월	9~10월

구분		내용
수목 포인트	성상	- 낙엽 활엽 관목이다. - 높이는 1~3m이다.
	분포 및 자생지	- 한국, 중국, 일본, 러시아에 분포한다. - 전국의 산과 들에서 자생한다.
	꽃	- 양성화이고, 7~8월에 잎겨드랑이에 달리는 1~2cm의 총상꽃차례에 홍자색 꽃이 모여 핀다.
	잎	- 어긋나게 달리고, 3출엽이다. - 작은 잎은 넓은 타원형 또는 넓은 도란형이다. - 끝은 오목하고 바늘 모양의 작은 돌기가 있으며 가장자리는 밋밋하다.
	열매	- 협과이고, 9~10월에 익는다. - 씨는 신장형이다.
	줄기 (수피)	- 회색 또는 적갈색이고 껍질눈이 발달한다. - 겨울눈은 둥글고 털이 있다.
검색 포인트		- 싸리에 비해 꽃차례가 잎보다 짧고(1~2cm) 꽃받침 조각이 길게 뾰족한 점이 다르다. - 꽃이 가지에서 떨어져 피면 싸리, 꽃이 가지에 붙어서 피면 참싸리라고 생각하면 된다.
생태·조경 포인트		- 햇볕이 좋은 산 중턱에서 잘 자란다. - 양수이지만 음지에서도 잘 견디며 공해 등에도 강해서 도심지 식재에 우수하다. - 주연부식재에 적합하다.
인문학 포인트		- 싸리에 비해 낫다는 뜻을 가진다. - 싸리류 중에서 건조에 가장 강하고 줄기가 굵게 자라므로 참싸리라고 한다. 헐벗은 곳의 지피물로서 흔히 심는다. 산간 지방에서는 고급 연료로 취급되고, 삼태기 등 바구니를 만드는 재료이며, 잎은 사료로 이용한다. 한국 · 일본 · 중국에 분포한다. 기판(旗瓣)과 익판(翼瓣)이 흰색이고 용골판(龍骨瓣)이 다소 붉은빛이 도는 것을 흰 참싸리(for. *semialba*), 전체가 흰색인 것을 선녀싸리(for. alba), 잎이 긴 타원형인 것은 긴 잎 참싸리(var. *longifolia*)라고 한다. - 참싸리의 꽃말은 '은혜'이다.

136. 아까시나무

과명	학명	개화	결실
콩과	*Robinia pseudoacacia*	5~6월	9~10월

구분		내용
수목 포인트	성상	- 낙엽 활엽 교목이다. - 높이는 10~25m이다.
	분포 및 자생지	- 북미가 원산지다. - 전국의 산과 들에 녹화용으로 심은 것이 야생화하여 퍼져 자라며 목본 귀화식물이다.
	꽃	- 양성화이고, 5~6월에 잎겨드랑이에 달리는 10~20cm의 총상꽃차례에 흰색 꽃이 모여 핀다.
	잎	- 어긋나게 달리고, 깃꼴겹잎이다. - 작은 잎은 타원형 또는 난형이고 9~10개이다. - 끝은 둥글고 바늘 모양의 작은 돌기가 있으며 가장자리는 밋밋하다.
	열매	- 협과이고, 9~10월에 갈색으로 익는다. - 씨는 신장형이고 흑갈색이다.
	줄기(수피)	- 회갈색 또는 황갈색이고 세로로 거칠게 갈라진다. - 어린 가지에 턱잎이 변한 1쌍의 억센 가시가 있다. - 겨울눈은 잎 자국 속에 숨어 있고 털이 있다.
검색 포인트		- 흔히 아카시아라고 잘못 알고 있는 종이다. 진짜 아카시아는 열대지방에서 자라는 상록성 나무이다. - 꽃은 총상화서로 흰색으로 피며 향기가 강하고 밀원식물이다. 잎은 기수우상복엽으로 소엽은 타원형 또는 난형이며 가지에 굵은 가시가 많다.
생태·조경 포인트		- 척박한 사질양토나 점토질 토양에서 잘 자란다. 햇볕이 잘 드는 곳에서 생육이 활발하고 공해에 강하다. - 대표적 귀화식물로 타 식물의 생육을 저해하는 생태계 교란종이므로 식재 및 관리에 주의해야 한다.
인문학 포인트		- 아까시나무의 영어 이름은 '블랙 로커스트(Black Locust)'인데, 이는 아까시나무의 껍질이 검은 데서 빌린 이름이다. - 우리가 혼동하는 '아카시아'는 같은 콩과이지만, 열대성 식물이기에 우리는 볼 수 없다. - 학명 중 로비니아는 16세기 스페인의 로빈 대령이 이 식물을 유럽에 전했기 때문에 리나이우스가 붙인 것이다. 즉, 아까시나무는 로빈 대령이 갖고 온 아카시아와 비슷한 나무라는 의미이다. 우리말 '아까시'도 '아깝다'라는 뜻이니, 아카시와 닮았다는 의미이다. - 우리나라에는 북미 원산인 아까시나무가 1900년대 초에 들어왔다. 초기 심은 곳은 경인 철도변과 용산의 육군본부 자리였다. 일제 강점기 초대 총독인 테라우치 마사타케가 독일 총영사 크루크에게 경인 철도변에 어떤 나무를 심는 게 좋은가 하고 물으니 아까시나무를 추천했다. 당시 프랑스인 에밀 마텔은 아까시나무의 번식력의 문제를 들어 식재를 반대했으나, 우리나라 전역에 식재하였다. - 중국에서는 아까시나무를 가로수로 식재한다. 아까시나무는 민둥아까시나무, 꽃아까시나무 등이 있다. - 아까시나무는 먹을 것이 없던 시절 꽃과 꿀을 제공 받았고 가축들의 먹이 재료로도 많이 사용된 나무였다. 뿌리는 약재로, 목재는 가구재로 쓰이는 등 그 활용도가 매우 높았던 나무이다. 그러나 귀화식물 그리고 왕성한 번식력으로 자생식물의 훼손 등의 이유로 관리 대상종으로 인식되고 있다. - 우리나라 성주군에 90년 이상된 아까시나무가 살고 있다. - 아까시나무의 꽃말은 '아름다운 우정, 청순한 사랑'이다.

▲ 아까시나무 수형

▲ 아까시나무 꽃과 잎

137. 등

과명	학명	개화	결실
콩과	*Wisteria floribunda*	4~5월	10~11월

<table>
<tr><td rowspan="6">수목
포인트</td><td>성상</td><td>- 낙엽 활엽 만경목(덩굴성 수목)이다.
- 길이는 10m이다.</td></tr>
<tr><td>분포 및
자생지</td><td>- 한국, 일본에 분포한다.
- 경상도의 숲이나 계곡 주변에서 자라며 흔히 관상수나 절개지 복구용으로 심는다.</td></tr>
<tr><td>꽃</td><td>- 양성화이고, 4~5월에 가지 끝에 달리는 20~40cm의 총상꽃차례에 연한 자주색으로 꽃이 모여 핀다.</td></tr>
<tr><td>잎</td><td>- 어긋나게 달리고, 깃꼴겹잎이다.
- 작은 잎은 긴 타원형 또는 난상 타원형이고 11~19개이다.
- 끝은 길게 뾰족하고 가장자리는 밋밋하다.</td></tr>
<tr><td>열매</td><td>- 협과이고 10~11월에 익는다.
- 씨는 납작한 원형이고 갈색이며 광택이 있다.</td></tr>
<tr><td>줄기
(수피)</td><td>- 회갈색이고 다른 물체를 오른쪽 또는 왼쪽으로 감고 오른다.
- 겨울눈은 난형이고 자갈색이며 광택이 있다.</td></tr>
<tr><td colspan="2">검색 포인트</td><td>- 덩굴성으로 잎은 우상복엽(깃꼴겹잎)이고 꽃은 자주색으로 총상화서로 아래로 처진다.</td></tr>
<tr><td colspan="2">생태·조경
포인트</td><td>- 부산 범어사 주변과 충북 속리산에서 자생한다.
- 일사가 양호한 곳, 수분이 많은 점질 양토에서 생육이 빠르고 수명도 길다.</td></tr>
<tr><td colspan="2">인문학
포인트</td><td>- 비스테리아(Wisteria)는 미국 필라델피아의 해부학자인 위스테리아를 기념해서 붙인 이름이다.
- 등(藤)은 아까시나무처럼 많은 꽃이 특징이다. 스위스의 식물학자 칸돌레(Candolle, 1777~1841)가 붙인 학명 가운데 플로리분다(floribunda)도 '꽃이 많다'라는 뜻이다.
- 등나무 등(藤) 자는 풀 초(草)와 물 소을 등(滕) 자가 합쳐져 만들어진 글자인데, 위로 감아 올라가는 식물이란 뜻을 가지고 있다.
- 우리가 이야기하는 갈등(葛藤)이란 해결의 실마리를 찾지 못하고 대립과 모순으로 뒤엉켜 버린 상황이다. 갈등(葛藤)의 갈(葛)은 칡이고 등(藤)은 등나무이다. 칡은 왼쪽으로 감고 올라가고, 등나무는 오른쪽으로 감고 올라간다고 하여 비롯한 말이다. 두 종이 함께 얽혀버리듯이 이해관계가 뒤엉켜버린다면 해결의 실마리를 찾는다는 것은 사실상 어려운 일이다. 그러나 사실 등나무는 오른쪽 왼쪽 가리지 않고 감고 올라간다.※
- 우리나라 어디에서나 등(藤)을 볼 수 있다. 마을마다 등(藤)으로 만든 정자가 있을 만큼 등은 많다. 경상북도 경주시 현곡의 용 등은 천연기념물 제89호로 지정될 만큼 유명하다. 이외 부산 범어사 등나무군락(천연기념물 176호), 서울 삼청동 등나무(천연기념물 254호, 수령 약 900년) 등이 있다. 범어사 뒤편 등나무가 분포하는 계곡의 이름도 등운곡이다.
- 원래 등나무는 난온대 상록활엽수림에 사는 장수하는 덩굴성 목본으로 광량과 따뜻한 입지를 선호한다. 우리나라 남부지역 등에 자생하는 등은 동아시아 최북단에 분포하는 개체군으로 추위에 상당히 강한 특성을 가지고 있다. 일본에서는 혼슈 이남 전역 숲 가장자리에 흔하게 자란다.
- 중국 소주에서도 청나라 강희연간에 심은 등나무가 살고 있으며 중국에서 종자를 가져간 영국에도 오래된 등나무가 살아 있다.
- 등나무 꽃을 말려서 신혼부부의 금침 속에 넣어주면 애정이 더해지고 잎을 따서 물에 삶아 마시면 애정이 되살아난다고 한다.
- 등의 꽃말은 '환영'이다.</td></tr>
</table>

※ 김종원(2013) 한국식물생태보감 자료 참조

▲ 등 잎

▲ 등 꽃

알아두면 유익한 포인트

등「자생지 및 특성」※※

등은 콩과로 덩굴식물로서 등(藤)이라는 한자는 위로 감고 올라가는 모양을 본떠서 만든 상형문자이다. 학술적으로는 본래 참등이라고 하는데, 흔히 사람들은 그냥 등이라고 통칭해서 사용한다. 우리나라 산림에서 자생하는 등은 흔히 정원에서 볼 수 있는 참등과 동일한 종류이다.

부산 동래에 의상대사가 창건한 범어사의 뒷산인 금정산 계곡에 등 자생지가 있는데, 천연기념물 제176호로 지정되어 있으며 이 계곡의 이름도 등운곡이다. 우리나라 대표적 등 자생지로서 등도 중요하지만, 계곡 주변에서 잘 자라고 있는 오리나무, 층층나무, 뽕나무 그리고 소나무까지 등이 감고 올라가 수려한 큰 나무를 고사시키는 사례가 발생하여 양호한 큰나무를 보호해야 할지 아니면 등을 보호해야 할지 고민한 적도 있다. 지금은 좋은 큰 나무에 피해를 주는 경우 등을 일부 제거하는 쪽으로 관리하고 있다. 이는 앞으로도 조금은 더 고민해 봐야 할 문제이기도 하다. 경상북도 경주시 현곡면 오류리의 등은 천연기념물 제89호로 지정되었으며 총 4그루의 등이 팽나무를 감고 올라가면서 자라고 있는데, 큰 것은 지름이 50cm 정도 되고 옆으로는 20m 정도 퍼져 있으며 높이는 17m까지 자란다. 이 등 네 그루가 퍼진 넓이는 동서로 20m, 남북으로 50m에 이른다. 지금은 논밭이지만 과거 신라시대에는 숲이 우거져 용림이라 하여 임금이 신하들과 함께 사냥을 했던 곳이기도 하다.

등이 야생상태로 있는 곳은 부산 금정산과 경주 오류리 이외에 속리산이나 계룡산 동학산 계곡에서도 볼 수 있다. 그리고 전라남도 화엄사 부근, 북한산 자락에서도 야생 등을 확인할 수 있다.

일반적으로 등은 지주목을 오른쪽 방향으로 감고 올라간다고 하지만, 오른쪽뿐만 아니라 왼쪽 방향으로도 감고 올라간다. 일반적으로 숲해설에서 갈등이라는 것을 설명하면서 칡과 등나무의 올라가는 방향으로 설명하는 경우가 많은데, 등은 오른쪽, 왼쪽 모두 감고 올라가는 특징이 있다는 것도 알고 있어야 한다.

등은 그 용도가 매우 다양한데, 어린잎이나 꽃은 나물로 먹기도 하고 종자는 볶아 먹는다. 덩굴은 바구니로 사용하기도 하며 가구재로도 사용한다. 등줄기는 섬유로 가공이 가능하여 고려도경에는 고려의 종이는 모두 닥나무로만 만드는 것이 아니라 등 섬유로 만들었다는 기록도 있다. 중국에서는 등으로 향을 만들기도 하고 약재로도 흔히 이용된다.

※※ 우리나무 백가지(이유미) 중 '등' 내용 일부 재구성

138. 보리수나무

과명	학명	개화	결실
보리수나무과	*Elaeagnus umbellata*	4~6월	9~11월

구분	항목	내용
수목 포인트	성상	- 낙엽 활엽 관목이다. - 높이는 2~3m이다.
	분포 및 자생지	- 한국, 중국, 일본에 분포한다. - 중부 이남의 풀밭이나 숲 가장자리에서 자생한다.
	꽃	- 양성화이고, 4~6월에 새 가지의 잎겨드랑이에 깔때기 모양의 은백색 꽃이 1~6개씩 모여 피며 점점 노란색으로 변한다.
	잎	- 어긋나게 달리고, 피침형 또는 긴 타원형이다. - 밑부분은 쐐기형이며 가장자리는 밋밋하다. - 앞면은 은색의 비늘 털이 있고 뒷면은 은색과 갈색의 비늘 털이 밀생한다.
	열매	- 핵과이고, 9~11월에 붉은색으로 익는다. - 씨는 긴 타원형이고 능선이 있다.
	줄기(수피)	- 회색 또는 흑회색이고 오래될수록 세로로 깊게 갈라진다. - 소교목처럼 자라기도 하며 가지에 긴 가시가 발달한다. - 겨울눈은 난형이고 비늘 털로 덮인다.
검색 포인트		- 낙엽성이고 소지에 백색 털이 밀생하고 잎 뒷면과 열매에 인모가 덮여 있다. - 뜰보리수에 비해 꽃이 많이 달리고 흰색에서 노란색으로 변하며 꽃자루가 짧은 편이고 열매가 작은 점이 다르다.
생태·조경 포인트		- 척박지에서 잘 자라며 공해에 강하고 이식도 용이하다. - 백색 꽃과 붉은색 열매가 조경용으로 우수하며 야생조류 유인을 위한 식이식물로도 식재한다.
인문학 포인트		- 속명 엘라이아그누스(Elaeagnus)는 올리브를 뜻하는 엘라이아(elaia)와 서양 목형을 의미하는 아그노스(agnos)를 합한 것이다. 학명에서 열매는 올리브 같은 잎은 은백색이라는 뜻을 가지고 있다. 보리수를 올리브 열매에 비유한 것으로 기원전 3,000년경부터 재배한 터키 원산의 올리브 열매는 보리수나무 열매와 닮았다. 우리나라에서 부르는 보리수나무의 경우 한자명인 맥립의 뜻이 보리 알맹이라는 뜻이다. 아무래도 작물 보리에서 온 것 같다. - 일반적으로 기독교는 사막의 종교, 불교는 숲의 종교라 한다. 불교에는 세 가지 성스러운 나무가 있는데, 사친나무, 사리쌍수나무 그리고 보리수나무이다. 그중에서 부처는 보리수나무 아래에서 깨달음을 얻었다고 전해지는데, 불교인들이 이야기하는 보리수나무는 우리가 알고 있는 관목성상의 보리수나무가 아니다. 불교에서 이야기하는 보리수나무는 피나무 혹은 보리자나무일 것이다. - 보리수나무는 내한성이 강하고 내음성은 약하지만, 뿌리에서 질소를 고정할 수 있어 척박한 땅에서도 잘 자란다. 꽃의 향기가 있으며 대표적 밀원식물이기도 하다. - 뜰보리수는 뜰(정원)에 많이 심는다 해서 이름 붙여졌고 소지에 적갈색 인모로 덮여 있다. - 보리수나무의 꽃말은 '부부의 사랑, 결혼'이다.

▲ 보리수나무 잎 뒷면(은빛색)

▲ 보리수나무 열매

139. 배롱나무

과명	학명	개화	결실
부처꽃과	*Lagerstroemia indica*	7~9월	10~11월

<table>
<tr><td rowspan="6">수목
포인트</td><td>성상</td><td>- 낙엽 활엽 소교목이다.
- 높이는 3~7m이다.</td></tr>
<tr><td>분포 및
자생지</td><td>- 중국이 원산지다.
- 주로 남부지방에서 관상수나 가로수로 식재하나, 중부지방에서도 월동 가능하다.</td></tr>
<tr><td>꽃</td><td>- 양성화이고, 7~9월에 가지 끝에 달리는 10~20cm의 원추꽃차례에 홍자색 또는 분홍색 또는 흰색 꽃이 모여 핀다.</td></tr>
<tr><td>잎</td><td>- 어긋나게 달리거나 마주나게 달리고, 도란상의 긴 타원형이다.
- 끝은 둥글거나 둔하고 밑부분은 넓은 쐐기형이며 가장자리는 밋밋하다.
- 질은 가죽질이다.
- 앞면은 털이 없고 광택이 있으며, 뒷면은 연한 녹색이고 맥을 따라 털이 있다.</td></tr>
<tr><td>열매</td><td>- 삭과이고, 10~11월에 익는다.
- 씨는 삼각상이고 흑갈색이며 위쪽에 넓은 날개가 있다.</td></tr>
<tr><td>줄기
(수피)</td><td>- 연한 적갈색이고 얇은 조각으로 벗겨지면서 얼룩무늬가 생긴다.
- 어린 가지는 능선이 있다.
- 겨울눈은 난형이다.</td></tr>
<tr><td colspan="2">검색 포인트</td><td>- 꽃이 오래도록 피며 나무껍질이 매끄러운 점이 특징이다.
- 잎 표면에 광택이 난다.</td></tr>
<tr><td colspan="2">생태·조경
포인트</td><td>- 일사가 양호한 곳에서 잘 자라며 공해에 강하고 다소 척박한 토양에도 생육이 가능하다.</td></tr>
<tr><td colspan="2">인문학
포인트</td><td>- 리나이우스가 붙인 학명에는 원산지 이외에 그의 친구인 라게르스트룀(Lagerstroem)을 의미하는 라게르스트로이미아(Lagerstroemia)만 언급하고 있으며 원산지는 중국이지만 인도로 표기하고 있다.
- 장마가 끝날 무렵부터 배롱나무는 하나둘 꽃이 피기 시작한다. 배롱나무의 꽃이 100일 동안 피는 것이 아니라 꽃이 계속 피고 지고해서 100일 동안 지속되는 것이다.
- 끊임없이 피고 지는 배롱나무의 꽃처럼 학문을 닦고 정진하여 투명한 나무껍질에서 보듯 겉과 속이 모두 투명하게 보여 청렴의 상징성과 붉은 꽃은 단심처럼 처음 먹은 마음의 뜻을 쉽게 접지 말라는 의미도 있다.
- 배롱나무의 세 가지 특징은 첫째, 수피가 얇아 나무줄기를 건드리면 간지럼을 타고 잎이 흔들린다고까지 한다. 둘째, 봄철 대추나무와 같이 늦게 싹이 튼다 하여 양반나무라 부른다. 셋째, 꽃이 피고 지기를 백일 동안 한다 하여 백일홍이라는 별칭도 있다.
- 중국에서는 배롱나무를 자미화(紫微花)로 즐겨 부른다. 자미는 붉은 배롱나무로 한자 미(微)가 배롱나무를 의미한다. 강희안의 양화소록에서도 백일홍은 자미화의 속명으로 제시하고 있다. 특히 당나라 현종은 배롱나무를 매우 좋아했으며 중서성이라는 성의 이름도 자미성으로 바꾼 기록이 있다.
- 배롱나무는 때로 간지럼나무라고도 한다. 우리나라 충청도 지방에서도 간혹 이렇게 부르는 곳이 있다. 손톱으로 나무를 긁으면 모든 가지가 움직인다고 해서 붙여진 이름이다. 중국에서는 패양수 혹은 파양※수라고 적고 있다. 일본에서는 원숭이가 미끄러지는 나무라는 의미의 이름을 붙이기도 하였다.
- 배롱나무는 무욕과 청렴의 상징으로 서원이나 사찰에서 많이 심었다. 안동 병산서원 배롱나무가 유명하다. 우리나라에서 가장 오래된 배롱나무는 부산 양정동 배롱나무(천연기념물 제168호)로 수령 800년 된 나무로 동래 정씨 시조 묘 옆에 심겨 있다.
- 흰배롱나무는 꽃이 백색이다.
- 배롱나무의 꽃말은 '떠난 님을 그리워함 혹은 부귀'이다.</td></tr>
</table>

※ 파양은 손톱으로 가려운 곳을 긁는다는 의미이다.

▲ 배롱나무 수형

▲ 배롱나무 꽃

140. 층층나무

과명	학명	개화	결실
층층나무과	*Cornus controversa*	5~6월	8~10월

구분	항목	내용
수목 포인트	성상	- 낙엽 활엽 교목이다. - 높이는 10~20m이다.
	분포 및 자생지	- 한국을 포함한 동아시아 온대 지역에 넓게 분포한다. - 전국의 산지에서 자생한다.
	꽃	- 양성화이고, 5~6월에 새 가지 끝에 달리는 지름 5~15cm의 겹산방꽃차례에 자잘한 흰색 꽃이 모여 핀다.
	잎	- 어긋나게 달리고 가지 끝에서는 촘촘하게 달리며, 타원형 또는 넓은 난형이다. - 끝은 길게 뾰족하고 밑부분은 넓은 쐐기형이며 가장자리는 밋밋하다. 뒷면은 분백색이 돌고 누운 털이 있으며 맥 주변에 많다.
	열매	- 핵과이고, 8~10월에 흑자색으로 익는다. - 씨는 표면에 깊은 골이 진다.
	줄기(수피)	- 회갈색이고 세로로 얕게 갈라진다. - 겨울눈은 적갈색이고 광택이 있다.
검색 포인트		- 잎이 평행맥이며 다른 층층나무과의 수종들과 다르게 어긋나게 달리고 측맥이 6~9쌍이다. - 가지가 층을 이루면서 윤생한다. - 수피가 세로로 얕게 갈라진다.
생태·조경 포인트		- 토양이 비옥하고 습한 곳에서 잘 자란다. - 내공해성은 약하지만 내한성은 강해 우리나라 전역에서 잘 자란다. - 녹음식재, 가로수식재, 군락식재 등에 적합하다.
인문학 포인트		- 속명인 코르누스(Cornus)는 라틴어 코르누에서 유래했다. 쿠르누는 뿔이라는 뜻으로 나무의 재질이 뿔처럼 단단하다는 의미이다. 즉 학명은 꽃이나 잎을 특징한 것이 아니라 나무의 재질을 나타낸 것이다. 우리나라 합천 해인사 팔만대장경을 만든 나무도 산벚나무, 돌배나무, 거제수나무, 그다음이 층층나무였다고 한다. 층층나무는 속성수이지만 목재가 좋음을 알 수 있다. - 우리 나무 이름인 층층나무의 층층은 나무 가지가 층을 이루어 난다고 해서 붙여진 것이다. 나무 가지가 옆으로 퍼져 숲 속의 무법자라는 의미로 폭목(暴木)이라고 부르기도 했다. - 식이식물로 인기가 있다. 바람이 강한 곳에서는 가지가 부러질 수 있어 고려해야 한다. 독성이 없어 층층나무 수액을 마시기도 한다. - 층층나무의 꽃말은 '인내력'이다.

▲ 층층나무 수형

▲ 층층나무 열매

141. 흰말채나무

과명	학명	개화	결실
층층나무과	*Cornus alba*	5~6월	7~9월

구분		내용
수목 포인트	성상	- 낙엽 활엽 관목이다. - 높이는 2~3m이다.
	분포 및 자생지	- 한국, 중국, 러시아, 몽골에 분포한다. - 북부지방에서 자라고 전국의 공원이나 정원에서 관상수로 심는다.
	꽃	- 양성화이고, 5~6월에 가지 끝에 달리는 지름 3~6cm의 산방산 취산꽃차례※에 자잘한 흰색 꽃이 모여 핀다.
	잎	- 마주나게 달리고 타원형 또는 긴 타원형이다. - 끝은 뾰족하고 밑부분은 쐐기형 또는 넓은 쐐기형이며 가장자리는 밋밋하다. - 앞면은 녹색이고 누운 털이 있으며, 뒷면은 분백색이 돌고 맥 위와 함께 잔털이 있다.
	열매	- 핵과이고, 7~9월에 흰색으로 익는다. - 씨는 난상 구형이고 얕은 골이 진다.
	줄기 (수피)	- 줄기는 여름에 청갈색이 많이 돌다가 겨울이 될수록 점점 적자색을 띠며 껍질눈이 많고 광택이 있다. - 겨울눈은 긴 난형이고 갈색의 누운 털로 덮인다.
검색 포인트		- 잎은 대생하며 뒷면은 백색 잔털이 있으며 가지는 붉은색, 열매는 흰색이다. - 열매가 흰색이고 나무껍질이 적자색이다.
생태·조경 포인트		- 일사가 양호한 곳에서 잘 자라고 산성토양 및 대기오염에 강하다 - 적윤지의 비옥한 토양에서 잘 자란다. - 지엽이 치밀하여 전정에 강해 경계식재, 주연부식재에 적당하다.
인문학 포인트		- 종소명 알바(alba)는 흰색이라는 뜻으로 곰의 말채에 비해 열매가 흰색이라서 유래했다. 우리나라에는 홍서목(紅瑞木)이라고도 불린다. - 열매가 흰색이고 말채나무※※(또는 곰의 말채)와 닮은 나무라는 뜻의 이름이다. - 우리나라에서는 북한의 함경도와 평안도 지방에서만 자생하고 남한에서는 주로 공원 등에 식재되어 있다. 나무의 껍질은 한약재로 유용하다. 그러나 2014년에 한국국제대학교 성교수팀이 약용식물탐사 중 지리산 반야봉에서 흰말채나무의 자생지를 발견하여 학계의 관심이 뜨겁다. - 노랑말채나무(*C. sericea Flaviramea*)는 북아메리카에서 도입된 종으로 열매는 흰색이지만 줄기는 황록색이고 단풍은 노란색을 띤다. - 말의 채찍으로 사용한다고 하는 말채나무라는 이름이 들어간 수목은 흰말채나무, 노랑말채나무, 말채나무, 곰의말채나무가 있다. 이중 흰말채나무와 노랑말채나무는 관목이며 열매가 흰색이고 말채나무와 곰의 말채나무는 교목이며 열매가 검은색으로 익는다. - 흰말채나무의 꽃말은 '당신을 보호해 드리겠습니다'이다.

※ 꽃 밑에서 또 각각 한 쌍씩의 작은 꽃자루가 나와 그 끝에 꽃이 한 송이씩 달리는 꽃차례(예: 작살나무, 백당나무, 덜꿩나무).

※※ 말채나무(*Cornus walteri*)는 동아시아 온대지역에 넓게 분포하고 전국의 산지에서 자란다. 층층나무에 비해 잎이 마주나게 달리고 측맥이 3~5쌍으로 적은 점이 다르며 곰의 말채나무에 비해서 잎이 넓고 나무껍질이 그물처럼 갈라지는 점이 다르다. 말채나무의 유래는 봄에 새로 나온 가지를 말채찍으로 사용하였다는 내용과 어느 장군이 말채찍을 땅에 던졌더니 이게 나무로 자라서 말채나무가 되었다는 내용도 전해져 온다.

▲ 흰말채나무 잎

▲ 흰말채나무 꽃

▲ 노랑말채나무 수피

▲ 흰말채나무 수피

142. 산딸나무

과명	학명	개화	결실
층층나무과	*Cornus kousa*	5~7월	9~10월

구분		내용
수목 포인트	성상	- 낙엽 활엽 소교목이다. - 높이는 7~10m이다.
	분포 및 자생지	- 한국, 일본에 분포한다. - 중부 이남의 산지에서 자라며 관상수로 심기도 한다.
	꽃	- 양성화이고, 5~7월에 가지 끝에 달리는 두상꽃차례에 20~30개의 자잘한 황록색 꽃이 빽빽하게 모여 핀다.
	잎	- 마주나게 달리고, 난형 또는 넓은 난형이다. - 끝은 길게 뾰족하고 밑부분은 둥글거나 넓은 쐐기형이며, 가장자리는 물결 모양이다. - 양면에 잔털이 있으며 잎자루와 함께 뒷면 맥겨드랑이와 맥 위에 갈색 털이 있다.
	열매	- 핵과이고 집합과이며, 9~10월에 붉은색으로 익는다. - 씨는 불규칙한 난형이고 갈색이다.
	줄기(수피)	- 암갈색이고 오래될수록 불규칙한 조각으로 벗겨진다. - 가지는 층을 이룬다. - 잎눈은 길쭉하고 꽃눈은 도톰하다.
검색 포인트		- 층층나무에 비해 잎이 마주나게 달리고 측맥이 작다. - 열매는 딸기처럼 모여 붉은색으로 익는다. - 열십자(+) 모양으로 된 4장의 흰색 총포 조각이 꽃잎처럼 보이고 그 가운데 20~30개의 연한 황록색 꽃이 모여 달린다. - 수피는 암회색으로 부분적으로 떨어진다.
생태·조경 포인트		- 숲 내부의 반음지에서 잘 자라며 건조에도 강하다. - 척박지 생육이 양호하며 공해에도 견디는 능력이 우수하다. - 악센트식재, 주연부식재 등에 적합하다.
인문학 포인트		- 종소명 kousa는 일본 하코네 지방에서 산딸나무를 부르던 방언 '쿠사'에서 유래했다. 일본 방언이 산딸나무의 학명으로 사용된 것은 독일 식물학자가 일본에서 이 나무를 채집하여 명명했기 때문이다. - 산딸나무의 하얀 꽃잎이 십자 모양으로 생겼다 하여 신도들은 그리스도의 고난을 상징하는 나무로 의미를 부여하기도 했다. - 산딸나무의 꽃잎처럼 생긴 하얀 4장의 포는 꽃잎이 아니라 식물학적으로 보면 꽃을 감싸고 있는 포라는 부분이다. - 우리나라에서는 열매를 강조한 이름으로 산딸나무라고 하였지만, 다른 나라들은 주로 잎을 강조하는 이름을 붙였다. - 중국에서는 흰색의 꽃잎이 너무 선명하여 사방을 훤하게 비춘다는 뜻으로 사조화(四照花)라고도 하며 열매가 복분자를 닮아 산복분(山覆盆)이라는 이름도 있다. 일본에서는 하얀 꽃잎이 두장씩 서로 마주 보고 있는 것이 흰 두건을 쓴 스님 같다고 하여 산법사(山法師)라고도 부른다. - 루브라꽃산딸나무는 북미 동부, 멕시코 동북부인 꽃산딸나무 종류인데, 잎이 피기 전에 꽃이 나무 전체를 뒤덮기 때문에 더 화려하게 보이며 꽃은 흰색, 분홍색, 빨간색, 노란색 등 다양한 색이 있다. 우리나라에서는 서양산딸나무라 한다. - 북미 원산의 꽃산딸나무(혹은 서양산딸나무)는 관상수로 많이 식재한다. 산딸나무에 비해 총포 조각이 넓은 도란형이고 끝부분이 깊게 파이며 열매가 집합과가 아니라 낱개로 달리는 점이 다르다. - 산딸나무의 영명은 Dogwood인데, 이에 대한 유래는 산딸나무의 껍질로 개의 피부병을 치료했다는 유래와 산딸나무의 목질이 단단하여 나무 꼬챙이를 만드는 데 사용되었는데 나무 끝자락을 뜻하는 dag라는 단어가 dog로 변했다는 유래가 있다. - 산딸나무의 꽃말은'희생'이다.

▲ 산딸나무 꽃과 잎

143. 산수유

과명	학명	개화	결실
층층나무과	*Cornus officinalis*	3~4월	9~11월

구분	항목	내용
수목 포인트	성상	- 낙엽 활엽 소교목이다. - 높이는 4~8m이다.
	분포 및 자생지	- 한국※, 중국이 원산지다. - 중부 이남 지방에서 심어 기르며 열매를 얻기 위해 대단위로 심어 재배하기도 한다.
	꽃	- 양성화이고, 3~4월에 짧은 가지 끝에 달리는 산형꽃차례에 20~30개의 노란색 꽃이 잎보다 먼저 핀다.
	잎	- 마주나게 달리고, 난형 또는 넓은 난형이다. - 끝은 길게 뾰족하고 밑부분은 둥글며 가장자리는 밋밋하다. - 양면에 털이 있고 뒷면은 약간 분백색이 돌고 누운 털이 있으며 잎자루와 함께 맥겨드랑이에 갈색과 흰색 잔털이 밀생한다.
	열매	- 핵과이고, 9~11월에 붉은색으로 익으며 오래도록 매달린다. - 씨는 긴 타원형이고 희미한 능선이 있다.
	줄기(수피)	- 갈색이고 비늘 조각처럼 얇게 벗겨진다. - 겨울눈은 누운 털이 밀생 하며 잎눈은 길쭉하고 꽃눈은 도톰하다.
검색 포인트		- 나무껍질이 벗겨지며 꽃은 황색이며 잎보다 먼저 핀다. - 열매는 타원형으로 적색을 띤다.
생태·조경 포인트		- 일사가 양호한 곳에서 잘 자라며 공해에는 다소 약하다. - 봄에 노란색 꽃이 아름답고 붉은 열매는 식용뿐만 아니라 관상 가치도 우수하다. - 악센트식재, 유도식재에 적합하다.
인문학 포인트		- 속명 코르누스(Cornus)는 뿔(角)이라는 뜻의 라틴어 코르누(Cornu)에서 유래하며 나무의 재질이 무겁고 단단하다는 뜻이다. 종소명 오피시날리스(officinalis)는 '약효가 있다'라는 뜻이다. - 한방에서는 산수유 약통 서랍이 있을 만큼 귀중한 나무이며 예전에는 산수유 세 그루만 있으면 자식을 대학에 보낼 수 있었다고 할 만큼 수익성이 좋은 나무이었다. - 예전에 우리나라 양반집에 가면 거의 모두 산수유를 심었는데, 이른 봄 노란색 꽃, 단단한 목재 등의 이유도 있겠지만, 아무래도 열매를 얻기 위해서임이 아닐까 한다. - 산수유라는 이름은 산에서 자라고 수유가 열리는 나무라는 뜻이다. 여기서 수유는 산복숭아를 의미한다. 한방 약재뿐만 아니라 술을 담그는 재료로도 많이 사용했다. 특히 예전부터 정력 강장제로 소문난 보약재가 되는 술로 알려져 있다. - 흔히 산수유는 봄을 알리는 대표적 나무로 알고 있다. 중부지방에서는 개나리와 벚나무보다 일찍 꽃을 피우기 때문에 겨울과 봄을 구분하는 나무라고 해도 과언이 아니다. - 중국에서는 산수유를 신맛이 나는 대추라는 이름으로 촉산조(蜀酸棗)라고도 불렀다. 본초강목에서도 언급되었듯이 산수유는 신맛을 낸다. - 우리나라에서 산수유로 유명한 지역은 전라남도 구례군 산동면, 경기도 이천시 백사면, 경상북도 의성군 등이다. - 산수유의 꽃말은 '영원불멸의 사랑'이다.

※ 산수유의 원산지가 중국으로 알려져 있지만, 우리나라 광릉에서도 자생지가 발견되었다.

▲ 산수유 수피

▲ 산수유의 새로 나오는 잎

144. 화살나무

과명	학명	개화	결실
노박덩굴과	*Euonymus alatus*	5~6월	9~10월

구분		내용
수목 포인트	성상	- 낙엽 활엽 관목이다. - 높이는 1~4m이다.
	분포 및 자생지	- 한국, 중국, 일본, 러시아에 분포한다. - 전국의 산지 숲 속에서 비교적 흔하게 자생한다.
	꽃	- 양성화이고, 5~6월에 2년지의 잎겨드랑이에 달리는 취산꽃차례에 황록색 꽃이 모여 핀다.
	잎	- 마주나게 달리고, 도란형 또는 도란상 타원형이다. - 끝은 뾰족하고 밑부분은 쐐기형이며 가장자리에 날카로운 잔 톱니가 있다. - 기본적으로 양면에 털이 없으나 뒷면이나 맥 위에 있는 것도 있다.
	열매	- 삭과이고, 9~10월에 붉은색으로 익는다. - 씨는 단맛이 나는 주황색의 헛씨 껍질에 싸인다.
	줄기(수피)	- 회갈색이고 코르크 질의 날개가 발달한다. - 어린가지는 녹색이다. - 겨울눈은 긴 난형이고 끝이 뾰족하다.
검색 포인트		- 줄기 및 가지에 날개가 있다. 열매는 붉은색이다. - 코르크 질의 날개가 없는 것을 회잎나무로 구분하나 화살나무와 같은 것으로 보는 추세다.
생태·조경 포인트		- 숲 내부 음지에서 잘 자라고 건조에 매우 강하다. - 공해에 잘 견디며 이식도 용이하다. - 줄기에 있는 날개가 독특하고 붉은 열매가 관상용으로 가치가 있다. - 악센트식재, 경계식재에 적합하다.
인문학 포인트		- 속명 에우오니무스(Euonymus)는 '좋다'라는 뜻의 고대 그리스어 에우(eu)와 '이름'이라는 뜻의 오노마(onoma)가 합쳐서 된 이름으로 그리스 신화에 나오는 신의 이름에서 유래했다. - 종소명 알라투스(alatus)는 나뭇가지에 날개가 있다는 뜻이다. 이는 줄기에 화살 모양의 날개가 있다는 것을 의미하는 이름이다. - 화살나무의 단풍은 10월에 기온이 15℃ 이하로 내려갔을 때 가장 선명하고 붉게 들며 더운 지역에서는 햇볕이 많은 곳보다는 다소 그늘진 곳에 심어야 더욱 고운 단풍을 볼 수 있다.※ - 화살나무는 비슷한 나무들이 많은데, 화살나무와 특징이 다 같지만 줄기에 날개가 없는 것이 바로 회잎나무(*f. ciliatodentatus*)이다. - 화살나무는 단풍을 보기 위해 공원이나 정원 등에 식재하지만, 약재와 목재 그리고 활을 만드는 데까지 다양한 용도로 활용되던 나무이다. 특히 목재는 치밀하고 인장강도가 높아 나무못 같은 특수 용도나 세공재로 쓴다. - 화살나무의 꽃말은 '위험한 장난, 냉정'이다.

※ 우리나무 백가지(이유미) 중 '화살나무' 내용 일부 재구성

▲ 공원내 식재된 화살나무군락

▲ 화살나무 꽃

145. 사철나무

과명	학명	개화	결실
노박덩굴과	*Euonymus japonicus*	6~7월	10~12월

구분	항목	내용
수목 포인트	성상	- 상록 활엽 관목이다. - 높이는 2~6m이다.
	분포 및 자생지	- 한국, 일본에 분포한다. - 중부 이남의 바닷가 근처 산지에서 자생한다.
	꽃	- 양성화이고, 6~7월의 잎겨드랑이에 달리는 취산꽃차례에 7~15개의 황록색 또는 황백색 꽃이 모여 핀다.
	잎	- 마주나게 달리고, 타원형 또는 난형이다. - 끝은 둔하고 가장자리에 작고 둔한 톱니가 있다. - 질은 가죽질이고 양면에 털이 없다.
	열매	- 삭과이고, 10~12월에 황갈색 또는 적갈색으로 익는다. - 씨는 타원형이고 단맛이 나는 주황색의 헛씨 껍질에 싸인다.
	줄기 (수피)	- 흑갈색이고 가지가 많다. - 어린 가지는 녹색이다. - 겨울눈은 뾰족한 난형이고 6~10개의 비늘 조각에 싸인다.
검색 포인트		- 잎은 마주나고 광택이 있으며 둔한 톱니가 있다. 가지는 녹색이다. - 4장의 꽃잎이 수평으로 벌어진다.
생태·조경 포인트		- 난대 기후대에서 자라며 음수 또는 중용수로 건조에 잘 견딘다. - 주로 경계식재, 차폐식재로 많이 이용된다.
인문학 포인트		- 상록성이라 사철 푸른 나무라는 뜻의 이름으로 상록수를 대표하는 나무라고 해도 과언이 아니다. - 우리나라에서 사철나무 속에 속하는 식물이 약 15종 정도이며 이중 사철나무, 줄사철나무, 섬회나무를 제외하면 모두 낙엽성이다. 사철나무는 보통 3m까지 자라지만, 경우에 따라 6m까지 자라기도 한다. 새로 난 가지는 녹색이지만 시간이 지나면서 점차 흑회색으로 변한다. - 사철나무는 영국에 1800년경에 소개되어 식재된 기록이 있으며 미국에도 최초 소개된 시기는 명확지 않으나 대략 100년 전부터 해안가의 정원수나 울타리로 사용했다는 기록이 있다. - 사철나무의 중국식 이름을 우리나라와 일본에서 두중 또는 동청으로 잘못 쓰는 경우가 많은데, 이는 한방에서 이용하다 생긴 오해이다. 이는 중국에서 강심제로 사용하는 두중(두충나무)과 동청이 있는데, 이 나무들이 귀하여 사철나무를 대신 사용하다 보니 오해가 생긴 결과이다. 우리나라 「산림경제」에서도 사철나무를 두중, 동청 겨우살이로 기록하고 있다.[※] - 2012년 문화재청은 독도에 자생하는 사철나무를 천연기념물 제538호로 지정하였다. - 줄사철나무(*E. fortunei* var. *radicans*)는 덩굴성 사철나무라는 뜻이다. 사철나무에 비해 꽃과 열매가 작고 줄기가 덩굴성이며 공기 뿌리를 내어 다른 물체에 붙어 자라는 점이 다르다. 진안 마이산 줄사철나무 군락지[※※]는 천연기념물 제380호로 지정되어 있다. - 사철나무의 꽃말은 '변화없다 혹은 변함 없다'이다.

※ 우리나무 백가지(이유미) 중 '사철나무' 내용 일부 재구성

※※ 1993년 8월 19일 천연기념물 제380호로 지정되었으며 그 면적은 171.9㎡이다. 지정사유는 우리나라 내륙지방에 분포하는 줄사철나무의 북방한계선으로서 학술적 가치가 인정되었다. 위치는 전북 진안군 마령면 마이산 남로 367(동촌리)이다.

▲ 제주도 애월읍 인근 밭담위에서 자라고 있는 사철나무군락

▲ 사철나무 잎과 꽃

▲ 사철나무 열매

146. 노박덩굴

과명	학명	개화	결실
노박덩굴과	*Celastrus orbiculatus*	5~6월	9~10월

구분	항목	내용
수목 포인트	성상	- 낙엽 활엽 관목이다. - 길이는 10m이다.
	분포 및 자생지	- 한국, 중국, 일본, 러시아에 분포한다. - 전국의 산과 들에 비교적 흔히 자생한다.
	꽃	- 암수딴그루이고, 5~6월에 잎겨드랑이에 달리는 취산꽃차례에 황록색 꽃이 모여 핀다.
	잎	- 어긋나게 달리고, 타원형 또는 아원형이다. - 끝은 급히 뾰족해지고 가장자리에 얕은 톱니가 있다. - 뒷면 맥 위에 잔털이나 돌기 모양의 털이 있다.
	열매	- 삭과이고, 9~10월에 노란색으로 익는다. - 씨는 난상 타원형이고 연한 갈색이며 1줄의 능선이 있고 단맛이 나는 주황색 헛씨 껍질에 싸인다.
	줄기(수피)	- 회갈색이고 오래될수록 세로로 갈라지며 다른 나무를 휘감는다. - 겨울눈은 바깥쪽 비늘 조각이 가시처럼 뾰족하다.
검색 포인트		- 회갈색이고 오래될수록 세로로 갈라지며 다른 나무를 휘감는다. - 겨울눈은 바깥쪽 비늘 조각이 가시처럼 뾰족하다.
생태·조경 포인트		- 숲 가장자리 식생을 구성하는 대표적인 종으로 줄기의 재생능력이 탁월하다. - 중용수로서 적습의 사질양토에 적합하다. - 덩굴식물로 가을에 주황색 열매가 아름답고 담장녹화용 그늘시렁용으로 이용 가능하다.
인문학 포인트		- 속명 칠라스투루스(Celastrus)는 고대 그리명이며 셀라스는 늦가을이라는 뜻이다. 노박덩굴의 열매는 늦가을에 황금 열매가 주렁주렁 매달려 있다. 종소명 orbiculatus는 둥근 즉 공 모양의 뜻이다. - 노박덩굴은 줄기가 마구 자라 길을 막는 덩굴이라는 뜻이다. 아무래도 노박이라는 의미가 어디에서나 흔히 있다는 뜻을 가지고 있어서 붙여진 이름이 아닐까 생각한다. - 한자명 남사등(南蛇藤)은 다른 식물체를 감고 있는 형상이 뱀 껍질을 벗어놓은 듯하여 유래하였으며 일본명 쭈루우매모도끼(蔓梅擬, 만매의)는 낙상홍을 닮은 덩굴이라는 뜻이다. - 북아메리카에서는 3대 나쁜 동아시아 덩굴종으로 노박덩굴, 칡, 인동덩굴을 지목하고 있다. 약 19세기 후반에 인위적으로 도입했다가 야생으로 퍼져나간 것으로 추측된다. - 털노박덩굴은 일본과 한국에 분포하며 한국에서는 강원도 삼척과 충북 이남의 산지에서 드물게 자란다. - 노박덩굴의 꽃말은 '진실, 명랑'이다.

▲ 노박덩굴 수형

▲ 노박덩굴 꽃

▲ 노박덩굴 잎

147. 호랑가시나무

과명	학명	개화	결실
감탕나무과	*Ilex cornuta*	4~5월	9~10월

<table>
<tr><td rowspan="6">수목 포인트</td><td>성상</td><td>- 상록 활엽 관목이다.
- 높이는 1~3m이다.</td></tr>
<tr><td>분포 및 자생지</td><td>- 한국, 중국에 분포한다.
- 전라도와 제주도의 바다 근처 산지에서 자생한다.</td></tr>
<tr><td>꽃</td><td>- 암수딴그루이고, 4~5월에 2년지의 잎겨드랑이에 녹백색 꽃이 모여 핀다.</td></tr>
<tr><td>잎</td><td>- 어긋나게 달리고, 타원상 사각형이다.
- 끝은 뾰족하고 가장자리의 각진 부분마다 1~3쌍의 날카로운 가시가 있다.
- 질은 가죽질로 앞면에는 광택이 있고 주맥이 깊게 들어간다.
- 잎 뒷면은 황록색을 띤다.
- 잎은 타원형으로 육각형을 이룬다.</td></tr>
<tr><td>열매</td><td>- 핵과이고, 9~10월에 붉은색으로 익는다.
- 씨는 삼각상 타원형이고 표면에 쭈글쭈글한 주름이 있다.</td></tr>
<tr><td>줄기(수피)</td><td>- 회백색이고 껍질눈이 있다.
- 꽃눈은 동그랗고 잎눈은 뾰족하다.</td></tr>
<tr><td colspan="2">검색 포인트</td><td>- 잎 표면에 윤택이 나고 가장자리에 바늘 같은 가시가 있다. 잎의 모양은 타원 모양의 4~6각형이다.
- 열매는 붉은색으로 익는다.</td></tr>
<tr><td colspan="2">생태·조경 포인트</td><td>- 적습의 비옥한 사질양토에서 잘 자란다. 공해에도 강한 편이며 전정에도 강하다.
- 온대 남부지방에서 생육이 양호하다.
- 사계절 푸르름, 봄의 꽃은 아름다운 향기, 9월의 붉은 열매는 아름다움을 선사한다.</td></tr>
<tr><td colspan="2">인문학 포인트</td><td>- 속명 Ilex는 서양호랑가시(holly) 또는 holly oak의 라틴명이다. 종소명 cornuta는 '각이 있는' 뜻이다.
- 크리스마스 장식용으로 많이 사용한다.
- 서양에는 4월에 피는 꽃은 예수님을 상징하며 잎의 가시는 골고다 언덕에서 쓰신 가시관을 의미한다. 붉은 열매는 흘린 피를 닮았으며 나무껍질을 쓴맛은 예수님의 고난을 의미한다.
- 호랑가시나무는 동서양 모두 귀신을 쫓거나 액운을 막아내는 용도로 사용된 기록이 있다. 영국에서는 이 나무로 지팡이를 만들어 사용하면 위험한 일을 피할 수 있다고 믿었고 중국에서는 귀신 쫓는 용도로 사용되기도 하였다.
- 호랑가시나무라는 이름은 호랑이가 등을 긁을 때 이 나무를 사용했다는 유래와 호랑가시나무의 가시가 너무 억세 호랑이도 무서워하였다는 유래도 있다. 그래서 호랑이등긁기나무, 호랑이발톱나무라고도 예전에 했다.
- 호랑가시나무는 약재로 그 용도가 뛰어난데, 잎은 구골엽(枸骨葉), 뿌리는 구골근(枸骨根), 수피는 구골수피(枸骨樹皮), 과실은 구골자(枸骨子)라 하며 약용한다.
- 천연기념물 제122호로 지정된 전북 부안 도청리 호랑가시나무군락은 700여 그루가 집단으로 자라며 호랑가시나무의 북방한계선으로 그 의의가 크다. 이외 전남 나주 상방리 호랑가시나무가 천연기념물 제516호 지정되어 있다.
- 호랑가시나무와는 식물학적으로 별 상관없는 물푸레나무과의 구골나무(Osmanthus heterophyllus)※가 있으므로 혼동하지 않도록 유의해야 한다.
- 호랑가시나무의 꽃말은 '가정의 행복, 평화'이다.</td></tr>
</table>

※ 호랑가시나무는 잎이 어긋나며 구골나무는 잎이 마주난다. 열매는 호랑가시나무가 붉은색인데 반해, 구골나무는 가을에 녹색의 타원형으로 열리며 이듬해 봄에 흑자색으로 익는다.

▲ 완도호랑가시나무(완도수목원 정문) 자연교잡종으로 완도에서만 자생한다.

▲ 호랑가시나무 수피

▲ 전남 완도수목원 온실앞에 식재된 호랑가시나무

▲ 완도호랑가시나무 잎

▲ 완도호랑가시나무 잎과 열매

148. 먼나무

과명	학명	개화	결실
감탕나무과	*Ilex rotunda*	6월	11~12월

구분	항목	내용
수목 포인트	성상	- 상록 활엽 교목이다. - 높이는 10~20m이다.
	분포 및 자생지	- 한국, 중국, 일본 등에 분포한다. - 전남 도서 지역과 제주도의 산지 숲 속이나 계곡 주변에서 자라며 관상수로 심기도 한다.
	꽃	- 암수딴그루이고, 6월에 새 가지의 잎겨드랑이에 흰색 또는 연한 분홍색 꽃이 산형꽃 차례로 모여 핀다.
	잎	- 어긋나게 달리고, 타원형 또는 긴 타원상 난형이다. - 끝은 둔하거나 약간 뾰족하고 가장자리는 밋밋하다. - 질은 가죽질로 앞면엔 약간 광택이 있고 양면에 털이 없다.
	열매	- 핵과이고, 11~12월에 붉은색으로 익는다. - 씨는 약간 납작한 삼각상의 긴 타원형이고 배면에 능선이 있다.
	줄기(수피)	- 회백색 또는 짙은 회색이고 껍질눈이 약간 있다. - 어린 가지는 암갈색이고 겨울눈은 작은 원뿔형이다. - 수피는 회백색으로 작은 피목이 발달한다.
검색 포인트		- 잎은 혁질이며 톱니가 없고 반쯤 접히며 소지는 자주색(암갈색)이다. - 둥근 열매는 붉게 익고 겨울 내내 달려 있다.
생태·조경 포인트		- 기온이 높고 습윤한 기후에서 잘 자라며 우기를 좋아하고 양지에서도 잘 자란다. - 수형이 좋으며 붉은색 열매가 아름답다. 제주도에서는 가로수로 이용되고 있다. - 악센트식재, 유도식재에 적합하다.
인문학 포인트		- 속명 Ilex는 서양호랑가시(holly) 또는 holly oak의 라틴명이다. 종소명 rotunda는 '원형의' 뜻이다. - 겨울철 붉은 열매 때문에 '이게 뭔 나무야?'라고 묻지 않을 수 없다. 먼나무※와 비슷한 감탕나무보다 먼나무의 잎자루가 길어서 잎이 먼 나무라는 뜻에서 생긴 이름이라는 이야기도 있다. - 멋스러운 나무라는 뜻으로 먼나무가 되었다는 유래도 있으며 제주도에서는 먼나무를 먹낭, 또는 '먼낭'이라 하는데, 먹은 검다는 뜻의 제주도 표현인데, 수피가 검어 '먹'이 '먼'이 됐다는 이야기도 있다. - 1971년에 제주도기념물 제15호로 지정되었다가 해제된 서귀포시 서홍동 579번지에 위치한 먼나무는 수관이 4m에 이르며 수고 6.5m 정도로 국내에서 가장 큰 먼나무 중의 하나일 것이다. 원래 한라산에 있었으나, 1949년 제주도 4·3 사건 때 공비 토벌 기념으로 이곳에 기념식수된 나무로 4·3 사건 재조명으로 제주기념물에서 해제되었다. - 많은 사람들이 제주도의 겨울과 이른 봄의 붉은색이 동백꽃이라고만 생각하지만, 필자는 겨울철의 붉은색은 동백꽃과 더불어 먼나무의 열매도 포함되어야 한다고 생각한다. 제주도의 가로수 및 공원수로 많이 이용되어 이국적인 풍경 속에서 붉은색 열매를 간직한 먼나무의 경관적 가치는 매우 크다고 여긴다. 최근에는 남부지역 가로수로도 많이 사용되고 있다. 전라남도 함평군의 가로수로서 적합한 나무 설문조사에서 응답자의 85%가 먼나무를 선택했다는 기사도 있다. - 먼나무의 꽃말은 '보호, 기쁜 소식'이다.

※ 감탕나무(I. integra)와 비교해 잎 가장자리에 톱니가 없으며 잎자루가 길어 구분할 수 있다.

▲ 제주도 및 남해안 일원에서 도심지내 가로수로 많이 식재하는 먼나무의 모습
2022년 1월 서귀포시 성산읍에서 촬영한 사진. 겨울철 붉은색 열매가 아름다운 경관을 연출한다.

▲ 먼나무 열매

▲ 먼나무 잎

149. 낙상홍

과명	학명	개화	결실
감탕나무과	*Ilex serrata*	6월	9~10월

구분		내용
수목 포인트	성상	- 낙엽 활엽 관목이다. - 높이는 2~3m이다.
	분포 및 자생지	- 일본과 중국이 원산지다. - 전국에서 조경수나 공원수로 심는다.
	꽃	- 암수딴그루이고, 6월에 잎겨드랑이에 연한 분홍색 또는 홍자색 꽃이 모여 핀다.
	잎	- 어긋나게 달리고, 타원형 또는 난상 긴 타원형이다. - 끝은 뾰족하고 가장자리에 잔 톱니가 촘촘하게 있다. - 양면에 짧은 털이 있고 뒷면 맥 위에 퍼진 털이 밀생한다.
	열매	- 핵과이고, 9~10월에 붉은색으로 익는다. - 씨는 삼각상의 긴 타원형이고 매끈한 편이다.
	줄기(수피)	- 회갈색 또는 짙은 회색이고 껍질눈이 있다. - 어린 가지는 암갈색이고 짧은 털이 있다. - 겨울눈은 반구형이다.
검색 포인트		- 미국낙상홍에 비해 꽃이 연한 분홍색 또는 홍자색이고 잎과 잎의 톱니가 작다. - 낙엽성이며 잔톱니가 있다. - 잎 양면에 억센 털이 있으며 잎 뒷면의 맥이 뚜렷하다.
생태·조경 포인트		- 암수 딴그루로서 다소 그늘진 숲 속을 선호한다. - 건조에 강하고 척박지에서도 생육이 좋다. - 군식에 적합하며 악센트식재도 좋다.
인문학 포인트		- 속명 Ilex는 서양호랑가시(holly) 또는 holly oak의 라틴명이다. 종소명 serrata는 '톱니가 있는' 뜻이다. - 서리가 내린 뒤에도 붉은색 열매가 달려 있다는 뜻의 중국명에서 유래되었다.※ 일본에서는 매의(梅擬)라고도 하는데, 이는 꽃과 잎이 매화를 닮았기 때문이다. - 열매는 약간 떫지만 단맛이 나기 때문에 열매는 겨울동안 새들의 좋은 먹이자원이 된다. - 최근 미국낙상홍을 고속도로변에 많이 식재한다. 미국낙상홍은 꽃이 흰색으로 피고 잎이 크며 잎의 톱니도 큰 점이 다르다. 그러나 꽃이 없을 때는 낙상홍과 미국낙상홍의 구별이 쉽지 않다. - 낙상홍의 꽃말은 '명랑'이다.

※ 낙상홍을 한자로 쓰면 '落霜紅'이다. '서리(霜)가 내려(落)도 붉은(紅) 열매'가 더욱 빛나서 그런 이름을 얻은 것 같다. 영어 이름 Japanese winterberry도 붉은색 열매를 강조해 붙여진 이름이다.

▲ 낙상홍 수형

▲ 낙상홍 잎

150. 회양목

과명	학명	개화	결실
회양목과	*Buxus microphylla* var. *koreana*	3~4월	8~9월

구분	항목	내용
수목 포인트	성상	- 상록 활엽 관목이다. - 높이는 2~3m이다.
	분포 및 자생지	- 한국, 중국, 일본에 분포한다. - 전국 산지의 바위지대에서 자라며 화단 주변에 경계목으로 심는다.
	꽃	- 암수한그루이고, 3~4월에 가지 끝이나 잎겨드랑이에 황록색 꽃이 모여 핀다.
	잎	- 마주나게 달리고, 긴 타원형 또는 도란형이다. - 끝은 둥글거나 오목하며 가장자리는 밋밋하고 뒤로 살짝 말린다. - 질은 가죽질로 뒷면 맥 위와 잎자루에 털이 있다.
	열매	- 삭과이고, 8~9월에 갈색으로 익는다. - 씨는 긴 타원형이고 흑갈색이며 광택이 있다.
	줄기(수피)	- 녹색을 띠며 오래될수록 회백색 또는 회갈색이고 불규칙한 조각으로 갈라진다. - 어린 가지는 네모지고 털이 있다.
검색 포인트		- 둥근 열매는 끝에 3개의 암술대가 남아있다. - 잎은 타원형으로 마주나고 혁질이다.
생태·조경 포인트		- 일사가 양호한 지역에서 잘 자라며 특히 석회암지대의 산기슭, 산록에서 생육이 매우 활발하다. - 척박한 곳에서도 잘 자라며 공해에도 견디는 능력이 우수하다. - 경계식재, 지피식재에 적합하다.
인문학 포인트		- 속명 Buxus는 라틴 명이며 puxas(상자)에서 유래하였으며 즉, 이 나무로 작은 상자를 만들었다는 의미이다. 종소명 koreana는 한국산이라는 의미이다. - 대표적 속성수로는 미루나무, 메타세콰이어, 오동나무, 양버즘나무, 양버들, 아까시나무 등이며 대표적 만성수로는 회양목과 주목이 있다. 100~200년 동안 자라도 한 뼘을 자라지 못하니, 느림의 미학을 배우려면 회양목에서 배우라는 말도 있다. - 회양목을 도장나무라고 일컫는 것처럼 인장, 관인, 낙관 등을 만드는데 쓰인다. 우리 선조들은 회양목으로 얼레빗을 만들어 사용하였고 이후 호패를 만드는 재료로 이용되기도 했다. 회양목이 너무 늦게 자라는데 반해, 쓰임새가 다양해 지금 자생하는 큰 회양목이 많지 않은 것이다. - 회양목※은 주로 석회암지대에서 잘 자란다. 강원도 회양(淮陽) 지역에서 많이 생산했기 때문에 춘양목, 풍산가문비나무처럼 지명을 빌려 이름에 붙여졌다. - 중국에서는 황양 혹은 황양목이라 부르는데, 이는 나무의 껍질이 황색이기 때문에 붙여진 이름이다. - 천연기념물로는 유일하게 여주 효종대왕릉 제459호 회양목이 있다. 수령은 약 300년 이상이다. - 한방에서는 가지와 잎을 진통, 거풍, 기침 증상에 이용하지만, 독성이 있으므로 주의해야 한다. - 회양목의 꽃말은 '참고 견뎌냄'이다.

※ 일반적으로 나무는 물을 운반하는 물관세포가 크고 나무를 지탱하는 섬유세포가 작지만, 회양목은 물관과 섬유의 지름이 거의 같은 유일한 나무일 것이다. 그리고 물관이 나이테 전반에 걸쳐 고르게 분포하여 나무질이 곱고 균일하며 치밀하고 단단하기까지 하다. 대나무가 1년에 약 30cm 정도 자라는데 반해, 회양목은 1년에 수고는 약 2.5cm, 직경은 0.1cm 정도 자라는 것으로 확인된다. 본초강목에 따르면 회양목은 1년에 1촌(寸) 자란다라고 기록하고 있다. 1촌은 약 3cm 정도이다.

▲ 공원경계부에 식재된 회양목 생울타리 모습

▲ 회양목 잎과 열매

151. 사람주나무

과명	학명	개화	결실
대극과	*Neoshirakia japonica*	5~6월	10~11월

<table>
<tr><td rowspan="6">수목
포인트</td><td>성상</td><td>- 낙엽 활엽 소교목이다.
- 높이는 4~6m이다.</td></tr>
<tr><td>분포 및
자생지</td><td>- 한국, 중국, 일본에 분포한다.
- 일부지역을 제외한 남한 전역에서 자라며 해안뿐 아니라 경기도 내륙에서도 자생한다.</td></tr>
<tr><td>꽃</td><td>- 암수한그루이고, 5~6월에 새 가지 끝에 달리는 6~10cm의 총상꽃차례에 황록색 꽃이 모여 핀다.</td></tr>
<tr><td>잎</td><td>- 어긋나게 달리고, 타원형 또는 난형이다.
- 끝은 뾰족하고 가장자리는 밋밋하다.
- 양면에 털이 거의 없다.</td></tr>
<tr><td>열매</td><td>- 삭과이고, 10~11월에 갈색으로 익는다.
- 씨는 구형이고 표면에 흑갈색 무늬가 있다.</td></tr>
<tr><td>줄기
(수피)</td><td>- 회백색이고 세로로 얕게 갈라지기도 하지만 매끈한 편이다.
- 겨울눈은 삼각상이고 2개의 비늘 조각에 싸인다.</td></tr>
<tr><td colspan="2">검색 포인트</td><td>- 잎은 도란상 타원형이고 가장자리가 밋밋하며 둥근 열매는 3개의 골이 진다.</td></tr>
<tr><td colspan="2">생태·조경
포인트</td><td>- 토양이 비옥하며 배수가 잘 되는 곳에서 생장력이 좋다.
- 수피가 흰색을 띠며 매끈하여 보기가 좋다.
- 악센트식재, 경계식재에 적합하다.</td></tr>
<tr><td colspan="2">인문학
포인트</td><td>- 가장 먼저 단풍을 선사하는 나무이다. 나무의 수피와 나무속이 백옥처럼 하얀 나무이다. 멀리서 보아도 그리 굵지 않은 수피가 흰색으로 보여 금방 눈에 띈다.
- 이름의 유래는 정확하지 않지만, 사람의 피부처럼 희고 매끄러워 붙여진 이름이라고도 하고 단풍든 모습이 사람의 홍조 띤 모습과 유사하다고 하여 붉을 주(朱) 자를 넣어 이름 붙였다고도 한다. 현재, 사람이라는 단어가 포함된 나무의 이름은 사람주나무※가 유일하다.
- 현재 국가 지후 변화 지표종으로 지정되어 우리나라 기후변화를 알아가는데 도움이 되는 식물이다.
- 강원도 지방에서는 신혼부부의 첫날밤 신방을 차릴 때 이 나무의 열매 기름을 사용하여 '신방나무'라고도 한다.
- 가지, 잎, 줄기에 상처를 내면 흰 유액이 나온다 하여 '백유목'이라고도 부른다. 대극과 식물들은 대부분 상처를 내면 흰색의 즙액이 흐르는 특징이 있다.</td></tr>
</table>

※ 사람주나무와 유사한 나무는 중국 원산의 오구(烏臼)나무가 있다. 잎이 까마귀 부리를 닮아 오구나무라고 한다. 중국 원산이지만, 열대지방에 더 많이 식재되어 열매에서 수지를 얻고 있다. 오구나무는 우리나라 중부지방에서 월동이 되지 않아 거의 볼 수 없다.

▲ 산에서 자생하는 사람주나무 전경

▲ 사람주나무 어린나무의 수피

152. 대추나무

과명	학명	개화	결실
갈매나무과	*Ziziphus jujuba* var. *inermis*	6~7월	9~10월

구분	항목	내용
수목 포인트	성상	- 낙엽 활엽 소교목이다. - 높이는 5~8m이다.
	분포 및 자생지	- 중국이 원산지다.
	꽃	- 양성화이고, 6~7월에 잎겨드랑이에 달리는 취산꽃차례에 녹황색 꽃이 모여 핀다.
	잎	- 어긋나게 달리고, 난상 타원형 또는 난형이다. - 밑부분은 둥글며 가장자리에 둔한 톱니가 있다. - 앞면은 광택이 있고 3개의 맥이 있다.
	열매	- 핵과이고, 9~10월에 적갈색으로 익는다. - 씨는 긴난형이고 양끝이 뾰족하다.
	줄기(수피)	- 회색 또는 회갈색이고 세로로 불규칙하게 갈라진다. - 어린 가지는 적갈색이다. - 겨울눈은 매우 작다.
검색 포인트		- 잎은 짧은 가지에서 호생하며 난형이고 광택이 난다. - 둔한 톱니가 있으며 3출맥이 특징이다.
생태·조경 포인트		- 중용수이며 습기가 많고 비옥한 사질양토에서 잘 자란다. - 주로 과수용이지만 최근에는 조경수로도 흔히 사용하는 수종이다.
인문학 포인트		- 종소명 이네르미스(inermis)는 가시가 없다는 뜻이다. - 대추나무의 원산지는 유럽 남부와 서남아시아로 추측된다. 우리나라에서는 삼국시대부터 대추나무를 식재했다는 기록이 있으며 아무래도 그 이전부터 식재한 것으로 판단된다. - 잎이 늦게 나와 나쁜 말로는 게으름뱅이나무, 좋은 말로는 양반나무라 한다. - 제사상에 올리는 4가지 과일 중에서 조율이시(棗栗梨柿)라 하여 첫 번째 과일로 씨가 하나밖에 없어 임금을 상징하는 속설도 있지만, 과일 중 으뜸을 대추라 했을 것이다. - 대추나무는 습한 땅을 싫어하고 배수가 잘되는 모래가 있는 땅에 심어야 한다. 배수가 불량하면 빗자루병이 생긴다. - 정월대보름과 5월 단오에 대추나무 시집보내기라는 행사가 있다. - 중국 송나라 왕안석의 조부(棗賦)에서는 대추의 장점 4가지를 들고 있는데, 첫째는 심은 해에 바로 돈이 된다. 둘째는 한 그루에 많은 열매가 맺힌다. 셋째는 나무의 질이 튼튼하다. 넷째는 귀신을 쫓을 수 있다. - 대추나무는 목질이 매우 단단하여 떡메, 달구지와 도장, 목탁과 불상 등 공예품으로 많이 사용한다. 특히 벼락 맞은 대추로 도장을 만들면 나쁜 기운을 물리칠 수 있다는 속설도 있다. - 대추나무의 꽃말은 '처음 만남 혹은 첫 만남'이다.

알고 있으면 도움이 되는 포인트

대추나무 등 과실수「재배역사」※

우리나라에서는 과거부터 과실수 재배가 숭상되고 권장되었다. 고려 명종 18년(1188)에 국가 정책으로 대추나무 식재가 권장되었다는 기록을 보면, 그 목적은 열매를 약 또는 식용으로 쓰기 위한 것이었고 또 목재가 치밀하여 인쇄용 판재로도 쓰였다.

신라 말기 궁예가 송악에 태봉이란 나라를 세웠을 때(910년경), 식화부를 두어 과목의 식재를 담당하게 한 기록이 있으나 어떠한 수종을 심었는지는 알 수 없다. 조선시대 궁궐의 정원을 관리하던 관리가 세종 12년(1430)에 꽃 심을 것을 청하였을 때, 왕이 '나는 원래 꽃을 좋아하지 않는다. 그러나 뽕나무, 닥나무, 과실수는 좋아하고 이는 백성들의 생활에 극히 필요한 것이므로 이러한 것에 뜻을 두기 바란다'라고 한 기록이 있다.

세종 8년에는 각 도에 과실수를 심으라는 공문을 발송하고 아울러 각 도에서 과실을 바치게 하는 법을 제정하였다. 감, 모과, 석류, 배, 유자, 밀감, 대추, 개암, 잣, 호두, 밤 등 그해의 결실량을 참고하여 알맞은 양을 책정해 상림원에 바치도록 하였다. 동국여지승람에서는 주요 대추 산지로 경상도와 하양, 대구, 경산, 창녕, 함안, 충북의 제천, 단양, 음성, 충남의 온양 등을 꼽고 있다.

※ 이야기가 있는 나무백과(임경빈) 중 '대추나무' 내용 일부 재구성

▲ 대추나무 잎

▲ 대추나무 수피

153. 헛개나무

과명	학명	개화	결실
갈매나무과	*Hovenia dulcis*	6~7월	9~10월

구분	항목	내용
수목 포인트	성상	- 낙엽 활엽 교목이다. - 높이는 10~15m이다.
	분포 및 자생지	- 한국, 중국, 일본 등에 분포한다. - 황해도와 경기도 이남의 산지에서 자생하며 울릉도에서는 비교적 흔히 자란다.
	꽃	- 양성화이고, 6~7월에 잎겨드랑이에 달린 취산꽃차례에 흰색 또는 황록색 꽃이 모여 핀다.
	잎	- 잎은 3개의 큰 맥이 발달한다. - 어긋나게 달리고, 넓은 난형 또는 타원상 난형이다. - 끝은 뾰족하고 밑부분은 둥글거나 넓은 쐐기형이며 가장자리에 불규칙한 잔 톱니가 있다. - 뒷면 맥 위에 털이 있다.
	열매	- 핵과이고, 9~10월에 자갈색으로 익는다. - 씨는 납작한 원형이고 적갈색 또는 흑갈색이며 광택이 있다.
	줄기(수피)	- 흑갈색이고 오래될수록 세로로 잘고 깊게 갈라진다. - 겨울눈은 난형이고 갈색 털이 밀생한다.
검색 포인트		- 잎이 넓고 턱잎이 없으며 꽃차례의 축이 두툼해지는 점이 특징이다.
생태·조경 포인트		- 산림지역에서 자생하며 조경수로는 거의 이용되고 있지 않다. - 음지나 양지에서 모두 잘 자라며 비옥한 사질양토를 좋아한다. 내한성과 내음성이 강하나 내건성은 약하다. 바닷가와 도심지에서도 생육이 양호한 편이다.
인문학 포인트		- 속명 호베니아(Hovenia)는 네덜란드 선교사 호벤을 지칭하는 것이고 종소명 둘키스(dulcis)는 단맛이 난다라는 의미이다. 열매에서 단맛이 나는 것을 강조한 이름이다. - 한자로 지구자나무로 불린다. 여기서 지(枳)는 탱자나무를 말하지만, 호깨나무라고도 한다. 헛개나무는 여기에서 유래되었다. - 알코올 분해 효과가 있다. 중국 고대 문헌에 따르면, 헛개나무로 집을 수리하다가 나무토막을 술독에 빠뜨렸더니 술이 모두 물이 돼버렸다는 기록도 있다. 그만큼 간 해독능력이 예로부터 뛰어났다는 말이다. - 수피는 검은 회갈색으로 어릴 때는 평활하지만, 성목은 세로로 갈라져 껍질이 벗겨져 말채나무와 비슷해 구별하기 어렵다. - 헛개나무를 산에서 만나기는 쉽지 않다. 대부분 재배하는 것이다.

▲ 헛개나무 잎

▲ 헛개나무 수피

154. 망개나무

과명	학명	개화	결실
갈매나무과	*Berchemia berchemiifolia*	6~7월	8~9월

수목 포인트	성상	- 낙엽 활엽 교목이다. - 높이는 10~15m이다.
	분포 및 자생지	- 한국, 중국, 일본에 분포한다. - 충북과 경북의 계곡이나 산지 사면에서 자생한다.
	꽃	- 양성화이고, 6~7월에 가지 끝이나 잎겨드랑이에 달리는 원추상의 취산꽃차례에 황록색 꽃이 모여 핀다.
	잎	- 어긋나게 달리고, 난상 긴 타원형 또는 긴 타원형이다. - 끝은 길게 뾰족하고 밑부분은 둥글거나 쐐기형이며 가장자리는 밋밋한 편이고 물결처럼 구불거린다. - 양면에 털이 없고 뒷면은 분백색이 돌고 맥겨드랑이에는 털이 약간 있기도 하다.
	열매	- 핵과이고, 8~9월에 붉은색으로 익는다. - 씨는 긴 난형이다.
	줄기(수피)	- 흑회색이고 작은 껍질눈이 있으며 오래될수록 그물처럼 갈라진다. - 겨울눈은 돌출한 잎 자국 속에 숨어 있다.
검색 포인트		- 잎 가장자리가 밋밋하고 물결모양으로 구불거린다. - 열매는 붉은색으로 익는다.
생태·조경 포인트		- 속리산, 월악산, 주왕산 등지의 숲 속에서 매우 드물게 자란다. - 산지의 습기가 많고 토양이 비옥한 능선의 사면, 계곡 등에서 잘 자란다.
인문학 포인트		- 속명 베르케미아(Berchemia)는 18세기 네덜란드 식물학자 베르켐에서 유래했고 종소명 베르케미아이폴리아(berchemiifolia)는 베르케미아 속의 잎과 비슷한이라는 뜻으로 망개나무 속의 잎과 닮았다는 뜻이다. 망개나무 속은 31종이며 아시아 동남부와 온대에 주로 분포하고 있다. - 세계적인 희귀종으로 우리나라에서는 충북 속리산 및 월악산 주변, 경북 주왕산, 보현산, 군위 선암산 주변에서 자생하고 있는 희귀 식물로 환경부 지정 멸종위기종 2급이다. - 망개나무가 우리나라에서 처음 발견된 것은 1935년 충북 보은의 속리산 법주사 앞에서 발견되어 비로소 세상에 소개되었다. 1968년 속리산 망개나무가 천연기념물 제207호로 지정되었지만, 사람들이 망개나무의 껍질을 달여 먹으면 아들을 낳을 수 있다는 소문으로 훼손되기 시작하여 결국 고사하였다. 지금의 천연기념물 207호 나무는 속리산 탈골암으로 들어가는 계곡에 있던 망개나무를 다시 지정한 것이다. - 충북에서는 망개나무를 멧대싸리라고 하고 경북 주왕산 인근에서는 살배나무라고 하는데, 이 나무는 불에 잘 타 땔감으로 아주 좋다고 한다. 과거부터 연료로 많이 사용하여 사라진 것으로 보인다. - 망개나무는 농기계 써리의 살로 아주 적합하다. - 초여름에 꽃을 피워 밀원식물로서 매우 적합하다. 버드나무 잎 같지만 그보다 폭이 넓은 잎에는 활처럼 휘어진 잎맥이 나란하고 짙은 녹색의 반질거리는 앞면에 비해 잎 뒷면은 분칠을 한 듯 흰빛이 돈다. 그래도 망개나무의 매력은 붉은 열매이다.

▲ 생육이 불량한 망개나무 모습

▲ 망개나무 수피

155. 머루※

과명	학명	개화	결실
포도과	*Vitis coignetiae*	6~7월	9~10월

구분	항목	내용
수목 포인트	성상	- 낙엽 활엽 만경목(덩굴성 수목)이다. - 길이는 10~15m이다.
	분포 및 자생지	- 한국, 일본, 러시아에 분포한다.
	꽃	- 수꽃양성화딴그루이고, 6~7월에 잎과 마주나게 달리는 5~20cm의 원추꽃차례에 황록색 꽃이 모여 핀다.
	잎	- 어긋나게 달리고, 오각상의 심장형이며 3~5갈래로 얕게 갈라지지만 깊게 갈라지기도 한다. - 끝은 둔하거나 뾰족하고 가장자리에 치아 모양의 톱니가 있다. - 양면과 뒷면 맥 위에 거미줄 같은 털이 밀생 하다가 점차 떨어진다.
	열매	- 장과 이고, 9월에 검은색으로 익는다. - 씨는 도란형이다.
	줄기(수피)	- 적갈색이고 세로로 갈라져 얇게 벗겨진다. - 덩굴손으로 다른 물체를 감고 오른다.
검색 포인트		- 덩굴성이며 잎 뒷면 전체에 거미줄 같은 털이 밀생한다.
생태·조경 포인트		- 추위에 강하며 음지와 양지 모두 잘 자란다. - 맹아력이 강하고 해안가에서도 잘 자란다. - 일반적 숲에서 주로 분포하는데 주로 계곡이나 산록에서 바위나 다른 나무를 타고 올라간다. - 열매는 식용 또는 약용으로 사용하며 줄기는 지팡이의 재료로 쓰이며 그늘시렁 식재에 이용한다.
인문학 포인트		- 머루 종류의 학명 가운데 속명은 바이티스(Vitis)인데 이는 생명이라는 뜻을 가진 비타(vita)에서 유래되었다. 기독교에서 포도주를 예수의 피로 상징하는 것과 관련되었을 것이다. - 멀위에서 변한 이름이다. - 특징은 왕머루에 비해 잎 뒷면과 줄기에 갈색 털이 밀생한다는 점이다. - 우리가 산에서 만나는 대부분은 왕머루일 가능성 높고 머루는 비교적 드물다. - 머루는 식용이나 약용 이외에 줄기로 지팡이를 만들어 쓰느라 많이 없어지곤 했다. - 고려 충렬왕 때 원나라 황제가 포주를 선물로 보냈다는 기록과 고려시대 이색의 목은집에서도 포도가 등장한다. 여기서 포도는 머루일 수 있다.

※ 왕머루는 전국의 산지에서 자라며 잎과 열매가 큰 머루라는 뜻으로 산포도라고도 한다. 머루에 비해 잎 뒷면에 거미줄 같은 털이 거의 없는 점이 다르다. 이외 새머루, 까마귀머루, 개머루 등이 있다.

▲ 머루 잎

▲ 지붕에서 자라는 머루 전경

▲ 숲 내부에서 자라는 머루 전경

156. 개머루

과명	학명	개화	결실
포도과	*Ampelopsis brevipedunculata*	7~8월	9~11월

<table>
<tr><td rowspan="6">수목
포인트</td><td>성상</td><td>- 낙엽 활엽 만경목(덩굴성 수목)이다.
- 길이는 3~7 m이다.</td></tr>
<tr><td>분포 및
자생지</td><td>- 한국, 중국, 일본에 분포한다.
- 전국의 숲 가장자리와 풀밭에서 자생한다.</td></tr>
<tr><td>꽃</td><td>- 양성화이고, 7~8월에 잎과 마주나게 달리는 지름 3~8cm의 취산꽃차례에 황록색 꽃이 모여 핀다.</td></tr>
<tr><td>잎</td><td>- 어긋나게 달리고, 난상 원형이며 3~5갈래로 깊게 갈라지거나 알게 갈라지기도 하며 아예 갈라지지 않는 것도 있다.
- 끝은 뾰족하고 가장자리에 날카로운 톱니가 불규칙하게 있다.
- 뒷면 맥 위에 거친 털이 있고 맥겨드랑이에도 털이 있다.</td></tr>
<tr><td>열매</td><td>- 장과이고, 9~11월에 파란색 또는 자주색으로 익는다.
- 씨는 도란형이다.</td></tr>
<tr><td>줄기
(수피)</td><td>- 적갈색이고 세로로 갈라져 얇게 벗겨진다.
- 대개 옆으로 뻗으면서 자란다.
- 덩굴손으로 다른 물체를 감는다.</td></tr>
<tr><td colspan="2">검색 포인트</td><td>- 잎의 결각이 깊은 것을 가새잎개머루로 구분하나 개머루의 변이에 포함시키는 추세다.
- 잎은 3~5갈래로 깊게 갈라진다.</td></tr>
<tr><td colspan="2">생태·조경
포인트</td><td>- 추위에 강하며 음지와 양지 모두 잘 자란다.
- 일반적 숲에서 주로 분포하는데 주로 계곡이나 산록에서 바위나 다른 나무를 타고 올라간다.</td></tr>
<tr><td colspan="2">인문학
포인트</td><td>- 속명 암펠롭시스(Ampelopsis)도 겉보기(opsis)에 포도(ampelos)를 닮았다는 희랍어에서 유래한다. 일본명 노부도우(野葡萄, 야포도)나 중국명(蛇葡萄, 사포도)은 모두 이 속명에서 유래한다.
- 머루에 비해 못 하다(열매를 먹지 못한다)는 뜻의 이름이다. 또는 머루를 닮았다고 하는 뜻도 있다.
- 최근 중국으로부터 유입되어 포도농사에 피해를 주는 꽃매미는 야생 개머루를 무척 좋아한다. 꽃매미가 우리 땅에 정착하는 이유일지도 모른다.
- 잎의 결각이 큰 것은 가새잎머루(f. citrulloides) 이다.</td></tr>
</table>

▲ 개머루 잎

▲ 숲 내부에서 자라는 개머루 전경

157. 담쟁이덩굴

과명	학명	개화	결실
포도과	*Parthenocissus tricuspidata*	6~7월	9~10월

구분	항목	내용
수목 포인트	성상	- 낙엽 활엽 만경목(덩굴성 수목)이다. - 길이는 10~15m이다.
	분포 및 자생지	- 한국, 중국, 일본, 러시아에 분포한다. - 전국의 산지나 양지바른 곳에서 자생한다.
	꽃	- 양성화이고, 6~7월에 짧은 가지 끝이나 잎겨드랑이에 달리는 취산꽃차례에 연한 녹색 꽃이 모여 핀다.
	잎	- 어긋나게 달리고, 도란형이며 긴 가지의 잎은 갈라지지 않는데 비해 짧은 가지의 잎은 3갈래로 갈라지며 아예 3출엽인 것도 있다. - 끝은 뾰족하고 가장자리에 둔한 톱니가 있다.
	열매	- 장과이고, 9~10월에 검은색 또는 흑자색으로 익는다. - 씨는 도란형이고 능선이 있으며 흑갈색이고 광택이 있다.
	줄기(수피)	- 회갈색이고 공기 뿌리가 발달한다. - 어린 줄기는 적갈색이고 흡착판이 나와 다른 물체에 붙어 올라간다.
검색 포인트		- 덩굴성으로 잎은 3개로 갈라지며 흡착판이 있다. 열매는 검은색으로 익는다. - 미국 담쟁이덩굴에 비해 잎에 결각이 생기거나 3출엽이 달리기도 하며 줄기에서 흡착판이 나오는 점이 다르다.
생태·조경 포인트		- 일사가 많은 곳보다는 그늘진 곳에서 다소 잘 자란다. - 천근성으로 사질양토보다는 부식토의 적윤지가 더 적합하다. - 공해에 잘 견디고 이식도 용이하다. - 줄기에 흡착근이 있어 건물벽이나 암석 등을 피복하는 재료로 흔히 사용한다.
인문학 포인트		- 속명 팔테노키수스(Parthenocissus)는 그리스어로 처녀를 뜻하는 파테노스와 담쟁이덩굴을 뜻하는 시소스(cissos)의 합성어이다. 종소명 트리쿠스피다타(tricuspidata)는 잎 끝이 세 개가 뾰족하다는 뜻이다. - 담쟁이덩굴이라는 이름은 주로 담에 붙어사는 덩굴성 식물이기 때문에 붙여진 이름이다. 담쟁이덩굴의 덩굴손은 무게의 200만 배 정도나 강하게 매달려 있을 수 있다. - '식물은 과학이다'를 실천하는 식물이다. 2010년 미국 테네시대학의 밍준 장은 담쟁이덩굴의 '젤'이라는 성분이 기존 화학물질 기반 자외선 차단제보다 4배 이상의 자외선 차단 효과를 보여준다는 것을 밝혀냈다. - 담쟁이덩굴은 덩굴식물로 분류되지만, 실제로는 감고 올라가는 형태가 아니라, 타고 오르는 구조다. 칡이나 등나무처럼 이웃하는 식물을 죽이거나 생육에 지장을 주는 방식은 아니다. 덩굴손이라고 부르지만 흡반(吸盤, sticky pad) 구조로 영락없는 청개구리 발가락처럼 생겼다. 끝이 다른 물체에 달라붙을 수 있는 구조여서, 감지 않고 달라붙어 기어오른다. 그런 메커니즘이 완전히 규명되진 않았지만, 청개구리 발바닥과 비슷한 방식일 것으로 추정된다. - 미국 담쟁이덩굴(*P. quinquefolia*)은 북미 원산인 담쟁이덩굴이며 담쟁이덩굴에 비해 손바닥 모양의 겹잎이 이고 줄기에서 흡착판이 나오지 않는 점이 다르다.

▲ 수목을 감고 올라가는 담쟁이덩굴 전경

▲ 담쟁이덩굴 잎

158. 고추나무

과명	학명	개화	결실
고추나무과	*Staphylea bumalda*	5~6월	9~10월

구분	항목	내용
수목 포인트	성상	- 낙엽 활엽 관목이다. - 높이는 2~3m이다.
	분포 및 자생지	- 한국, 중국, 일본에 분포한다. - 전국의 산지에서 자생한다.
	꽃	- 양성화이고, 5~6월에 가지 끝에 달리는 5~8cm의 원추꽃차례에서 흰색 꽃이 모여 핀다. - 꽃잎은 5장이다.
	잎	- 마주나게 달리고, 3출엽이다. - 끝은 길게 뾰족하고 가장자리에 바늘 모양의 잔 톱니가 있다. - 앞면은 광택이 약간 있고 양면에 털이 있다.
	열매	- 삭과이고, 9~10월에 갈색으로 익는다. - 씨는 구형이고 연한 황갈색이며 광택이 있다.
	줄기(수피)	- 회갈색이고 비교적 매끈한 편이다. - 어린 가지는 자갈색이다. - 겨울눈은 난형이고 적갈색이며 털이 없다.
검색 포인트		- 잎이 3출엽이고 광택이 있다. - 가지 끝에 흰색 꽃이 모여 핀다. - 열매는 반원형의 삭과이며 뿔처럼 2개로 갈라진다.
생태·조경 포인트		- 돌무더기 주위, 비옥하기 습기가 적당한 토양에서 잘 자라며 배수가 잘 되는 곳에서 생육이 양호하다. - 4~5월에 피는 흰꽃이 아름답고 향기가 좋으며 가을에 익는 열매도 특이하다. - 주연부식재, 악센트식재(군식) 등에 적합하다.
인문학 포인트		- 속명 스타필레아(Staphylea)는 그리스어 스타펠리(staphyle)로 포도송이 같은 데서 유래한다. - 고추나무 이름의 유래는 잎 모양이 고춧잎을 닮았다고 하여 붙여진 이름이다. - 추위에 견딤이 강하고 그늘에서도 적응력이 강해 요즘 도시 미관용 생울타리 등에 주로 사용된다. - 그윽한 향기로 인해 밀원식물이 중요하다. - 고추나무의 꽃말은 '한, 의혹, 미신'이다.

▲ 고추나무 열매

159. 모감주나무

과명	학명	개화	결실
무환자나무과	*Koelreuteria paniculata*	6~7월	9~10월

<table>
<tr><td rowspan="6">수목
포인트</td><td>성상</td><td>- 낙엽 활엽 소교목이다.
- 높이는 3~6m이다.</td></tr>
<tr><td>분포 및
자생지</td><td>- 한국, 중국, 일본에 분포한다.
- 강원도 이남의 해안가나 충북 내륙의 산지에서 자생한다.</td></tr>
<tr><td>꽃</td><td>- 수꽃 양성화 한그루이고, 6~7월에 새 가지 끝에 달리는 원추꽃차례에 노란색 꽃이 모여 핀다.</td></tr>
<tr><td>잎</td><td>- 어긋나게 달리고, 1~2회 깃꼴겹잎이다.
- 끝은 뾰족하고 가장자리에 둔한 톱니가 불규칙하게 있으며 흔히 결각상으로 갈라지고 2회 깃꼴겹잎을 이룬다</td></tr>
<tr><td>열매</td><td>- 삭과이고, 9~10월에 갈색으로 익는다.
씨는 구형이고 검은색이며 광택이 있다.</td></tr>
<tr><td>줄기
(수피)</td><td>- 회갈색이고 오래될수록 세로로 갈라진다.
- 겨울눈은 삼각상의 난형이다.</td></tr>
<tr><td colspan="2">검색 포인트</td><td>- 2회 기수우상복엽(홀수깃꼴겹잎)으로 소엽에 거치가 있다.
- 여름철에 노란색 꽃이 피며 꽈리 모양의 열매가 특이하다.
- 잎이 홀수깃꼴겹잎이고 작은 잎에 톱니가 있으며 열매가 삭과이다.</td></tr>
<tr><td colspan="2">생태·조경
포인트</td><td>- 양수이며 적습하거나 약간 건조한 토양에서 잘 자란다.
- 내풍성, 내염성, 내공해성이 강해 어디에서나 적용 가능한 수종이다.
- 특히, 해풍에 강해 해안 조경에 사용 가능하며 공원 및 가로수종으로도 적합하다.</td></tr>
<tr><td colspan="2">인문학
포인트</td><td>- 속명 코레우테리아(Koelreuteria)는 독일의 식물학자 Joseph Gottlieb Koelreuter의 이름에서 유래했다. 종소명 파니큘라타(paniculata)는 원추형을 의미하며 꽃차례를 강조한 것이다.
- 모감주나무는 열매 때문에 불교와 인연이 깊다. 꽃이 지면 검은빛을 띤 열매는 단단함 때문에 염주의 재료로 쓰인다.
- 옛날 학덕과 덕망이 높은 분이 죽으면 묘지 옆에다 심어 준 품위가 높은 나무라 말할 수 있다.
- 모감주나무는 세계적 희귀 식물로서 우리나라에서도 자생지는 대부분 천연기념물로 지정되어 보호받고 있다.
- 태안 안면도 모감주나무군락(천연기념물 제138호), 포항 발산리 모감주나무(천연기념물 371호), 완도 대문리 모감주나무 군락지(천연기념물 제428호) 등 세 곳이 천연기념물로 지정되어 있다.
- 꽃은 황색 물감으로 사용하며, 사찰 주변에 많이 식는다. 열매는 염주나 비누 대용으로 사용한다.
- 모감주나무의 꽃말은 '자유로운 마음, 기다림'이다.</td></tr>
</table>

▲ 모감주나무 잎

▲ 모감주나무 열매

알고 있으면 도움이 되는 포인트

모감주나무의 「자생지와 씨앗의 비밀」

모감주나무는 우리나라 해안가에서 자생하는 나무로써 충청남도 태안에는 모감주나무군락(천연기념물 제138호)이 유명하다. 모감주나무가 어떻게 우리나라에서 자생하게 되었는지에 대한 기록은 정확하지 않다. 혹자는 중국으로부터 바닷물에 밀려왔다는 이야기와 중국 어부들이 우리나라 해안가에 심었다는 이야기 등 다양하다. 그러나 확인된 바는 아무것도 없다.

어쨌든 모감주나무는 중국으로부터 오래전에 유입된 것으로 추정되며 과연 중국에서 우리나라 서해안까지 파도를 타고 왔을까? 하는 의문이 든다. 여기에는 모감주나무의 열매가 회전을 하면서 떨어지는 특징이 있는데, 이는 떨어지면서 체공시간을 길게 하여 바람이 불 때 더 멀리까지 갈 수 있게 하는 과학이 숨어 있다. 실제로 초속 3m의 바람이 불 때, 모감주나무의 열매는 약 150m 정도 날아간다.

일반적으로 씨앗이 바닷물에 떨어지면 가라앉거나 발아하지 않지만, 모감주나무 열매는 껍질이 코르크질로 되어 있으며 아울러 씨앗과 씨방 사이에 공기방울이 생겨 부력 역할을 하여 물에 뜬다. 이 상태로 해안에 도달하여 땅에서 발아한다. 이런 모감주나무의 열매 특징으로 바다 파도 위에서 약 2개월 이상 떠 있을 수 있고 중국에서 떨어진 열매가 우리나라 서해안까지 해류를 타고 이동했을 가능성도 배제할 수 없다. 모감주나무가 중국에서 유래했을 것이다라는 가설이 이미 1950년대에 제시되었지만 확인할 바 없었는데, 이런 모감주나무 열매의 과학적 특성이 중국에서 유래했다는 가설을 뒷받침하는 하나의 가설이 될 수도 있을지 모른다.

우리나라의 모감주나무 자생지를 살펴보면, 거제도(경상남도), 덕적도(경기도), 안흥과 안면도(충청남도), 영일만(경상북도), 완도(전라남도), 초도(황해도) 등 주로 해안가에 자라고 있는 점이 이를 뒷받침해 주는 것은 아닐까 한다.

▲ 천연기념물 제138호인 태안군 안면읍 승언리 모감주나무군락(1962년에 천연기념물로 지정되었으며 300여주의 모감주나무가 자생한다. 군락의 크기는 길이 120m, 너비 15m 정도의 규모이다.)

160. 칠엽수

과명	학명	개화	결실
칠엽수과	*Aesculus turbinata*	5~6월	9~10월

구분		내용
수목 포인트	성상	- 낙엽 활엽 교목이다. - 높이는 20~30m이다.
	분포 및 자생지	- 일본이 원산지다. - 전국에서 가로수나 공원수로 심는다.
	꽃	- 수꽃 양성화 한그루이고, 5~6월에 새 가지 끝에 달리는 원추꽃차례에 흰색 꽃이 모여 핀다.
	잎	- 마주나게 달리고, 손 모양의 겹잎이다. - 끝은 길게 뾰족하고 가장자리에 얕은 톱니가 있다. - 뒷면 맥 위에 갈색 털과 함께 흰색 털이 밀생한다.
	열매	- 삭과이고, 9~10월에 갈색으로 익는다. - 씨는 쓴맛이 나며 광택이 있다.
	줄기(수피)	- 회갈색 또는 흑갈색이다. 겨울눈은 비늘 조각이 수지에 싸여 끈적거린다.
검색 포인트		- 장상복엽으로 소엽은 5~7개, 원추화서는 정생하고 곧추선다.
생태·조경 포인트		- 음지에서 잘 자라며 건조에 강하고 공해에도 잘 견딘다. - 복사열에 약하고 이식이 용이하다. - 원추형의 수형이 아름다워 이국적 분위기를 연출할 수 있다.
인문학 포인트		- 속명 에스쿨루스(Aesculus)는 먹다 또는 식료품이라는 뜻의 라틴어 에스케어(aescare)에서 유래되었으며 열매를 식용이나 가축의 사료로 사용해서 얻어진 이름이라 한다. 종소명 투루비나타(turbinata)는 팽이 또는 꽃 모양이 원추형이라는 뜻이다. - 마로니에는 프랑스 언어인데, 프랑스 몽마르트르 언덕과 그 주변의 가로수로도 유명하다. 세계 4대 가로수로도 각광을 받고 있으며 학명은 '에스쿨루스 히포카스타눔(*Aesculus hippocastanum*)이고 정식 명칭은 가시칠엽수'이다. 특징은 열매의 표면이 매끄럽지 못하고 가시 같은 돌기로 덮여있다는 것이다. - 우리가 공원이나 가로수변에 흔히 보는 나무는 일본 원산 칠엽수이다. 칠엽수의 겨울눈과 새순에는 끈적끈적한 점액질이 있으나, 가시칠엽수에는 없다. - 우리나라에 가장 큰 칠엽수는 덕수궁에 있다. 발칸 반도가 원산지인 서양칠엽수이다. 1913년 네덜란드 공사가 고종에게 선물하여 심은 것이다. - 칠엽수의 특징 중 하나는 습도가 높은 여름에는 잘 자라지만, 가을철로 접어들면서 건조해지면 잎이 마르는 황화현상이 나타나 이쁜 단풍을 관찰하기 힘들다. 가을철 관수관리를 잘해줘야만 깨끗한 잎을 볼 수 있다. 특히 가로수로 식재 시 공해에 약해 잎마름 현상이 더욱 심하게 나타난다. - 사람이 먹을 때는 떫은 맛을 제거해야 한다. 그냥 섭취하면 구토와 설사의 원인이 된다. - 칠엽수의 꽃말은'사치스러움, 낭만, 정열'이다.

▲ 칠엽수 수형

▲ 칠엽수 수피

▲ 칠엽수 꽃

161. 고로쇠나무

과명	학명	개화	결실
단풍나무과	*Acer pictum* var. *mono*	4~5월	9~10월

구분		내용
수목 포인트	성상	- 낙엽 활엽 교목이다. - 높이는 15~20m이다.
	분포 및 자생지	- 한국, 중국, 일본에 분포한다. - 전국의 산지에서 자생한다.
	꽃	- 수꽃양성화한그루이고, 4~5월에 새 가지 끝에 달리는 산방꽃차례에 황록색 꽃이 모여 핀다.
	잎	- 마주나게 달리고, 5~7갈래의 손바닥 모양으로 갈라진다. - 앞면은 대개 털이 없고 뒷면 맥위와 맥겨드랑이에 털이 있다.
	열매	- 시과이고 분리과이며, 9~10월에 익는다.
	줄기 (수피)	- 회색 또는 회갈색이고 세로로 얕게 갈라진다. - 겨울눈은 난형이고 여러 개의 비늘조각에 싸인다.
검색 포인트		- 잎은 5~7개로 갈라지며 가장자리에 톱니가 없다. - 잎의 갈래 조각이 다시 갈라지는 것을 만주고로쇠로 구분하나 고로쇠나무의 형태적 변이가 심해 동일종으로 보기도 한다.
생태·조경 포인트		- 반음지에서 생육이 양호하며 습도가 높은 비옥한 사질양토에 적합하다. - 공해에 강하고 이식이 용이한 수종이며 노란색 단풍이 아름다운 특징이 있다.
인문학 포인트		- 속명 아케르는 단풍나무 계통의 '갈라진다'는 뜻과 '단단하다'라는 의미의 라틴어 아크리스(acris)에서 유래되었다. - 종소명 픽툼(pictum)은 단풍이 아름다운 색이 있다는 의미이며, 변종명 모노(mono)는 하나라는 뜻이다. - 고로쇠나무는 뼈를 이롭게 한다는 골리수에서 전해 내려 왔다는 설이 가장 유력하다. 문헌에 따르면, 고려를 건국한 왕건에게 큰 영향을 준 도선국사(827~898)가 백운산에서 좌선 후 도를 깨우치고 일어나려는데, 무릎이 펴지지 않아 옆에 있던 나무의 수액을 받아 먹었더니 일어설 수 있었다고 한다. 이에 도선국사는 이 나무를 골리수라고 붙였고 후대에 고로쇠라 했다.※ - 우산고로쇠는 울릉도 원산으로 잎과 잎자루가 크고 길며 열매의 벌어지는 각도도 고로쇠나무보다 좁은 특징이 있으나, 최근에는 동일종으로 취급하기도 한다. - 수액 채취는 경칩 전후로 약 일주일이 가장 좋고 이 시기에 얻어진 수액이 약효가 가장 뛰어나다. - 단풍나무과에 속하는 수종으로 사탕단풍나무에 이어 두 번째로 높은 당분을 함유하고 있다. - 구름이 많이 낀 날, 눈 또는 비 오는 날, 바람이 부는 날, 낮 기온이 영하로 떨어지거나 영상이라 할지라도 1~2℃쯤 되는 날에는 약수가 흘러나오지 않는다고 한다. 수액이 흘러나오기 알맞은 조건은 밤기온이 영하 2℃에서 영하 5℃ 사이, 낮기온이 5~8℃정도이면서 바람이 없고 청명한 날씨이다.※※ - 수액이 흘러나오는 이유는 고로쇠나무 줄기 안의 압력 변화 때문이다. 밤중에 기온이 내려가면 수체 안쪽에 수축이 일어나 마이너스 압력이 생기고 나무뿌리는 땅속에 있는 수분을 흡수해서 줄기 안으로 내보내려고 하는 힘을 받게 된다. 밤중에 물을 빨아 줄기 속을 채우고 그 뒤 낮이 되어 기온이 올라가고 나무줄기가 햇볕을 받아 나무의 체온이 올라가면 수체 안에 있는 수분과 공기가 팽창해서 밖으로 나가고자 하는 압력을 만들게 된다. 이때 수피에 상처를 받으며 상처를 통해 수액이 흘러나오는 것이다.※※※ - 나무줄기의 직경이 30cm만 넘으면 체액의 대상이 되는데, 한 나무에서 약 7리터의 수액을 얻을 수 있다. 수액은 색깔이 거의 없고 맛이 담담하지만, 주성분이 설탕(1~1.5%)이므로 미약한 감미가 있고 약간의 향기를 가진다. - 지리산 고로쇠나무를 대상으로 한 논문(문헌식 등, 2004)에 따르면 고로쇠 수액 중 무기성분은 Ca과 Mg 함량이 가장 많고 K, Na, Si, P, Mn 순이었다. - 수액을 마실 수 있는 나무 종류는 고로쇠나무, 거제수나무, 자작나무, 단풍나무, 삼나무, 대나무, 박달나무, 층층나무, 헛개나무, 노각나무, 서어나무, 피나무, 머루, 다래, 으름덩굴 등이다.

▲ 고로쇠나무 수형

▲ 고로쇠나무 단풍

※ 강판권(2015) 역사와 문화로 읽는 나무사전

※※ 서울대학교 출판부(2019) 나무백과

※※※ 서울대학교 출판부(2019) 나무백과

162. 단풍나무

과명	학명	개화	결실
단풍나무과	*Acer palmatum*	4~5월	8~10월

구분	항목	내용
수목 포인트	성상	- 낙엽 활엽 교목이다. - 높이는 10~15m이다.
	분포 및 자생지	- 한국, 일본에 분포한다. - 전라도와 경상도 이남의 산지에서 자생한다.
	꽃	- 수꽃양성화한그루이고, 4~5월에 새 가지 끝에 달리는 산방꽃차례에 붉은색 꽃이 모여 핀다.
	잎	- 마주나게 달리고, 5~7갈래의 손바닥 모양으로 갈라진다. - 뒷면 맥겨드랑이에 연한 갈색 털이 있다.
	열매	- 시과이고 분리과이며, 8~10월에 익는다.
	줄기(수피)	- 연한 회갈색이고 매끈하거나 세로로 얕게 갈라진다. - 겨울눈은 끝눈이 2개이고 밑부분에 짧은 털이 있다.
검색 포인트		- 당단풍나무에 비해 잎이 적게 갈라지고 갈래 조각이 가늘다. - 잎은 마주나고 원형에 가까우며 5~7개로 갈라지고 뒷면에는 털이 거의 없다.
생태·조경 포인트		- 중용수로서 복사열에 약하며 습도가 다소 높은 사질양토가 적합하다. - 단풍이 아름다워 공원수, 가로수 등 다양하게 적용되는 수종이다.
인문학 포인트		- 종소명 팔마툼(palmatum)은 '손바닥 모양'이라는 뜻으로 단풍나무의 잎모양을 나타낸다. - 단풍나무과에는 두 가지 속이 있으며 그중 단풍나무속이 중요하다. - 단풍나무속은 약 200여 종이 알려져 있고 주로 북반구 온대 지방에 분포한다. 대개 낙엽수종이고 잎은 손바닥 모양이고 열매는 2개가 쌍으로 붙고 날개가 달려 있는 것이 특징이다. - 단풍나무의 종류를 말할 때 흔히 열매의 모양으로 구분하기도 한다. 단풍나무의 열매는 2개가 마주 달리고 날개가 있어 시과라고 한다. 보통 각도, 포개진 정도로 구분한다. 예를 들어 신나무의 경우 날개가 서로 포개진 모양을 취한다. - 단풍나무는 잎이 깊게 5~7개로 갈라진다. 단풍나무와 닮은 당단풍은 9~11개로 장상맥이 형성되어 있다. - 복장나무와 복자기나무는 3개의 소엽을 가지고 있다. 복장나무는 북한의 추운 곳에 자라고 잎에 가는 톱니가 있는 반면, 복자기나무는 잎에 가는 톱니가 없다. - 잎이 세 갈래로 얕게 갈라진 신나무는 크지는 않지만 단풍이 아름답고 밀원식물로 좋다. - 네군도단풍은 미국 원산으로 외국에서는 조경적 가치가 뛰어나지만, 우리나라에서는 아직은 그렇지 않다. - 북미주 북쪽 지대에 분포하는 사탕단풍은 단풍 든 잎새가 캐나다 국기에 들어가 있을 정도로 캐나다를 상징하는 나무이다. 줄기에서 수액이 채집되는데, 이 수액은 메이플 시럽으로 잘 알려져 있다. - 단풍나무는 땅속에 어느 정도 물기가 있어야 건강하게 자란다. 쉽게 건조해지는 곳은 알맞지 않다. 햇볕이 바로 쬐는 곳과 서쪽 해가 쬐는 곳은 피하는 것이 좋다. 여름의 햇볕이 너무 강하면 가을에 단풍이 아름답지 않는 경향이 있다. - 단풍나무는 한자로 단풍으로 쓸 수 있으나, 흔히 단풍나무 척(槭) 자를 쓴다. 색목이라고도 하는데, 색목은 중국 쪽에서 주로 신나무를 뜻한다. 신나무 잎은 염료가 되고 중국인들이 감색으로 옷감을 물들였기 때문에 얻은 이름이다. 신나무의 목재는 재질이 단단하고 치밀해서 물지게 같은 막대기의 재료로 흔히 사용되었다. - 홍단풍(*A. palmatum* var. *sanguineum*)은 잎이 7~9갈래로 갈라지고 잎이 나올 때부터 붉은색이다. 양지에서 잘 자라지만 복사열과 건조에는 다소 약한 특성이 있다. - 단풍나무의 꽃말은 '사양, 은둔, 자제, 염려 혹은 변치 않는 귀여움'이다.

▲ 공작단풍 잎

▲ 단풍나무 수형

▲ 단풍나무에서 신엽이 나오는 모습

163. 당단풍나무

과명	학명	개화	결실
단풍나무과	*Acer pseudosieboldianum*	4~5월	8~10월

수목 포인트	성상	- 낙엽 활엽 소교목이다. - 높이는 8m이다.
	분포 및 자생지	- 한국, 중국, 러시아에 분포한다. - 전국의 산지에서 흔히 자생한다.
	꽃	- 수꽃양성화한그루이고, 4~5월에 새 가지 끝에 달리는 산방꽃차례에 붉은색 꽃이 모여 핀다.
	잎	- 마주나게 달리고, 원형이며 5~7갈래의 손바닥 모양으로 갈라진다. - 양면에 털이 있다가 점차 떨어진다. - 뒷면 맥겨드랑이와 잎자루에 흰색 털이 밀생한다.
	열매	- 시과이고 분리과이며, 8~10월에 익는다.
	줄기 (수피)	- 회색이고 세로로 얕게 갈라진다. - 어린 가지는 적갈색이다. - 겨울눈은 끝눈이 2개이고 밑부분에 짧은 털이 있다.
검색 포인트		- 잎이 9~11개로 갈라지며 원형, 심장저이고 복거치이다.
생태·조경 포인트		- 일사가 양호한 곳을 선호하지만, 복사열과 건조에는 약한 편이다. - 내공해성이 좋고 이식도 괜찮은 편이다. - 잔디와 대조해서 식재하면 아름다움을 극대화 할 수 있는 수종이다. - 군락식재, 악센트식재, 기조식재 등에 적합하다.
인문학 포인트		- 종소명 슈도시에볼디아눔(pesudosieboldianum)은 시에볼디아눔(sieboldianum)과 비슷한 종이라는 뜻이다. 시에볼디아눔은 일본 식물연구가의 Siebold의 이명이다. - 중국(唐)의 단풍나무라는 뜻의 이름이다. 혹은 잎에서 단맛이 난다고 하여 당단풍이라 하였다는 유래가 있다. 다른 이름으로 산단풍나무라고도 한다. - 중국단풍과 달리 우리나라 자생종이며 중부지역 산림 특히 참나무 숲에서 주로 관찰할 수 있다. - 단풍나무※를 한자로는 '단풍나무 풍(楓)'또는 '단풍나무 척'으로 나타내는데, '楓' 자는 열매가 바람을 타고 멀리 날아가는 모습을 표현한 것이다. - 단풍나무는 잎이 깊게 5~7개로 갈라진다. 단풍나무와 닮은 당단풍은 9~11개로 장상맥이 형성되어 있다. - 당단풍나무의 꽃말은 '약속, 은둔, 자제'이다.

※ 단풍나무 종류는 열매에 날개가 붙어 있어 바람을 타고 날아간다.

▲ 당단풍나무 잎과 단풍

164. 은단풍

과명	학명	개화	결실
단풍나무과	*Acer saccharinum*	3~4월	5월

구분		내용
수목 포인트	성상	- 낙엽 활엽 교목이다. - 높이는 20~25m이다.
	분포 및 자생지	- 북미가 원산지이다. - 전국에서 공원수나 가로수로 심는다.
	꽃	- 수꽃 양성화 한그루 또는 수꽃 양성화 딴그루 이고, 3~4월에 새 가지 끝에 달리는 산방꽃차례에 붉은색 꽃이 모여 핀다.
	잎	- 마주나게 달리고, 난형 또는 아원형이며 5갈래의 손바닥 모양으로 깊게 갈라진다. - 갈래 조각은 끝이 길게 뾰족하고 가장자리에 날카로운 톱니가 불규칙하게 있다.
	열매	- 시과이고 분리과이며, 5월에 익는다.
	줄기(수피)	- 회색이고 세로로 갈라져 벗겨진다. - 겨울눈은 난형이고 꽃눈은 둥글다.
검색 포인트		- 잎 뒷면이 은백색이고 갈라진 조각에 결각상의 톱니가 있다. - 가을에 울긋불긋한 단풍으로 물드는 점이 특징이다.
생태·조경 포인트		- 일사가 양호한 곳에서 생육이 양호하고 건조에 강한 수종이다. - 생장속도가 빠르고 맹아력도 강하다. - 단풍이 붉은색, 노란색, 갈색 등으로 다양해 가로수 등에 적합한 수종이다.
인문학 포인트		- 종소명 사카리눔(saccharinum)은 설탕을 뜻하는 사카룸(saccharum) 종과 비슷하다는 의미이다. 이름은 잎 뒷면이 은빛(흰) 단풍나무라는 뜻의 일본명에서 유래했다. - 북아메리카 원산으로 공원수 및 가로수로 식재된다. - 은단풍은 미국 원산으로 가지가 길게 쭉쭉 자라서 시원스러운 맛은 있지만, 뿌리가 얕아 바람에 잘 쓰러지는 단점이 있다. 자람이 빨라서 "키 큰 사람 치고 싱겁지 않은 사람 없다"는 인상을 주는 나무이기도 하다. - 설탕단풍(*A. saccharum*)은 북아메리카 원산으로 잎 가장자리는 결각상이거나 톱니가 드문드문 형성되어 있다.

알고 있으면 도움이 되는 포인트

은단풍과 설탕단풍

은단풍은 미국에서 가장 흔한 나무 중 하나이다. 공원이나 주택지 조경수 또는 가로수로 많이 식재된 나무이다. 우리나라에는 1900년경에 도입되어 평양을 중심으로 많이 식재된 기록이 있다.
은단풍은 캐나다 국기에도 나타나는 설탕단풍과 혼돈하는 경우가 많다※. 설탕단풍의 학명은 *Acer saccharum*이며 은단풍은 *Acer saccharinum*이다. 우리나라에서도 설탕단풍과 은단풍을 모두 사탕단풍이라고 하거나 혹은 설탕단풍의 이명을 은단풍이라고 하고 있다. 이렇게 혼돈이 생기된 이유는 린네가 1735년 은단풍을 명명할 당시 설탕을 채취하는 단풍나무라는 의미에서 종소명을 saccharinum이라 하였는데, saccharinum은 sugary라는 뜻의 라틴어이다. 그런데 이후 1985년 은단풍보다 당도가 높은 수액이 채취되는 진짜 설탕단풍나무가 Humphry Marshall에 의해 발견된 것이다. Marshall은 이 나무를 진짜 설탕나무라는 의미에서 종소명을 saccharum으로 명명하면서 이때부터 우리는 은단풍과 설탕단풍을 혼돈하기 시작했다.
은단풍은 잎 뒷면이 은백색이어서 은단풍으로 불리며 영명에서도 white maple, silver maple로 불린다. 일본에서는 은엽풍, 중국에서는 은백축으로 명명하고 있다.
은단풍은 속성수로서 어릴 때 생장속도가 빠르며 원산지에서의 수명은 습지지역에서는 130년 정도, 도심지에서는 80년정도라고 하지만, 정확하지는 않다. 은단풍의 자생지는 주로 호수변, 늪지, 하천변이다. 수형이 아름다워 조경수와 가로수로 많이 사용되고 있다. 그러나 태풍이나 강풍으로 인해 나무가 쓰러지거나 가지가 잘 부러져 가로수로 사용할 때는 신중해야 한다. 목재는 가구재나 기구재, 단판재 등으로 사용되고 있다.
메이플 시럽을 생산할 수 있는 북미지역 단풍나무 13종 중 선호하는 7종은 설탕단풍(sugar maple), 레드메이플(red maple), 은단풍, 네군도(box elder), 큰잎단풍(bigleaf maple), 노르웨이단풍(Norvay maple), 블랙메이플(black maple) 등이 대표적이다.
설탕단풍나무은 캐나다의 퀘백, 온타리오, 미국의 버몬트지역이 대표적 자생지이며 아름다운 단풍과 설탕과 같은 메이플시럽 그리고 야구 방망이, 볼링장 레인이나 핀 등을 만들 정도의 단단한 목재로 유명하다. 고대에는 무기를 만드는 재료로 사용하기 하였다.
메이플시럽은 설탕단풍나무 등에서 얻은 수액에서 추출하여 만든 것이다. 아메리카에 유럽인들이 오기전부터 원주민들이 채취하고 있었던 것이 유럽인들에 의해 널리 퍼지게 되었다고 한다. "어느 캐나다인 아이가 다람쥐가 단풍나무의 특정 부위에 상처를 내고 입을 대고 수액을 빨아먹는 것을 흉내내다가 단풍나무의 수액이 달콤하다는 것을 알아내었다"는 유래가 있다.
설탕단풍나무의 기후조건은 겨울철 기온이 영하 1~40℃ 범위이면서 4계절이 뚜렷한 지역에서 생육가능한 것으로 보고되고 있다. 우리나라도 여기에 해당되어 설탕단풍나무의 분포 적합하지만, 수액에서 추출된 시럽의 당도가 낮아 경제적 가치가 별로 없다고 한다. 설탕단풍나무의 자생지의 겨울철 기온을 살펴보면, 캐나다 영하 34~40℃, 미국 영하 29~34℃ 범위이다※※.

※ 캐나다 국기에 그려져 있는 단풍나무 잎이 설탕단풍나무 잎이라고 알려져 있다. 그러나 공식적으로 캐나다 국기의 단풍잎은 그 무엇도 상징하는 않는다고 한다.

※※ 설탕단풍연구회(www.설탕단풍.com) 자료 참조

165. 중국단풍

과명	학명	개화	결실
단풍나무과	*Acer buergerianum*	4~5월	9~10월

구분		내용
수목 포인트	성상	- 낙엽 활엽 교목이다. - 높이는 15~20m이다.
	분포 및 자생지	- 중국과 대만이 원산지다. - 전국에서 공원수나 가로수로 심는다.
	꽃	- 수꽃 양성화 한그루이고, 4~5월에 새 가지 끝에 달리는 산방꽃차례에 황록색 꽃이 모여 핀다
	잎	- 마주나게 달리고, 원형 또는 도란형이며 3갈래로 갈라진다. - 갈래 조각은 끝이 뾰족하고 가장자리는 밋밋하다. - 뒷면은 연한 녹색이고 맥 위에 털이 약간 있다.
	열매	- 시과이고 분리과이며, 9~10월에 익는다.
	줄기 (수피)	- 회갈색이고 오래될수록 세로로 갈라져 벗겨지면서 얼룩무늬를 만든다. - 겨울눈은 난형이고 뾰족하다.
검색 포인트		- 단풍나무에 비해 잎이 3갈래고 갈라지는 점이 다르다. - 신나무에 비해 잎 가장자리가 밋밋한 점이 다르다.
생태·조경 포인트		- 일사가 양호한 것에서 생존이 양호하며 척박한 토양과 그늘에서도 잘 자라는 편이다. - 내건성은 약하고 습도가 다소 높은 곳을 선호한다. - 대기오염에 강하고 이식이 용이하다. - 수형은 단정한 편이지만, 줄기가 좀 지저분한 느낌이 드는 수종이다. - 가로수식재, 유도식재, 악센트식재 등에 적합하다.
인문학 포인트		- 종소명 부에르게리아눔(buergerianum)은 일본 식물채집가 부르거(Buerger)의 인명이다. - 중국이 원산지인 단풍나무 종류라는 뜻의 이름이다. - 가을에 단풍이 드는 이유는 다음과 같다. 원래 나뭇잎에는 여러 가지 색깔을 띠는 요소들이 있지만 봄부터 여름까지는 녹색이다. 녹색을 띠는 엽록소의 활동이 왕성해 다른 색깔은 감추어지는 것이다. 가을이 되면 잎과 잎자루 사이에는 떨켜층이라는 특수한 조직을 만들어 잎에서 만든 양분이 줄기나 뿌리로 전달되는 걸 막아 준다. 통로가 막히자, 필요 이상으로 산성도가 높아진 잎사귀의 엽록소는 차츰 망가지게 되면서 그동안 초록빛에 눌려 숨어있던 다른 빛깔들이 드러나기 시작한다. 이때 나무마다 성분에 차이가 있어서 노랗거나 붉거나 갈색으로 갖가지 색깔을 드러내게 되지요. 은행나무 아까시나무와 같이 노란색을 띠는 나무는 카로티노이드라는 성분이, 단풍나무 화살나무와 같이 빨갛게 물드는 나무는 안토시아닌 성분이 많은 경우이다. - 이 안토시아닌이라는 성분은 해충을 막아주는 방충제 역할을 한다는 것이다. 즉, 나무가 겨울을 맞이해서 자신의 생명 활동을 최소화하고, 마치 동물들이 겨울잠 자듯 침묵에 들었을 때를 대비하는 것인데, 나뭇잎에 안토시아닌 성분을 잔뜩 담은 뒤에 낙엽을 하면, 나뭇잎에 들었던 안토시아닌 성분은 뿌리 주변의 땅 밑에 스며들어 나무가 무방비 상태로 겨울잠을 자는 동안 스스로를 지켜준다는 의미이다. 결국 단풍 드는 이유는 사람의 눈을 즐겁게 하기 위한 것이 아니라, 나무가 자기 스스로를 지키려는 놀라운 생존 전략인 것이다. - 단풍이 곱게 물들기 위해서는 가을에 접어들면서 물이 적어야 하며, 일교차가 커야 한다. - 중국단풍의 꽃말은 '게으름뱅이'이다.

▲ 중국단풍 수피

▲ 중국단풍 잎

166. 신나무

과명	학명	개화	결실
단풍나무과	*Acer tataricum* subsp. *ginnala*	5~6월	9~10월

수목 포인트	성상	- 낙엽 활엽 소교목이다. - 높이는 5~8m이다.
	분포 및 자생지	- 한국, 중국, 일본, 러시아 등에 분포한다. - 전국의 낮은 지대의 습기 있는 곳에서 자생한다.
	꽃	- 수꽃 양성화 한그루이고, 5~6월에 새 가지 끝에 달리는 원추꽃차례에 황록색 꽃이 모여 핀다.
	잎	- 마주나게 달리고, 난형 또는 삼각상의 난형이고 흔히 3갈래로 갈라진다. - 갈래 조각은 끝이 뾰족하고 가장자리에 불규칙한 톱니가 있다.
	열매	- 시과이고 분리과이며, 9~10월에 익는다.
	줄기(수피)	- 회갈색이고 오래될수록 세로로 갈라진다. - 잔가지는 적갈색이고 껍질눈이 흩어져 있다. - 겨울눈은 끝눈이 2개이다.
검색 포인트		- 잎은 마주나고 표면은 광택이 있다. 잎 하단부에서 3개로 갈라진다. - 중국단풍에 비해 잎 가장자리에 불규칙한 톱니가 있는 점이 다르다.
생태·조경 포인트		- 산록부나 계곡 주위의 그늘진 곳에서 생육이 양호하다. - 습기가 다소 있는 비옥한 사질양토가 적합하며 대기오염에 강하고 이식이 용이한 편이다. - 붉은색 단풍이 아름다워 다양하게 사용되며 특히, 해풍에 강해 해안 조경용으로도 추천한다.
인문학 포인트		- 속명 Acer은 단풍나무의 라틴명으로 갈라진다의 뜻이다. 종소명 타타리쿰(tataricum)은 타타르(Tatar) 지역을 말한다. 아종 기날라(ginnala)는 시베리아의 지역명이다. - 이름은 붉다는 뜻의 고어인 '싣' 자를 붙여 '싣나모'라 하던 것이 변한 것으로 추정된다. - 염료로 쓰인다 하여 색목이라고도 한다. - 국립산림과학원 최근 연구에 따르면, 신나무 한 그루에서 하루 평균 4.1L의 수액이 나오는데, 이는 고로쇠나무(약 2L)보다 2배 많은 수액양이다. 또한 칼륨 함량도 고로쇠나무 대비 두배 이상 많았으며 나트륨 함량은 10분의 1 수준으로 조사되었다. 수액의 당도는 1.8브릭스(brix)로 고로쇠나무 수액(2.5brix) 보다 낮으나, 청량감이 좋은 특징이 있다고 하였다. - 신나무의 꽃말은 '변치 않는 귀여움'이다.

▲ 신나무 수형

▲ 신나무 잎

167. 복자기

과명	학명	개화	결실
단풍나무과	*Acer triflorum*	4~5월	9~10월

<table>
<tr><td rowspan="6">수목
포인트</td><td>성상</td><td>- 낙엽 활엽 교목이다.
- 높이는 15~20m이다.</td></tr>
<tr><td>분포 및
자생지</td><td>- 한국, 중국에 분포한다.
- 중부 이북의 산지에서 자생한다.</td></tr>
<tr><td>꽃</td><td>- 수꽃 양성화 딴그루이고 드물게 수꽃 양성화 한그루이며, 4~5월에 새 가지 끝에 달리는 산방꽃차례에 황록색 꽃이 아래를 향해 핀다.</td></tr>
<tr><td>잎</td><td>- 마주나게 달리고, 3출엽이다.
- 작은 잎은 긴타원형 또는 도란상 피침형이다.
- 뒷면보다 앞면에 털이 많고 잎자루와 함께 뒷면 맥 위에 긴 털이 있다.
- 잎은 3개의 소엽으로 되어 있고 각 소엽에는 1~3개의 큰 톱니가 발달해 있다.</td></tr>
<tr><td>열매</td><td>- 시과이고 분리과이며, 9~10월에 익는다.</td></tr>
<tr><td>줄기
(수피)</td><td>- 회갈색이고 오래될수록 세로로 갈라지면서 벗겨진다.
- 잔가지는 황갈색이다.
- 겨울눈은 흑자색이고 털이 있다.</td></tr>
<tr><td colspan="2">검색 포인트</td><td>- 3출엽이고 소엽에 톱니가 상부에 있다.
- 잎 가장자리에 2~4개의 큰 톱니가 있고 잎자루와 열매에 털이 밀생한다.</td></tr>
<tr><td colspan="2">생태·조경
포인트</td><td>- 적습한 곳의 사질양토에서 생육이 양호하다.
- 내음성이 강한 수종이지만, 일사가 강한 곳에서도 생육이 양호한 편이다.
- 발아율이 매우 높은 수종이다.
- 붉은색 단풍이 특히 아름답다.</td></tr>
<tr><td colspan="2">인문학
포인트</td><td>- 종소명 트리폴로룸(triflorum)은 셋을 뜻하는 트리(tri)와 꽃을 뜻하는 플로룸(florum)의 합성어이다.
- 복자기나무는 가을의 나무이다. 그만큼 단풍이 아름다운 나무라는 의미이다.
- 일본인들은 복자기를 오니메구스리(귀신안약나무)라고 부른다. 산속의 귀신이 눈병이 걸렸을 때, 귀신이 약으로 이용했던 것 같다. 이 나무는 목재가 단단해서 '나도박달' 또는 '개박달'이라는 별명도 있다.
- 복자기나무는 우리나라 중부와 북부에 많이 분포하고 만주지역에서도 볼 수 있다. 라틴어로 단풍나무를 아케르라고 하는데, 그 뜻이 '단단하다'라는 의미도 있다.
- 설악산 오색약수터 계곡의 단풍이 아름다운 것이 바로 복자기의 영향이기도 하다.
- 한국과 만주 지방이 원산지인 복자기는 세계적 단풍나무다. 영국 왕립원예협회 RHS(Royal Horticultural Society)에서 정원 훈장을 받고, 1996년에 펜실베니아 원예협회로부터 금메달을 획득했다. 2004년에는 위대한 식물(Great Plant Pick)로 뽑히고, 2008년, 뉴잉글랜드에서 'Cary Award'를 수상했다.
- 복장나무(A. mandshuricum)는 소엽에 잔 거치가 많고 엽병은 털이 없으며 붉은빛이 돈다.
- 복자기의 꽃말은 '약속'이다.</td></tr>
</table>

▲ 복자기 수피

▲ 충북 단양 복자기 가로수

168. 네군도단풍

과명	학명	개화	결실
단풍나무과	*Acer negundo*	3~4월	9~10월

구분	항목	내용
수목 포인트	성상	- 낙엽 활엽 교목이다. - 높이는 15~20m이다.
	분포 및 자생지	- 미국, 캐나다가 원산지이다. - 전국에서 공원수나 가로수로 널리 심는다.
	꽃	- 암수딴그루이고, 3~4월에 위쪽 가지에 황록색 꽃이 아래를 향해 늘어져 핀다.
	잎	- 마주나게 달리고, 깃꼴겹잎이다. - 작은 잎은 난형 또는 타원상 피침형이고 3~5개의 불규칙한 결각이 생기기도 한다. - 끝은 뾰족하고 가장자리에 톱니가 있다.
	열매	- 시과이고 분리과이며, 9~10월에 익는다.
	줄기 (수피)	- 회갈색이고 세로로 길게 갈라진다. - 겨울눈은 난형이고 털로 덮인다.
검색 포인트		- 작은 잎이 3~7개여서 3출엽이 달리기도 하고 흔히 결각이 생기며 수꽃의 자루가 길게 늘어지는 점이 특징이다. - 꽃은 이가화로 잎보다 먼저 핀다.
생태·조경 포인트		- 습도가 다소 높은 양지에서 잘 자라며 공해에 강하다. - 단풍이 노란색이고 내한성이 강한 수종에 속한다. - 속성수이므로 빠른 녹화가 필요한 곳에 식재가 적당하며 염분에 대한 내성도 있어 해안 조경용으로도 가능한 수종이다.
인문학 포인트		- 네군도(negundo)라는 종소명은 북미 태평양 연안 지역을 뜻하는 단어이다. - 우리나라에는 1930년경에 도입되었다는 기록이 있다. - 은행나무와 더불어 황금색 단풍이 특이하며 관상가치가 높아 가로수나 공원수로 흔히 사용한다. 목재는 기구재나 가구재, 건축재로 사용 가능하다. - 녹음수로 사용 가능하나 흰불나방의 피해가 심하니 관리 시 유의해야 한다. - 가을에 가지가 검은 자줏빛으로 되고 작은 잎이 보통 5~7개인 것을 자주 네군도단풍이라고 한다. - 네군도단풍의 꽃말은 '사양, 무인, 은퇴'이다.

▲ 네군도단풍(플라밍고)

▲ 네군도단풍 수형

▲ 네군도단풍 잎

▲ 네군도단풍 잎의 앞면과 뒷면

169. 안개나무

과명	학명	개화	결실
옻나무과	*Cotinus coggygria*	5~6월	7~8월

<table>
<tr><td rowspan="6">수목
포인트</td><td>성상</td><td>- 낙엽 활엽 소교목이다.
- 높이는 3~8m이다.</td></tr>
<tr><td>분포 및
자생지</td><td>- 남유럽부터 히말라야와 중국에 이르는 넓은 지역이 원산지다.
- 전국에서 관상수로 심는다.</td></tr>
<tr><td>꽃</td><td>- 수꽃 양성화 딴그루 또는 암수딴그루로 보이고, 5~6월에 가지 끝에 달리는 원추꽃차례에 작은 노란색 꽃이 모여 핀다.</td></tr>
<tr><td>잎</td><td>- 마주나게 달리고, 긴 난형 또는 도란형이다.
- 끝은 둔하거나 둥글고 가장자리는 밋밋하다.
- 앞면은 털이 없고 뒷면에 약간 있으며 뒷면 맥 위에는 잔털이 많다.</td></tr>
<tr><td>열매</td><td>- 핵과이고, 7~8월에 익는다.</td></tr>
<tr><td>줄기
(수피)</td><td>- 자갈색이고 껍질눈이 있으며 조각조각 갈라져 벗겨진다.
- 겨울눈은 뾰족한 난형이고 흑갈색이다.</td></tr>
<tr><td colspan="2">검색 포인트</td><td>- 작은 혹은 좁쌀같은 노란색 꽃이 피고 열매차례가 안개처럼 보이는 점이 특징이다.
- 잎은 단엽이고 원형이다.</td></tr>
<tr><td colspan="2">생태·조경
포인트</td><td>- 일사가 강한 곳에서 생육이 왕성하다.
- 토양이 척박한 곳, 공해가 심한 곳에서도 잘 자라는 편이다.
- 수형은 구형에 가깝다.
- 악센트식재, 유도식재 등이 적합하다.</td></tr>
<tr><td colspan="2">인문학
포인트</td><td>- 학명은 이탈리아 식물학자 스코폴리(Scopoli, 1723~1788)가 붙였으며 속명 코티누스(Cotinus)는 야생 올리브나무라는 뜻으로 생김새가 올리브를 닮아 붙인 것이다. 종소명 코기그리아(coggygria)는 데오프라스투스(Theophrastus)가 사용한 코키게아(Coccygea)의 변용을 뜻한다.
- 영어 이름 스모크 트리(smoke tree)에서 유래하여 안개나무라 하였다. 열매의 모양이 안개가 낀 것처럼 보이는 나무라는 뜻의 이름이다.
- 안개나무는 옻나무과 나무들 가운데 잎이 동글동글하게 귀엽게 달리는 것으로도 유명하다. 단풍도 붉은색으로 물들기 때문에 공원수로 흔히 식재한다.
- 연기나무 또는 자연(紫煙: 자색빛의 연기)나무라고도 한다.
- 안개나무의 꽃말은 '희망의 내일'이다.</td></tr>
</table>

▲ 안개나무 수형

▲ 안개나무 열매와 잎

▲ 안개나무 수피

170. 붉나무

과명	학명	개화	결실
옻나무과	*Rhus chinensis*	8~9월	10~11월

수목 포인트	성상	- 낙엽 활엽 소교목이다. - 높이는 5~10m이다.
	분포 및 자생지	- 한국, 중국, 일본, 대만 등에 분포한다. - 전국의 낮은 산지에서 흔히 자생한다.
	꽃	- 암수딴그루이고, 8~9월에 새 가지 끝에 달리는 원추꽃차례에 흰색 꽃이 모여 핀다.
	잎	- 어긋나게 달리고, 깃꼴겹잎이다. - 작은 잎은 긴 타원형 또는 난형이고 7~13개이다. - 끝은 뾰족하고 가장자리에 톱니가 있다.
	열매	- 핵과이고, 10~11월에 황적색으로 익는다. - 씨는 납작한 구형이고 적갈색이며 황색으로 익는다.
	줄기 (수피)	- 회색 또는 회갈색이고 껍질눈이 발달한다. - 잎자국은 U자 모양이다. - 겨울눈은 연한 황갈색 털로 덮인다.
검색 포인트		- 잎은 7~13개의 소엽으로 된 기수우상복엽(홀수깃꼴겹잎)으로 소엽 전체에 톱니가 있다. - 옻나무에 비해 엽축에 날개가 있고 작은 잎에 톱니가 있는 점이 다르다.
생태·조경 포인트		- 양수로서 그늘진 곳과 척박한 곳에서도 잘 자라나 이식은 쉽지 않은 편이다. - 붉은색 단풍이 매우 아름다우며 처음에 붉었다가 점차 노란색 단풍으로 변한다. - 큰 나무 아래에서도 잘 자란다. - 군락식재 보조용, 악센트식재, 주연부식재 등에 적합하다.
인문학 포인트		- 속명은 옻나무와 같고 종소명 키넨시스(chinensis)는 원산지가 중국이라는 뜻이다. - 요즘에는 나무에서 천연소금이 나온다고 하여 관심도가 높아지는 나무이다. 예전에 열매에 발생하는 흰 가루에 짠맛과 신맛이 있어 이 열매를 찧어서 두부를 만드는 간수로 사용하거나 깊은 산골에서는 소금 대용으로 했다고 한다. - 붉나무는 세계적으로 동북아시아와 인도, 히말라야에 분포한다. - 붉나무 잎에는 흔히 황갈색의 벌레집이 달리는데, 이것을 '오배자'라고 한다. 약으로 쓰거나 염료로 사용한다. 이 벌레집은 타닌의 원료로서 타닌 함량이 50~80%에 이른다. 가죽을 다루는 데도 사용하고 염색의 원료로도 사용한다. - 붉나무는 귀신을 쫓는 효력이 있다고 하여 경사스러운 일에는 주로 사용하지 않는다. 일본에서는 붉나무를 금강장이라 하여 죽은 사람의 관에 넣는 지팡이를 붉나무로 만들었다. 화장한 시체의 뼈를 줍는 젓가락도 붉나무로 만든다. 불교에서는 붉나무를 신성하게 여겨 영목이라고 부르며 스님들이 지팡이로 만들어 사용하였다. 이는 수행할 때 속세의 번뇌를 없애준다고 믿었기 때문이다. - 붉나무의 꽃말은 '신앙'이다.

▲ 개옻나무와 붉나무 잎 비교

▲ 붉나무 잎의 특징인 엽축 날개

171. 개옻나무

과명	학명	개화	결실
옻나무과	*Toxicodendron trichocarpum*	5~6월	9~10월

<table>
<tr><td rowspan="6">수목 포인트</td><td>성상</td><td>- 낙엽 활엽 소교목이다.
- 높이는 3~7m이다.</td></tr>
<tr><td>분포 및 자생지</td><td>- 한국, 중국, 일본, 러시아에 분포한다.
- 전국의 산과 들에서 자생한다.</td></tr>
<tr><td>꽃</td><td>- 암수딴그루이고, 5~6월에 줄기 끝의 잎겨드랑이에 달리는 원추꽃차례에 황록색 꽃이 모여 핀다.</td></tr>
<tr><td>잎</td><td>- 어긋나게 달리고, 깃꼴겹잎이다.
- 작은 잎은 난상 타원형 또는 긴 타원형이고 9~17개이다.
- 끝은 급격히 뾰족해지고 가장자리는 밋밋하거나 결각상의 톱니가 생기기도 한다.
- 잎이나 가지를 자르면 하얀 액이 나온다.</td></tr>
<tr><td>열매</td><td>- 핵과이고, 9~10월에 갈색으로 익는다.
- 열매는 둥글면서 납작한 모양이고 표면에 가시 같은 털이 많다.</td></tr>
<tr><td>줄기 (수피)</td><td>- 회백색이며 어린 가지는 갈색이고 짧은 털이 있다.
- 겨울눈은 비늘 조각 없이 노출되며 갈색 털로 덮인다.</td></tr>
<tr><td colspan="2">검색 포인트</td><td>- 원추화서는 잎 길이의 반을 넘지 못하고 소지, 엽축, 화서에 억센 털이 밀생한다.
- 소엽의 아래에 1~2개의 톱니가 있다.
- 어린 가지에 짧은 털이 있고 열매에 가시 같은 털이 밀생한다.
- 옻나무는 단풍이 누렇게 물들지만, 개옻나무는 붉게 단풍이 든다.</td></tr>
<tr><td colspan="2">생태·조경 포인트</td><td>- 전국 산지에서 잘 자라며 건조하고 척박한 곳에서도 잘 자란다.
- 천이 초기 수종이면서 소나무 및 교목 하부에서도 생육이 양호하여 생태복원 소재로 활용 가능하다.</td></tr>
<tr><td colspan="2">인문학 포인트</td><td>- 이명으로 쓰이는 학명에서 종소명 트리쵸카파(trichocarpa)는 열매에 털이 있다는 뜻으로 이름은 옻나무와 유사하다는 의미에서 유래한다.
- 옻나무(R. verniciflua)는 개옻나무에 비해 작은 잎에 결각이 없고 열매에 털이 없는 점이 다르다.
- 옻나무는 중국, 인도가 원산지이며 전통 옻칠의 원료이자 약재로 쓰인 옻을 얻기 위해 전국에 식재한 것이다. 일부 야생화되어 퍼져 있다.
- 옻나무의 열매는 개옻나무처럼 둥글며 납작한 모양이지만, 표면이 밋밋하다. 잎자루와 앞면, 뒷면의 맥 위에 털이 있다.
- 옻나무는 중성 또는 알칼리성 토양을 좋아하며 쉽게 건조되지 않는 토양에서 잘 자라며 표근성을 가지고 있어 배수가 특히 강조된다. 내음성 식물로서 일조량이 많은 지역이 양호하다.
- 개옻나무의 꽃말은 '현명'이다.</td></tr>
</table>

▼ 개옻나무 신엽

▼ 개옻나무 어린 나무 전경

알고 있으면 도움이 되는 포인트

옻나무의 「효능 및 재배역사」※

옻나무는 말라죽어도 잘 썩지 않는다. 바로 나무속의 옻진이 방부제 역할을 하기 때문이다. 방부목을 얻기 위해 예로부터 옻을 사용하여 각종 장식품, 상자, 목재 등에 옻칠을 하여 생활용품은 물론 다양한 건축재로 활용하였다.
생칠의 주성분은 우루시올(Urushiol)로서 산화효소 라카아제에 의해 공기 속의 산소와 결합하여 검은 빛의 수지가 된다. 피부에 옻이 오르는 원인이 되기도 한다. 이 유독성의 옻을 약용으로 이용하기도 한다. 「동의보감」에서도 옻은 어혈을 풀어 주고 장을 튼튼하게 하며 기생충을 없앤다라고 기록하고 있으며 최근에는 천연 항암제로서 그 가능성을 확인했다는 연구결과도 있다.
옻나무의 재배역사는 확실하지 않으나, 약 3천년 이상의 역사를 지니고 있을 것으로 추정되며 낙랑시대의 고분에서 출토된 칠반명문은 지금도 그 빛깔을 제대로 내고 있다고 하니 그 효능은 탁월하다고 할 수 있다. 우리는 지금도 보통 '칠'이라 하면 주로 흑칠(검은 옻)을 말한다. 강의실의 흑판은 검은 옻칠을 한 칠판이라고 하기도 한다. 옻칠을 한 그릇이나 기물을 칠기라고 했으며 이외에도 옻으로 쓴 칠서, 옻칠을 한 부채, 자개장 등이 전통의 맥을 이어오고 있다.
중국의 노자시대에 쓰인 죽간칠서의 대부분은 옻으로 쓴 글씨이다. 칠문(漆門)은 조선시대 감찰들이 나쁜짓을 한 벼슬아치들을 징계하기 위해 밤중에 그 집 대문에 죄상을 적어 붙인 후 검은 칠을 하고 문을 봉하던 일이 있었는데, 지금으로 보면 가택 압수수색을 의미한다. 옻나무의 종소명인 베르니키플루아(verniciflua)는 광택이 난다라는 뜻이다.
우리나라에서 자라는 옻나무 종류에는 옻나무, 개옻나무, 검양옻나무, 산검양옻나무 등이 있다. 이중 검양옻나무는 제주도와 남부지방에서 주로 자란다.

※ 나영학(2016) 인문학으로 본 우리나무 이야기 중 옻나무 부분 재구성

▼ 개옻나무 잎

172. 소태나무

과명	학명	개화	결실
소태나무과	*Picrasma quassioides*	5~6월	9~10월

수목 포인트	성상	- 낙엽 활엽 교목이다. - 높이는 10~15m이다.
	분포 및 자생지	- 한국, 중국, 일본, 대만 등에 분포한다. - 전국의 산지에서 자생한다.
	꽃	- 암수딴그루이고, 5~6월에 새 가지의 잎겨드랑이에 달리는 취산꽃차례에 황록색 꽃이 모여서 핀다.
	잎	- 어긋나게 달리고, 깃꼴겹잎이다. - 작은 잎은 난상 타원형 또는 긴 난형이고, 9~15개이다.
	열매	- 핵과이고, 9~10월에 익는다. - 씨는 갈색 무늬가 있다.
	줄기 (수피)	- 흑갈색이고 오래될수록 세로로 갈라진다. - 겨울눈은 갈색 털로 덮인다.
검색 포인트		- 가죽나무에 비해 잎에 얕은 톱니가 있고 꽃차례가 잎겨드랑이에 달리며 열매가 핵과인 점이 다르다.
생태·조경 포인트		- 햇볕이 드는 곳을 좋아하며 토양은 가리지 않는 편이다. 느릅나무, 느티나무, 서어나무 등과 함께 혼생하며 내한성과 내건성이 강하다. - 주로 산골짜기나 산복부에서 잘 자란다.
인문학 포인트		- 속명 픽라스마(Picrasma)는 그리스어로 쓴맛을 의미하는 픽라스몬((picrasmon)에서 유래했다. 종소명 콰시오이데스(quassioides) 역시 쓴맛을 뜻하는 말이다. - 이름인 소태나무는'쇠태'라는 이명으로 미루어 볼 때 소의 태(태반)처럼 쓴맛이 나기 때문에 붙여진 이름이다. - 소태나무는 가정의 상비약이라고 할 만큼 요긴하다. - 소태의 쓴맛이 매우 강하며 예전 어머니가 애기들 젖 뗄 때 사용하기도 했다. 맥주의 쓴맛을 내기 위해 넣은 호프 대신해 소태나무 잎을 갈아서 넣기도 했다. - 소태나무에는 콰신(quassin) 또는 콰시아(Quassia)라고 불리는 성분이 들어 있어서 쓴맛이 나는데, 줄기의 속껍질에 가장 많이 들어 있으므로 그 부분이 가장 쓰다. - 한방에서는 식욕부진 치료제로도 사용된다. - 경북 안동시 송사동의 소태나무(천연기념물 제174호)는 수령 400년 이상으로 우리나라에서 가장 크고 오래된 소태나무이자 유일한 천연기념물 소태나무이다. 나무의 높이는 20m 이상, 근원직경은 4.65m 정도이다. 나영학(2016)의 문헌에서는 수령이 700년 정도라고 기록하고 있다. - 소태나무의 꽃말은 '애교'이다.

▲ 소태나무 잎

173. 가중나무(가죽나무)

과명	학명	개화	결실
소태나무과	*Ailanthus altissima*	5~6월	9~10월

구분	항목	내용
수목 포인트	성상	- 낙엽 활엽 교목이다. - 높이는 20~25m이다.
	분포 및 자생지	- 중국이 원산지다. - 풍치수로 심기도 하면 전국에 야생화 하여 저절로 자라는 목본 귀화식물이다.
	꽃	- 암수딴그루이고, 5~6월에 가지 끝에 달리는 원추꽃차례에 백록색 꽃이 모여 핀다.
	잎	- 어긋나게 달리고, 깃꼴겹잎이다. - 작은 잎은 난상 피침형이고 13~27개이다. - 가죽나무의 잎은 홀수, 참죽나무의 잎은 짝수이다.
	열매	- 시과이고, 9~10월에 황갈색으로 익는다. - 중앙부에 삼각상 난형의 씨가 있다.
	줄기(수피)	- 회백색이고 오래될수록 세로로 얕게 갈라진다. - 겨울눈은 잎 자국 위에 반구형으로 달리고 비늘 조각으로 덮인다.
검색 포인트		- 작은 잎 밑부분에 2~4개의 톱니와 기름점이 있어서 고약한 냄새가 난다. - 열매에 날개가 있다. 즉 시과인 점이 소태나무와 구분된다.
생태·조경 포인트		- 도시환경에 적응력이 뛰어난 귀화식물이다. - 햇빛을 좋아하고 건조하고 척박한 지역 모두에서 잘 자란다. - 공해에 강해 대기오염이 심한 공단 주변 완충녹지에 식재하기 위해 도입한 수종이지만, 현재 조경용으로는 거의 식재하지 않는 편이다. - 가중나무의 번식으로 자연생태계의 교란이 우려되는 수준이다. - 도시열섬 지표종으로 인식된다.
인문학 포인트		- 가죽나무의 이름은 인도네시아 몰루카의 원주민의 언어 중 하늘까지 가는 나무라는 뜻의 아일란토(Ailanto)가 있는데 이를 토대로 아일란투스(Ailanthus)로 지었다. 서양인들은 가죽나무가 높은 나무를 뜻하는 아일란투스로 통한다. - 가죽나무 잎의 맨 아래 톱니에 있는 사마귀에서 고약한 냄새가 난다. 가죽나무를 구별하는 검색키로도 활용할 수 있다. - 채식하는 스님들이 먹는 참죽나무의 새순과 달리 먹을 수 없다 하여 '가짜 중나무'에서 가죽나무가 되었다. 그래서 가죽나무의 한자명은 가승목(假僧木)이다. - 가죽나무는 독일에서는 괴테르바움, 영국에서는 하늘나무라고 한다. 이처럼 서양에서는 가죽나무가 훌륭한 나무로 통한다. - 가죽나무는 암나무와 수나무가 따로 있다. - 수나무가 어느 때나 세력이 더 강하지만, 꽃 냄새가 좋지 않고 또 꽃가루가 콧속이나 목구멍으로 들어가면 알레르기를 유발하므로 암나무를 심는 것이 좋을 수도 있다. - 참죽나무(*Toona sinensis*)는 수피가 얇게 갈라지고 적색 껍질이 나타난다. - 가죽나무의 꽃말은 '누명'이다.

▲ 가중나무 수피

▲ 가중나무 잎의 앞면과 뒷면

174. 산초나무

과명	학명	개화	결실
운향과	*Zanthoxylum schinifolium*	7~8월	10~11월

구분	항목	내용
수목 포인트	성상	- 낙엽 활엽 관목이다. - 높이는 2~3m이다.
	분포 및 자생지	- 한국, 중국, 일본에 분포한다. - 전국의 산지나 숲 가장자리에서 자생한다.
	꽃	- 암수딴그루이고, 7~8월에 새 가지 끝에 달리는 산방꽃차례에 황록색 꽃이 모여 핀다.
	잎	- 어긋나게 달리고, 깃꼴겹잎이다. - 작은 잎은 피침형 또는 넓은 난형이고 7~27개이다. - 앞면에 털이 있고 엽축에 좁은 날개가 있고 짧은 가시가 달린다.
	열매	- 삭과이고 2개의 분과이며, 10~11월에 붉은색에서 갈색으로 익는다. - 씨는 검은색이고 광택이 있으며 기름을 짜서 쓴다.
	줄기(수피)	- 회갈색이고 껍질이 변한 가시가 어긋나게 달린다. - 겨울 눈은 반구형이고 하트 모양의 잎 자국 위에 달린다.
검색 포인트		- 가시가 어긋나게 달리고 잎끝이 둔하며 꽃이 여름에 핀다.
생태·조경 포인트		- 중부 이남의 전국 숲에서 분포한다. - 양수이나 그늘진 곳에서도 잘 자란다. - 비옥하고 배수가 잘 되는 토양에서 생육이 왕성하다. - 운향과의 수목 특성으로 향기가 있어 바람을 고려하여 식재하면 효과적이다.
인문학 포인트		- 종소명 시니폴리움(schinifolium)은 옻나뭇과 중 스키누스(중앙아메리카 카나리제도에 주로 자라는 식물)의 잎과 같다는 뜻이다. - 어린잎을 식용으로 하거나 말린 열매를 거칠게 빻아 추어탕이나 생선요리의 향신료로 사용하는 것이 초피나무이고, 향기가 적거나 열매를 약용이나 기름을 짜는 데 사용하는 것이 산초나무이다. - 향신료의 사용은 약 3000년 전부터 인 것으로 추정된다. - 근래에는 세계 여러 나라 사람들에게 후추와 겨자와 더불어 세계적 향신료로 각광을 받고 있다. - 산초나무는 주로 중부지방에, 초피나무는 주로 남부지방에서 자란다. 그러나 혼재해서도 자라므로 유의 깊게 봐야 한다. - 초피나무(*Z. piperitum*)는 온대 남부 이남에 자생하고 꽃은 4~5월에 연한 황록색으로 핀다. 소엽은 9~19개로 많으며 줄기의 가시는 서로 마주나기(대생)한다. - 개산초(*Z. planispinum*)는 소지에 편평한 가시가 있고 소엽은 3~7개이며 엽축에 날개가 있다. 난온대의 산기슭 양지쪽에서 잘 자라며 수분이 풍부하고 비옥한 토양에서 잘 자란다. 반상록성의 잎을 가지고 있으며 향기가 진하다. - 산초나무의 꽃말은 '온화, 희생'이다.

▲ 개산초 잎과 가시(완도수목원, 2021년 7월)

▲ 산초나무 가시

175. 쉬나무

과명	학명	개화	결실
운향과	*Tetradium daniellii*	7~8월	9~10월

구분	항목	내용
수목 포인트	성상	- 낙엽 활엽 소교목이다. - 높이는 7~9m이다.
	분포 및 자생지	- 한국, 중국에 분포한다. - 전국의 낮은 산지나 민가 주변에서 자생한다.
	꽃	- 양성화이고, 7~8월에 새 가지 끝에 달리는 산방꽃차례에 흰색 꽃이 모여 핀다.
	잎	- 마주나게 달리고, 깃꼴겹잎이다. - 작은 잎은 타원형 또는 긴 난형이고 7~11개이다. - 끝은 길게 뾰족하고 밑부분은 넓은 쐐기형기며 가장자리는 밋밋하다.
	열매	- 삭과이고 4~5개의 분과이며, 9~10월에 익는다. - 씨는 타원형이고 검은색이며 광택이 있다.
	줄기(수피)	- 흑갈색이고 매끈한 편이며 작은 껍질눈이 발달한다. - 겨울 눈은 비늘 조각 없이 노출되어 있고 털이 밀생한다.
검색 포인트		- 기수우상복엽(홀수깃꼴겹잎)으로 마주나고 수피는 회색의 피목이 발달한다. - 잎을 자르거나 비비면 특유의 향기가 약간 나고 씨에서 매운맛이 난다.
생태·조경 포인트		- 중부 이남의 마을 근처에서 잘 자라고 논과 밭의 가장자리에서 생육이 양호하다. - 일사가 양호한 곳과 사질양토에서 잘 자란다. 하지만, 척박한 토양에서도 잘 견디며 공해에 강한 수종이다. - 8월 중 피는 백색 꽃이 아름답고 10월경 붉은색 열매가 관상가치가 높다. - 악센트식재, 녹음식재, 가로수식재, 완충식재 등에 적합하다.
인문학 포인트		- 종소명 다니엘리는 다니엘(Daniell)의 인명이다. - 이름은 전남 방언 수유낭구 → 시우나무 → 쉬나무에서 유래하며 오수유(吳茱萸)라고도 한다. - 열매에 정유가 있어 향기롭다. 밀원식물로도 중요하다. 영어권에서도 Korean Evodia, Bee Bee Tree라고 하여 한국의 벌꿀나무라 불린다. - 최근에는 쉬나무의 열매를 석유 대체 에너지 자원 연구에 집중하고 있다. 20~30년생 쉬나무 한그루에서 약 30 리터의 정유를 얻을 수 있다는 논문도 있다.※ - 최근 북한에서도 쉬나무 조성사업이 활발히 이루어지고 있다. - 쉬나무의 꽃말은 '신중, 진중, 번식'이다.

※ 나영학(2016) 인문학으로 본 우리나무 이야기 중 쉬나무 부분 재구성

▲ 쉬나무 열매

▲ 쉬나무 잎

176. 황벽나무

과명	학명	개화	결실
운향과	*Phellodendron amurense*	5~6월	11~12월

구분	항목	내용
수목 포인트	성상	- 낙엽 활엽 교목이다. - 높이는 10~20m이다.
	분포 및 자생지	- 한국, 중국, 일본, 러시아에 분포한다. - 제주도와 전남을 제외한 전국의 산지나 계곡 주변에서 자생한다.
	꽃	- 암수딴그루이고, 5~6월에 새 가지 끝에 달리는 원추꽃차례에 황록색 꽃이 핀다.
	잎	- 마주나게 달리고, 깃꼴겹잎이다. - 작은 잎은 난상 피침형이고 5~13개이다. - 끝은 길게 뾰족하고 가장자리는 밋밋하거나 얕은 톱니가 있으며 털이 있다.
	열매	- 핵과이고, 11~12월에 검은색으로 익는다. - 씨는 난형이고 흑갈색이며 표면에 지문 같은 무늬가 있다.
	줄기(수피)	- 회색이고 코르크층이 발달한다. - 어린 가지는 껍질눈이 있다. - 겨울눈은 반구형이고 잎자루 속에 숨어 있다. - 수피를 벗기면 노란색을 볼 수 있으며 코르크가 푹신한 느낌이 든다.
검색 포인트		- 잎은 마주나고 우상복엽(깃꼴겹잎)이면서 쉬나무에 비해 잎이 난상 피침형이다. - 잎을 자르거나 비비면 특유의 향기가 나며 나무껍질에 코르크층이 발달하는 점이 다르다.
생태·조경 포인트		- 깊은 산의 일사가 양호한 곳에서 잘 자라고 공해와 이식은 적당한 수준이다. - 양수이나 내음성도 강하여 음지에서도 잘 자라며 내건성이 약해 건조지보다는 토심이 깊고 비옥한 곳을 좋아한다. - 수평으로 배열된 가지의 모양과 코르크가 발달한다.
인문학 포인트		- 속명 Phellodendron은 그리스어로 코르크를 뜻하는 펠러스(ppellos)와 수목을 뜻하는(dendron)의 합성어이다. 즉, 코르크가 있는 나무라는 뜻이다. 종소명 amurense는 아무르강 지역이 원산지라는 의미이다. - 이름인 황벽은 황백에서 유래한 것으로 추정된다. - 호랑나비를 비롯한 나비의 애벌레들이 좋아하는 나무이다. - 수피 중 코르크 안쪽의 노란색 내피를 약재로 쓰기 때문에 훼손이 심하게 일어난다. - 황벽나무에서 나오는 노란 색소의 방부, 방충, 살균작용의 영향으로 현존 목판 중 가장 오래된 무구정광 대다라니경에도 사용되었다. - 조림수종 중의 하나로 내화수종으로 활용된다. 나무껍질은 코르크 원료로도 사용한다.

▲ 황벽나무 잎과 수피

177. 음나무

과명	학명	개화	결실
두릅나무과	*Kalopanax septemlobus*	7~8월	10~11월

구분	항목	내용
수목 포인트	성상	- 낙엽 활엽 교목이다. - 높이는 10~25m이다.
	분포 및 자생지	- 한국, 중국, 일본, 러시아에 분포한다. - 전국의 산지나 숲 가장자리에서 자생한다.
	꽃	- 양성화이고, 7~8월에 가지 끝에 달리는 산방상 취산꽃차례에 황백색 꽃이 모여 핀다.
	잎	- 어긋나게 달리지만 가지 끝에서는 모여 달리며, 원형이고 5~9갈래의 손바닥 모양으로 갈라진다. - 갈래 조각은 끝이 길게 뾰족하고 밑부분은 얕은 심장형이며 가장자리에 잔 톱니가 있다.
	열매	- 핵과이고, 10~11월에 검은색으로 익는다. - 씨는 타원상의 반원형이고 갈색이며 삼각의 능선이 있다.
	줄기(수피)	- 회갈색 또는 흑갈색이고 세로로 깊게 갈라진다. - 어린 가지는 굵은 가시가 달린다.
검색 포인트		- 줄기가 굵고 잎이 5~9갈래고 갈라진다. - 가지에 굵은 가시가 드문드문 존재한다.
생태·조경 포인트		- 마을 주변의 일사가 양호한 곳에 식재되어 자라고 건조에 비교적 강해 척박지에서도 양호하다. - 공해에는 강하지만 이식은 어려운 수종에 속한다. - 녹음수로 적합하고 잎이 넓어 거친 질감이 특징이다. 그러나 조경수로는 거의 사용하지 않는다.
인문학 포인트		- 칼로파낙스(Kalopanax)는 그리스어로 아름답다를 뜻하는 칼로스(kalos)와 인삼 속의 파낙스(panax)의 합성어이다. 종소명 세템로부스(septemlobus)는 '7개로 갈라진다'라는 뜻이다. - 이름은 경기도 방언에서 '음(명찰)을 만드는 나무'에서 유래했다. 가시가 무섭다고 하여 엄(嚴)나무라고도 부른다. - 줄기에 날카롭고 험상궂은 가시가 있어 이를 문 위에 걸어두면 귀신이나 질병, 사악한 기운이 집안에 들어오는 것을 막아준다고 믿었다. - 예전에는 금장이라 하여 미리 묫자리를 잡아 놓고 다른 사람이 그 자리에 묘를 쓰지 못하도록 박아 두는 봉목이나 토지의 지표목으로 심었던 나무이다. - 어릴 때 내음력이 강한 편이지만, 성목이 되면 햇빛 요구도가 크며 생장도 빨라진다. - 음나무 자체도 약효가 뛰어나고 최근 음나무 새순도 인기가 좋다. - 천연기념물은 경남 창원 음나무 군락(제164호), 충북 청주시 공북리 음나무(제305호), 수령이 천년이 넘는 가장 오래된 강원도 삼척 궁촌리 음나무(천연기념물 제363호) 등 총 3곳이 있다. - 땃두릅나무(*Oplopanax elatus*)의 잎은 가장자리가 장상으로 5~7개로 갈라지고 엽면에 가시가 있다.

▲ 음나무 잎

▲ 음나무 수피

178. 오갈피나무

과명	학명	개화	결실
두릅나무과	*Eleutherococcus sessiliflorus*	8~9월	10~11월

구분	항목	내용
수목 포인트	성상	- 낙엽 활엽 관목이다. - 높이는 2~4m이다.
	분포 및 자생지	- 한국, 중국, 일본에 분포한다. - 중부 이남의 산지에서 자라며 약용식물로 심어 기르기도 한다.
	꽃	- 양성화이고, 8~9월에 줄기 끝에 달리는 3~6개의 산형꽃차례에 자주색 꽃이 모여 핀다.
	잎	- 어긋나게 달리고, 손 모양의 겹잎이다. - 작은 잎은 타원형 또는 도란형이고 3~5개이다. - 끝은 뾰족하고 가장자리에 자잘한 겹톱니가 있다.
	열매	- 핵과이고, 10~11월에 검은색으로 익는다. - 씨는 긴 타원상 반원형이고 표면이 울퉁불퉁하다.
	줄기(수피)	- 회갈색이고 긴 타원형의 껍질눈이 흩어져 있다. - 줄기에 가시가 약간 달린다. - 겨울눈은 난형이고 갈색이다.
검색 포인트		- 소엽은 3~5개이고 도란형이며 복거치가 있다. - 가지에는 털과 가시가 없으나, 줄기에는 드물게 굵은 가시가 달린다. - 꽃이 자주색이고 양성화로 피며 줄기에 가시가 아주 드물게 달리는 점이 가시오갈피와 다르다.
생태·조경 포인트		- 깊은 산속의 큰 나무 아래의 음지에서 주로 분포한다. - 건조에 약한 편이며 줄기에서 독특한 향이 나고 식용 또는 약용으로 쓰인다. - 주연부식재에 적합한 수종이다.
인문학 포인트		- 종소명 세실리프롤루스(sessiliflorus)는 대가 없는 잎을 의미한다. - 오갈피라는 이름은 한자 오가피가 변한 것으로 나무의 특징을 잘 나타내고 있다. 오가피(五加皮)의 '오가'가 바로 잎의 수와 모양을 나타내고 '피'는 껍질을 지칭하기 때문이다. - 오갈피나무 속은 전 세계에 약 35종, 우리나라에는 7종이 분포한다. - 잎, 열매, 껍질, 뿌리 모두 약재로 사용 가능하다. - 러시아에서는 1960년대부터 이루어진 연구 결과를 통해 인삼과 같은 효능이 있다고 하여 '시베리아 인삼'이란 별칭이 붙으면서 세계적으로 유용한 천연자원임을 알렸다. - 꿀이 많아 밀원식물로도 양호한 수종으로 만약, 오갈피나무 벌꿀을 만든다면 소득이 매우 좋을 듯하다. - 가시오갈피(*E. senticosus*)는 가지에 가늘고 긴 바늘 같은 가시가 밀생한다.

▲ 오갈피나무 수목해설판(한택식물원)

▲ 오갈피나무의 수형과 잎

179. 황칠나무

과명	학명	개화	결실
두릅나무과	*Dendropanax trifidus*	7~8월	10~11월

<table>
<tr><td rowspan="6">수목 포인트</td><td>성상</td><td>- 상록 활엽 소교목이다.
- 높이는 3~8m이다.</td></tr>
<tr><td>분포 및 자생지</td><td>- 한국, 일본, 대만에 분포한다.
- 전라도의 도서지역과 제주도의 산지에서 자생한다.</td></tr>
<tr><td>꽃</td><td>- 양성화이고, 7~8월에 가지 끝에 달리는 산형꽃차례에 황록색 꽃이 모여 핀다.</td></tr>
<tr><td>잎</td><td>- 어긋나게 달리고 줄기 위쪽에서는 모여 달리며, 타원상 난형 또는 넓은 난형이고 어린 가지의 잎은 흔히 3~5갈래로 갈라진다.
- 끝은 뾰족하고 가장자리는 밋밋하며 가죽질이다.</td></tr>
<tr><td>열매</td><td>- 핵과이고, 10~11월에 흑자색으로 익는다.
- 씨는 긴 타원형이고 납작하며 3개의 능선이 있다.</td></tr>
<tr><td>줄기 (수피)</td><td>- 회색이고 껍질눈이 많다.
- 줄기에 상처를 내면 노란 액이 나온다.
- 어린 가지는 녹색이다.</td></tr>
<tr><td colspan="2">검색 포인트</td><td>- 난온대 수종으로 잎은 난형이며 혁질이고 갈라지지 않으나, 어린나무 잎몸은 3~5개로 갈라진다.
- 잎의 변이가 심하고 열매가 타원형이며 소교목인 점이 특징이다.</td></tr>
<tr><td colspan="2">생태·조경 포인트</td><td>- 난온대림 내부 또는 주연부 지역의 반음지에서 잘 자란다.
- 다소 습윤하고 비옥한 토양을 선호하는 수종이다.
- 광택이 나는 잎과 수형이 단정한 특징이 있으며 전통공예에 주로 이용하였다.
- 악센트식재, 녹음식재, 완충식재, 가로수식재 등 거의 모든 용도에 사용가능하다.</td></tr>
<tr><td colspan="2">인문학 포인트</td><td>- 학명은 프랑스 식물학자 레벨레가 붙였으며 속명 덴드로파낙스(Dendropanax)는 그리스어로 수목을 의미하는 덴드론(dendron)과 인삼 속을 의미하는 파낙스(panax)의 합성어이다. 이명으로 쓰이는 학명에서 종소명 모르비페라(morbifera)는 '병을 가진'이라는 뜻이다.
- 황칠나무가 황칠을 분비하는 것은 자신이 상처를 입었을 때 수분 증발을 막고 상처를 빨리 아물게 하기 위함이다. 바로 이 황칠이 불로장생 비밀을 밝혀줄 것으로 기대되는 미래의 자원이고 우리의 토종나무이다.
- 황칠나무는 줄기에서 나오는 수액을 황칠이라 하여 부와 권력의 상징인 황금빛을 내는 염료나 도료로 사용했다.
- 황칠나무의 황금색은 일반인뿐만 아니라 임금이나 황제도 탐을 내었다. 그래서 과거에는 황칠나무의 조공이 너무 심해 백성들이 너무 힘들어 도끼로 찍어 없애 버리기까지 했던 나무이다.
- 전 세계 74종이 있으며 우리나라는 황칠나무가 유일하다. 우리나라 황칠나무는 조선시대 임진왜란 이후에 이 땅에서 사라진 것으로 보고되었으나, 1990년대 초 전라남도 해남 해안가에서 발견되었다.
- 속담에 옻칠이 천년 가고 황칠이 만년 간다는 말이 있다 그만큼 황칠은 오래간다는 의미이다. 2007년 2월에 경주 계림 북쪽 황남동 유적지에서 발견된 토기에서 그 흔적이 발견되기도 했다.</td></tr>
</table>

▲ 황칠나무 수형

▲ 황칠나무 수형과 잎

180. 마삭줄

과명	학명	개화	결실
협죽도과	*Trachelospermum asiaticum*	5~6월	10~11월

구분		내용
수목 포인트	성상	- 상록 활엽 만경목(덩굴성 수목)이다. - 길이는 5m이다.
	분포 및 자생지	- 한국, 중국, 일본 등에 분포한다. - 전북과 경북 이남의 산지나 숲 가장자리에서 자생한다.
	꽃	- 양성화이고, 5~6월에 새 가지의 끝이나 잎겨드랑이에 흰색 꽃이 핀다.
	잎	- 마주나게 달리고, 난형 또는 좁은 타원형이다. - 끝은 둔하고 가장자리는 밋밋하다. - 양면에 털이 없다. - 잎이나 줄기를 자르면 하얀 액이 나온다.
	열매	- 골돌과이고, 10~11월에 적갈색으로 익는다. - 흰색 깃털이 달린 긴 타원형의 씨가 날린다.
	줄기(수피)	- 회색이고 공기 뿌리를 내어 다른 물체를 타고 오른다. - 어린 가지에 털이 없는 편이나 있는 것도 있다.
검색 포인트		- 잎은 상록성으로 마주난다. - 화관 표면에 털이 거의 없고 수술이 화관 밖으로 돌출하며 꽃받침 조각이 뒤로 젖혀지지 않고 꽃자루와 함께 털이 없는 점이 털마삭줄과 다르다.
생태·조경 포인트		- 그늘진 곳에서 생육이 좋다. - 배수가 양호하고 토심이 깊은 비옥한 토양을 선호한다. - 광택이 나는 혁질의 잎과 5~6월에 피는 흰색의 꽃, 가을의 주홍색 단풍이 관상가치가 있다. - 암석원이나 비탈면 녹화 등에 이용 가능하다.
인문학 포인트		- 삼(마)으로 만든 밧줄인 마삭에 비유한 이름이라는 설과 일본명 '마사키카즈라'에서 유래되었다는 설이 있다. - 최근에는 마삭줄의 복합 추출물을 활용한 녹조류 방제 방법에 대한 특허가 출원되기도 했다. - 털마삭줄(*Trachelospermum jasminoides*)은 마삭줄에 비해 털이 많다는 뜻이다. 전북과 경북 이남의 산지나 숲 가장자리에서 분포한다.

▲ 마삭줄 잎

▲ 숲속에서 자라고 있는 마삭줄

181. 협죽도

과명	학명	개화	결실
협죽도과	*Nerium oleander*	7~8월	10~11월

<table>
<tr><td rowspan="6">수목
포인트</td><td>성상</td><td>- 상록 활엽 관목이다.
- 높이는 3~4m이다.</td></tr>
<tr><td>분포 및
자생지</td><td>- 인도와 유럽 동부가 원산지이다.
- 남부지방에서 관상수로 심는다.</td></tr>
<tr><td>꽃</td><td>- 양성화이고, 7~8월에 가지 끝에 달리는 취산꽃차례에 붉은색 꽃이 모여 핀다.</td></tr>
<tr><td>잎</td><td>- 3개씩 돌려 달리고, 선형 또는 좁은 피침형이다.
- 끝은 뾰족하고 밑부분은 쐐기형이며 가장자리는 밋밋하다.
- 질은 가죽질이고 양면에 털이 없다.
- 잎이나 줄기를 자르면 하얀 액이 나온다.</td></tr>
<tr><td>열매</td><td>- 골돌과이고, 10~11월에 적갈색으로 익는다.
- 씨는 연한 갈색 털이 밀생한다.</td></tr>
<tr><td>줄기
(수피)</td><td>- 회갈색이고 껍질눈이 있다.
- 어린 가지는 녹색이고 털이 약간 있다.</td></tr>
<tr><td colspan="2">검색 포인트</td><td>- 잎은 윤생하고 선형이고 두껍고 톱니가 없다.
- 꽃은 홍색이며 꽃 윗부분이 5개로 갈라져 수평으로 퍼진 모양을 이룬다.</td></tr>
<tr><td colspan="2">생태·조경
포인트</td><td>- 일사가 양호한 양지에서 잘 자라며 적윤지를 선호하지만, 건조와 습도에 견디는 힘이 강해 어디에서나 무리 없이 도입 가능하다.
- 대기오염에도 강한 편이다. 다만, 내한성이 다소 약하므로 식재 시 기후대를 잘 고려해야 한다.
- 환경에 대한 내성이 강하고 관상가치 높지만, 수액의 독성이 심해 공원 식재는 삼가야 하며 특히, 어린이공원에 식재는 절대 금지이다.</td></tr>
<tr><td colspan="2">인문학
포인트</td><td>- 속명 네리움(Nerium)은 그리스어로 습하다는 뜻의 네로스(neros)에서 유래한 라틴어이다. 습한 지역에서 잘 자라는 특성을 가지고 있다. 종소명 올레안더르(oleander)는 협죽도를 의미한다.
- 중국, 인도, 발칸반도에 분포하는 상록 활엽 소교목으로 우리나라에는 1920년경에 도입되어 남부지방을 중심으로 식재되어 있다.
- 잎의 모양이 대나무 같고 꽃은 복사나무를 닮았다고 하여 협죽도라고 불려지며 나무 모양은 버드나무와 유사하나 복사나무를 닮은 꽃이 핀다 하여 유도화라고도 한다.
- 청산가리보다 독성이 높다. 과거 제주도로 유배를 보내고 사약을 내릴 경우 사약의 약효가 다 되어 현지에서 조달했어야 하는 경우 협죽도 즉 유도화를 사용했다고 한다. 확인된 바는 없지만, 유도화 잎 3장만 달여 마시면 바로 죽는다고 한다.
- 겹꽃으로 피는 것은 만첩협죽도(N. indicum for. plenum)이라 한다. 이외에 노랑꽃이 피는 것을 노랑협죽도, 흰꽃이 피는 것을 흰협죽도라고 한다.
- 협죽도의 꽃말은 '위험, 주의, 방심 금물'이다.</td></tr>
</table>

▲ 협죽도 수형

▲ 협죽도 잎

182. 작살나무

과명	학명	개화	결실
마편초과	*Callicarpa japonica*	6~8월	9~10월

구분	항목	내용
수목 포인트	성상	- 낙엽 활엽 관목이다. - 높이는 1~2m이다.
	분포 및 자생지	- 한국, 중국, 일본, 대만에 분포한다. - 전국의 산지에서 자생한다.
	꽃	- 양성화이고, 6~8월에 잎겨드랑이에 가깝게 달리는 취산꽃차례에 연한 홍자색 꽃이 모여 핀다.
	잎	- 마주나게 달리고, 긴 타원형 또는 난형이다. - 끝은 길게 뾰족하고 가장자리에 날카로운 톱니가 있다. - 뒷면에 노란색 샘점이 있다.
	열매	- 핵과이고, 9~10월에 보라색으로 익는다. - 씨는 연한 갈색이고 한쪽 면이 오목한 도란형이다.
	줄기(수피)	- 회갈색이다. - 어린 가지는 갈색의 별 모양 털이 있다가 점차 없어진다. - 겨울눈은 비늘 조각 없이 노출되어 있다.
검색 포인트		- 잎과 소지에 잔털이 있고 소지에 점액이 있다. - 가지와 잎은 마주나며 꽃은 연한 자주색이다. - 좀작살나무에 비해 꽃차례가 잎겨드랑이에 가까이 달리고 꽃밥의 상부가 구멍 모양으로 열리며 어린 가지의 단면이 원통형이다.
생태·조경 포인트		- 다소 그늘진 곳에서 생육이 양호하고 적습한 사질양토에서 잘 자란다. - 내한성, 내건성, 내공해성이 강하다. - 연한 자주색 꽃과 작은 구슬 같은 보라색 열매가 매우 아름답다. - 야생조류의 식이식물과 은신처로 활용 가능한 수종으로 주연부식재, 악센트식재에 적합한 수종이다.
인문학 포인트		- 속명 캘리카파(Callicarpa)는 그리스어로 아름답다는 뜻의 캘로스(callos)와 열매라는 뜻의 카포스(carpos)의 합성어로 열매가 아름답다는 뜻이다. - 한자 이름인 자주(紫珠)도 열매의 아름다움을 강조한 이름이다. 열매를 새들이 좋아한다. - 작살은 짐승이나 물고기를 찔러 잡는데 쓰는 도구이다. 이름은 전남 방언에서 유래한다. 작살나무는 줄기의 맨 끝에 돋아난 겨울눈과 양쪽으로 뻗은 두 가닥의 잎줄기 모양이 물고기를 잡을 때 쓰는 삼지창의 모습과 흡사하여 붙여진 이름이다. - 흰 작살나무는 열매가 백색이다. 좀작살나무는 소지가 네모이며 성모가 있다. 왕작살나무는 잎의 길이가 10~20cm, 너비가 4~7cm로 크고 가장자리에 거치가 있다. - 작살나무의 꽃말은 '총명'이다.

알고 있으면 도움이 되는 포인트

작살나무 이름의 유래※

나무 가운데에는 이름만 들어도 그 생김새를 짐작할 수 있는 것이 많다. 오갈피나무는 잎이 다섯 갈래이고 눈잣나무와 눈향나무는 누워서 자란다. 버즘나무는 줄기에 버짐이 핀 듯한 얼룩이 있고 매발톱나무는 매의 발톱처럼 날카로운 가시가 있다.

작살나무는 나뭇가지의 모양이 작살처럼 생겼다고 해서 붙여진 이름이다. 원줄기를 가운데 두고 양쪽으로 정확하게 두 개씩 마주나기를 하고 있다. 작살 가운데에서도 셋으로 갈라진 삼지창의 모양이다.

작살나무의 사촌 가운데 작살나무보다 좀 더 아름다운 열매를 가진 좀작살나무가 있다. 좀작살나무는 잎 가장자리의 중간 이하에는 톱니가 없어 쉽게 구별할 수 있다. 열매는 좀 더 작지만 촘촘히 둥글게 달리며 보랏빛이 더 진하여 관상수로 심기에 좋다.

작살나무의 영어 이름은 뷰티 베리(Beauty berry)인데 베리는 둥근 열매를 일컫어 자주 쓰는 이름이고 미인이라는 뜻이다.

※ 우리나무 백가지(이유미) 중 '작살나무' 내용 일부 재구성

▲ 작살나무 수형

▲ 작살나무 잎

183. 누리장나무

과명	학명	개화	결실
마편초과	*Clerodendrum trichotomum*	7~8월	10~11월

구분	항목	내용
수목 포인트	성상	- 낙엽 활엽 관목이다. - 높이는 2~5m이다.
	분포 및 자생지	- 낙엽 활엽 관목이다. - 높이는 2~5m이다.
	꽃	- 양성화이고, 7~8월에 가지 끝과 위쪽 잎겨드랑이에 달리는 취산꽃차례에 흰색 꽃이 모여 핀다. - 꽃받침은 홍색이며 꽃술이 화관 밖으로 길게 나온 것이 특징이다.
	잎	- 마주나게 달리고, 난형 또는 삼각상의 나형이다. - 끝은 길게 뾰족하고 가장자리는 밋밋하거나 불분명한 톱니가 있다. - 잎을 비벼보면 고소한 냄새가 묻어난다.
	열매	- 핵과이고 10~11월에 벽자색 또는 흑자색으로 익는다. - 씨는 타원상 구형이고 흑갈색이며 그물 무늬가 있다.
	줄기(수피)	- 회갈색이고 껍질눈이 많다. - 겨울눈은 맨눈이고 갈색 털로 덮인다.
검색 포인트		- 잎은 마주나고 넓은 난형이다. 가장자리는 밋밋하거나 톱니가 있다. - 여름철에 흰색 꽃이 피며 열매는 겨울까지 달린다. - 특유의 향기(일명 누린내)가 있고 잎 뒷면 맥 위에 굽은 털이 있는 점이 특징이다.
생태·조경 포인트		- 일사가 양호한 곳, 배수가 잘되는 사질양토에서 생육이 양호하다. - 내한성이 강해 전국 어디에서나 분포한다. - 식물 전체에서 누린내가 나며 8월경 흰색 꽃, 겨울까지 달려있는 열매 등이 관상가치가 있다. - 지금까지 주연부식재종으로 다소 사용되었으나, 공원 등 조경용으로는 많이 사용하지 않는 수종이지만 잠재성이 있다.
인문학 포인트		- 속명 클레로덴드룬(Clerodendrum)은 그리스어로 운명을 의미하는 클레로스(kleros)와 수목을 뜻하는 덴드론의 합성어이다. 즉, 운명의 나무라는 의미이다. 스웨덴의 식물학자 툰베르그(Thunberg, 1743~1828)는 셀론섬에서 자라는 이 식물을 고대에 arbor fortunata(행운의 나무)와 arbor infortunata(불운의 나무)라고 부른 데서 유래되었다고 한다. 종소명 trichotomum은 세 갈래 길이라는 뜻이다. - 누리장나무라는 이름은 강한 취기(누린내)가 나는 나무라는 뜻의 일본명에서 유래한다. 일본에서도 쿠사키라 부른다. 누리장나무를 취오동(臭梧桐)이라고도 하는데 즉, 냄새나는 오동이라는 뜻이다. 잎이 오동나무의 잎을 닮아서 붙여진 이름으로 추정된다. - 누리장나무는 사람을 다섯 번 놀라게 한다네 / 처음엔 이쁜 꽃에 놀라 다가갔다가 / 고약한 냄새에 놀라고 / 어린잎 데쳐 무친 고소한 나물 맛에 놀라고 / 꽃보다 아름다운 진주 닮은 열매에 놀라고 / 탁월한 약효로 병을 낫게 한다 / 백승훈의 누리장나무의 일부이다. - 열매와 꽃받침으로는 남색 천연염료로 사용하며 성숙한 열매는 쪽빛을 내는 물감으로 덜 익은 열매는 옥색을 내는 물감으로 사용한다. - 방충과 탈취효과가 있다. 누리장나무의 잎으로 재래식 화장실이나 방안에 넣어두면 화장실 냄새도 상쇄되고, 파리, 모기 등 유해성 곤충으로부터 보호해 주는 역할도 하니, 생활 속에 요긴한 나무이다. - 누리장나무의 꽃말은 '깨끗한 사랑'이다.

▲ 누리장나무 수형

▲ 누리장나무 잎

184. 참오동나무

과명	학명	개화	결실
현삼과	*Paulownia tomentosa*	5~6월	10~11월

구분		내용
수목 포인트	성상	- 낙엽 활엽 교목이다. - 높이는 10~20 m이다.
	분포 및 자생지	- 중국이 원산지다. 과거 우리나라 울릉도에 자생했다고 한다. - 전국의 산과 들에 야생화하여 자라며 심어 기르기도 한다.
	꽃	- 양성화이고, 5~6월에 가지 끝에 달리는 원추꽃차례에 연한 보라색 꽃이 모여 핀다.
	잎	- 마주나게 달리고, 삼각상 난형 또는 오각상 난형이다. - 끝은 뾰족하고 가장자리는 밋밋하다. - 뒷면은 연한 갈색 또는 흰색 털이 밀생한다.
	열매	- 삭과이고, 10~11월에 갈색으로 익는다. - 씨는 가장자리에 막질의 날개가 있다.
	줄기(수피)	- 회갈색이고 껍질눈이 발달하며 세로로 갈라진다. - 꽃눈은 여름부터 만들어지고 갈색 털이 밀생한다. - 잎눈은 작고 어린 가지에 털이 밀생한다.
검색 포인트		- 원추꽃차례의 보라색 꽃과 오각형의 마주나는 잎으로 구분한다. - 꽃잎 안쪽의 자주색 줄무늬가 있는 것이 참오동나무, 없는 것이 오동나무이다. 잎의 털이 있는 것이 참오동나무, 없는 것이 오동나무이다. 그러나 최근 같은 것으로 보는 경향이 많다.
생태·조경 포인트		- 내조성이 강하고 내한성은 보통인 극양수로서 어릴 때는 군집성이 높으나, 성장하면서 차츰 낮아지며 토심이 깊고 비옥하면서 적윤한 곳을 좋아한다.
인문학 포인트		- 속명 파울로우니아(Paulownia)는 네덜란드 식물학자 지볼트가 자신의 연구를 후원해 준 네덜란드 여왕 안나 파울로브나(Paulowna, 1795~1865)를 기념하기 위해 붙인 것이다. 종소명 토멘토사(tomentosa)는 가느다란 면모가 아주 많이 있다는 뜻으로 참오동나무의 특징을 표현한 것이다. - 참오동나무 잎에는 털이 있으나, 오동나무 잎에는 털이 없다. 또한 참오동나무는 꽃의 안쪽에 무늬가 있는 반면에 오동나무는 무늬가 없다. - 오동나무의 종류는 오동나무와 참오동나무, 벽오동나무, 개오동나무 등이 있다. 벽오동나무는 나무의 줄기가 초록색이다. 개오동나무(*Catapa ovata*)는 열매 모양이 콩 꼬투리처럼 길게 늘어진 것이 특징이다. - 오동나무는 학명을 *Paulownia coreana*로 표기하며 일본인 식물학자 우에끼박사가 1925년에 발표하였다. 오동나무가 중국 원산지인 참오동나무와는 다른 종으로 구분하였다. - 우리나라에서는 대통령 문양으로 무궁화와 봉황을 사용하고 있다. 일본에서는 총리대신 혹은 최고 권력자 가문을 상징하는 문양으로 오동나무 잎 위에 꽃망울 5개와 7개가 그려져 있다. 이를 57동화문(桐花紋)이라고 한다. 일본 화폐 500엔의 동전에도 오동나무가 그려져 있다. - 예전에 상주가 아버지가 돌아가시면 대나무 지팡이를, 어머니가 돌아가시면 오동나무 지팡이를 사용했다고 한다. - 오동나무는 목재로 쓰임새가 다양한데, 장롱, 가야금, 거문고 등을 만드는 데 사용한다. 빨리 자라는 속성수이기 때문에 나무가 약해 기둥재 보다는 주로 판재로 많이 사용한다. 습기를 빨아들이는 성질도 작고 잘 썩지 않으며 불에 잘 타지 않고 뒤틀림도 작다. - 일본에서는 오동나무로 나막신을 만들기도 했으며 열전도율이 낮아 불에 잘 타지 않으므로 금고의 내장재로도 많이 사용했다고 한다. - 우리나라에서는 오동나무의 목재를 얻기 위해 주로 식재하지만, 서양에서는 꽃을 보기 위해 주로 식재한다. 프랑스 파리 까르노에버뉴 참오동나무 가로수가 유명하다. - 꽃개오동(*C. bignonioides*)은 북아메리카 원산으로 꽃은 흰색이며 노란색 줄무늬와 자색 반점이 있다. - 참오동나무의 꽃말은 '고상'이다.

알고 있으면 도움이 되는 포인트

개오동(*Catalpa ovata*) 이야기※

우리나라에 오동나무는 오동나무와 참오동나무 2종이 있는데, 수목도감에는 개오동이라는 이름의 수목도 있다. 개오동은 오동나무와 비슷하다고 하여 개오동이다. 그러나 오동나무와는 별 관계가 없는 나무로써 능소화과에 속하는 나무이다. 개오동이 우리나라에 도입된 것은 1904년 정도이다. 이후 1913년경 다시 미국에서 종자를 구입해 서울 임업시험장에서 양묘하여 전국에 식재하였는데 그 수량은 약 3만 그루 정도라는 기록이 존재한다. 이 당시 개오동나무에 대해 크게 홍보하였는데, 수입 개오동나무가 황금수 혹은 영목(嶺木)이라고 하면서 그 가치를 높게 부여하였다. 개오동나무만 심어 놓으면 10년 뒤 값비싼 철도용 침목으로 사용할 수 있어 고수익을 보장한다고 홍보하였다. 그러나 개오동 나무가 하늘소와 바람에 의한 피해가 심해 식재의 성과는 그다지 없었다.

서양에서는 묘지 부근에 개오동을 잘 식재하였고 일본에서도 절 주변 혹은 신사 부근에 흔히 식재하였다고 한다. 개오동이 영혼과 어떠한 관계가 있는지 궁금하다. 또한 일본에서는 개오동이 벼락을 막아준다고 해서 뇌전목이라고도 불렀다.

개오동은 빨리 자라는 속성수로서 목재가 단단하여 예전에는 활을 만드는데 이용했으며 미국에서는 철도의 침목으로 사용하였다. 잘 썩지 않고 오래가는 목재의 특성이 있어 유용한 나무이었다. 우리나라에서는 예전에 나막신을 만드는데 이용했다고 한다.

※ 이야기가 있는 나무백과(임경빈) 중 '개오동' 내용 참조

▲ 참오동나무 수피

▲ 참오동나무 잎의 앞면과 뒷면

185. 개나리

과명	학명	개화	결실
물푸레나무과	*Forsythia koreana*	3~4월	10~11월

구분	항목	내용
수목 포인트	성상	- 낙엽 활엽 관목이다. - 높이는 2~3m이다.
	분포 및 자생지	- 한국 특산식물이다. - 전국의 공원이나 정원에서 널리 심는다.
	꽃	- 양성화이고, 3~4월에 잎겨드랑이에 1~3개의 노란색 꽃이 잎이 나기 전에 핀다.
	잎	- 마주나게 달리고 피침형 또는 난상 긴 타원형이다. - 끝은 뾰족하고 밑부분은 쐐기형이며 가장자리의 2/3 지점까지 날카로운 톱니가 있거나 없기도 하다.
	열매	- 삭과이고, 10~11월에 갈색으로 익는다. - 씨는 긴 타원형이고 가장자리에 날개가 있다.
	줄기 (수피)	- 회색 또는 회갈색이고 껍질눈이 발달한다. - 가지는 둥글게 휘어져 끝이 아래로 처진다. - 겨울눈은 긴 난형이다.
검색 포인트		- 잎 표면은 짙은 녹색이고 상반부에 톱니가 있다. - 소지는 사각이다. - 잎 뒷면에 털이 없고 가지 속이 비어 있으며 가지 끝이 아래로 처지는 점이 산개나리와 다르다.
생태·조경 포인트		- 일사가 양호한 곳에서 생육이 좋으며 공해에 강하고 이식이 쉬운 편이다. - 대기오염 등 각종 공해에 강하고 잎보다 꽃이 먼저 핀다. - 경계식재, 악센트식재에 적합하다.
인문학 포인트		- 학명은 포르시티아 코리아나(*Forsythia koreana*)로 우리나라가 원산지임을 알려준다. 그러나 우리나라 특산식물임에도 자생지는 발견하지 못하였다. - 개나리의 한자로 연교(連翹)라고 한다. 이는 열매를 강조한 이름이다. 교(翹)는 꼬리 긴 깃털이라는 뜻으로 마치 개나리 열매가 터지면 꼬리가 긴 깃털처럼 연이어 달려 붙여진 이름이다. - 비슷한 식물로 산개나리와 만리화가 있다. 산개나리의 특징은 개나리의 잎과 비슷하나 잎 뒷면에 부드러운 털이 밀생한다는 것이다. - 만리화는 강원도나 경북 등의 산에 분포하며 마디마디에 꽃이 2~3개씩 모여 나며 화각이 넓게 벌어지고 짧으며 잎이 개나리보다 둥근 모양을 한다. - 의성개나리는 개나리와 비슷하며 특징은 잎이 개나리에 비해 두껍고 잎의 가장자리가 톱니가 없거나 잎의 상반부에만 약간 톱니가 있다. - 만리화(*F. ovata*)는 한국 특산식물로 가지가 늘어지지 않으며 맹아력, 내한성, 내공해성이 강하다. 산개나리(*F. saxatilis*)는 북한산 개나리라고도 하며 경기도 일원 산기슭에서 자생하며 소지에 자줏빛이 돈다. - 유럽에서는 1833년에 네덜란드에 처음으로 일본에 있던 당개나리가 들어간 것이 시초이며 이후 1878년 독일 괴팅겐 식물원에서 교잡종이 발견되어 자벨이 1885년에 처음으로 소개하고 이것이 1889년에 미국 아놀드수목원으로 건너가게 되어 전 세계로 퍼져 나가기 시작하였다. 우리나라에서도 이 교잡종이 6종이나 등록되어 있다. 원래 개나리는 대부분 한국을 포함한 아시아권이 그 원산지이나, 우리나라에서는 이 교잡종들을 미국개나리, 서양개나리 등으로 등록하고 있으니, 아이러니하다. 우리가 미국개나리라고 부르는 교잡종도 중국 당개나리와 의성개나리의 교잡종이다. - 개나리의 꽃말은 '희망, 깊은 정, 감격, 달성' 등이다.

▲ 개나리 잎

▲ 개나리 꽃과 수형

186. 미선나무

과명	학명	개화	결실
물푸레나무과	*Abeliophyllum distichum*	3~4월	9~10월

구분	항목	내용
수목 포인트	성상	- 낙엽 활엽 관목이다. - 높이는 1.5~2m이다.
	분포 및 자생지	- 한국 특산식물이다. 전북과 충북의 숲 경사지나 바위지대에서 잘 자생한다. - 북한산에서도 자생한다.
	꽃	- 양성화이고, 3~4월에 잎겨드랑이에 흰색 꽃이 잎이 나기 전에 모여 핀다.
	잎	- 마주나게 달리고, 타원상 난형 또는 난형이다. - 끝은 뾰족하고 밑부분은 둥글며 가장자리에 미세한 잔 톱니가 있다. - 양면에 털이 흩어져 있고 뒷면 맥 위에 털이 있다.
	열매	- 시과이고, 9~10월에 황갈색으로 익는다. - 씨는 납작하고 긴 타원형이며 한쪽으로 살짝 휜다.
	줄기 (수피)	- 회갈색이고 세로로 갈라지고 가지가 아래로 처진다. - 어린 가지는 네모진다. - 꽃눈은 구형이고 여러 개가 달린다.
검색 포인트		- 잎은 가장자리가 밋밋하고 소지의 단면이 사각형이다. - 종자에 둥근 날개가 부채모양처럼 달려있다.
생태·조경 포인트		- 저지대의 산록이나 석회암지대의 전석지에서 분포한다. 자생지는 흙이 거의 없는 전석지에 햇볕이 잘 드는 곳이다. 아무래도 타 수목들과의 경쟁을 피하기 위한 노력의 일환이 아닐까 한다. - 중용수이고 배수가 양호한 사질양토에서 잘 자란다. 다소 건조하고 척박한 토양에서 잘 자란다. - 이른 봄에 잎보다 먼저 피는 흰색 또는 분홍색 꽃이 아름다워 조경수로서 그 활용도가 점점 증가하고 있다.
인문학 포인트		- 미선나무는 잎이 가지 양쪽에 붙어 나란히 배열되고 잎이 댕강나무(아벨리아, Abelia)와 닮았다고 하여 학명이 아벨리오필룸 디스티쿰(*Abeliophyllum distichum*)이다. '아벨리아'는 '댕강나무'를, '필룸'은 '잎'을, '디스티쿰'은 '두 줄로 나란히'라는 뜻을 가지고 있다. - 미선나무라는 이름은 열매 때문에 붙여진 것이다. 미선은 아름다운 부채란 뜻이 아니라 꼬리 미(尾) 자에 부채 선(扇) 자를 쓴다. 미선이라고 부르는 이 부채는 대나무 줄기를 잘게 쪼개어 가는 살을 여러 개 만들어 둥글게 펴서 거기에 종이나 명주천을 붙여서 둥글게 만든 것이다. 임금님 옆에 서 있는 시녀가 들고 있는 부채를 생각하면 된다. - 미선나무는 세계에서 오직 우리나라만 자라는 특산식물이다. 충북 진천군과 괴산군에 주로 분포한다. - 2014년 현재 천연기념물 지정된 곳은 6곳이다. 우리나라에서 미선나무가 처음 발견된 것은 1919년이고 유럽에서는 1924년, 일본은 1930년에 이미 건너가서 아름다운 정원수로 인정받고 있다. - 물푸레나무과 나무들이 모두 알칼리성 땅을 좋아하지만, 미선나무는 어디에 심어도 대체로 잘 자라는 것을 보면 땅의 조건에 예민한 요구는 없는 것 같다. 그래서 적지는 토양산도 6.0~7.5 정도이다. - 일 년생 가지가 네모꼴로 가지는 것도 하나의 특징이고 꺾꽂이로 번식되는 것은 개나리와 비슷하다. 이른 봄 개나리보다도 더 일찍 꽃을 피운다. 개나리는 향이 없지만 미선나무는 향이 있다.

▲ 미선나무 수형

▲ 미선나무 꽃

▲ 미선나무 잎

▲ 괴산 송덕리 미선나무 자생지(천연기념물 제147호)

▲ 괴산 율지리 미선나무 자생지(천연기념물 제221호)

▲ 괴산 추점리 미선나무 자생지(천연기념물 제220호)

187. 수수꽃다리

과명	학명	개화	결실
물푸레나무과	*Syringa oblata* var. *dilatata*	4~5월	9~10월

<table>
<tr><td rowspan="6">수목
포인트</td><td>성상</td><td>- 낙엽 활엽 교목이다.
- 높이는 2~4m이다.</td></tr>
<tr><td>분포 및
자생지</td><td>- 한국, 중국에 분포한다.
- 황해도, 평안남도 및 함경남도의 석회암 지대에서 자생한다.</td></tr>
<tr><td>꽃</td><td>- 양성화이고, 4~5월에 2년지 끝에 달리는 원추꽃차례에 연한 홍자색 또는 흰색 꽃이 모여 핀다.</td></tr>
<tr><td>잎</td><td>- 마주나게 달리고, 난형 또는 넓은 난형이다.
- 끝은 뾰족하고 밑부분은 얕은 심장형이며 가장자리는 밋밋하다.
- 양면에 털이 없고 앞 면의 잎맥이 움푹 들어가 뒷면으로 돌출한다.</td></tr>
<tr><td>열매</td><td>- 삭과이고, 9~10월에 갈색으로 익는다.
- 씨는 긴 타원형이고 납작하며 가장자리에 날개가 있다.</td></tr>
<tr><td>줄기
(수피)</td><td>- 흑갈색이고 세로로 갈라진다.
- 어린 가지는 회갈색이다.
- 겨울눈은 둥근 난형이고 적갈색의 비늘 조각에 싸인다.</td></tr>
<tr><td colspan="2">검색 포인트</td><td>- 연한 자주색 꽃에서 매우 진한 향기가 나고 잎이 난상으로 넓은 점이 특징이다.</td></tr>
<tr><td colspan="2">생태·조경
포인트</td><td>- 적당한 일사에서 생육이 양호하며 천근성이다.
- 배수가 잘되는 다소 건조한 토양에서 잘 자란다.
- 공해에 강하고 이식도 용이한 수준이다.
- 4~5월의 꽃과 향기가 우수하고 각종 공해에도 내성이 양호하다.
- 악센트식재(군식), 유도식재 등에 적합하다.</td></tr>
<tr><td colspan="2">인문학
포인트</td><td>- 나카이가 붙인 학명 중 속명인 시린가(Syringa)는 작은 가지로 만든 피리를 의미하는 '시린크스(syrinx)'에서 왔다. 이는 가지를 강조한 것이다. 종소명 딜라타타(dilatata)는 흩어진 혹은 넓어진이라는 뜻도 있다.
- 중국에서는 이 나무를 정향이라 불렀다. 정은 꽃의 윗부분이 벌어지면서 아래로 화통이 긴 모양을 본뜬 것이고 향은 이 나무의 향기를 강조한 것이다.
- 독일에서는 수수꽃다리의 꽃은 사랑을 부른다 하여 5월을 라일락 타임이라고 불렀고 축제도 열린다. 그러나 영국에서는 슬픔을 의미하는 보라색 꽃이라 하여 집안에 두지 않는 풍습이 있기도 하다.
- 서양수수꽃다리(S. vulgaris)는 서양에서 들여왔고 수수꽃다리를 닮아서 붙여진 이름이다.
- 흔히 라일락 또는 라라꽃이라고도 한다.
- 수수꽃다리의 꽃말은 '젊은 날의 추억'이다.</td></tr>
</table>

알아두면 유익한 포인트

수수꽃다리 종류의 나무들※

우리나라에서 자생하는 수수꽃다리는 황해도와 평안도에서 자라는 우리나라 특산 식물이고 이외에도 개회나무, 버들개회나무, 꽃개회나무, 섬개회나무, 정향나무 등이 수수꽃다리에 속하는 비슷한 나무들이다.
수수꽃다리를 라일락으로 많이 부르고 있는데, 라일락은 이 종류의 나무들을 통칭해서 부르는 서양식 이름이고 정향나무는 중국식 이름이라고 여기면 된다. 라일락은 중세 때 아랍에서 스페인 및 북아프리카를 정복하면서 함께 들어가서 15세기부터는 유럽에서 재배를 시작하였고 우리나라에는 조선 말기에 원예용으로 도입되었다는 기록이 있다.
수수꽃다리 종류의 나무들 중에 유독 향이 진한 것이 바로 수수꽃다리인데, 이제 남한에서는 그 자생지를 찾아볼 수가 없고 해방 전에 북쪽의 나무를 남쪽에 가져와 옮겨 심어서 퍼진 것으로 이해하면 된다. 우리 주변에서 흔히 볼 수 있는 수수꽃다리는 서양에서 유래된 것일 수도 있고 우리나라 자생 수수꽃다리를 활용한 것일 수도 있다. 잘 구별할 수 없지만, 우리나라 수수꽃다리는 키와 꽃차례가 작고 광택이 없는 것이 차이이다.
우리 조상들은 수수꽃다리 꽃을 말려 향갑이나 향궤에 넣어두고 항상 방 안에 은은한 향기가 퍼지도록 하였으며 여인들은 향낭에 넣어 쓰는 일도 많았다.
라일락은 아랍어에서 기원한 영어 이름이고 프랑스에서는 '리라'라고 한다. 특히 유럽에서 꽃과 향기가 인상적이어서 매우 인기가 좋다. 일본에서도 수수꽃다리와 유사한 꽃나무들이 있는데, 북해도의 아이누족은 이 나무의 목재는 썩지 않아 30년이 지나면 돌이 된다고 믿었으며, 그래서 묘 비목이나 흙을 파는 연장으로 이용하기도 했다.
예전에는 수수꽃다리 종류를 통틀어서 정향나무라고 한 적이 있는데, 한 식물학자가 1960년대에 별개의 종을 정향나무로 보고한 적이 있기 때문에 이제는 정향나무, 수수꽃다리, 개회나무가 각기 다른 이름으로 불려야 한다.
과거 우리나라에서는 우리 자원에 대한 소중함과 중요함을 모른 채 외국에 우리의 종자를 자의적으로 보낸 적도 다수 있었다. 수수꽃다리의 종류 가운데 현재 미국에서 비싼 값으로 거래되는 품종이 있는데, 특히 1947년 미국 적십자 직원으로 한국에 온 사람이 북한산 백운대에서 채취한 털개회나무 종자 열두 개가 선발 육성되어 '미스김(Miss Kim)'이라는 이름의 왜성 품종으로 개발되어 인기 있는 수종으로 자리 잡고 있다. 이 꽃의 꽃말은 젊은 날의 추억이다.

※ 우리나무 백가지(이유미) 중 '수수꽃다리' 내용 일부 재구성

▲ 수수꽃다리 흰색 꽃

▲ 수수꽃다리 잎

188. 꽃개회나무

과명	학명	개화	결실
물푸레나무과	*Syringa wolfii*	6~7월	9~10월

수목 포인트	성상	- 낙엽 활엽 소교목이다. - 높이는 3~5m이다.
	분포 및 자생지	- 한국, 중국, 일본, 러시아에 분포한다. - 지리산 이북의 산지나 산지 주변 하천가에서 자생한다,
	꽃	- 양성화이고, 6~7월 2년지 끝에 달리는 원추꽃차례에 흰색 꽃이 모여 핀다.
	잎	- 마주나게 달리고, 난형 또는 넓은 난형이다. - 끝은 뾰족하고 밑부분은 둥글거나 넓은 쐐기형이며 가장자리는 밋밋하다. - 양면에 털이 없고 앞면의 잎맥이 움푹 들어가 뒷면으로 돌출한다.
	열매	- 삭과이고, 9~10월에 갈색으로 익는다. - 씨는 긴 타원형이고 납작하며 가장자리에 날개가 있다.
	줄기 (수피)	- 회갈색이고 껍질눈이 발달한다. - 겨울눈은 난형이고 적갈색이며 비늘 조각은 8~12개이고 가장자리에 털이 있다.
검색 포인트		- 털개회나무에 비해 꽃차례가 새 가지에 달리고 꽃이 크며 잎이 타원상이고 열매에 껍질눈이 없는 것이 특징이다.
생태·조경·인문학 포인트		- 속명인 시린가(Syringa)는 작은 가지로 만든 피리를 의미하는 '시린크스(syrinx)'에서 왔으며 종소명 울피(wolfii)는 수목 학자인 Egbert Wolf(1860~1931)의 이름에서 유래한다. - 꽃개회나무라는 이름은 아름다운 개회나무라는 뜻의 일본명에서 유래한다. - 우리나라 백두대간 등 높은 고산지대에 분포하며 서양 수수꽃다리와 비슷하지만, 잎 모양이 긴 타원형이다. - 미스김 라일락은 우리나라 북한산에서 자생하던 털개회나무에서 미국으로 건너가 육종 된 나무이다. - 비슷한 식물로는 흰색 꽃이 전년도 가지에 꽃이 피는 개회나무, 어린 가지에 털이 있고 잎의 뒷면에 융모가 발생하며 화축에 털이 있고 전년도 가지에서 연한 자줏빛의 꽃이 피는 털개회나무, 꽃은 5월에 피며 전년도 가지에서 달리고 붉은 빛을 띤 연한 자주색 꽃이 피는 정향나무, 잎이 버드나무잎과 비슷하며 흰꽃이 피는 버들개회나무 등이 있다. - 정향나무(*Syringa patula* var. *kamibayashii*)는 높이 1~2m의 관목 수준이며 잎이 넓은 난형 또는 원형이고 뒷면 맥 위에만 털이 있다. - 꽃개회나무의 꽃말은 '기품, 추억, 품격'이다.

▲ 개회나무 잎

회나무와 잎이 비슷해 이와 구별하기 위해 앞에 '개'를 붙였다. 우리나라에는 수수꽃다리속 식물로 5종류가 있는데, 북한의 수수꽃다리, 울릉도의 섬개회나무, 강원 이북의 꽃개회나무, 일반 야산에서 흔히 볼 수 있는 개회나무와 털개회나무 등이 있다.

▲ 꽃개회나무 수피

189. 물푸레나무

과명	학명	개화	결실
물푸레나무과	*Fraxinus rhynchophylla*	4~5월	8~9월

<table>
<tr><td rowspan="6">수목 포인트</td><td>성상</td><td>- 낙엽 활엽 교목이다.
- 높이는 10~15m이다.</td></tr>
<tr><td>분포 및 자생지</td><td>- 한국, 중국, 일본에 분포한다.
- 전국의 산지에서 자생한다.</td></tr>
<tr><td>꽃</td><td>- 수꽃 양성화 딴그루이고, 4~5월에 새 가지 끝에 달리는 원추꽃차례에 자잘한 꽃이 모여 핀다.</td></tr>
<tr><td>잎</td><td>- 마주나게 달리고, 깃꼴겹잎이다.
- 작은 잎은 난형 또는 넓은 피침형이고 5~7개이다.
- 뒷면 주맥 위에 흰색 또는 갈색 털이 밀생한다.</td></tr>
<tr><td>열매</td><td>- 시과이고, 8~9월에 갈색으로 익는다.
- 씨는 긴 타원형이다.</td></tr>
<tr><td>줄기 (수피)</td><td>- 어린 나무는 흰색 얼룩이 있고 매끈하지만 오래될수록 얼룩이 없어지고 세로로 불규칙하게 갈라진다.
- 겨울눈은 난형이고 비늘 조각 끝이 살짝 젖혀진다.</td></tr>
<tr><td colspan="2">검색 포인트</td><td>- 기수우상복엽(홀수깃꼴겹잎)이고 잎 뒷면 맥 위에 갈색 털이 밀생한다.
- 중앙부 맨 끝 잎이 가장 크고 도란상 타원형이다.
- 들메나무에 비해 작은 잎의 수가 적고 뒷면 주맥 위에 털이 밀생하며 꽃차례가 새 가지에 달리는 점이 다르다.</td></tr>
<tr><td colspan="2">생태·조경 포인트</td><td>- 숲 속 계곡부 혹은 다습한 곳에서 주로 분포한다. 습기가 많고 유기질이 풍부한 깊은 토양에서 생육이 양호하다.
- 공해에 강하고 이식도 용이한 수준의 수종이다.
- 가을에 노란 단풍과 수피의 흰색 반점 등이 특이하다.
- 습지성 낙엽활엽수로서 습지공간 수변 식재용으로 적당한 수종이다.</td></tr>
<tr><td colspan="2">인문학 포인트</td><td>- 속명 프락시누스(Fraxinus)는 서양물푸레나무의 라틴 고명이며 분리하다는 뜻의 phraxis에서 유래한다고 전해지고 있지만 확실치 않다. 한편 라틴어로 프락시누스는 물푸레나무로 만든 창을 의미한다. 종소명 링커필라(rhynchophylla)는 부리 같은 잎이라는 뜻으로 잎을 강조한 것이다.
- 학명에는 원산지의 표시가 없지만, 영명은 East Asian ash로서 한국을 포함한 동아시아가 원산지임을 알려주고 있다. 우리나라에는 쇠물푸레나무도 있는데, 접두어 쇠는 잎이 작다라는 뜻이다.
- 물푸레나무 용도는 가구재이다. 잎이나 껍질을 벗겨 물에 담그면 파란색 물을 얻을 수 있다.
- 북유럽 신화에서는 물푸레나무가 세계수 혹은 우주목으로 등장한다. 북유럽 신화에서 주신인 오딘까지도 물푸레나무에게 지혜를 얻어 가곤 했다고 전해지고 있다.
- 천연기념물로 지정된 물푸레나무는 파주 무건리에 있는데, 천연기념물 제286호로 지정되었으며 수령은 약 150년 정도이며 높이는 약 15m 정도이다. 이외 경기도 화성 전곡리 물푸레나무(천연기념물 제470호)는 수령 350년 정도로서 수고는 약 20m 정도이다.
- 쇠물푸레(F. sieboldiana)는 우상복엽(깃꼴겹잎)이며 소엽의 끝이 뾰족한 형태이고 잎 크기도 물푸레나무보다는 작은 편이다. 소지에 털이 없고 잎 뒷면은 연한 녹색이다. 수피도 녹색을 띤다.
- 들메나무(F. mandshurica)는 기수우상복엽(홀수깃꼴겹잎)이고 소엽은 보통 9~11개이다. 엽병에 털이 있다. 지금까지 조경용으로 사용하지 않은 수종이며 숲 속 계곡부 등지에서 자생하는 수종이다.
- 물푸레나무의 꽃말은 '겸손, 열심'이다.</td></tr>
</table>

알고 있으면 도움이 되는 포인트

들메나무와 물푸레나무※

들메나무와 물푸레나무는 매우 닮았다. 들메나무는 잎 뒤 중앙 맥의 기부에 다갈색 털이 많이 있다. 물푸레나무는 잎 뒤 중앙 맥과 곁맥에 흰색 털이 나 있어 두 나무를 구별할 수 있다. 들메나무와 물푸레나무는 꽃이 달리는 특성도 다른데, 물푸레나무는 당년에 자란 가지에 화서가 달리지만, 들메나무는 지난해 자란 가지에 화서가 달린다.

잎의 털이 나는 위치와 화서가 달리는 차이로 구별이 가능하지만, 쓰임새의 차이는 거의 없다고 해도 과언이 아니다. 즉, 나무가 단단하고 무겁고 질기면 탄력이 있어 농기구의 자루나 특히 야구 배트로는 최상의 재료이다. 이 두 수종의 목재는 물기 있는 곳에서 견디는 성질도 탁월하다.

들메나무도 물푸레나무처럼 우리나라 전국에 걸쳐 분포하며 일본, 중국, 만주, 사할린 등에서도 분포한다. 두 수종은 모두 계곡이나 사면 저지대를 선호하며 어릴 때 자람이 매우 빠르다.

물푸레나무 종류는 북반구에 약 70종이 있다고 알려져 있으며 이중 유럽 들메나무와 미국 들메나무는 유명하고 그 쓰임새도 다양하다. 미국 들메나무는 우리나라에 1920년쯤에 도입되었으며 이 나무 또한 야구 배트, 스키 등으로 널리 사용되었다. 또한 물푸레나무는 생목일 때도 불에 잘 타기 때문에 북쪽에 사는 민족에게는 소중한 땔감이었다.

※ 이야기가 있는 나무백과(임경빈) 중 '들메나무' 내용 일부 재구성

▲ 물푸레나무 수피

▲ 물푸레나무 잎

190. 이팝나무

과명	학명	개화	결실
물푸레나무과	*Chionanthus retusus*	5월	10~11월

수목 포인트	성상	- 낙엽 활엽 교목이다. - 높이는 20~30m이다.
	분포 및 자생지	- 한국, 중국, 일본, 대만에 분포한다. - 중부 이남의 산과 들에서 자라며 관상수나 가로수로 심기도 한다.
	꽃	- 수꽃 양성화 딴그루이고, 5월에 2년지 끝에 달리는 원추꽃차례에 흰색 꽃이 모여 핀다.
	잎	- 마주나게 달리고, 긴 타원형 또는 넓은 난형이다. - 어릴 때에는 잔 톱니가 있고 질은 약간 두껍다. - 뒷면 맥 주변과 잎자루에 갈색 털이 밀생한다.
	열매	- 핵과이고, 10~11월에 흑벽색 또는 검은색으로 익는다. - 씨는 난상 타원형이고 그물 모양의 무늬가 있다.
	줄기(수피)	- 짙은 회색이고 오래될수록 세로로 갈라진다. - 겨울눈은 난형이고 끝이 뾰족하며 비늘 조각에 털이 있다.
검색 포인트		- 잎은 마주나고 가장자리가 밋밋하다(간혹 거치가 있을 수도 있다). - 어린가지는 수피가 벗겨지며 꽃이 백색이다.
생태·조경 포인트		- 일사가 양호한 지역에서 잘 생육하며 배수가 잘 되는 비옥한 토양에서 잘 자란다. - 화려한 흰색의 꽃과 수형으로 가장 많이 이용하는 조경수이기도 하다.
인문학 포인트		- 속명 키오난투스(Chionanthus)는 흰 눈을 뜻하는 그리스어 키온(chion)과 꽃을 의미하는 안토스(anthus)의 합성어로서 흰꽃이 만발함을 의미한다. 종소명 레투수스(retusus)는 약간 오목하다는 뜻으로 잎을 표현한 것이다. - 5월에 피는 흰색의 꽃이 나무 전체를 흰 눈으로 덮은 듯하여 영명은 Snow flower(눈꽃 같은 나무)이다. - 이팝나무라는 이름의 유래는 이씨 왕조가 쌀밥을 먹게 해 줘서 이팝나무가 되었다는 설이 유력하지만, 여름철 입하에 꽃이 피기 때문에 입하목 → 입하나모 → 이팝나무로 변했다는 설도 있다. - 세계적인 희귀종으로 큰 나무는 대부분 보호수나 천연기념물로 지정하고 있다. 우리나라에서 현재 자생지가 발견되고 있는 종으로 자생지 확인 및 유전자원 보호가 시급하다. - 우리나라에는 천연기념물로 7개소가 지정되어 있으며 주로 남부지방의 곡창지대에 위치하고 있다. 이팝나무가 풍년과 관계가 있었음을 미루어 짐작할 수 있다. 가장 오래된 이팝나무는 천연기념물 제185호(1967년 7월 18일 지정)로 지정된 김해시 한림면 신천리 940번지에 위치한 이팝나무로써 수령은 약 600년 정도이다. 수고는 15m이며 두 갈래로 갈라져 있다. 이외 천연기념물 제307호인 김해시 주촌면 이팝나무는 마을을 지켜주는 신령스러운 나무로 여겨진다. 순천 평중리 이팝나무(천연기념물 제36호), 고창 중산리 이팝나무(천연기념물 제183호), 광양읍수와 이팝나무(천연기념물 제235호), 진안 평지리 이팝나무군(천연기념물 제214호), 양산 신전리 이팝나무(천연기념물 제234호) 등이 있다. - 천연기념물로 지정된 이팝나무는 그 수령이 200~600년 정도로 다양하지만, 공통적인 것은 모두 그 지역의 수호신의 역할을 하고 있다는 것이다. 그래서 천연기념물 이팝나무는 생태적 가치뿐만 아니라 인문사회학적 가치도 크다고 할 수 있다. - 이팝나무의 꽃말은 '영원한 사랑, 자기 향상'이다.

▲ 충주시 무술공원내 주차장변에 식재된 이팝나무

▲ 이팝나무 잎

191. 쥐똥나무

과명	학명	개화	결실
물푸레나무과	*Ligustrum obtusifolium*	5~6월	10~11월

구분		내용
수목 포인트	성상	- 낙엽 활엽 관목이다. - 높이는 1~4m이다.
	분포 및 자생지	- 한국, 중국, 일본에 분포한다. - 전국의 낮은 산지에서 자라며 경계목이나 생울타리로 심기도 한다.
	꽃	- 양성화이고, 5~6월에 새 가지 끝에 달리는 원추꽃차례에 흰색 꽃이 모여 핀다.
	잎	- 마주나게 달리고, 긴 타원형 또는 도란상 타원형이다. - 뒷면 맥 위에 털이 있다.
	열매	- 핵과이고, 10~11월에 검은색으로 익는다. - 씨는 타원형 또는 긴 타원형이고 표면에 세로로 얕은 골이 진다.
	줄기(수피)	- 회색 또는 회갈색이고 껍질눈이 있다. - 어린 가지는 털이 밀생하고 잔가지는 흔히 가시처럼 된다. - 겨울눈은 난형이고 매우 작으며 끝이 뾰족하다.
검색 포인트		- 잎은 마주나며 열매는 검은색의 원형이다.
생태·조경 포인트		- 그늘진 곳에서 잘 자라며 배수가 양호하고 토심이 깊은 토양을 선호한다. - 5~6월의 백색 꽃과 가을에 열리는 검은색 열매가 관상가치가 높다. - 경계식재, 차폐식재, 완충식재 등에 주로 활용하고 있다.
인문학 포인트		- 속명 리거스트룸(Ligustrum)은 다시 묶다 또는 엮는다라는 뜻의 리가레(ligare)에서 유래되었으며 종소명 옵투시폴리움(obtusifolium)은 끝이 둔한 잎이라는 뜻이다. - 쥐똥나무라는 이름은 경기도 방언에서 유래하였으며 까만색의 열매가 쥐똥처럼 생겨서 붙여진 이름이다. 열매가 광나무의 열매와 비슷하다. - 과거에는 쥐똥나무를 자나무라고 불렀다고 한다. 쥐똥나무를 밭의 경계를 정하기 위해 심었는데, 내 밭이니깐 넘어오면 안 된다라는 의미로 붙인 이름이 아닐까 한다. - 광나무와 쥐똥나무는 백랍벌레가 기생한다. 초파리 모양의 이 벌레는 가지 표면에 하얀 가루를 뒤덮어 놓는데, 이를 백랍이라 한다. 이것으로 초를 만들면 다른 밀랍으로 만든 것보다 더 밝고 촛농이 흘러내리지 않는다 하여 백랍목이라 한다. - 쥐똥나무 속(Ligustrum)에는 약 50종이 아시아, 유럽, 북아프리카 등지에 자라는데 일부는 원예종으로 개발되어 북미에 도입되었다. 우리나라에는 9종이 보고되어 있다. - 털쥐똥나무(*L. obtusifolium* var. *regelianum*)는 2년생 가지에 털이 있고 열매가 둥글며 밀생한다. 황금 쥐똥나무는 교잡종으로 잎이 황색이며 내한성은 다소 약한 편이다. 왕쥐똥나무(*L. ovalifolium*)는 상록관목으로 잎의 길이가 6~10cm 정도로 쥐똥나무에 비해 길다. - 쥐똥나무의 꽃말은 '강인한 마음'이다.

▲ 쥐똥나무 잎과 열매(익으면 검은색이 된다)

▲ 쥐똥나무 꽃

192. 능소화

과명	학명	개화	결실
능소화과	*Campsis grandiflora*	7~8월	10월

수목 포인트	성상	- 낙엽 활엽 만경목(덩굴성 수목)이다. - 길이는 10~15m이다.
	분포 및 자생지	- 중국이 원산지다. - 전국에서 관상수로 심는다.
	꽃	- 양성화이고, 7~8월에 가지 끝에 달리는 원추꽃차례에 황적색 꽃이 모여 핀다.
	잎	- 마주나게 달리고, 깃꼴겹잎이다. 소엽은 7~9개이다. - 소엽(작은 잎)은 난형 또는 긴 난형이며 가장자리에 톱니와 연모가 있다.
	열매	- 삭과이고, 10월에 익는다.
	줄기 (수피)	- 회갈색이고 세로로 얕게 갈라진다. - 공기 뿌리로 붙어 다른 물체를 타고 오른다. - 겨울 눈은 난상 구형이고 작다.
검색 포인트		- 덩굴성이면서 잎은 마주나며 우상복엽(깃꼴겹잎)이다. - 꽃은 주황색이며 원추화서이다. 화관은 깔때기 모양이다. - 화관의 지름이 6cm 이하고 통부가 긴 미국능소화를 심기도 한다.
생태·조경 포인트		- 일사가 양호한 곳에서 잘 자란다. - 배수가 잘 되는 비옥한 양토에서 생육이 양호하며 건조에는 다소 약한 편이다. - 내공해성이 강하고 이식도 용이한 수종이다. - 벽이나 그늘시렁 등에 적합하여 7~8월에 피는 주황색 꽃이 아름다워 악센트식재로 사용한다.
인문학 포인트		- 학명은 캄프시스 그란디플로라(*Campsis grandiflora*)인데, 여기서 캄프시스라는 속명은 그리스어로 굽는다는 뜻으로 수술이 휘어진 모양을 나타내고 있다. 종소명 그란디플로라(grandiflora)는 큰 꽃을 의미한다. - 능소화라는 이름은 하늘을 능가하는 꽃이란 뜻으로 꽃을 강조하고 있다. 이외 다른 이름에서도 주로 꽃을 표현하는 이름이 지어졌다. - 능소화 꽃가루가 갈고리 같은 모양이어서 눈에 들어가면 각막 손상과 실명이 된다는 소문이 있어 수난을 당했다. 보통 식물의 꽃가루는 0.01~0.05mm 크기의 원형이나 타원형이며 가끔 돌기가 있는 것도 있다. 그러나 능소화의 꽃가루는 0.02~0.03mm 정도의 타원형으로 전자현미경으로 확대해 보면, 표면이 그물 모양일 뿐 갈고리 같은 흉기는 없다. 특히 이 꽃은 벌과 나비가 꽃가루받이를 하는 충매화이므로 안심해도 된다. - 여름을 알리는 전령사로서 옛날 능소화는 양반집 마당에서만 심을 수 있었다고 한다. 그래서 능소화를 양반꽃이라고도 했다. - 능소화(凌霄花)는 한자로 업신여길 능(凌), 하늘 소(霄) 로서 하늘 같은 양반을 능가하고 업신여길 것을 염려해서인지 궁금하다. - 라디칸스능소화는 능소화와 비슷하지만, 잎의 끝이 길게 빠지며 꽃대가 길쭉한 나팔 모양을 하는 점에서 다르다. - 능소화의 꽃말은 '명예, 영광'이다.

▲ 능소화 잎

▲ 능소화 꽃

193. 병꽃나무

과명	학명	개화	결실
인동과	*Weigela subsessilis*	5~6월	10~11월

수목 포인트	성상	- 낙엽 활엽 관목이다. - 높이는 2~3m이다.
	분포 및 자생지	- 한국 특산식물이다. - 전국의 산기슭이나 볕이 잘 드는 곳에서 자라면 높은 지대보다 낮은 지대에서 많이 자생한다.
	꽃	- 양성화이고, 5~6월에 잎겨드랑이에 1~2개의 연한 노란색 꽃이 핀다. - 꽃 색깔은 처음에는 황록색 → 차츰 붉은색으로 변한다.
	잎	- 마주나게 달리고, 난형 또는 타원상 난형이다. - 끝은 길게 뾰족하고 밑부분은 쐐기형이며 가장자리에 날카로운 톱니가 있다. - 잎은 양면에 털이 있다.
	열매	- 삭과이고, 10~11월에 익는다. - 씨는 미세한 무늬가 있다.
	줄기(수피)	- 회백색 또는 회갈색이고 갈라지기도 한다. - 어린 가지는 잔털이 있다. - 겨울눈은 좁은 난형이고 끝이 뾰족하다.
검색 포인트		- 잎의 측맥은 끝을 향하고 털이 많다. - 종자에 날개가 있고 꽃은 연한 노란색이다. - 붉은병꽃나무에 비해 꽃이 연한 노란색으로 피고 꽃받침이 깊게 갈라지며 열매에 털이 있다는 점이 다르다.
생태·조경 포인트		- 약간 그늘진 곳을 선호하며 척박한 곳에서도 생육은 양호한 편이다. - 주연부 수종으로 적합하며 공해에도 강하다. - 야생조류 등의 식이식물, 은신처 제공에 적합한 수종이기도 하다. - 병 모양의 꽃, 둥근 수형이 좋아 도심지 조경용으로 적극 추천되는 수종이다. - 내음성과 내한성이 강하다. - 도심의 공해와 도로변과 같은 식재 환경이 열악한 곳에서도 잘 자라며 개화기간도 길고 맹아력도 강하다.
인문학 포인트		- 속명 와이겔라(Weigela)는 독일의 식물학 교수 Christarien Ehrenfried von. Weigel(1748~1831)의 이름에서 유래한다. 종소명 서브세실리스(subsessilis)는 다소 엽병이 있는 혹은 잎자루가 거의 없는 의미의 뜻이다. - 한국 특산종으로 국외 반출 승인대상종이다. - 꽃에 많은 꿀이 있어 밀원식물로도 좋다. 옛날 숯을 만들 때 화력이 좋아 숯가마의 땔감으로 쓰기도 했다. - 붉은병꽃나무(*W. florida*)는 화관이 백록색이고 통부의 겉이 붉은빛을 나타낸다. - 흰병꽃나무(*W. florida* f. *candida*)는 꽃이 끝까지 백색이다. - 삼색병꽃나무(*W. florida* f. *subtricolor*)는 꽃이 처음에는 백색이다가 점차 붉은색을 나타낸다. - 병꽃나무의 꽃말은 '전설'이다.

▲ 병꽃나무 꽃

◀ 붉은병꽃나무 꽃

194. 인동덩굴

과명	학명	개화	결실
인동과	*Lonicera japonica*	5~6월	10~11월

구분	항목	내용
수목 포인트	성상	- 반상록 활엽 만경목(덩굴성 수목)이다. - 길이는 4~5m이다.
	분포 및 자생지	- 한국, 중국, 일본, 대만에 분포한다. - 전국의 숲 가장자리나 볕이 잘 드는 길가 등지에서 흔히 자생한다.
	꽃	- 양성화이고, 5~6월에 가지 끝의 잎겨드랑이에 1~2개의 흰색 꽃이 핀다. - 꽃은 처음에는 흰색이었다가 노란색으로 변한다.
	잎	- 마주나게 달리고, 긴 난형 또는 긴 타원형이다. - 끝은 뾰족하고 가장자리는 밋밋하다. - 양면에 털이 있고 뒷면 맥 위와 잎자루에는 밀생한다.
	열매	- 장과이고, 10~11월에 검은색으로 익는다. - 씨는 난형이고 흑갈색이다.
	줄기(수피)	- 갈색이고 얇게 벗겨지며 다른 물체를 감고 오른다. - 어린 가지는 잔털이 밀생한다. - 겨울눈은 좁은 난형이다.
검색 포인트		- 덩굴성이며 잎은 마주나며 반상록이다. - 열매는 검은색이며 가지의 골속은 비어 있다.
생태·조경 포인트		- 양지에서 잘 자라며 약간 그늘진 곳에서도 생육은 양호한 편이다. - 공해에 강하고 토양에 대한 적응성이 높아 건조에도 잘 견딘다. - 5~6월에 피는 흰색 꽃이 아름다우면서 향기도 난다. - 주연부식재, 담장 등 식재에 주로 활용된다.
인문학 포인트		- 속명 로니세라(Lonicera)는 16세기 독일의 수학자이자 식물채집가인 Adam Lonizer를 말한다. - 국내의 인동과 식물 중에서 유일하게 덩굴성 식물이다. 이름은 참을 인(忍), 겨울 동(冬)을 써서 겨울을 이겨내는 인동이란 이름을 가졌다. - 인동은 그 이름에서 보듯이 모질게 추운 겨울을 참고 견뎌 내는 인고의 강한 뜻이 있는 식물이다. - 인동을 금은화라고도 불렀는데, 이는 인동덩굴의 꽃 색깔 때문이다. 기록에 가장 많이 등장하는 이름이다. - 인동덩굴 속 식물은 전 세계에 200여 종이 분포하며 주로 북아메리카, 유럽, 아시아 및 아프리카 북부의 온대와 아열대 지역에 자생한다. - 붉은인동(*L. sempervirens*)은 분홍색 꽃이 핀다.

▲ 붉은인동 꽃

▲ 인동덩굴 꽃

195. 백당나무

과명	학명	개화	결실
인동과	*Viburnum opulus* var. *calvescens*	5~6월	8~9월

<table>
<tr><td rowspan="6">수목
포인트</td><td>성상</td><td>- 낙엽 활엽 관목이다.
- 높이는 2~4m이다.</td></tr>
<tr><td>분포 및
자생지</td><td>- 한국, 중국, 일본, 러시아에 분포한다.
- 전국의 산지에서 자라고 관상수로 심기도 한다.</td></tr>
<tr><td>꽃</td><td>- 양성화이고, 5~6월에 가지 끝에 달리는 산방꽃차례에 흰색 꽃이 모여 핀다.</td></tr>
<tr><td>잎</td><td>- 마주나게 달리고, 넓은 난형이며 흔히 3갈래로 갈라진다.
- 끝은 뾰족하고 밑부분은 원형 또는 넓은 쐐기형이며 가장자리에 큰 톱니가 불규칙하게 있다.</td></tr>
<tr><td>열매</td><td>- 핵과이고, 8~9월에 붉은색으로 익는다.
- 씨는 심장형 또는 원형이고 납작하며 가장자리가 융기하지 않는다.</td></tr>
<tr><td>줄기
(수피)</td><td>- 회갈색이고 둥근 껍질눈이 있다.
- 겨울눈은 난형이고 끝이 뾰족하다.
- 어린가지에는 잔털이 있으며 오래된 가지는 코르크층이 발달한다.</td></tr>
<tr><td colspan="2">검색 포인트</td><td>- 꽃이 있는 가지의 잎은 3~5개로 갈라진다.
- 잎 뒷면에 선점이 없고 무성화가 있다.</td></tr>
<tr><td colspan="2">생태·조경
포인트</td><td>- 약간 음지에서 생육이 왕성하다.
- 비옥한 토질에 적합하고 건조한 토양에서는 병충해로 피해가 자주 발생할 수도 있다.
- 악센트식재, 주연부식재에 적합하다.</td></tr>
<tr><td colspan="2">인문학
포인트</td><td>- 속명 비브루눔(Viburnum)은 V. lantana의 오래된 이름으로 현대에서는 가막살나무의 총칭으로 쓰인다. 종소명 오플루스(opulus)는 백당나무 잎과 같다는 뜻이다. 변종 컬베센스(calvescens)는 털이 없다는 뜻이다.
- 백당나무의 이름은 경기도 방언에서 유래한다. 잎은 닥나무와 비슷하고 꽃은 하얗게 피니 희다는 뜻의 백이 닥나무와 합쳐서 백닥나무 → 백당나무로 부르게 되었다는 설과 하얀 꽃 장식이 단을 이룬 것 같다 하여 백단나무가 백당나무가 되었다는 설도 있다.
- 북한에서는 백당나무를 꽃 모양이 접시처럼 생겼다고 하여 접시꽃 나무라 한다.
- 화려한 바깥쪽 꽃은 암술과 수술이 없는 그야말로 가짜 꽃으로 백당나무의 진짜 꽃이 너무 눈에 보이지 않으니까 벌과, 나비, 곤충들을 유인하기 위함이다.</td></tr>
</table>

▼ 불두화 꽃

▼ 백당나무 잎

알아두면 유익한 포인트

불두화와 불교의 인연※

불두화는 불교와 관련이 깊다. 불두화가 자라는 곳은 대부분 사찰이다. 불두화는 한자 이름을 풀어보면, 부처의 머리와 같은 꽃이다. 불두화의 꽃에는 수술과 암술이 없고 오직 흰 꽃잎만 있는 성(性)이 없는 무성화이다. 속세와 인연을 단절하고 수행하는 수도승과 같은 모습이기도 하다.

불두화가 우리나라에 유래된 것은 기록에 남아있지 않아 알 수 없지만, 약 16세기 전후가 아닐까 추측되며 일본에서도 에도시대에 약용으로 재배했다가 나중에 정원수로 이용했다는 기록이 남아 있다. 그리고 불두화는 스스로 번식하는 나무가 아니라 인위적으로 만들어진 품종이다. 절대로 스스로 번식할 수 없는 나무라는 의미이다.

불두화는 원래 백당나무에서 시작된 것이다. 백당나무를 불두화라고 부르는 사람들도 있다. 백당나무는 꽃을 제외하고는 모든 모습이 불두화와 동일하다. 불두화의 꽃차례가 공과 같이 둥글다면 백당나무는 원판모양으로 납작한 모습이다. 즉, 백당나무에서 꽃잎이 작은 유성화를 없애고 무성화만 남겨놓은 품종이 바로 불두화이다.

백당나무는 밀원식물로 이용된다. 꽃이 피는 시기가 초여름이라 다른 꽃들이 많지 않은 시기라서 벌들과 나비들이 더 많이 찾는지도 모른다. 백당나무는 불두화와 다르게 열매도 달린다.

불두화를 번식시키려면 꺾꽂이를 하거나 분주를 하면 된다. 특별한 토양 조건 없이 어느 곳에서도 잘 자라지만 햇볕이 부족하면 개화하지 못하니 신경 써야 한다. 그리고 불두화의 잎은 낙엽이 진 후에 비가 내리면 악취가 나므로 낙엽은 바로 치워주는 것이 좋다.

※ 우리나무 백가지(이유미) 중 '백당나무' 내용 일부 재구성

▼ 백당나무 꽃과 잎

196. 덜꿩나무

과명	학명	개화	결실
인동과	*Viburnum erosum*	4~5월	9~10월

구분		내용
수목 포인트	성상	- 낙엽 활엽 관목이다. - 높이는 2~3m이다.
	분포 및 자생지	- 한국, 중국, 일본, 대만에 분포한다. - 경기도 이남의 낮은 산지에서 자생한다.
	꽃	- 양성화이고, 4~5월에 새 가지 끝에 달리는 취산꽃차례에 흰색 꽃이 모여 핀다.
	잎	- 마주나게 달리고, 난상 피침형 또는 난형이다. - 끝은 길게 뾰족하고 밑부분은 원형 또는 쐐기형이며 가장자리에 치아 모양의 날카로운 톱니가 있다. - 턱잎은 2개이고 선형이다.
	열매	- 핵과이고, 9~10월에 붉은색으로 익는다. - 씨는 난형 또는 타원상 난형이고 납작하며 1~3개의 세로줄이 있다.
	줄기(수피)	- 회갈색이고 껍질눈이 있다. - 어린 가지와 겨울눈은 별 모양의 털이 밀생한다. - 겨울눈은 난형이고 끝이 뾰족하다.
검색 포인트		- 잎은 타원형이며 성모가 많고 탁엽이 있다. - 열매는 원형이다. - 가막살나무에 비해 잎자루가 짧고 턱잎이 있는 점이 다르다.
생태·조경 포인트		- 햇빛 요구도가 높고 배수가 잘 되는 비옥한 토양을 선호한다. - 5월의 흰꽃과 9월의 붉은 열매가 아름답다. - 주연부식재, 악센트식재(군식)에 적합하다.
인문학 포인트		- 종소명 에로숨(erosum)은 고르지 않은 톱니라는 뜻이다. - 덜꿩나무라는 이름은 강원도 방언으로 추측되며 가을의 붉은 열매를 꿩들이 좋아하여 들꿩나무이었다가 덜꿩나무로 변했다는 설이 있다. - 덜꿩나무와 가막살나무를 구분하는 가장 결정적 포인트는 턱잎의 유무이다. 턱잎이 없는 것이 가막살나무이며 덜꿩나무는 선형의 턱잎이 있으며 결실기까지 오랫동안 남아있는 것이 특징이다.

▲ 덜꿩나무 수형

▲ 덜꿩나무 열매

▲ 덜꿩나무 잎과 열매

197. 가막살나무

과명	학명	개화	결실
인동과	*Viburnum dilatatum*	5~6월	9~10월

수목 포인트	성상	- 낙엽 활엽 관목이다. - 높이는 2~3m이다.
	분포 및 자생지	- 한국, 중국, 일본, 대만에 분포한다. - 중부 이남의 산지에서 자생한다.
	꽃	- 양성화이고, 5~6월에 새 가지 끝에 달리는 취산꽃차례에 흰색 꽃이 모여 핀다.
	잎	- 마주나게 달리고, 도란형 또는 넓은 도란형이다. - 끝은 뾰족하고 밑부분은 얕은 심장형이며 가장자리에 얕은 톱니가 있다. - 앞면에 별 모양의 털이 있고 뒷면과 잎자루에는 밀생한다.
	열매	- 핵과이고, 9~10월에 붉은색으로 익는다. - 씨는 난형 또는 넓은 난형이고 납작하며 1~3개의 가로줄이 있다.
	줄기 (수피)	- 회갈색이고 껍질눈이 있다. - 어린 가지와 겨울눈은 별 모양의 털이 밀생한다. - 겨울눈은 난형이고 끝이 뾰족하다.
검색 포인트		- 잎은 마주나고 탁엽은 없다. - 열매는 난상 원형이고 끝이 뾰족하다. - 덜꿩나무에 비해 잎자루가 약간 길고 턱잎이 없는 점이 다르다.
생태·조경 포인트		- 비교적 음지에서 잘 자라며 배수가 잘되는 유기질층이 깊은 토양에서 생육이 양호하다. - 5~6월의 꽃과 열매가 아름답다. - 주연부식재, 악센트식재(군식)에 적합하다.
인문학 포인트		- 종소명 딜라타툼(dilatatum)은 넓다라는 뜻으로 잎을 강조한 것이다. - 나무껍질이나 가지(살)가 검은 나무라는 뜻의 이름이다. - 산가막살나무(*Viburnum wrightii*)는 가막살나무에 비해 전체에 털이 적고 잎이 원형에 가까우며 잎 밑은 대개 둥글고 잎자루가 긴 점이 다르다. 전국의 높은 산지에서 비교적 드물게 자란다. - 가막살나무의 꽃말은 '사랑은 죽음보다 강하다'이다.

▲ 가막살나무 잎

▲ 가막살나무 열매

198. 딱총나무

과명	학명	개화	결실
인동과	*Sambucus williamsii* var. *coreana*	4~5월	6~7월

구분		내용
수목 포인트	성상	- 낙엽 활엽 관목이다. - 높이는 2~5m이다.
	분포 및 자생지	- 한국, 중국, 일본, 러시아에 분포한다. - 제주도와 경북 울릉도를 제외한 전국의 산지에서 자생한다.
	꽃	- 양성화이고, 4~5월에 새 가지 끝에 달리는 원추꽃차례에 황백색 또는 녹백색 꽃이 모여 핀다.
	잎	- 마주나게 달리고, 깃꼴겹잎이다. - 작은 잎은 긴 타원형 또는 난형이고 3~7개이다. - 끝은 길게 뾰족하고 가장자리에 날카로운 톱니가 있다. - 전체에서 역한 냄새가 난다.
	열매	- 핵과이고, 6~7월에 붉은색으로 익는다. - 씨는 난형이고 미세한 돌기가 있다.
	줄기 (수피)	- 갈색 또는 회갈색이고 껍질눈이 있으며 오래될수록 코르크질이 발달한다. - 어린 가지는 갈색이고 속은 황갈색이다. - 겨울눈은 난상 구형이고 털이 없다.
검색 포인트		- 잎은 마주나고 2~3쌍의 소엽으로 구성된 우상복엽(깃꼴겹잎)이다. - 톱니는 안쪽으로 굽어있다. - 말오줌나무에 비해 꽃차례가 짧고 폭이 좁으며 대개 곧게 서서 달리고 털이 있는 점이 다르다.
생태·조경 포인트		- 일사 좋은 곳, 배수가 잘되는 곳, 비옥한 토양을 선호한다. - 4~5월의 황백색 꽃, 6~7월경 붉은 열매가 아름답다. - 주연부식재, 악센트식재(군식), 경계식재에 적합하다.
인문학 포인트		- 속명 삼부쿠스(Sambucus)는 그리스어 삼부스(sambuce)라는 고대 악기에서 유래하며 총생하는 꽃의 모습이 이 악기와 비슷하다. 종소명 윌리암시(willianmsii)는 영국의 F. Newton Williams(1862~1923)를 뜻한다. - 나뭇가지를 꺾으면 '딱' 소리가 난다고 하여 딱총나무라는 이름이 붙여진 것으로 추정한다. - 말오줌나무(*S. sieboldiana*)는 소지에 털이 없고 거치가 안으로 굽어 있다. - 딱총나무의 꽃말은 '열심, 동정'이다.

▲ 딱총나무 꽃

▲ 딱총나무 잎

199. 청미래덩굴

과명	학명	개화	결실
청미래덩굴과	*Smilax china*	4~5월	10~11월

<table>
<tr><td rowspan="6">수목
포인트</td><td>성상</td><td>- 낙엽 활엽 만경목이다.
- 길이는 2~5m이다.</td></tr>
<tr><td>분포 및
자생지</td><td>- 한국, 중국, 일본, 대만에 분포한다.</td></tr>
<tr><td>꽃</td><td>- 암수딴그루이고, 4~5월에 새 가지 잎겨드랑이에 달리는 산형꽃차례에 황록색 꽃이 모여 핀다.</td></tr>
<tr><td>잎</td><td>- 어긋나게 달리고, 타원형 또는 원형이다.
- 끝은 뾰족하거나 오목하고 가장자리는 밋밋하다.
- 3맥이 뚜렷하고 질은 가죽질이다.
- 앞면에 광택이 있고 양면에 털이 없다.</td></tr>
<tr><td>열매</td><td>- 장과이고, 10~11월에 붉은색으로 익는다.
- 씨는 적갈색이고 광택이 있다.</td></tr>
<tr><td>줄기
(수피)</td><td>- 녹색 또는 녹갈색이고 약간 아래를 향한 가시가 달린다.
- 가지는 지그재그 형태로 뻗는다.
- 겨울눈은 긴 삼각형이고 잎자루의 밑부분에 싸인다.</td></tr>
<tr><td colspan="2">검색 포인트</td><td>- 청가시덩굴에 비해 잎이 원형에 가깝고 3맥이 뚜렷한 점이 다르다.</td></tr>
<tr><td colspan="2">생태·조경
포인트</td><td>- 햇볕이 잘 들거나 반 그늘진 곳, 물이 잘 빠지는 산성토양에 적합하다.
- 내건성, 내조성이 강하지만 야생목 이식은 거의 불가능하다. 생장이 빠른 편이다.</td></tr>
<tr><td colspan="2">인문학
포인트</td><td>- 속명 스밀락스(Smilax)는 그리스어로 상록 가시를 의미한다. 이는 청미래덩굴의 가시를 강조한 것이다. 종소명 키나(china)는 중국이라는 뜻으로 원산지가 중국을 의미하는 것이다.
- 정확한 이름의 유래는 알려진 바 없으며 명감나무, 망개나무, 산귀래, 토복령이라고도 한다.
- 청미래덩굴은 예로부터 구황식품이나 한약재로 흔히 사용되어 왔으며 주로 뿌리를 활용했다. 그래서 이름도 토복령이라고도 하는 것이다.
- 덩굴식물로서 산림 가장자리, 훼손된 산지지역에 흔히 분포한다.
- 청미래덩굴의 꽃말은 '장난'이다.</td></tr>
</table>

▲ 청미래덩굴 잎

▲ 청미래덩굴 잎과 열매(익으면 붉은색)

200. 청가시덩굴

과명	학명	개화	결실
청미래덩굴과	*Smilax sieboldii*	5~6월	9~10월

구분	항목	내용
수목 포인트	성상	- 낙엽 활엽 만경목(덩굴성 수목)이다. - 길이는 2~4m이다.
	분포 및 자생지	- 한국, 중국, 일본, 대만에 분포한다. - 전국의 산과 들에서 자생한다.
	꽃	- 암수딴그루이고, 5~6월에 새 가지 잎겨드랑이에 달리는 산형꽃차례에 황록색 꽃이 모여 핀다.
	잎	- 어긋나게 달리고, 난형 또는 넓은 난형이다. - 끝은 뾰족하고 밑부분은 심장형이며 가장자리에 희미한 톱니가 있고 물결처럼 구불거리며, 5맥이 뚜렷하다.
	열매	- 장과 이고, 9~10월에 흑녹색으로 익는다. - 씨는 구형이고 흑녹색(혹은 검은색)이며 광택이 있다.
	줄기(수피)	- 녹색이고 바늘같은 가시가 달린다. - 겨울눈은 삼각상의 피침형이고 잎자루의 밑부분에 싸인다.
검색 포인트		- 청미래덩굴에 비해 잎이 난형이 가깝고 5맥이 뚜렷하며 가장자리가 구불거리고 열매가 흑녹색인 점이 다르다.
생태·조경 포인트		- 전국 산과 들에서 흔히 자란다. - 추위에 강하고 양지와 음지를 다 좋아하며 맹아력이 우수하여 많은 줄기가 뻗어 올라간다. 건조한 곳에서는 생육이 불량하며 비옥한 곳을 좋아한다. 석회암지대에서 흔히 볼 수 있다.
인문학 포인트		- 줄기가 푸른색이고 가시가 많은 덩굴이라는 뜻의 이름이다. - 청미래덩굴과 나타나는 지역이 비슷하다. - 잎이 주름이 진 것과 약간 삼각 형태의 난형이라는 점에서 청미래덩굴과 다르다. - 밀나물 속은 전 세계에 약 300종이 있으며 우리나라에는 청미래덩굴, 좀청미래덩굴, 선밀나물, 밀나물, 좁은 잎 밀나물, 청가시덩굴, 민청가시덩굴 등이 자라고 있다. - 줄기에 가시가 없는 것을 민청가시덩굴이라고 한다.

▲ 청가시덩굴 잎

▲ 청가시덩굴 줄기 가시

알고 있으면 도움이 되는 포인트

무궁화(Hibiscus syriacus)의 유래

우리나라에서 무궁화라는 한자명은 고려 때 이규보의 동국이상국집에서 최초로 나타난다. 또 1935년 동아일보 기사에 조선의 국화 무궁화의 내력이라는 제목으로 기록되었다.
한편, 당나라 때 여양왕이 비단 모자를 쓰고 모자에 무궁화 꽃을 꽂고 음악을 연주했다는 기록이 있는데, 우리나라에서도 이와 비슷한 사례가 있다. 즉, 과거에 급제한 사람에게 왕이 무궁화를 하사하여 복두(머리에 쓰는 갓의 일종)에 꽂게 했고 궁중에서 잔치가 있을 때 신하들이 사모에 무궁화를 꽂는 풍습이 있었다고 한다.
무궁화의 영명은 히비스커스(Hibiscus), 로즈 오브 샤론(Rose of sharon) 등이며 하와이에서 유명한 무궁화는 중국산으로 꽃대와 화주가 길며 수술은 수술 기둥 끝쪽에서 모여 난다. 일본어로 무궁화를 '무쿠케'로 발음하는데, 일본 문헌에 의하면 이는 목근(木根)의 발음이 변한 것으로 보인다.
무궁화는 아주 옛 고문헌에서도 동방의 나라 즉 우리나라에 있었다고 표현하고 있으며 기록에는 근역(槿域)으로 칭하였다고 한다. 이렇듯 무궁화를 우리나라 자생종으로 볼 수도 있지만, 그 자생지를 발견할 수 없어 사생종으로 보기에도 무리가 있다. 어떤 문헌에서는 중국산이라고 하고 또 다른 문헌에서는 아르메니아산이 중국으로 들어와서 우리나라로 전파되었다고도 한다. 학명에 시리아가 들어가서 시리아가 그 원산지일지도 모르지만, 시리아에도 무궁화 자생지가 없다. 일본에서도 무궁화의 자생지는 없다. 이렇듯 무궁화의 기원은 어디인지 아무런 기록에도 없어서 미궁에 빠져 있지만 크게 상관하지 않아도 될 듯하다. 과거 오래전부터 우리나라에서 자랐고 이를 우리가 귀중하게 여겼다는 기록이 있으므로 무궁화의 가치와 그 상징성은 우리에게 매우 크다고 할 수 있다. 우리나라 정부에서는 국가의 상징으로 무궁화를 지정하고 있으며 대통령 표장, 국회의원 배지, 법원 마크 등에 활용하고 있다.
무궁화 꽃은 피고 지고, 지고 피고 하면서 개화의 항상성을 보여주는 대표적인 꽃이다. 그래서 무궁이라는 이름을 얻은 듯하다. 우리 선조들은 무궁화의 첫 꽃이 피어서 꼭 백일이 지나면 첫 서리가 오는 것이라 믿고 손꼽아 그날을 헤아려 농사를 짓곤 했다. 또한 무궁화 첫꽃이 일찍 피는 해는 첫 서리도 일찍 오는 것으로 여겼다.
무궁화의 꽃말은 '끈기, 섬세한 아름다움'이다.

감나무 이야기※※

당나라 시기 유양잡조(酉陽雜俎)라는 문헌에 감나무의 일곱 가지 장점을 기록하고 있다. 첫째, 오래도록 살 수 있다. 둘째, 좋은 그늘을 제공한다. 셋째, 새가 집을 짓지 않는다. 넷째, 벌레가 없다. 다섯째, 단풍이 아름답다. 여섯째, 열매가 먹음직스럽다. 일곱째, 잎이 큼직하여 글씨를 쓸 수 있다고 하였다.
감나무는 문인들이 즐긴 나무로 기억된다. 시엽시제란 말이 있는데, 땅에 떨어진 단풍 든 감나무 잎에 시를 쓴다는 것으로 그 풍류가 이루 말할 수 없다. 당나라 때 한유는 감나무를 시로 읊었는데, 특히 감나무의 단풍에 대해 잘 표현하였다.
감나무는 재배 시 가장 큰 문제는 열매가 익기 전에 떨어진다는 것이다. 이는 강수량이 많거나, 토양이 너무 습하거나, 꽃가루 받이가 잘 안 되어 씨가 적게 생긴다거나, 나무가 너무 수령이 많거나 하는 등 다양한 이유가 있다. 감나무는 종자로 묘목을 키우면 열리는 감이 좋지 못하다. 그래서 접을 붙여야 한다. 감 씨나 고욤나무 씨를 뿌려 대목을 만들고 여기에 접을 붙여 키우면 좋은 감을 얻을 수 있다.
감나무는 일본, 중국 등 아시아에 있고 유럽이나 미국 등에는 분포하지 않는다. 감나무는 동양적인 나무라고 할 수 있다. 세계적으로 감나무의 종류는 약 190여 종이 있으며 대부분 열대나 아열대지역에 많고 우리나라와 같은 온대지방에서는 감나무와 고욤나무 두 가지가 있다. 그래서 우리나라에서도 감나무는 남쪽 지방에서 잘 자란다. 따뜻한 해류 등으로 동해안에서는 양양과 강릉까지 감나무가 자랄 수 있다.
감나무의 원산지는 한국, 중국, 일본 등 아시아권이며 양자강 유역에서는 자생하고 우리나라 중남부 지방과 경기도 이남, 일본 등지에서 재배되고 있는 수종이다. 우리나라가 원산지인 감나무는 따뜻한 지방에서 잘 자라며 내한성이 좋고 대기오염에도 강하다.
중국에서는 이미 기원전 126~118년에 감에 대한 재식 기록이 있다. 5세기 초의 감속식물인 감, 유시(油시), 군천자(君遷子), 정향시, 경면시, 소협시가 재배되었다고 제민요술(齊民要術)과 본초문헌(本草文獻)에 기록되어 있다. 일본에서는 지질시대의 제3기 중 신세(新世)에 감의 화석이 발견되었고, 서남 난지역은 중국의 감 원산지와 풍토가 유사하다는 기록이 있으며, 단감과 떫은 감의 구분은 염창 시대(1192~1333년)의 문헌으로 증명하고 있다.
우리나라에서는 고려 명종(1138년)때에 흑조(黑棗:고욤)에 대한 기록을 찾아 볼 수 있으며, 고려 원종(1284~1351)때에 농상집요(農桑輯要)에 감에 대한 기록이 있는 것으로 보아 재배는 고려시대부터 시작된 것으로 추측된다. 조선 성종 1474년 건시, 수정시등의 기록이 있고, 국조오례의(國朝五禮義)에서 강희맹은 중추제에 제물로 사용하였다고 기록하였으며, 광해군 1614년 지봉유설(芝逢類設) 이수광은 고염나무, 정향시, 홍시 등의 재배에 대한 것을 기록하였다. 또 현종 1660년 구황촬요(救荒撮要)에 소시(고욤의 일종)의 조리법과 곶감 만드는 법이 있고, 고사십이집(古事十二集)에는 감식초 제조법과 홍시 만드는 방법에 대한 기록이 있다.
우리나라에서 감(대봉감) 주요 생산지로서 경상남도 하동군 악양면이 있다. 과거 일제 강점기 때 일본인들이 대봉감 생산을 위해 알맞은 토양을 전국적으로 조사하였는데, 그 결과 하동군 악양면이 가장 적지라고 하였다는 일화가 있다. 충분한 일조량과 적정한 토양으로 하동의 대표 농산물이다.

※ 이야기가 있는 나무백과(임경빈) 중 '무궁화' 내용 일부 재구성

※※ 이야기가 있는 나무백과(임경빈) 중 '감나무' 내용과 하동군 농업기술센터(www.hadong.go.kr) 자료 참조

03

주요 조경수목의 검색표

주요 조경수목의 분류를 위한 수목 검색표를 제시하였다.

1. 소나무과

1. 잎은 마주나기이다 ; 대부분 긴 가지가 발달하여 짧게 발달하는 가지가 없다.
   2. 구과는 위로 달리며 가을에 성숙하면 구과의 씨앗 바늘은 떨어진다 ; 잎은 가지에 바로 붙어 있어 잎이 떨어진 부분은 비교적 매끈하다 .... *전나무속(Abies)*
   2. 구과는 아래로 쳐지며 가을에 성숙해도 종자만 날릴 뿐 씨앗 바늘은 끝까지 남아있다. 잎의 아랫부분은 엽침(sterigmata)이 있어 잎이 떨어진 후에는 흔적이 남아있다.
      3. 구과는 크다(3.0cm 이상) ; 잎의 수지구는 2개, 잎 횡단면은 사각형(단, 가문비는 렌즈형)이다 ; 배우체는 가루에 날개가 존재한다 .... *가문비나무속(Picea)*
      3. 구과는 작다(2.5cm 이하) ; 잎의 수지구 1개, 잎 횡단면은 편평하다 ; 배우체는 가루에 날개가 없다. .... *솔송나무속(Tsuga)*
1. 잎은 모여서 난다(속생) ; 긴 가지와 짧은 가지 두 종류가 발달한다.
      4. 잎은 여러 개가 모여서 난다 ; 구과는 위로 서며 각 구과의 씨앗 바늘에 돌기가 없다.
         5. 잎은 낙엽성이다 ; 구과는 작고(2~3 cm), 1년에 걸려 성숙한다........ *잎갈나무속(Larix)*
         5. 잎은 상록성이다 ; 구과는 크며(5~12 cm), 통상 2~3년 걸려 성숙한다 .... *개잎갈나무속(Cedrus)*
      4. 잎은 2~5개가 모여서 난다 ; 구과는 위로 서거나, 혹은 휘며 각 구과의 씨앗 바늘 끝에는 돌기가 발달한다 .... *소나무속(Pinus)*

전나무속(Fir) Genus Abies L.

1. 수피는 거칠고 잿빛이 도는 흑갈색, 소지에 털이 없다 ; 잎의 끝이 갈라지지 않고, 길이는 2.5 cm이다 ; 구과는 크고 {12 cm × 4.5 cm(길이 × 폭)}, 씨앗 바늘도 2.3 cm × 1.5cm(길이 × 폭)로 대형, 씨앗 바늘에는 포침이 없거나 흔적이 있다 ; 종자 날개는 9.5~11 mm × 5.5~12 mm이다 .... *A. holophylla 전나무*
1. 수피는 밋밋하고 회백색, 소지에 털이 있다 ; 잎은 끝이 약간 갈라지고 1.5~2.5 cm이다. 구과는 작고(5.5~6 cm × 4.5 cm), 씨앗 바늘도 1.0 cm × 1.5 cm로 소형, 씨앗 바늘에는 포침이 발달(1.8~2 cm)한다 ; 종자 날개는 6~6.5 mm × 3~4 mm이다.
   2. 구과는 포의 종자 성숙 전부터 완전히 뒤로 젖혀지며, 씨앗 바늘 길이 (0.9)1.5(2) cm이다 ; 잎의 길이 (0.9)1.5(2) cm, 수지구멍은 표피 부분에 가깝다 ; 종자 날개(3.5)6.5(9) mm × (2)3.8(5.5) mm이다 .... *A. koreana 구상나무*
   2. 구과의 포는 종자가 성숙 후 뒤로 젖혀지며, 씨앗 바늘 길이 (0.9)1.2(1.4) cm이다 ; 잎의 길이(1.2)1.6(2.3) cm, 수지구멍은 중앙에 위치한다 ; 종자 날개(4)5(6) mm × (2)3(4) mm이다. .... *A. nephrolepis 분비나무*

잎갈나무속(Larch) Genus Larix Mill.

1. 실편은 25~40개, 끝이 곧다 .... *L. olgensis* var. *koreana* **잎갈나무**
1. 실편은 50~60개, 끝이 뒤로 젖혀진다.................................... *L. kaempferi* **일본잎갈나무**

가문비나무속(Spruce) Genus Picea A.Dietr.

1. 잎의 횡단면이 렌즈형이고, 윗면에 기공조선이 있지만 뒷면에는 없거나 약간 있다...........
 .... *P. jezoensis* **가문비나무**
1. 잎은 횡단면이 거의 사각형이다.
   2. 구과는 길이가 6~7 cm 이하로 다소 작다. 북한에 자생한다..........*P. koraiensis* **종비나무**
   2. 구과는 길이가 10~15 cm로 크다. 유럽에서 도입해 식재한다.......... *P. abies* **독일가문비**

소나무속(Pine) Genus Pinus L.

1. 잎의 수는 (3)5개, 잎 아래에 달리는 아린은 잎이 나오자마자 곧 떨어지고, 잎 단면의 관속은 1개이다 ; 구과의 씨앗 바늘은 끝이 얇고 가시가 없다 ; 잎이 달렸던 가지의 자리는 비교적 매끈하다.
   2. 잎은 5개씩 달리며, 잎 단면의 수지구멍이 2~3개이다 ; 종자에 날개가 없다.
      3. 종자는 날개가 없고 씨앗 바늘이 벌어지지 않는다 ; 교목 또는 관목이다.
         4. 잎은 길이가 7~12 cm이고, 수지구멍이 3개, 안쪽에 가깝다 ; 종자는 양면에 겉막이 있으며, 솔방울의 길이는 12~15 cm이다 ; 교목이다..............*P. koreaiensis* **잣나무**
         4. 잎은 길이가 3~6 cm이고, 수지구멍이 2개, 바깥쪽에 가깝다 ; 종자는 윗면에만 겉막이 있으며, 솔방울의 길이는 3~5 cm이다 ; 관목이다............... *P. pumila* 눈잣나무
      3. 종자에 날개가 있으며 씨앗 바늘이 벌어진다 ; 잎 단면의 수지구멍은 2개, 바깥쪽에 가깝다 ; 교목이다.
         5. 잎은 길이 3~6cm이다 ; 솔방울은 길이 10cm, 구부러지지 않는다.....................
 ....*P. parviflora* **섬잣나무**
         5. 잎은 길이 7.5~12.5cm이다 ; 솔방울은 길이 10~20cm, 구부러진다..................
 .... *P. strobus* **스트로브잣나무**
   2. 잎은 3개씩 달리며, 길이는 5~10cm이고, 수지구멍이 5개이다 ; 종자에는 날개가 있다...
 .... *P. bungeana* **백송**
1. 잎의 수는 2~3개, 잎 아래에 달리는 아린은 끝까지 잎의 하단부를 싸고 있고, 잎 단면의 관속은 2개이다 ; 구과의 씨앗 바늘은 끝은 두껍게 가시가 발달한다. 잎이 달렸던 가지의 자리는 도드라져 있다.
   6. 잎은 3개씩 달린다.

7. 잎은 길이가 7.5~12.5cm, 수지구멍이 2~11개, 가운데 또는 안쪽에 있다 ; 솔방울은 비후부가 밋밋하다. .... *P. rigida 리기다소나무*

7. 잎은 길이가 15~22.5cm, 수지구멍이 2개, 간혹 4개, 가운데에 있다 ; 솔방울은 비후부가 주름진다. .... *P. taeda 테에다 소나무*

6. 잎은 2개씩 달린다.

8. 수피는 짙은 흑색이다 ; 겨울눈은 회색이다 ; 수지구멍이 가운데에 있다.................. .... *P. thunbergii 곰솔*

8. 수피는 붉은색이다 ; 겨울눈은 적갈색 또는 회갈색이다 ; 잎의 수지구멍은 바깥쪽에 가깝거나 바깥쪽과 중앙에 있는 것이 섞여있다 .... *P. densiflora 소나무*

2. 낙우송과(Family Taxodiaceae)

1. 잎은 바늘형, 상록성이다 ; 구과는 실편 수가 많다(20~30개) .... *삼나무속(Cryptomeria)*

1. 잎은 납작해서 마치 속씨식물 겹잎처럼 발달, 낙엽성이다 ; 구과는 실편 수가 적다(5~20개).

2. 잎은 어긋나기 한다 ; 구과 씨앗 바늘은 10~12개이다.................... *낙우송속(Taxodium)*

2. 잎은 마주나기 한다 ; 구과 씨앗 바늘은 5~9개이다............ *메타세콰이아속(Metasequoia)*

3. 측백나무과(Family Cupressaceae)

1. 종자 구과(seed cones)는 수분이 많은 육질이고 벌어지지 않는다 ; 종자는 날개가 없다 ; 소지의 단면은 4각형이다.. *향나무속(Juniperus)*

1. 종자 구과는 목질, 성숙하면 벌어진다 ; 종자는 대부분 날개가 있다 ; 소지는 편평하다.

2. 구과는 원형, 씨앗 바늘은 방패모양으로 배열한다 .... *편백속(Chamaecyparis)*

2. 구과는 타원형 또는 계란형, 씨앗 바늘은 기왓장처럼 포개진다 .... *측백나무속(Thuja)*

편백속(Cyperss) Genus Chamaecyparis Spach

1. 바늘잎은 줄기에 밀착하여 달리고 끝이 둥글며 잎 뒷면의 기공조선이 Y자 모양으로 보인다. .... *C. obtusa 편백*

1. 바늘잎은 끝이 줄기에서 떨어져 있고, 뾰족하며 잎 뒷면의 기공조선이 뒷면을 하얗게 덮는다. .... *C. pisifera 화백*

향나무속(Juniper) Genus Juniperus L.

1. 잎은 침엽뿐이고, 3개씩 돌려나기 하며, 밑부분에 환절이 있다 ; 겨울눈이 뚜렷하다 ; 배우체는 액생한다 ; 종자는 1~3개이다 .... *J. rigida* 노간주나무
1. 잎은 침엽과 인엽이 달리거나 혹은 침엽만 달리고, 밑에 환절이 없다 ; 겨울눈이 뚜렷하지 않다 ; 배우체는 정생한다 ; 종자는 2~3개이다.
   2. 잎은 인엽과 침엽이 달린다 ; 종자는 2~3(4 or 5)개씩 구과에 달린다 ; 교목 혹은 기는 관목이다.
      3. 잎은 인엽과 침엽이 달린다 ; 종자는 2~3(4 or 5)개씩 구과에 달린다 ; 교목 혹은 기는 관목이다. .... *J. chinensis* 향나무
      3. 관목이면서 옆으로 긴다. 잎이 X자로 교차(침엽)하거나 3개씩 돌려나기, 촘촘하게 달리고, 3~6mm이다 .... *J. chinensis* var. *sargentii* 눈향나무
   2. 잎은 침엽만 달린다 ; 종자는 (1)2개씩 각 구과에 달린다 ; 기는 관목이다 .... *J. chinensis* var. *procumbens* 섬향나무

측백나무속(Arborvitae) Genus Thuja L.

1. 종자 구과는 8~10 개의 씨앗 바늘 존재, 비성숙 구과의 씨앗 바늘은 짧게 발달, 육질이 발달한다 ; 종자 날개가 발달한다.
   2. 잎은 큰 가지에서 서로 인접하여 붙어 있으며, 짧으며(2~4mm), 끝이 다소 뭉툭하고, 뒷면은 뚜렷한 백색이 없다.. *T. koraiensis* 눈측백
   2. 잎은 큰 가지에서 서로 떨어져 붙어 있으며, 길며(4mm), 끝이 뾰족하고, 뒷면은 흰색이거나 회청색이다 .... *T. occidentalis* 서양측백
1. 종자 구과는 6~8개의 씨앗 바늘 존재, 비성숙 구과의 씨앗 바늘은 비교적 길게 발달, 육질 부분이 비교적 적다 ; 종자 날개가 거의 없다.................................. *T. orientalis* 측백나무

4. 주목과(Family Taxaceae)

1. 잎 표면의 중앙맥이 뚜렷하게 돌출, 뒷면에는 흰 기공이 보이지 않고, 잎 끝은 뾰족하지만 침처럼 발달하지 않는다 ; 종자의 껍질은 붉은색으로 종자의 일부분만 둘러싼다 ; 수술에는 5~9개의 소포자낭이 존재한다... 주목속(*Taxus*)
1. 잎 표면에는 희미하게 두 개의 기공성이 보이며 뒷면에는 두 개의 백색 기공조선이 뚜렷하고, 잎 끝은 침처럼 매우 뾰족하다 ; 종자껍질은 녹색으로 종자를 완전히 둘러싼다. 수술에는 4개의 소포자낭이 존재한다.. 비자나무속(*Torreya*)

5. 가래나무과(Family Julandaceae)

1. 겨울눈은 나아, 갈색 털 존재한다 ; 잎 자국의 관속흔은 3개로 나눠지며, 한 개당 10여 개 이상 다발자국이 존재한다 ; 핵과, 종자에 날개가 없다 ; 수꽃차례는 아래로 처진다 .... *가래나무속(Juglans)*

1. 겨울눈은 눈비늘이 20개, 털이 없다 ; 잎 자국은 10개 이상의 관속흔이 흩어져 있다 ; 열매는 구과 모양의 견과이고, 종자에 날개가 발달한다 ; 수꽃차례는 곧추선다 .... *굴피나무속(Platycarya)*

가래나무속(Walnut) Genus Juglans L.

1. 소엽이 7~17개, 가장자리에 톱니 ; 암꽃차례에 많은 꽃이 달린다 ; 열매는 2실이다 .... *J. mandshurica* 가래나무

1. 소엽이 5~7개, 가장자리에 톱니가 없다 ; 암꽃차례에 1~3개의 꽃이 달린다 ; 열매는 4실이다 .. .. *J. regia* 호두나무

굴피나무속 Genus Platycarya Siebold & Zucc.

1. 열매는 구과이고, 잔가지의 골속이 차 있다 .... *P. strobilacea* 굴피나무

1. 매는 총상으로 달리고 날개가 있으며, 잔가지의 골속은 계단상이다............................. .... *P. stenoptera* 중국굴피나무

6. 버드나무과(Family Salicaceae_The willow(poplar) family)

1. 겨울눈의 눈비늘은 5~6개이다 ; 포에 톱니가 있다 ; 교목이다 ; 꼬리꽃차례는 아래로 처진다 ; 꽃은 컵처럼 생긴 안에 들어 있고 수술은 5의 배수이다 .... *사시나무속(Populus)*

1. 겨울눈의 눈비늘은 1(2)개이다 ; 포에 톱니가 없다 ; 관목 혹은 교목이다 ; 꼬리꽃차례는 위로 곧추선다 ; 꽃에 1~2개의 꿀샘이 있고 수술은 1~8개이다........................ *버드나무속(Salix)*

버드나무속(Willow) Genus Salix L.

1. 교목성, 주로 버드나무형 잎이다.
   2. 잎모양이 타원형이지만 아래 부분이 가장 넓다 ; 잎의 가는 거치는 매우 많이 발달, 동아의 아린은 2개, 충남 이남에 주로 분포한다............................. *S. chaenomeloides* 왕버들
   2. 잎은 좁은 피침형(전형적인 버드나무형), 잎의 거치는 비교적 간격을 보이며 발달, 동아의 아린은 1개, 전국적으로 분포하거나 재배종 혹은 강원도에만 분포한다.

3. 잎 뒷면이 흰색, 탁엽은 4~15mm이면서 크고 둥글다. 강원도 분포한다.. *S. rorida* 분버들
3. 잎 뒷면에 털이 발달하여 다소 희지만 녹색이다. 전국 분포 혹은 재배종이다.
4. 가지가 굵고 잎맥은 10개, 잎은 다소 넓으며, 거치가 더 발달, 잎에 흰털 발달 ; 자생종이다 .... *S. koreensis* 버드나무
4. 가지가 가늘며 잎맥이 8개, 잎은 세장형, 털이 발달하지 않는다. 식재한다... *S. babylonica* 수양버들
1. 관목성, 호랑버들형 혹은 버드나무형 잎이다.
5. 달걀 타원형(호랑버들형), 파상 거치, 잎 뒷면 흰 분이 발달한다 .... *S. caprea* 호랑버들
5. 긴 타원형(버드나무형), 잔거치 발달, 잎 뒷면에 희지만 털이 발달한다(키버들 제외).
6. 잎은 어긋나기 혹은 마주나기, 거치가 절반만 발달, 뒷면은 분흰색이며 전체적으로 작다(4~8cm × 0.5~1.5cm) ; 잎자루는 다소 짧다(2~5mm)..................... *S. koriyanagi* 키버들
6. 잎은 어긋나기 거치가 전체 발달, 뒷면에 융모가 발달하며 비교적 크다(3~12cm × 0.3~3cm) ; 잎자루는 다소 길다(3~10mm)................................... *S. gracilistyla* 갯버들

7. 자작나무과(Family Betulaceae_The birch family)

1. 열매(견과)는 잎 같은 총포가 없다 ; 수꽃에 화피가 있으며 수술은 2~4개, 암꽃은 솔방울 같으며 2~3개씩 달린다. 겨울눈의 눈비늘은 2~6개이다.
2. 열매의 포린은 5개로 갈라지고 성숙한 다음에도 떨어지지 않는다 ; 수술은 4개이다 ; 겨울눈에는 자루(아병)가 발달하거나 없고, 노출된 눈비늘은 2(3)개이다 ; 잎은 나선상으로 달린다 ; 수피는 매끈하거나 세로로 갈라진다...................................... *오리나무속(Alnus)*
2. 열매의 포린은 3개로 갈라지고 성숙하면 떨어진다 ; 수술은 2개이다 ; 겨울눈에는 자루가 없으며 노출된 눈비늘은 3~6개이다 ; 잎은 두 줄로 달린다 ; 수피는 대부분 벗겨지거나 갈라진다. .... *자작나무속(Betula)*
1. 열매는 잎 같은 총포로 싸인다 ; 수꽃에 화피가 없으며 수술은 3~10개, 암꽃에는 화피가 있으며 대개 아래로 처지는 꼬리꽃차례이다 ; 겨울눈의 눈비늘은 3~12개이다.
3. 열매는 처진 꼬리꽃차례에 달린다 ; 겨울눈은 길며 끝이 뾰족하다 ; 암꽃차례는 전년도 겨울에 노출되거나 봄에 형성된다 ; 잎에 9쌍 이상의 측맥 존재한다 ; 겨울눈의 눈비늘은 많거나(7~12개) 적다(3~5개).
4. 열매의 총포는 퍼지고 가장자리에 톱니가 존재한다 ; 암꽃차례는 겨울눈 비늘 수가 많이 발달(7~12개)한다 ; 수피가 매끈하다 .... *서어나무속(Carpinus)*

4. 총포가 열매를 감싸며 톱니가 없다 ; 암꽃차례는 전년도 겨울에 나아로 노출된다 ; 겨울눈의 눈비늘 수는 적다(3~5개) ; 수피는 거칠거나 벗겨진다 .... *새우나무속(Ostrya)*

3. 열매는 모여 달린다 ; 겨울눈은 달걀꼴로 끝이 둔하다 ; 수꽃차례는 겨울 동안 노출된다 ; 잎은 5~8쌍의 측맥이 존재한다 ; 겨울눈의 눈비늘은 3~8개이다... *개암나무속(Corylus)*

8. 참나무과(Family Fagaceae_The oak family)

1. 수꽃은 두상꽃차례에 달린다 ; 자엽은 땅 위로 나온다 ; 견과는 삼각형이다 ; 겨울눈의 정아가 발달하며, 뾰족한 긴 타원형 모양이다 .... *너도밤나무속(Fagus)*

1. 수꽃은 꼬리꽃차례에 달린다 ; 자엽은 땅속에 남는다 ; 견과는 원형이다 ; 겨울눈에 정아가 발달하거나 혹은 헛정아가 발달하며, 주로 달걀꼴 혹은 넓은 타원형 모양이다.

2. 수꽃은 밑으로 처진 꼬리꽃차례, 암꽃이 1개가 달리며, 총포는 컵 같은 각두를 형성하면서 아래 일부분만 감싼다 ; 겨울눈에 정아와 같은 크기의 측아가 발달한다...................... .... *참나무속(Quercus)*

2. 수꽃은 위로 향한 꼬리꽃차례, 총포 안네 암꽃이 1~3개씩 들어가 있으며 성숙할 때까지 완전히 열매를 감싼다 ; 겨울눈에 정아가 없는 가정아 혹은 각이 진 정아가 발달한다.

3. 잎은 두 줄로 배열한다 ; 씨방은 6실, 열매는 가시가 있는 총포 안에 1~3개씩 들어있다 ; 끝눈이 없다 ; 잎은 낙엽성이다 ; 둥근 겨울 정아가 발달한다 .... *밤나무속(Castanea)*

3. 잎은 나선성으로 배열한다 ; 씨방은 3실, 열매는 가시가 없는 총포 안에 1개씩 들어 있다 ; 끝눈이 있다 ; 잎은 상록성이다 ; 각이 진 겨울 정아가 발달한다....................... .... *모밀잣밤나무속(Castanopsis)*

참나무속(Oak) Genus Quercus L.

1. 도토리의 컵처럼 생긴 포(각두)는 서로 겹쳐져 있다 ; 잎은 겨울에 낙엽성으로, 마른다.

2. 잎의 톱니는 침처럼 생겼다 ; 열매는 2년 만에 성숙한다.

3. 잎의 뒷면에 단모와 별 모양의 털이 있어 비교적 육안으로 보아도 털이 많아 흰색으로 보이며, 잎 폭이 넓어 다소 통통하다 ; 줄기에 두꺼운 코르크가 발달한다................. .... *Q. variabilis 굴참나무*

3. 잎의 뒷면에 단모 또는 여러 세포로 된 단모가 있지만 육안으로 보면 털이 없는 것처럼 보이며, 잎의 폭은 좁고 날씬한 세장형이다 ; 줄기에 코르크가 발달하지 않는다......... .... *Q. acutissima 상수리나무*

2. 잎의 톱니는 침처럼 생기지 않았다 ; 열매는 당년에 성숙한다.

4. 잎은 귀형으로 발달한다 ; 잎자루는 매우 짧다(1cm 이하).

5. 단모는 끝까지 남아있고 별 모양의 털은 갈색이며 크고 구불구불하며, 잎의 거치는 둔거치(파상모양)이다 ; 열매가 달리는 컵모양의 각두에는 포린이 털처럼 길게 발달한다 ; 겨울눈과 소지에 털이 많다.. *Q. dentata* **떡갈나무**

5. 잎에는 털이 없지만 간혹 뒷면 맥 위에 단모가 있고, 잎의 거치는 예거치이다 ; 각두의 포린은 꼽추처럼 등이 굽어있다 ; 겨울눈과 소지에 털이 거의 없다................. .... *Q. mongolica* **신갈나무**

4. 잎은 예저이다 ; 잎자루는 1~3cm이다.

6. 단모는 곧 떨어지고 성모는 흰색이며 구불구불하지 않다 ; 잎과 열매가 졸참나무에 비해 크다. .... *Q. aliena* **갈참나무**

6. 잎은 뒷면 전체에 누운 단모와 성모가 있다 ; 잎과 열매가 모두 작다................... .... *Q. serrata* **졸참나무**

1. 도토리의 각두는 링처럼 동그랗게 생긴 원 모양을 그린다 ; 상록성이다.

7. 잎 가장자리에 거의 톱니가 없거나 잎의 윗부분에 약간의 거치가 존재한다................. .... *Q. acuta* **붉가시나무**

7. 잎에 톱니가 여러 개(5개 이상)이다.

8. 잎은 뒷면에 황갈색 털이 있다.

9. 잎은 거꿀달걀형, 뒷면에 황갈색 털 밀생, 잎맥은 11~18개이다 ; 겨울눈은 긴 타원형이다. .... *Q. gilva* **개가시나무**

9. 잎은 달걀상 긴 타원형, 뒷면은 회색에 가까우며 황갈색 털이 다소 발달, 잎맥은 10~11개이다 ; 겨울눈은 달걀꼴이다. .... *Q. glauca* **종가시나무**

8. 잎은 뒷면에 털이 없거나 흰색 잔털이 있다.

10. 잎의 거치는 이빨 모양(느티나무형), 뒷면에 처음부터 털이 없고 희지만 청색에 가까우며, 잎맥은 많고(16개) 끝이 휘어져 잎끝까지 발달하지 않는다....................... .... *Q. myrsinifolia* **가시나무**

10. 잎의 거치는 톱니상(졸참나무형), 뒷면에 처음에는 털이 있고 흰색 가루로 덮이고, 잎맥은 비교적 적으며(10개) 잎맥이 끝까지 발달한다............. *Q. salicina* **참가시나무**

9. 느릅나무과(Family Ulmaceae_The elm family)

1. 열매는 건조한 사과형, 날개가 존재한다 ; 꽃은 암수 한 꽃 혹은 잡성화이다.

2. 꽃은 완전화(양성화)이다 ; 열매는 대칭으로 양쪽에 날개가 있다 ; 가지에 가시가 없다...... .... **느릅나무속*(Ulmus)***

2. 꽃은 잡성화이다 ; 열매는 비대칭으로, 한쪽에만 날개가 있다 ; 가지에 가시가 발달한다 .. .. *시무나무속(Hemiptelea)*

1. 열매는 즙액이 나오는 핵과형이다 ; 꽃은 암수딴꽃 혹은 잡성화이다.

3. 잎 아래에 3개로 갈라지는 맥이 발달한다 ; 겨울눈의 눈비늘은 많거나(6~10개) 적다(2~6개).

4. 측맥은 발달하여 톱니 끝까지 닿는다 ; 겨울눈의 눈비늘은 6~10개이다................... .... *푸조나무속(Aphananthe)*

4. 측맥은 잎의 톱니 끝까지 발달하지 않고 휜다 ; 겨울눈의 눈비늘은 2~6개이다 .... *팽나무속(Celtis)*

3. 잎에 그물맥이 발달한다 ; 겨울눈의 눈비늘은 많다(8~10개) .... *느티나무속(Zelkova)*

10. 목련과(Family Loranthaceae)

1. 잎은 가장자리가 갈라지지 않는다 ; 열매는 골돌과이다.

2. 수술과 암술은 서로 접근한다... *목련속(Magnolia)*

2. 수술과 암술은 서로 떨어진다.. *초령목속(Michelia)*

1. 잎은 가장자리가 갈라진다 ; 열매는 사과이다.......................... *튤립나무속(Liriodendron)*

목련속 Genus Magnolia L.

1. 낙엽수이다.

2. 꽃은 잎보다 늦게 핀다.

3. 꽃은 위를 향해 핀다. .... *M. obovata 일본목련*

3. 꽃은 밑을 향해 핀다. ....*M. sieboldii 함박꽃나무*

2. 꽃은 잎보다 먼저 핀다.

4. 꽃은 자줏빛이다... *M. liliflora 자목련*

4. 꽃은 백색 또는 유백색이다.

5. 꽃잎은 꽃받침보다 길고 6~9개이며 밑부분 겉에 붉은 줄이 있다.......*M. kobus 목련*

5. 꽃잎은 꽃받침 잎과 거의 길이가 같고 6개이며 겉에 붉은 줄이 없다.................. .... *M. heptapeta 백목련*

1. 상록수이다. .... *M. grandiflora 태산목*

11. 매자나무과(Family Berceridaceae_The barberry family)

1. 잎은 단엽, 낙엽성이다 ; 가지에 가시가 발달한다............................ *매자나무속(Berberis)*
1. 잎은 깃털형 겹잎, 상록성이다 ; 가지에 가시가 발달하지 않는다.
   2. 잎은 1회 깃털형 겹잎, 소엽 끝부분에 톱니가 발달한다 ; 꽃은 노란색, 수술의 꽃밥은 길게 갈라지며 터진다. .... *뿔남천속(Mahonia)*
   2. 잎은 2~3회 깃털형 겹잎, 소엽은 밋밋하다 ; 꽃은 흰색, 수술의 꽃밥은 구멍에서 터진다.. .... *남천속(Nandina)*

매자나무속 Genus Berberis L.

1. 소지의 가시는 길다{(0.7)1.0~1.7(2.3) cm} ; 잎의 까락 같은 거치의 간격이 다소 짧으며 {1.5~2.3(3.4) mm}, 거치 수가 다소 많다{(7)9~12(14)개/2 cm} ; 열매는 타원형(9~10 mm)이다 ; 주로 강원도 및 백두대간에 분포한다................................ *B. amurensis 매발톱나무*
1. 소지의 가시는 짧다{(0.6)0.7~1.0(1.2) cm} ; 잎의 거치의 간격은 길며 {1.5(2.7) ~3.8(7.1) mm}, 거치 수가 적다{(4)6~8(11)개/2 cm} ; 열매는 구형(7 mm)이다 ; 경기도에 주로 분포하지만 일부 강원도에 분포한다. .... *B. koreana 매자나무*

12. 으름덩굴과(Family Lardizabalaceae)

1. 낙엽성이다 ; 꽃받침은 3장, 수술은 각각 떨어져 있다........................ *으름덩굴속(Akebia)*
1. 상록성이다 ; 받침은 6개, 수술은 한 몸에 뭉쳐서 자란다. .... *멀꿀속(Stauntonia)*

13. 버즘나무과(Family Platanaceae_The planetree family)

버즘나무속 Genus Platanus L.

1. 열매는 2~6개 ; 잎은 5~7개로 갈라짐. 가운데 갈라진 잎은 길이가 너비보다 길다. 탁엽은 길이 1 cm 이하이다. 꽃은 4수성이다. 수과 기부의 털은 열매 밖으로 나온다..................... .... *P. orientalis 버즘나무*
1. 열매는 1~2(3)개 ; 잎은 3~5개로 갈라지며 가운데 갈라진 잎은 너비와 길이가 같거나 너비가 길다. 탁엽은 길이 1~3 cm이다. 꽃은 4~6수설이다. 수과 기부의 털은 열매 밖으로 나오지 않는다.
   2. 열매는 2(~4)개씩 ; 잎의 가운데 열편은 길이와 너비가 같다. 탁엽은 길이 1~1.5 cm 이다. 꽃은 대개 4수성이다. .... *P. x hispanica 단풍버즘나무*

2. 열매는 보통 1(2)개씩 ; 잎의 가운데 열편은 너비가 길이보다 길다. 탁엽은 길이 2~3cm 이다. 꽃은 4~6수설이다.. *P. occidentalis 양버즘나무*

14. 장미과({Family Rosaceae_The rose family)

1. 열매는 성숙하면 벌어진다.
  2. 꽃은 직경 2cm 이상이다 ; 단엽이다 ; 열매는 삭과, 종자에 날개가 발달한다................ ....*가침박달속(Exochorda)*
  2. 꽃은 직경 2cm 이하이다 ; 단엽 혹은 깃털형잎이다 ; 열매는 골돌과, 종자는 날개가 없다.
    3. 심피는 1개 혹은 2개이다 ; 잎은 단엽이다 ; 턱잎이 존재하거나 탈락한다.
      4. 총상꽃차례 또는 원추꽃차례이다 ; 꽃부리는 종형이거나 원추형이다 ; 골돌과, 통상 2개의 종자가 있다. .... *나도국수나무속(Neillia)*
      4. 산방꽃차례 또는 원추꽃차례이다 ; 꽃부리는 컵모양이다 ; 골돌과, 1개 혹은 2개의 종자가 있다. .... *국수나무속(Stephanandra)*
    3. 심피는 (1)5개이다 ; 단엽 혹은 깃털형잎이다 ; 턱잎은 존재하거나 없다.
      5. 잎은 깃털형이다 ; 턱잎이 있다....................................... *쉬땅나무속(Sorbaria)*
      5. 잎은 단엽이다 ; 턱잎이 있거나 없다.
        6. 산방꽃차례이다 ; 턱잎이 존재한다 ; 골돌은 부풀어 양쪽으로 터진다. ....*산국수나무속(Physocarpus)*
        6. 산형, 산방 혹은 원추꽃차례이다 ; 턱잎은 없다 ; 골돌은 한쪽으로 터진다. .... *조팝나무속(Spiraea)*
1. 열매는 벌어지지 않으며, 건과 혹은 육질과이다.
  7. 씨방상위, 심피는 많거나 1개이다 ; 대부분 겹잎이지만, 간혹 단엽이기도 한다.
    8. 열매는 꽃받침통에 싸여있다 ; 가시가 있거나 없다.
      9. 암술대는 씨방 옆에 달리고, 배주는 위로 밑으로 처진다 ; 꽃잎은 흰색 혹은 노란색이다 ; 가지에는 가시가 발달하고, 잎이 달리지 않는다..............*빈추나무속(Prinsepia)*
      9. 암술대는 씨방 위에 달리고, 배주는 위에서 밑으로 처진다 ; 꽃잎은 흰분홍 혹은 짙은 붉은색이다 ; 가지에 가시가 발달하지 않거나 잎이 달리는 가시가 발달한다.......... ....*벚나무속(Prunus)*
    8. 열매는 꽃받침통에 싸여있지 않다 ; 가시가 없다.
      10. 열매는 수과, 건과이다 ; 식물에는 가시가 없다 ; 암술머리는 떨어진다 ; 낙엽성이다 ; 비교적 관목이다.

11. 꽃은 흰색, 꽃잎과 꽃받침은 4장이다 ; 잎은 마주나기이다.. *병아리꽃나무속(Rhodotypos)*

11. 꽃은 노란색, 꽃잎과 꽃받침은 5장이다 ; 잎은 어긋나기이다..... *황매화속(Kerria)*

10. 열매는 육질이다 ; 식물에는 가시가 있다 ; 암술머리는 끝까지 붙어있다 ; 상록성이다 ; 매우 관목이다.. *담자리꽃나무속(Dryas)*

12. 열매는 육질이다 ; 식물은 가시가 있으며, 식물 전체에 샘털이 발달한다... *산딸기속(Rubus)*

12. 열매는 꽃받침통으로 싸인다 ; 통상 가시가 발달한다 ; 관목이다... *장미속(Rosa)*

7. 씨방하위, 심피는 2~5개이고, 화탁통에 붙어있다 ; 열매는 이과 혹은 때로 핵과와 유사하다 ; 단엽이다.

13. 심피는 딱딱하다 ; 열매는 핵과 비슷하다. .... *산사나무속(Crataegus)*

13. 심피는 가죽 같은 혹은 얇은 막처럼 생겼다 ; 열매는 1~5개 방으로 형성된 이과, 각 방에 1개 혹은 그 이상의 종자가 있다.

14. 주로 상록성 교목(일부 Pourthiaea는 낙엽성)이다 ; 잎은 두껍고 단엽, 톱니가 있거나 없다.

15. 꽃차례는 복산방꽃차례이다. .... *윤노리나무속(Pourthiaea)*

15. 꽃차례는 원추꽃차례이다.

16. 꽃받침은 계속 남아있다 ; 열매는 다소 크며, 노란색이다. .... *비파나무속(Eriobotrya)*

16. 꽃받침은 떨어진다 ; 열매는 비교적 작고 검다... *다정큼나무속(Raphiolepis)*

14. 주로 낙엽성 교목 혹은 관목이다 ; 잎은 단엽이거나 깃털형겹잎이다. .... *마가목속(Sorbus)*

벚나무속(Almond, Cherry, Peach, Plum) Genus Prunus L.

1. 열매는 한쪽이 다소 파져 있고 흰색 가루로 덮이거나 털이 있으며, 내과피는 단단하면서 납작하다 ; 꽃차례는 거의 형성되지 않는다(자두나무만 산형꽃차례) ; 엽맥이 비교적 덜 발달한다(3~5개, 자두는 예외).

2. 곁눈은 1개씩, 끝눈이 발달하지 않는다 ; 내과피에는 구멍이 없거나 매끈하다.

3. 씨방과 열매에 털이 없다 ; 꽃에는 꽃자루(길이 0.7~0.8mm)가 발달한다 ; 산형꽃 차례(꽃의 개수 3~4개)이다 ; 꽃과 잎이 동시에 개화한다 ; 측맥은 8~9개이다.....*P. salicina* **자도나무**

3. 씨방과 열매에 털이 있다 ; 꽃에는 거의 꽃자루가 발달하지 않는다 ; 꽃차례가 형성되지 않는다 ; 꽃이 잎보다 먼저 핀다 ; 측맥은 대부분 3~4(5)개이다.

4. 종자는 과육과 떨어지지 않고, 겉에는 작은 구멍이 많다 ; 잎 끝부분이 발달하지만 거치는 거의 발달하지 않고, 잎은 톱니가 거의 비슷하다 ; 중국 운남, 사천에서 도입해서 재배한다. .... *P. mume* **매실나무**

4. 종자는 과육과 잘 떨어지고, 겉이 울툭불툭하다 ; 잎 끝부분이 짧지만 거치가 많이 발달하고, 잎은 톱니가 불규칙적으로 발달한다 ; 대부분 자생한다(살구 예외).

5. 잎의 톱니는 불규칙한 이중거치이다 ; 수피에 코르크가 발달한다 ; 열매자루가 비교적 길다(10mm) .... *P. mandshurica* **개살구나무**

5. 잎의 톱니는 단거치이다 ; 수피에 코르크가 발달하지 않는다 ; 열매자루가 짧다(3~4mm).

6. 잎은 달걀꼴, 잔톱니가 있다 ; 종자는 옆에 날개 같은 돌기가 있다. .... *P. sibirica* **시베리아살구나무**

6. 잎은 넓은 달걀꼴, 크고 작은 톱니가 불규칙하게 발달한다 ; 종자는 날개가 없다. .... *P. armeniaca* var. *ansu* **살구나무**

2. 곁눈은 3개씩, 2개가 옆에 1개가 가운데 발달, 끝눈으로 발달한다 ; 내과피에는 종종 구멍이 발달한다.

7. 잎 끝은 갈라지지 않으며, 버드나무 잎처럼 가늘게 발달한다 ; 턱잎이 없거나 일찍 떨어진다 ; 소지에 털이 없다 ; 중과피는 육질, 성숙해도 벌어지지 않는다 ; 잎거치에 선점이 발달한다.

8. 꽃받침에 털이 많다 ; 잎끝이 짧게 발달한다 ; 씨방에 털이 많다 ; 잎자루가 짧다(0.7~0.9cm). .... *P. persica* **복사나무**

8. 꽃받침에 털이 없다 ; 잎끝이 피침형으로 길게 발달한다 ; 씨방에 털이 적다 ; 잎자루가 비교적 길다(1.5~2cm). .... *P. davidiana* **산복사**

7. 잎 끝은 결각상으로 갈라지며, 거꿀달걀형이다 ; 턱잎이 발달한다 ; 소지에 털이 많다 ; 잎과 잎자루에도 털이 발달한다 ; 중과피는 건조하고, 열매는 성숙하면 갈라진다 ; 잎거치에 선점이 없다. .... *P. triloba* var. *truncata* **풀또기**

1. 열매는 구형, 흰색 가루가 없으며 털이 거의 없고, 내과피는 단단하지 않으며, 납작하지도 않다 ; 꽃차례는 총상, 산형 혹은 산방꽃차례이거나 꽃차례가 발달하지 않는다 ; 엽맥이 비교적 뚜렷하게 많이 발달한다.

9. 꽃은 총상꽃차례에 15~30개 이상 달리고, 포가 작다.

10. 꽃받침은 열매에 쟁반처럼 남는다 ; 꽃차례 밑에 잎이 달린다 ; 꽃자루는 다소 길다(2~3cm). .... *P. buergeriana* **섬개벚나무**

10. 꽃받침은 떨어진다 ; 꽃차례에 잎이 있는 것과 없는 것이 있다 ; 꽃자루는 비교적 짧다(0.6~1cm).

11. 꽃차례 밑에 잎이 달린다 ; 잎은 뒷면에 선점이 없고, 거치는 침처럼 발달한다 ; 총꽃자루와 꽃자루 모두 짧고(5cm, 0.6~0.8cm), 꽃차례에 털이 많다 ; 열매가 다소 작다(3~4mm). .... *P. maackii* **개벚지나무**

11. 꽃차례 밑에 잎이 달린다 ; 잎은 뒷면에 선점이 없고, 거치는 다소 덜 뾰족하다 ; 총꽃자루와 꽃자루가 길다(8~9cm, 1cm) ; 꽃차례에 털이 없다 ; 열매가 크다(5~6mm)... .... *P. padus* **귀룽나무**

9. 꽃은 5~6개씩, 산방형(총상에 가까운), 산형상꽃차례에 달리고, 포가 크게 발달하거나, 혹은 꽃차례가 형성되지 않고 1~3(5)개의 꽃이 달린다.

12. 겨울눈은 잎겨드랑이에 1개씩 달린다 ; 꽃차례(산방 혹은 산형)가 형성된다.

13. 꽃차례에 포가 매우 많이 발달한다 ; 꽃받침은 뒤로 젖혀진다 ; 꽃은 5~6개씩 달린다. .... *P. maximowiczii* **산개벚지나무**

13. 꽃차례에 포가 1개 정도 발달한다 ; 꽃받침은 곧추서거나 옆으로 퍼진다 ; 꽃은 2~4개씩 달린다.

14. 암술대에 털이 있다 ; 선점이 잎 아래에 달린다. ....*P. yedoensis* **왕벚나무**

14. 암술대에 털이 없다 ; 선점이 잎자루에 달린다.

15. 꽃받침통의 밑부분이 보다 굵다 ; 산형꽃차례이다 ; 꽃자루와 잎의 뒷면에 털이 있다... *P. spachiana* f. *ascendens* **올벚나무**

15. 꽃받침통은 원통형이다. 산방꽃차례 또는 산형꽃차례에 가깝다.

16. 산방꽃차례이다 ; 꽃자루가 길다{(0)3~27(34) mm}.

17. 꽃자루와 잎 뒷면에 털이 없다.

18. 겹꽃이다.............................. *P. serrulata* var. *sontagiae* **꽃벚나무**

18. 홑꽃이다................................ *P. serrulata* var. *spontanea* **벚나무**

17. 꽃자루에 털에 있다 ; 잎 뒷면에 융모가 있다................................ .... *P. serrulata* var. *pubescens* **잔털벚나무**

16. 산형꽃차례이다 ; 꽃자루가 짧다{(0)1~2.5(5) mm}.

19. 꽃차례당 꽃은 (2)3~4(5)개이다 ; 꽃이 비교적 작다{(21)25~29(32) mm}..... .... *P. takesimensis* **섬벚나무**

19. 꽃은 (1)2~3개이다 ; 꽃이 크다{(28)34~41(46) mm}.

20. 꽃자루, 잎자루 등에 털이 없다. .... *P. sargentii* **산벚나무**

20. 꽃자루, 잎자루 등에 털이 많다. . *P. sargentii* var. *verecunda* **분홍벚나무**

12. 겨울눈은 잎곁랑이에 3개씩 달린다 ; 꽃차례가 형성되지 않고 꽃은 1~3(5)개씩 달린다.

21. 꽃에 꽃자루가 있다(4~20mm) ; 꽃받침은 길이와 너비가 비슷하다 ; 씨방, 잎자루 및 잎의 뒷면에 털이 없다 ; 잎이 상대적으로 크다.

22. 잎은 피침형 또는 거꿀피침형이다 ; 암술대에 털이 없다 ; 잎자루는 4~6mm이다 ; 열매는 붉은색이며 밑이 들어가지 않는다.
    23. 잎은 피침형, 톱니는 미철두이다........................... *P. glandulosa* **산옥매**
    23. 잎은 거꿀피침형, 톱니는 점첨두이다 .... *P. choreiana* **복사앵도**
22. 잎은 달걀꼴 또는 도란형이다 ; 암술대에 털이 있다 ; 잎자루는 2~3mm이다 ; 열매는 짙은 검붉은색, 밑이 약간 들어갔다.
    24. 잎자루가 2~3mm이다 ; 잎에 이중거치가 뾰족하게 발달한다 ; 꽃자루가 5~20mm이다... *P. ishidoyana* **산이스라지**
    24. 잎자루가 3~5mm이다 ; 잎에 거치는 깊게 갈라진다 ; 꽃자루는 10~20mm이다. .... *P. japonica* var. *nakaii* **이스라지**
21. 꽃자루가 매우 짧으며(2.5mm), 거의 발달하지 않는다 ; 꽃받침은 폭이 길이보다 넓은 통상이다 ; 씨방, 잎자루 및 잎 뒷면에 털이 있다 ; 잎이 작다(2.5~3.5cm). ... . *P. tomentosa* **앵도나무**

15. 단풍나무과(Family Aceraceae_The maple family)

단풍나무속(Maple) Genus Acer L.

1. 잎은 단엽이다.
    2. 잎의 열편은 3개이거나 간혹 열편이 없다.
        3. 잎에 거치가 발달한다 ; 산방상 원추꽃차례이다 ; 열매는 날개를 포함하여 40~50mm이다. ....*A. tataricum* subsp. *ginnala* **신나무**
        3. 잎에 거치가 없다 ; 산방꽃차례이다 ; 열매는 날개를 포함하여 20~30mm이다........... .... *A. buergerianum* **중국단풍**
    2. 잎의 열편은 (3)5~9개이다.
        4. 잎의 열편은 (3)5~7개이다.
            5. 잎은 열편에 톱니가 없으며, (5)~7개로 갈라진다 ; 겨울눈은 눈비늘이 5~8개이다 ; 산방꽃차례이다.
                6. 수피는 많이 갈라지지 않는다 ; 종자는 크기가 (9~)12(~17) mm, 날개/종자의 비율은 (0.4~)0.5(~0.8)이다.
                    7. 잎 뒷면에 털이 발달한다 .... *A. pictum* **털고로쇠나무**
                    7. 잎 뒷면에 털이 없다............................. *A. pictum* subsp. *mono* **고로쇠나무**

6. 수피는 세로로 뚜렷하게 갈라진다 ; 종자크기는 (4~)9(~12) mm, 날개/종자의 비율은 (0.4~)0.7(~0.8)이다. .... *A. pictum* var. *truncatum* 만주고로쇠

5. 잎은 열편에 톱니가 있으며, 5(~7)개로 갈라진다 ; 겨울눈은 눈비늘이 2개이다 ; 총상 또는 원추꽃차례이거나 간혹 산방꽃차례이다.

8. 잎은 5개로 얕게 갈라진다 ; 총상 혹은 산방상꽃차례이고, 15~20개의 꽃이 달린다.. .... *A. tegmentosum* 산겨릅나무

8. 잎은 5개로 깊게 갈라진다 ; 산방, 총상 혹은 원추꽃차례이고, 10개 이하의 꽃이 아주 적게 달리거나 반대로 매우 많은 꽃이 달린다(부게꽃 30~40개).

9. 줄기에 털이 밀생한다 ; 열매에 맥이 발달한다 ; 잎 아래 부분에서 5(7)개의 엽맥이 갈라지며, 잎의 가운데 열편 끝에 거치가 발달하지 않는다. .... *A. barbinerve* 청시닥나무

9. 줄기에 털이 없다 ; 열매에 맥이 발달하지 않는다 ; 잎의 아랫부분이 5~7개로 갈라지며, 잎끝 열편의 거치가 발달하거나 발달하지 않는다.

10. 잎은 흰털이나 노란철이 있고, 7개로 갈라지며, 가운데 열편이 상대적으로 짧고, 거치는 발달하지 않는다 ; 총상형 원추꽃차례, 꽃 또는 열매가 30~40개씩 달린다. .... *A. ukurunduense* 부게꽃나무

10. 잎은 뒷면에 갈색 털이 있으며 거의 흰색이고, 5개로 갈라지며, 가운데 열편이 길게 발달한다 ; 총상꽃차례, 꽃 또는 열매가 6~8(10)개씩 달린다. .... *A. komarovii* 시닥나무

4. 잎의 열편은 7~11(13)이다.

11. 잎의 열편은 7개, 잎 뒷면에 털이 거의 없다 ; 씨방에 털이 없다. ....*A. palmatum* 단풍나무

11. 잎의 열편은 9~11(13)개, 잎 뒷면에 털이 많다 ; 씨방에 털이 많다. .... *A. pseudosieboldianum* 당단풍나무

1. 잎은 겹잎이다.

12. 소엽은 3개이다.

13. 소엽은 톱니가 거의 없거나 간혹 2~3개씩 있으며, 잎자루에 털이 많다 ; 열매는 3개씩 달린다. .... *A. triflorum* 복자기

13. 소엽은 톱니가 많으며, 잎자루에 털이 없다 ; 열매는 3~5개씩 달린다.................. .... *A. mandshuricum* 복장나무

12. 소엽은 3~5(~9)개이다.. *A. negundo* 네군도단풍

16. 층층나무과(Family Cornaceae_The dogwood family)

1. 가지 끝 원추꽃차례이다 ; 상록성이다 .... *식나무속(Aucuba)*
1. 산방 혹은 산형꽃차례이다 ; 낙엽성이다 .... *층층나무속(Cornus)*

층층나무속(Dogwood) Genus Cornus L.

1. 관목 또는 소교목이다.
  2. 관목이다.
    3. 가지는 붉다. .... *C. alba 흰말채나무*
    3. 가지는 노란색이다. .... *C. alba 'Aurea' 노랑말채나무*
  2. 소교목이다.
    4. 열매에 작은 열매자루가 발달하지 않는다 ; 꽃은 황록생이다 ; 꽃차례에는 큰 포가 오래 달려있다 ; 잎은 거치가 약간 발달한다 ; 꽃은 5~6월에 잎이 나온 후 핀다 ; 짙은 갈색의 수피는 반점으로 벗겨진다 ; 잎눈은 짙은 밤색이고, 꽃눈은 길쭉한 타원형이다. .... *C. kousa 산딸나무*
    4. 열매에 작은 열매자루가 발달한다 ; 꽃은 노란색이다 ; 꽃차례에 포가 있지만 일찍 떨어진다 ; 잎은 거치가 거의 발달하지 않는다 ; 꽃은 매우 이른 봄(4월 초~중순)에 잎보다 먼저 핀다 ; 황갈색의 수피는 얇게 벗겨진다 ; 잎눈은 황갈색이고, 꽃눈은 거의 원형이다. ... . *C. officinalis 산수유*
1. 교목이다.
  5. 잎은 마주나기한다 ; 개화는 6월이다.
    6. 잎의 측맥은 4~5쌍이고, 잎은 작다{5~7(10) cm x 3~4 cm} ; 가지는 보라색이다 ; 잎자루의 길이는 다소 짧다(10~15 mm). .... *C. walteri 말채나무*
    6. 잎의 측맥 6~9쌍이고, 잎은 크다(10~13 cm x 6~8 cm) ; 가지는 노란색 또는 적갈색이다 ; 잎자루는 길다(25~35 mm). .... *C. macrophylla 곰의말채나무*
  5. 잎은 어긋나기한다 ; 개화는 5월이다. .... *C. controversa 층층나무*

17. 물푸레나무과(Family Oleaceae_The olive family)

1. 열매는 시과이다.
  2. 잎은 단엽, 가장자리가 밋밋하다 ; 꽃부리는 4개이다. .... *미선나무속(Abeliophyllum)*
  2. 잎은 겹잎, 가장자리에 톱니가 발달한다 ; 꽃잎은 없거나 2~4개이다. .... *물푸레나무속(Fraxinus)*

1. 열매는 삭과, 핵과 또는 장과이다.
   3. 열매는 삭과이다.
      4. 꽃은 노란색이다 ; 겨울눈 안에서 꽃잎이 서로 포개진다 ; 수는 계단상이다 ; 잎에 톱니가 있다. .... *개나리속(Forsythia)*
      4. 꽃은 흰색, 붉은 보라색이다 ; 겨울눈 안에서 꽃잎이 서로 포개지지 않는다 ; 수는 충실하다 ; 잎에 톱니가 발달하지 않는다..................................... *수수꽃다리속(Syringa)*
   3. 열매는 핵과 또는 장과이다.
      5. 화관열편은 통부보다 짧다.
         6. 원추 또는 총상꽃차례는 가지 끝에 달린다.......................... *쥐똥나무속(Ligustrum)*
         6. 취산꽃차례는 잎겨드랑이에 모여 달린다.............................. *목서속(Osmanthus)*
      5. 화관열편은 통부보다 길다.. *이팝나무속(Chionanthus)*

참고문헌

- 강판권. 2010. 역사와 문화로 읽는 나무사전
- 공우석. 2012. 생물지리학으로 보는 우리식물의 지리와 생태
- 공우석. 2012. 기후변화와 생태계
- 구영본 외. 2010. 포플러(Poplars in South Korea)
- 국립공원공단. 2015. 생물종정보(식물) 자료집
- 국립산림품종센터. 2019. 산과 들에 자라는 식용식물
- 국립수목원. 2015. 한국수목생태지(Ⅰ) 침엽수
- 국립수목원. 2010. 식별이 쉬운 나무도감
- 김동진. 2017. 조선의 생태환경사
- 김용식 외. 2014. 최신 조경식물학
- 김용식 외. 2010. 한국조경수목핸드북
- 김용식. 2004. 한국조경수목도감
- 김정호·윤용한. 2013. 녹색기술과 조경
- 김종원. 2013. 한국식물생태보감
- 나영학. 2016. 인문학으로 본 우리나무 이야기
- 나용준. 1999. 수목병리학
- 박상진. 2011. 문화와 역사로 만나는 우리나무의 세계
- 박용진 외. 2003. (신고)조경수목학
- 산림조합중앙회. 2014. 우리나무 나이테 식별
- 산림청. 2000. 조선임업사
- 송상곤. 2010. 약초도감
- 숲과 문화연구회. 1995. 참나무와 우리문화
- 양금철 외. 2004. 한국식물명집
- 오상훈. 2010. 한반도의 생물자원
- 윤주복. 2017. APG 나무도감

- 윤주복. 2010. 나뭇잎 도감
- 이경재. 2020. 전통공간 숲의 변화
- 이경준. 2019. 수목생리학
- 이돈구. 2012. 숲의 생태적 관리
- 이동혁. 2016. 한국의 나무 바로알기
- 이상태. 2010. 식물의 역사
- 이유미. 2015. 우리나무 백가지
- 이창복. 2003. (원색)대한식물도감
- 이창복. 1993. 대한식물도감
- 이창복. 1986. 신고 수목학
- 임경빈. 2001. 솟아라 나무야
- 임경빈. 1993. 천연기념물: 식물편
- 임업시험소. 1985. 한국수목도감
- 전영우. 2013. 우리가 정말 알아야 할 소나무
- 전영우. 2009. 숲과 문화
- 전영우. 2003. 숲과 한국문화
- 정헌관. 2008. 우리생활속의 나무
- 조동길. 2013. 생태복원 계획·설계론
- 최영전. 19973 한국민속식물
- 한국환경과학회. 2009. 그린조경학
- 한국식물학회. 2022. www.kspb.kr
- 한국학중앙연구원. 2022. www. grandculture.net
- 하동군 농업기술센터. 2022. www.hadong.go.kr
- Charles M. Skinner. 1911. Myths and Legends of Flowers, Fruits and Plants
- Dickman EI. 2001. An overview of the genus Populus

- Esau. 1965. Plant anatomy. 2nd ed.
- Ketchum. 1970. The secret life of the forest.
- Harlow, W.M. & E.S. Harrar. 1941. Text-book of dendrology, 2nd
- Melchior, H. et al. 1954. A Engler's Syllabus der Pflanzenfamilien 12ed. 1
- Melchior, H. et al. 1964. A Engler's Syllabus der Pflanzenfamilien 12ed. 2
- Rehder, A. 1960. Manual of cultivated trees and shrubs
- Robert f. Keefer. 2000. Handbook of soils for Landscape Architects
- 植木秀幹. 1933. 朝鮮山林帶

찾아보기

학명

찾아보기

찾아보기

국명

[ㄱ]

[ㄴ]

[ㄷ]

[ㅁ]

[ㅂ]

[ㅅ]

찾아보기

저자소개

김정호(金正鎬)

hoya1209@kku.ac.kr

소속 및 학위

현재 건국대학교(GLOCAL캠퍼스) 녹색기술융합학과에서 교수로 재직하고 있으며 건국대학교(서울캠퍼스) 산림자원학과를 졸업하고 서울시립대학교 조경학과에서 조경학석사와 공학박사 학위를 취득하였다. 박사학위 논문명은 도시생태계 특성을 고려한 생태적 토지이용계획기법이다.

전공

전공분야는 생태학, 환경생태계획 및 공학, 친환경 조경계획이며 2020년 이후부터는 생태, 녹지기상, 에너지, 바이오에어로졸 등을 융합하여 생태에너지학을 개척하고 있다.

전공 강의는 조경수목학 및 실습, 생태복원계획설계론, 도시공원녹지재생계획론, 환경영향평가, 녹색자원조사방법론, 녹색에너지조경공학, 녹색산림기술론, 녹색건축물인증 및 계획, 녹색기술융합의 이해 등을 진행하고 있다.

저서 및 논문

저서는 녹색기술과 조경(대표저자), 그린조경학(공저), 환경생태학(공저) 등이 있다.

논문은 생태구조 및 복원, 녹지기상, 음이온, 친환경 조경, 식물관리, 기능성 물질 개발, 바이오에어로졸 분야에서 100여편 이상의 논문을 게재·발표하였다.

주요 수상

건국대학교 교육상(2022)

건국대학교 강의우수교수(2017)

(사)한국환경생태학회 저술상(2013)

한국녹지디자인학회 저술상(2009)

(사)한국환경생태학회 학술상(2007)

나무의 특징과 이야기가 있는

포인트 조경수목 200選

초판2쇄 | 2024년 8월 8일
초판발행 | 2022년 6월 15일

저 자 | 김 정 호
발 행 인 | 이 성 범
발 행 처 | 문 운 당
주 소 | 서울시 종로구 혜화로5길 16(명륜1가 45-3)
전 화 | (02)762-6010
팩 스 | 영업 (02)745-0265 / 편집 (02)762-8758
홈페이지 | http://munundang.co.kr
이 메 일 | 영업 munun2@daum.net
편집 mundang@naver.com

ISBN 979-11-5692-622-1 93520

정가 33,000원

"이 저서는 2020년도 건국대학교 교내연구비 지원에 의한 저서임"